自适应扩展等几何分析

Adaptive Extended Isogeometric Analysis

余天堂　辜继明　李可可　著

科学出版社

北京

内 容 简 介

本书对自适应扩展等几何分析的理论和应用进行了较为详尽的论述。全书共8章，包括3部分内容。第1部分(第1~3章)系统地综述等几何分析、自适应等几何分析、扩展等几何分析和自适应扩展等几何分析理论的研究进展和主要应用，简述样条函数，介绍自适应等几何分析的基本理论；第2部分(第4、5章)详细地论述非均质问题和断裂问题的自适应扩展等几何分析；第3部分(第6~8章)介绍自适应扩展等几何分析在含缺陷功能梯度板的振动和屈曲分析、含缺陷结构极限上限分析和孔洞问题安定上限分析中的应用。

本书可供力学、机械工程、航空航天和土木工程等专业的教师、科研人员、研究生和高年级本科生阅读，也可供从事有限元软件开发和使用者参考。

图书在版编目(CIP)数据

自适应扩展等几何分析 / 余天堂，辜继明，李可可著. -- 北京：科学出版社，2024.11. -- ISBN 978-7-03-079258-7

I. O241.82

中国国家版本馆 CIP 数据核字第 2024WG2107 号

责任编辑：惠 雪 曾佳佳 李 策 / 责任校对：任云峰
责任印制：张 伟 / 封面设计：许 瑞

科学出版社 出版
北京东黄城根北街 16 号
邮政编码：100717
http://www.sciencep.com

北京中石油彩色印刷有限责任公司印刷
科学出版社发行 各地新华书店经销
*
2024 年 11 月第 一 版 开本：720×1000 1/16
2024 年 11 月第一次印刷 印张：18
字数：360 000

定价：109.00 元

(如有印装质量问题，我社负责调换)

前　言

在现代工程和产品开发过程中，计算机辅助设计 (computer aided design，CAD) 与基于有限元法等数值方法进行工程仿真分析的计算机辅助工程 (computer aided engineering，CAE) 已密不可分。CAD 通常采用非均匀有理 B 样条 (non-uniform rational B-splines，NURBS) 等样条技术构造几何模型，而有限元法采用拉格朗日函数等插值函数构造几何模型。因此，由 CAD 软件得到的几何模型并不能直接用于有限元分析。从 CAD 几何模型形成有限元分析的计算网格过程烦琐且费时，约占整个分析过程的 80%。因此，研究能使 CAD 与 CAE 集成化的新型数值方法就显得尤为重要。

等几何分析 (isogeometric analysis，IGA) 是 2005 年提出的一种数值方法，该方法基于等参元思想，采用 CAD 中样条基函数 (如 NURBS 基函数) 作为有限元分析的形函数，样条的控制点作为计算网格节点，从而在表达上使 CAD 与 CAE 获得统一。与常规有限元法相比，IGA 具有几何精确、精度高、高阶连续、鲁棒性好、无传统意义上的网格划分过程等优点。IGA 的几何精确和高阶连续性对分析板壳结构有得天独厚的优势。

扩展有限元法 (extended finite element method，XFEM) 是目前分析不连续问题最有效的方法之一，但 XFEM 存在以下不足：① 基于单元的多项式逼近导致描述复杂结构时产生几何离散误差；② 单元间只是 C^0 连续；③ 有限元计算和 CAD 模型间存在间隙，需要进行网格离散。将 XFEM 思想引入 IGA 中就可以建立扩展等几何分析 (extended isogeometric analysis，XIGA)。XIGA 具有 XFEM 和 IGA 两者的优势。为了提高计算精度和节省计算量，在不连续面附近区域采用小尺度单元，其他区域采用大尺度单元。小尺度单元区域可根据后验误差估计确定，即自适应分析。扩展等几何分析与自适应技术相结合就形成了自适应扩展等几何分析。

本书以课题组取得的研究成果为基础，系统地论述了自适应扩展等几何分析的理论及其在断裂、非均质问题、含缺陷结构极限和安定分析中的应用。

本书得到了国家自然科学基金委员会的资助 (11972146、12272124)，在此表示感谢。同时，博士生司展飞、袁宏婷和硕士生陈鑫、张建康、杨菲菲为本书做了一定的工作，对他们也表示衷心的感谢。

限于作者水平，书中难免存在疏漏之处，恳请读者批评指正。

余天堂　辜继明　李可可

2024 年 8 月于南京

目录

第 1 章 绪 论

1.1 扩展等几何分析的产生

为了统一计算机辅助设计 (computer aided design，CAD) 和计算机辅助工程 (computer aided engineering，CAE)，实现设计、分析和优化的无缝结合，2005 年 Hughes 等[1]提出了等几何分析 (isogeometric analysis，IGA)。IGA 采用 CAD 中样条基函数作为有限元分析的形函数。IGA 具有几何精确、高阶连续、精度高、无传统意义上的网格划分过程和网格细化简单等优点。同时，IGA 在结构优化中具有独特的优势，即优化后的形状是光滑的，可直接用于设计。IGA 问世后在国际上引起了极大关注，得到了快速发展和广泛应用。目前国际上一些研发机构已致力于基于 IGA 的 CAE 软件平台的开发，如意大利应用数学与信息技术研究所开发的 GeoPDEs 平台、法国国家信息与自动化研究所开发的 AXEL 平台、沙特阿卜杜拉国王科技大学开发的 PetIGA 平台等。

IGA 与有限元法相似，分析不连续问题时存在困难。扩展有限元法 (extended finite element method，XFEM)[2,3]是一种求解不连续问题非常有效的数值方法，然而 XFEM 存在以下不足：① 对于复杂结构会产生几何离散误差，从而降低计算精度；② 单元间通常只具有 C^0 连续；③ 模型转换时耗费大量时间和工作量，单元细化时需要不断与原模型交互。将 XFEM 的思想引入 IGA 中就可以建立扩展等几何分析 (extended isogeometric analysis，XIGA)。XIGA 的基本原理是基于单位分解的思想在等几何分析位移模式中引入一些加强函数以反映不连续性。XIGA 的计算网格独立于结构内部的几何或物理界面，因此能方便地分析不连续问题。XIGA 继承了 XFEM 分析不连续问题的有效性和 IGA 统一 CAD 与 CAE 的优势，且有效克服了 XFEM 和 IGA 的不足。

1.2 等几何分析的研究进展

等几何分析是扩展等几何分析的基础，因此本节先介绍等几何分析的一些研究进展。从细化样条函数、计算域的参数化、本质边界条件施加、数值积分和多片耦合五方面综述等几何分析理论上的一些研究进展，简要介绍等几何分析的应用现状。

1) 细化样条函数

B 样条和非均匀有理 B 样条 (non-uniform rational B-splines，NURBS) 具有非常好的计算特性，如局部支撑性、高阶连续性、单位分解性等[4,5]，因此在等几何分析框架中 B 样条和 NURBS 是常用的样条函数。B 样条和 NURBS 具有张量特性，很难局部细化。为了解决样条函数局部细化问题，一些能够实现局部细化的样条被提出，如层次 B 样条、T 样条、T 网格上的样条、LR B 样条和 LR NURBS。为了解决 B 样条曲面的局部细化问题，Forsey 和 Bartels[6]提出了层次 B 样条。层次 B 样条具有多层结构，在等几何分析中显示了很好的性能[7]。层次 B 样条基函数一般不满足单位分解性，因此 Giannelli 等[8]提出了满足单位分解性的截断层次 B 样条 (truncated hierarchical B-splines，THB 样条)。THB 样条基函数支撑集更小，因此在等几何分析中具有一定的优势。为了弥补 NURBS 表示形式的缺陷，Sederberg 等[9]提出了 T 样条，T 样条具有局部细化的能力，并且还兼容 NURBS 表示形式。随后，适合分析的 T 样条[10,11]被提出，该类样条具有良好的数学性质。近年来，适合分析的 T 样条得到了进一步改进，发展出了适合分析 ++T 样条[12,13]，适合分析 ++T 样条不仅包含适合分析的 T 样条，而且满足适合分析的 T 样条的所有数学性质。T 网格上的样条直接将传统样条空间的概念推广到 T 网格上的样条空间，典型代表为 PHT 样条 (polynomial splines over hierarchical T-meshes)[14,15]。LR B 样条 (locally refined B-splines) 于 2013 年由 Dokken 等[16]在 B 样条和 NURBS 的基础上发展而来，它是一种新的支持局部细化的样条表示形式。近年来，LR B 样条基函数的线性无关性从理论上得到了证明[17]。LR B 样条不仅继承了 B 样条和 NURBS 的优良特性，而且能实现局部细化，非常适合自适应等几何分析框架[18]。Johannessen 等[19]研究了层次 B 样条、THB 样条和 LR B 样条的异同点，层次 B 样条总是产生最密集的矩阵，由 THB 样条和 LR B 样条产生的矩阵则更加稀疏。当细化区域占整个网格的比例很小时，THB 样条在稀疏性方面产生最佳的结果；当细化区域占整个网格的比例较大时，LR B 样条将产生最稀疏的矩阵。与 T 样条相比，LR B 样条是直接在参数域内执行细化，这比 T 样条曲线的多个顶点网格更方便。Zimmermann 和 Sauer[20]将 LR B 样条扩展到 LR NURBS，LR NURBS 不仅继承了 LR B 样条局部细化的优点，还具备精确描述复杂几何模型的能力。

2) 计算域的参数化

等几何分析以 CAD 建模对象作为分析的对象，然而实体通常在 CAD 中以样条边界表示。等几何分析需要根据 CAD 模型的样条边界信息生成连续的参数样条体，用于计算域的构造，该过程称为计算域参数化。在等几何分析中，相同的计算域边界信息可以生成不同的参数化结果。Cohen 等[21]研究了计算域参数化的影响，发现参数化对等几何分析的求解精度、收敛速度和计算效率都有影响。

Pilgerstorfer 和 Jüttler[22]从理论角度进一步研究了计算域参数化对等几何分析结果的影响，得出计算域的等参数线（面）网格的均匀性和正交性对求解精度有影响，这为计算域参数的构造提供了重要的理论依据。Xu 等[23]根据等参结构的正则性、均匀性和正交性首次提出了“适合分析的计算域参数化”概念。采用 Coons 插值法得到初始参数化，通过等参结构的正则性设置约束条件，以均匀性和正交性作为目标函数，通过求解一个约束优化问题来构造计算域参数化。随后，该方法被推广到构造三维体参数化[24]。鉴于约束优化问题求解难度较高，Wang 和 Qian[25]提出基于分而治之和局部优化的思想计算三维体参数的约束优化问题，该方法可以提高约束优化问题的求解速度，能处理一些复杂形状的模型。徐岗等[26]提出了 h-r 局部细化方法来优化内部控制点位置。Nian 和 Chen[27]提出了一种基于 Teichmüller 拟共形映射的平面计算域参数化方法，该方法所得到的参数化结果不仅从理论上保证是双射，而且具有极小化的共形扭曲，能有效降低劲度矩阵的条件数，从而提高等几何分析求解的精度和稳定性。对于多片平面参数化问题，Buchegger 和 Jüttler[28]提出了一种系统性的一般方法，通过四边形面片集合来获取平面域可能存在的参数化。Xiao 等[29]提出了利用 PolySquare 技术进行平面参数化的方法，该方法可生成内部无奇异点的多片参数化。Xu 等[30]基于区域分解及全局/局部优化技术提出了一种构造适合分析的平面参数化的一般框架，用于解决高亏格和复杂 CAD 边界的计算域参数化问题。

3) 本质边界条件施加

等几何分析采用样条基函数作为有限元法的形函数，由于样条函数不具有插值性，在控制点处直接施加本质边界条件有时会严重降低计算精度[31]。Bazilevs 和 Hughes[32]采用等几何分析求解平流扩散方程和不可压缩纳维-斯托克斯方程时，研究了本质边界条件的强施加方法与弱施加方法。结果表明，弱施加方法比强施加方法计算精度更高。随后，Bazilevs 等[33,34]结合弱施加方法和基于残差的涡流模型提出了不可压缩纳维-斯托克斯方程的新变分形式，得到了改进的弱施加方法，并获得更好的计算结果。张汉杰等[35]采用罚函数法施加本质边界条件，数值结果表明，基于罚函数法的等几何分析能达到最优收敛率。Costantini 等[36]研究了局部插值法施加本质边界条件，并应用于基于广义 B 样条的等几何分析。Wang 和 Xuan[37]提出了一种基于配点的强施加本质边界条件方法，该方法借鉴无网格法中的变换法，通过选择一组合适的边界配点拟合控制变量。de Luycker 等[38]给出了两种位移边界条件施加方法，即插值点法和最小二乘拟合配点法。插值点法要求等几何分析位移在边界某些插值点处精确满足位移边界条件，该方法具有高精度和高收敛率，但确定插值点比较困难。最小二乘拟合配点法的基本思想是通过等几何分析位移和位移边界条件的最小二乘拟合求得位移边界控制点处的控制变量，该方法同样具有高精度和高收敛率，且计算方便。陈涛等[39]借鉴罚函数法和拉格朗日乘子法，基于 Nitsche 方法提出了一种新的变分形式，用于本质边界条件的施加。Ghorashi 等[40]通过拉格朗日乘子法施加本质边界条件。尹硕辉[41]提出了两种等几何分析本质边界条件施加方法，即修正的最小二乘配点法和减缩的拉格朗日乘子法。修正的最小二乘配点法克服了最小二乘配点法配点位置及数目的选择问题，且减小了计算量。减缩的拉格朗日乘子法克服了拉格朗日乘子法条件数差、自由度增加等缺点。两种方法的求解精度高，能获得最佳收敛率，且两种方法求解效果一样。

4) 数值积分

等几何分析采用的样条基函数具有高阶连续性，直接采用常规有限元法的高斯积分方案，不仅无法获得最优收敛率和最佳效率，而且没有充分发挥样条基函数的特点[42]。Hughes 等[42]指出，等几何分析采用标准高斯积分法则时单元积分点数目至少为基函数阶次加一，并提出了一种半点积分规则的积分方法，其积分点数目为基函数数目的 1/2，且与基函数阶次无关。该方法把性质相同的多个单元划分成一个宏单元，并把该宏单元当成新的积分区域，由此减少积分点个数，提高积分效率，同时保证计算精度。Takacs 和 Jüttler[43]提出了用于解决参数化建模奇异性而引起劲度矩阵奇异的积分方案，给出了劲度矩阵积分存在的充分条件。Scott 等[44,45]通过 Bézier 提取将 NURBS 单元积分转换到 C^0 连续的 Bézier 单元积分，该方法有效减少了计算时间。Auricchio 等[46]根据 NURBS 平移不变的特点给出了基于 NURBS 的等几何分析近似的积分方法，可有效解决局部非线性系统方程问题。Wang 等[47]将光滑应变公式用于等几何分析积分计算，从而避免计算基函数的导数，该方法在保证计算精度的前提下提高了计算效率。Antolin 等[48]在求等几何分析单元积分时采用谱元法中的和分解算法，通过减少积分过程的运算次数来提高计算效率。徐曼曼等[49]提出了一种基于基函数分类重用的等几何分析积分方法，该方法是在半点积分规则的积分法基础上建立的，按照基函数性质进行分类，根据基函数的变换公式重用基函数，从而减少积分点数。Barendrecht 等[50]提出了一种面向细化曲面的快速高精度数值积分方法，有效地提高了计算效率。

5) 多片耦合

为了精确描述复杂结构，等几何分析通常需要采用多片建模。多片之间的耦合是等几何分析处理复杂结构问题的关键。多片之间的耦合本质上是处理界面间的耦合条件。Cottrell 等[51]推导了多片 NURBS 实体几何之间耦合的等几何分析公式，并将该理论推广到了板壳多片等几何分析。Kiendl 等[52]应用多片等几何分析求解 Kirchhoff-Love 壳问题时，提出用弯曲带法耦合两个 NURBS 曲面片，该方法不仅操作简单，而且能满足 Kirchhoff-Love 壳对高阶连续的需求。Auricchio 等[53]提出了等几何分析配点法耦合多片，并将该方法用于线弹性静力和动力问题分析。Kleiss 等[54]将 FETI(finite element tearing and interconnecting) 算法用于多片等几何分析研究，该方法适用于并行计算，能处理大规模问题。祝雪峰[55]基于拉格朗日乘子法、Mortar 方法、FETI 算法等对复杂曲面非协调等几何分析进行了研究。Nitsche 方法具有非常好的稳定性和鲁棒性，因此被广泛用于等几何分析的多片耦合。Ruess 等[56]将 Nitsche 方法用于包含裁剪曲面的不一致网格的多片之间耦合。Nguyen 等[57]详细给出了 Nitsche 方法耦合多个 NURBS 片的公式。结果表明，等几何分析采用 Nitsche 方法进行多片耦合可以获得高精度结果。Apostolatos 等[58]对等几何分析中常用的多片耦合方法（包括拉格朗日乘子法、增广拉格朗日乘子法、罚函数法和 Nitsche 方法）进行了比较分析，结论是在精度和收敛性方面 Nitsche 方法比其他方法更好。Du 等[59]研究了 Nitsche 方法耦合多片 Reissner-Mindlin 板结构。Guo 和 Ruess[60]将 Nitsche 方法用于多片薄壳结构和薄厚壳混合结构的耦合分析。胡清元[61]总结了不同问题的 Nitsche 公式，提出了 Nitsche 公式的统一形式，并分析了多片耦合 Nitsche 方法相关参数对结构力学响应的影响。

6) 等几何分析的应用现状

等几何分析具有几何精确、高阶连续、精度高、无传统意义上的网格划分过程、算法鲁棒、便于与 CAD 集成等优势[31]，因此得到了快速发展和广泛应用。在结构力学领域，几何精确和高阶连续使等几何分析在梁板壳问题中具有显著的优势，等几何分析已经被用于分析梁[62]、板[63]、功能梯度板[64]、微型板[65]、Kirchhoff-Love薄壳[66]、Reissner-Mindlin壳[67]、功能梯度壳[68]等问题。在振动和动力学领域，等几何分析已经被用于分析杆、细梁、薄膜、薄板、薄壳和三维实体结构振动问题[69,70]及波传播问题[71]。等几何分析样条基函数的跨单元高阶连续和局部支撑性保证不会产生传统有限元基函数容易产生的“Gibbs”现象，因此非常适合流体力学分析。Bazilevs 等[32,34]将等几何分析用于平流扩散方程和不可压缩纳维-斯托克斯方程的求解以及模拟不可压缩流体的大尺度涡流。在流固耦合问题中，Bazilevs[72]提出了一套流固耦合的等几何分析求解算法，并用于分析动脉血液流动问题。随后，Bazilevs 等[73,74]将等几何分析用于涡轮叶片和涡轮转子的流固耦合问题。相比于传统有限元法，等几何分析具有几何连续性、变分一致、分块搜索简化、接触面与模型实体数据结构一致等优势，更容易解决接触问题[75,76]。在优化方面，基于等几何分析的优化技术有望实现设计、分析和优化的统一，因此等几何分析已广泛用于材料分布优化[77,78]、尺寸优化[79,80]、形状优化[81,82]和拓扑优化[83,84]。此外，等几何分析还被用于热学[85]、声学[86]、电磁学[87]、生物力学[88]等领域。

1.3　自适应等几何分析的研究进展

自适应技术能解决数值方法的精度和效率问题。Babuška 和 Miller[89]系统阐述了自适应分析的基本理论、目标和原则等，指出可靠的误差估计方法和高效的网格划分策略是自适应分析成功的两大关键技术。

1978 年，Babuška 和 Rheinboldt[90,91]首次提出了后验误差估计方法。现有的误差估计方法主要分为两类：一类是基于残差法的误差估计方法[92,93]，另一类是基于恢复法的误差估计方法[94-96]。基于恢复法的误差估计方法操作简单，易于理解，效果比基于残差法的误差估计方法更好，因此被广泛应用于工程界。1987 年，Zienkiewicz 和 Zhu[94]利用简单的平均法和 L_2 投影提出了基于恢复法的后验误差估计方法，即 ZZ 后验误差估计方法，并取得了非常好的效果。1992 年，Zienkiewicz 和 Zhu[95,96]基于超收敛特性对 ZZ 后验误差估计方法进行了改进，提出了超收敛单元片恢复 (superconvergent patch recovery，SPR) 法，并通过 SPR 法构造后验误差估计。SPR 法是基于单元内超收敛点在单元片上进行类似最小二乘拟合得到超收敛解。

Bazilevs 等[97]研究了基于 NURBS 的等几何分析的误差估计、k-细化方法及其收敛性。Dörfel 等[98]基于残差法设计了 T 样条等几何分析的后验误差估计，残差方程通过层次基函数和 bubble 函数[99]得到。Kuru 等[100]基于经典双加权残差技术和 p-细化给出了面向对象的误差估计方法，并用于层次 B 样条等几何分析。一些研究者基于显式的残差法设计了等几何分析误差估计方法[15,23,101]，这些误差估计方法需要计算与单元形状有关的常数，对于一般的单元形状这些常数通常很难计算得到，但如果采用统一的常数，得到的估计误差就会比真实误差偏大。Pan 等[102]提出了推广的 Catmull-Clark 细化样条的等几何分析及误差估计。Thai 等[103]基于本构关系误差提出了等几何分析后验误差估计方法，该方法可分析非线性力学问题。Kumar 等[104]采用两套不同的计算网格提出了一种基于 LR B 样条的自适应等几何分析的简单误差估计方法，其中一套是自适应等几何分析计算网格，另一套计算网格是通过等几何分析的 k-细化得到的加密网格，通过两套网格计算结果的不同构造后验误差估计。该方法操作简单，但是以 k-细化产生的加密网格计算的数值解代替真实解存在一定的误差，且比较耗时。随后，Kumar 等[105]基于恢复法提出了三种误差估计方法用于基于 LR B 样条的自适应等几何分析，这三种误差估计方法分别为基于连续 L_2 投影 (continuous L_2 projection，CLP) 法、离散最小二乘拟合 (discrete least square fitting，DLSF) 法和 SPR 法。CLP 法和 DLSF 法是全局恢复法，而 SPR 法是局部恢复法。结果表明，基于 CLP 法、DLSF 法和 SPR 法的后验误差估计都非常有效；CLP 法比 DLSF 法和

SPR 法操作更简单，DLSF 法和 SPR 法需要求单元的超收敛点，但是 DLSF 法和 SPR 法比 CLP 法收敛更快。

Kanduč 等[106]提出了基于层次 B 样条的自适应等几何分析。层次 B 样条是在 B 样条的基础上建立的，具有多层结构，已被用于自适应等几何分析[107-109]。Chen 等[110]采用基于层次 B 样条的自适应等几何分析求解黏性裂纹问题。Giannelli 等[111]提出了基于 THB 样条的自适应等几何分析。一些学者研究了 THB 样条不同的细化方法，基于 THB 样条提出了不同的自适应等几何分析[112-116]。Dörfel 等[98]将 T 样条用于自适应等几何分析框架中。Scott 等[10]提出了基于适合分析的 T 样条的自适应等几何分析，给出了适合分析的 T 样条的局部细化策略。Zhang 和 Li[12]针对改进的适合分析的 T 样条，即适合分析 ++T 样条，提出了一种最优局部细化策略，并将其用于基于适合分析 ++T 样条的自适应等几何分析。de Borst 和 Chen[117,118]将层次 T 样条应用于自适应等几何分析框架中，通过 Bézier 提取技术实现了层次 T 样条和截断层次 T 样条的局部细化。一些学者基于 T 网格的样条提出了自适应等几何分析[119,120]，最典型的是基于 PHT 样条的自适应等几何分析[15,121]。Yu 等[122]采用基于 PHT 样条的自适应等几何分析求解 Reissner-Mindlin 板振动问题。Nguyen-Thanh 等[123]提出了基于 RHT 样条的自适应等几何分析，并将其用于求解三维静力和动力问题。Johannessen 等[18]首次将 LR B 样条用于自适应等几何分析框架中，给出了三种网格局部细化策略。结果表明，在自适应等几何分析框架中 LR B 样条具有非常大的潜力。基于 LR B 样条的自适应等几何分析已经被成功用于解决流体问题[124,125]。Zimmermann 和 Sauer[126]基于 LR NURBS 的自适应等几何分析求解了三维接触问题。Occelli 等[127]将基于 LR B 样条的自适应等几何分析用于三维碰撞和冲击问题的仿真。Paul 等[128]基于相场法和 Kirchhoff-Love 理论采用基于 LR B 样条的自适应等几何分析模拟了壳的裂纹扩展。基于 Reissner-Mindlin 板理论和 Nitsche 方法，何启亮[129]建立了复杂形状板静力弯曲、自由振动和热屈曲分析的基于 LR NURBS 基函数的多片自适应等几何分析模型。自由振动和热屈曲分析时，基于第一阶振动或屈曲模态构建了基于恢复应力的后验误差估计方法。

1.4 扩展等几何分析的研究进展

扩展等几何分析 (XIGA) 的基本原理是基于单位分解法，在常规等几何分析的位移模式中添加一些特殊的函数，从而反映不连续问题的存在。XIGA 具有等几何分析和扩展有限元法两者的优点，能够有效地分析不连续性问题。XIGA 已经被广泛用于分析各种不连续问题。

Benson 等[130]率先将扩展有限元法与等几何分析相结合求解线弹性断裂问

题。de Luycker 等[38]采用 XIGA 求解 I 型裂纹问题，并进行混合单元处理，得到了最优误差收敛率。Ghorashi 等[40]将 XIGA 用于分析二维静态裂纹和准静态裂纹扩展，研究了裂尖加强方式，讨论了单元积分方案及积分点个数对计算结果的影响。Singh 等[131]采用 XIGA 分析了含孔洞、夹杂和裂纹的平面体，提出了一种单元内存在多个不连续时的处理方法。Bayesteh 等[132]采用 XIGA 研究了力和热力加载作用下均匀和非均匀材料的断裂问题。Bhardwaj 等[133]采用 XIGA 研究了缺陷 (孔洞、夹杂、裂纹) 对功能梯度材料疲劳寿命的影响。随后，他们又采用 XIGA 仿真了多种缺陷对界面裂纹板疲劳寿命的影响。结果表明，缺陷及缺陷的数量和位置对界面裂纹板的疲劳寿命有较大影响，孔洞对疲劳寿命的影响最大[133,134]。Bui 等[135,136]采用 XIGA 分析了静态荷载和动态荷载作用下压电材料的断裂问题。Singh 等[137]采用基于 Bézier 提取的 XIGA 求解三维断裂问题，计算的三维应力强度因子与文献结果相吻合。Khatir 和 Abdel Wahab[138]基于 XIGA 和 Jaya 算法提出了断裂问题反分析的快速仿真方法。Yin 等[139]采用多尺度 XIGA 研究了二维静态和动态断裂问题。Shojaee 等[140]建立了分析正交各向异性材料断裂问题的 XIGA 模型，采用互作用积分法计算应力强度因子。在相同自由度情况下，XIGA 比 XFEM 获得的结果更精确。Yu 等[141]将 XIGA 用于各向同性/正交各向异性材料的动态裂纹分析。Ghorashi 等[142]将基于 T 样条的 XIGA 用于求解正交各向异性材料的断裂问题。基于 T 样条的 XIGA 可以实现网格的局部细化，比基于 NURBS 的 XIGA 所需自由度更少，计算效率更高。Jia 等[143]采用 XIGA 研究了含有弱不连续的泊松方程问题，在逼近函数中采用两种加强函数，重复节点减少基函数的跨度，并解决了混合单元的精度问题，能获得最优收敛率。汪超等[144]采用 XIGA 结合粒子群算法对含孔洞结构进行形状优化，使用的自适应四叉树积分规则提高了计算精度。李可可[145]建立了含裂纹理想弹塑性平面结构安定上限分析的局部细化 XIGA 模型，采用基于原始-对偶内点算法的二阶锥规划 (second-order cone programming，SOCP) 法求解大规模安定分析问题，求解算法具有优越的计算效率。

XIGA 具有高阶连续性，非常适合分析板壳问题。Bhardwaj 等[146]基于一阶剪切变形理论建立了分析开裂功能梯度板的 XIGA 模型，求解了不同荷载和不同边界条件下贯穿裂纹的应力强度因子。Tan 等[147]基于四个变量的精细化板理论采用基于 Bézier 提取的 XIGA 求解功能梯度板的静态和动态断裂问题。Yin 等[148]将 XIGA 用于含缺陷的功能梯度 Reissner-Mindlin 板的屈曲和振动分析。Singh 等[149]基于高阶剪切变形理论建立了分析含裂纹板的 XIGA 模型，根据高阶剪切变形理论得出了裂尖渐近场，提取了裂尖加强函数，推导了应力强度因子求解的互作用积分公式。Liu 等[150]建立了基于非经典 Reissner-Mindlin 板理论的 XIGA 模型，分析了含裂纹的功能梯度微型板的自振特性和屈曲稳定，研究了尺度效应、裂纹、材料分布和边界条件对微型板自振特性和屈曲稳定的影响。Yu 等[151]利用 XIGA 分析了含裂纹功能梯度板的热屈曲行为。Tran 等[152]将 XIGA 与高阶剪切变形理论相结合模拟了含裂纹功能梯度板的自由振动问题，研究了梯度指数、裂纹长度、裂纹位置和长厚比对固有频率和模态的影响。Huang 等[153]建立了 Reissner-Mindlin 板屈曲分析的基于 Bézier 提取的 XIGA 模型，采用离散剪切间隙法消除剪切自锁，研究了边厚比、长宽比、裂纹长度和边界条件等对屈曲行为的影响。Nguyen-Thanh 等[154]推导了分析含裂纹薄壳结构的 XIGA 公式，NURBS 基函数能满足 Kirchhoff-Love 理论中位移场 C^1 连续性的需求，因此转角不需要作为未知量。

对于夹杂问题，位移在夹杂界面是连续的，但是应变在夹杂界面是不连续的，属于弱不连续问题。2015 年，Jia 等[155]首次采用 XIGA 研究弱不连续问题，采用不同的夹杂界面加强函数，给出曲边三角形积分方案，通过重节点技术进行混合单元处理，进而得到了最优误差收敛率，但只分析了含单个材料界面的夹杂问题。

1.5 自适应扩展等几何分析的研究进展

XIGA 的几何建模不用考虑结构内部的物理或几何界面，但为了提高计算精度，不连续界面附近区域仍需采用小尺度单元网格。小尺度单元网格区域可通过后验误差估计确定，即自适应分析。

实现自适应分析方法求解不连续问题，不连续问题的后验误差估计是关键。Duflot 和 Bordas[156]借鉴扩展有限元思想构造断裂问题的光滑应变场，根据恢复应变构造扩展有限元求解断裂问题的后验误差估计，其中光滑应变场包括常规应变场和加强应变场。随后，该思想被应用于扩展有限元求夹杂问题的误差估计设计[157,158]。Bordas 等[159]基于移动最小二乘法设计扩展有限元的后验误差估计，采用移动最小二乘法计算恢复应变。Prange 等[160]基于恢复法构造了断裂问题的光滑应力场，通过恢复应力建立了扩展有限元求解断裂问题的后验误差估计。结果表明，该后验误差估计非常有效，已被用于自适应扩展有限元求解断裂问题[161]。随后，Wang 等[162]将该方法进行扩展提出了扩展有限元分析三维断裂问题的后验误差估计，并用于自适应扩展有限元分析。González-Estrada 等[163]基于局部平衡恢复法提出了面向对象的扩展有限元误差估计方法，该方法应用了 SPR 技术。Nguyen-Thanh 和 Zhou[164]根据恢复法给出了基于 PHT 样条的扩展等几何分析求解断裂问题的 SPR 误差估计方法，该方法采用高斯点作为超收敛点。Chen 等[165]基于应力恢复构造了基于 LR B 样条的扩展等几何分析求解孔洞问题的误差估计方法。

Nguyen-Thanh 和 Zhou[164]采用基于 PHT 样条的自适应扩展等几何分析模

拟了平面弹性体中裂纹扩展问题，同时分析了孔洞和夹杂对裂纹扩展路径的影响。Videla 等[166]采用基于 PHT 样条的自适应扩展等几何分析研究了含裂纹的 Kirchhoff-Love 板的屈曲和振动行为，该方法分别采用 NURBS 和 PHT 样条对结构进行几何建模和数值模拟。Paul 等[167]基于 Kirchhoff-Love 薄壳理论、LR NURBS 理论和高阶相场模型，采用自适应网格细化模拟了脆性薄壳的动态裂纹扩展。Gu 等[168]将基于 LR B 样条的自适应扩展等几何分析方法与水平集方法相结合模拟二维夹杂问题和断裂问题[169, 170]。Chen 等[171]建立了孔洞问题的自适应扩展等几何分析模型，采用基于 LR B 样条的自适应技术模拟了含复杂孔和多孔正交各向异性板的力学行为。随后，Fang 等[172]利用基于 LR B 样条的自适应扩展等几何分析研究了任意几何形状孔洞对弹性体结构中裂纹扩展路径和断裂参数的影响。Yu 等[173]采用自适应扩展等几何分析模拟了含裂纹的 Reissner-Mindlin 板的断裂行为。张建康[174]基于简化的准三维剪切变形理论，将基于 LR NURBS 的自适应扩展等几何分析与水平集法相结合，研究了含复杂孔洞的功能梯度板的屈曲行为。此外，张建康还基于 Reissner-Mindlin 板理论，建立了分析含缺陷功能梯度板振动和屈曲行为的自适应扩展等几何分析模型。Yang 和 Dong[175]根据 Kirchhoff-Love 理论建立了基于 PHT 样条的自适应扩展等几何分析模型，求解了开裂薄板和薄壳问题。随后，Yang 等[176]又基于高阶剪切变形理论建立了分析含缺陷的功能梯度板屈曲和振动问题的自适应扩展等几何分析模型。Li 等[177]提出了分析 Kirchhoff-Love 薄板裂纹扩展的自适应扩展等几何分析无网格方法。Yuan 等[178]基于 Nitsche 方法和恢复法，采用基于 LR NURBS 的自适应多片扩展等几何分析模拟了复杂形状 Reissner-Mindlin 板的裂纹扩展。李可可[145]基于极限分析的运动学定理建立了含缺陷 (裂纹、孔洞、夹杂) 理想刚塑性平面结构极限分析的自适应扩展等几何分析模型，采用塑性应变率的 L_2 范数作为网格细化指标。算例分析表明，该方法计算效率高，能有效揭示含缺陷结构的失效模式。同时，其针对含孔洞理想弹塑性体受交变荷载作用问题，构建了安定上限分析的自适应扩展等几何分析模型，提出了安定分析的减缩积分方案，显著地提高了计算效率，揭示了孔洞对结构安定荷载因子和失效模式的影响。

1.6 本书主要内容

全书共 8 章，包括 3 部分内容。

第 1 部分：第 1~3 章。第 1 章为绪论，系统地综述扩展等几何分析、等几何分析、自适应等几何分析和自适应扩展等几何分析的研究进展。第 2 章简要地介绍样条函数基础。第 3 章介绍自适应等几何分析的基本理论。

第 2 部分：第 4 章和第 5 章。第 4 章和第 5 章分别详细地论述非均质问题和断裂问题的自适应扩展等几何分析的基本理论，并推导主要的理论公式。

第 3 部分：第 6~8 章。第 6 章介绍自适应扩展等几何分析在含缺陷功能梯度板振动和屈曲分析中的应用。第 7 章介绍自适应扩展等几何分析在含缺陷结构极限上限分析中的应用。第 8 章介绍自适应扩展等几何分析在孔洞问题安定上限分析中的应用。

参 考 文 献

[1] Hughes T J R, Cottrell J A, Bazilevs Y. Isogeometric analysis: CAD, finite elements, NURBS, exact geometry and mesh refinement[J]. Computer Methods in Applied Mechanics and Engineering, 2005, 194(39-41): 4135-4195.

[2] Belytschko T, Black T. Elastic crack growth in finite elements with minimal remeshing[J]. International Journal for Numerical Methods in Engineering, 1999, 45(5): 601-620.

[3] Moës N, Dolbow J, Belytschko T. A finite element method for crack growth without remeshing[J]. International Journal for Numerical Methods in Engineering, 1999, 46(1): 131-150.

[4] Piegl L, Tiller W. The NURBS Book[M]. 2nd ed. Berlin: Springer, 1997.

[5] Farin G. Curves and Surfaces for CAGD[M]. 5th ed. Burlington: Morgan Kaufmann, 2001.

[6] Forsey D R, Bartels R H. Hierarchical B-spline refinement[J]. ACM SIGGRAPH Computer Graphics, 1988, 22(4): 205-212.

[7] 徐岗, 李新, 黄章进, 等. 面向等几何分析的几何计算 [J]. 计算机辅助设计与图形学学报, 2015, 27(4): 570-581.

[8] Giannelli C, Jüttler B, Speleers H. THB-splines: The truncated basis for hierarchical splines[J]. Computer Aided Geometric Design, 2012, 29(7): 485-498.

[9] Sederberg T W, Zheng J, Bakenov A, et al. T-splines and T-NURCCs[J]. ACM Transactions on Graphics, 2003, 22(3): 477-484.

[10] Scott M A, Li X, Sederberg T W, et al. Local refinement of analysis-suitable T-splines[J]. Computer Methods in Applied Mechanics and Engineering, 2012, 213: 206-222.

[11] Evans E J, Scott M A, Li X, et al. Hierarchical T-splines: Analysis-suitability, Bézier extraction, and application as an adaptive basis for isogeometric analysis[J]. Computer Methods in Applied Mechanics and Engineering, 2015, 284: 1-20.

[12] Zhang J J, Li X. Local refinement for analysis-suitable++ T-splines[J]. Computer Methods in Applied Mechanics and Engineering, 2018, 342: 32-45.

[13] Li X, Zhang J J. AS++ T-splines: Linear independence and approximation[J]. Computer Methods in Applied Mechanics and Engineering, 2018, 333: 462-474.

[14] Wang J, Yang Z W, Jin L B, et al. Parallel and adaptive surface reconstruction based on implicit PHT-splines[J]. Computer Aided Geometric Design, 2011, 28(8): 463-474.

[15] Wang P, Xu J L, Deng J S, et al. Adaptive isogeometric analysis using rational PHT-splines[J]. Computer-Aided Design, 2011, 43(11): 1438-1448.

[16] Dokken T, Lyche T, Pettersen K F. Polynomial splines over locally refined box-partitions[J]. Computer Aided Geometric Design, 2013, 30(3): 331-356.

[17] Patrizi F, Dokken T. Linear dependence of bivariate minimal support and locally refined B-splines over LR-meshes[J]. Computer Aided Geometric Design, 2020, 77: 101803.

[18] Johannessen K A, Kvamsdal T, Dokken T. Isogeometric analysis using LR B-splines[J]. Computer Methods in Applied Mechanics and Engineering, 2014, 269: 471-514.

[19] Johannessen K A, Remonato F, Kvamsdal T. On the similarities and differences between classical hierarchical, truncated hierarchical and LR B-splines[J]. Computer Methods in Applied Mechanics and Engineering, 2015, 291: 64-101.

[20] Zimmermann C, Sauer R A. Adaptive local surface refinement based on LR NURBS and its application to contact[J]. Computational Mechanics, 2017, 60(6): 1011-1031.

[21] Cohen E, Martin T, Kirby R M, et al. Analysis-aware modeling: Understanding quality considerations in modeling for isogeometric analysis[J]. Computer Methods in Applied Mechanics and Engineering, 2010, 199(5-8): 334-356.

[22] Pilgerstorfer E, Jüttler B. Bounding the influence of domain parameterization and knot spacing on numerical stability in isogeometric analysis[J]. Computer Methods in Applied Mechanics and Engineering, 2014, 268: 589-613.

[23] Xu G, Mourrain B, Duvigneau R, et al. Parameterization of computational domain in isogeometric analysis: Methods and comparison[J]. Computer Methods in Applied Mechanics and Engineering, 2011, 200(23/24): 2021-2031.

[24] Xu G, Mourrain B, Duvigneau R, et al. Analysis-suitable volume parameterization of multi-block computational domain in isogeometric applications[J]. Computer-Aided Design, 2013, 45(2): 395-404.

[25] Wang X L, Qian X P. An optimization approach for constructing trivariate B-spline solids[J]. Computer-Aided Design, 2014, 46: 179-191.

[26] 徐岗, 朱亚光, 邓立山, 等. 局部误差驱动的等几何分析计算域自适应优化方法[J]. 计算机辅助设计与图形学学报, 2014, 26(10): 1633-1638.

[27] Nian X S, Chen F L. Planar domain parameterization for isogeometric analysis based on Teichmüller mapping[J]. Computer Methods in Applied Mechanics and Engineering, 2016, 311: 41-55.

[28] Buchegger F, Jüttler B. Planar multi-patch domain parameterization via patch adjacency graphs[J]. Computer-Aided Design, 2017, 82: 2-12.

[29] Xiao S W, Kang H M, Fu X M, et al. Computing IGA-suitable planar parameterizations by PolySquare-enhanced domain partition[J]. Computer Aided Geometric Design, 2018, 62: 29-43.

[30] Xu G, Li M, Mourrain B, et al. Constructing IGA-suitable planar parameterization from complex CAD boundary by domain partition and global/local optimization[J]. Computer Methods in Applied Mechanics and Engineering, 2018, 328: 175-200.

[31] Cottrell J A, Hughes T J R, Bazilevs Y. Isogeometric Analysis: Toward Integration of CAD and FEA[M]. Hoboken: Wiley, 2009.

[32] Bazilevs Y, Hughes T J R. Weak imposition of Dirichlet boundary conditions in fluid mechanics[J]. Computers & Fluids, 2007, 36(1): 12-26.

[33] Bazilevs Y, Michler C, Calo V M, et al. Weak Dirichlet boundary conditions for wall-bounded turbulent flows[J]. Computer Methods in Applied Mechanics and Engineering, 2007, 196(49-52): 4853-4862.

[34] Bazilevs Y, Michler C, Calo V M, et al. Isogeometric variational multiscale modeling of wall-bounded turbulent flows with weakly enforced boundary conditions on unstretched meshes[J]. Computer Methods in Applied Mechanics and Engineering, 2010, 199(13-16): 780-790.

[35] 张汉杰, 王东东, 轩军厂. 薄梁板结构 NURBS 几何精确有限元分析[J]. 力学季刊, 2010, 31(4): 469-477.

[36] Costantini P, Manni C, Pelosi F, et al. Quasi-interpolation in isogeometric analysis based on generalized B-splines[J]. Computer Aided Geometric Design, 2010, 27(8): 656-668.

[37] Wang D D, Xuan J C. An improved NURBS-based isogeometric analysis with enhanced treatment of essential boundary conditions[J]. Computer Methods in Applied Mechanics and Engineering, 2010, 199(37-40): 2425-2436.

[38] de Luycker E, Benson D J, Belytschko T, et al. X-FEM in isogeometric analysis for linear fracture mechanics[J]. International Journal for Numerical Methods in Engineering, 2011, 87(6): 541-565.

[39] 陈涛, 莫蓉, 万能, 等. 等几何分析中采用 Nitsche 法施加位移边界条件[J]. 力学学报, 2012, 44(2): 369-381.

[40] Ghorashi S S, Valizadeh N, Mohammadi S. Extended isogeometric analysis for simulation of stationary and propagating cracks[J]. International Journal for Numerical Methods in Engineering, 2012, 89(9): 1069-1101.

[41] 尹硕辉. 面向 CAD/CAE 集成的等几何分析和有限胞元法研究及应用[D]. 南京: 河海大学, 2016.

[42] Hughes T J R, Reali A, Sangalli G. Efficient quadrature for NURBS-based isogeometric analysis[J]. Computer Methods in Applied Mechanics and Engineering, 2010, 199(5-8): 301-313.

[43] Takacs T, Jüttler B. Existence of stiffness matrix integrals for singularly parameterized domains in isogeometric analysis[J]. Computer Methods in Applied Mechanics and Engineering, 2011, 200(49-52): 3568-3582.

[44] Scott M A, Borden M J, Verhoosel C V, et al. Isogeometric finite element data structures based on Bézier extraction of T-splines[J]. International Journal for Numerical Methods in Engineering, 2011, 88(2): 126-156.

[45] Borden M J, Scott M A, Evans J A, et al. Isogeometric finite element data structures based on Bézier extraction of NURBS[J]. International Journal for Numerical Methods in Engineering, 2011, 87(1-5): 15-47.

[46] Auricchio F, Calabrò F, Hughes T J R, et al. A simple algorithm for obtaining nearly optimal quadrature rules for NURBS-based isogeometric analysis[J]. Computer Methods in Applied Mechanics and Engineering, 2012, 249: 15-27.

[47] Wang D D, Zhang H J, Xuan J C. A strain smoothing formulation for NURBS-based isogeometric finite element analysis[J]. Science China Physics, Mechanics and Astronomy, 2012, 55(1): 132-140.

[48] Antolin P, Buffa A, Calabrò F, et al. Efficient matrix computation for tensor-product isogeometric analysis: The use of sum factorization[J]. Computer Methods in Applied Mechanics and Engineering, 2015, 285: 817-828.

[49] 徐曼曼, 王书亭, 吴紫俊, 等. 基于等几何分析基函数重用的积分方法[J]. 计算机辅助设计与图形学学报, 2016, 28(9): 1436-1442.

[50] Barendrecht P J, Bartoň M, Kosinka J. Efficient quadrature rules for subdivision surfaces in isogeometric analysis[J]. Computer Methods in Applied Mechanics and Engineering, 2018, 340: 1-23.

[51] Cottrell J A, Hughes T J R, Reali A. Studies of refinement and continuity in isogeometric structural analysis[J]. Computer Methods in Applied Mechanics and Engineering, 2007, 196(41-44): 4160-4183.

[52] Kiendl J, Bazilevs Y, Hsu M C, et al. The bending strip method for isogeometric analysis of Kirchhoff-Love shell structures comprised of multiple patches[J]. Computer Methods in Applied Mechanics and Engineering, 2010, 199(37-40): 2403-2416.

[53] Auricchio F, Da Veiga L B, Hughes T J R, et al. Isogeometric collocation methods[J]. Mathematical Models and Methods in Applied Sciences, 2010, 20(11): 2075-2107.

[54] Kleiss S K, Pechstein C, Jüttler B, et al. IETI—Isogeometric tearing and interconnecting[J]. Computer Methods in Applied Mechanics and Engineering, 2012, 247-248: 201-215.

[55] 祝雪峰. 复杂曲面非协调等几何分析及相关造型方法[D]. 大连: 大连理工大学, 2012.

[56] Ruess M, Schillinger D, Özcan A I, et al. Weak coupling for isogeometric analysis of non-matching and trimmed multi-patch geometries[J]. Computer Methods in Applied Mechanics and Engineering, 2014, 269: 46-71.

[57] Nguyen V P, Kerfriden P, Brino M, et al. Nitsche's method for two and three dimensional NURBS patch coupling[J]. Computational Mechanics, 2013, 53: 1163-1182.

[58] Apostolatos A, Schmidt R, Wüchner R, et al. A Nitsche-type formulation and comparison of the most common domain decomposition methods in isogeometric analysis[J]. International Journal for Numerical Methods in Engineering, 2014, 97(7): 473-504.

[59] Du X X, Zhao G, Wang W. Nitsche method for isogeometric analysis of Reissner-Mindlin plate with non-conforming multi-patches[J]. Computer Aided Geometric Design, 2015, 35: 121-136.

[60] Guo Y J, Ruess M. Nitsche's method for a coupling of isogeometric thin shells and blended shell structures[J]. Computer Methods in Applied Mechanics and Engineering, 2015, 284: 881-905.

[61] 胡清元. 等几何分析中的闭锁问题与 Nitsche 方法研究[D]. 大连: 大连理工大学, 2019.

[62] Fang W H, Yu T T, Van Lich L, et al. Analysis of thick porous beams by a quasi-3D theory and isogeometric analysis[J]. Composite Structures, 2019, 221: 110890.

[63] 李新康, 张继发, 郑耀. Mindlin 板的等几何分析[[J]. 固体力学学报, 2013, 33(S1): 198-203.

[64] Yu T T, Yin S H, Bui T Q, et al. Buckling isogeometric analysis of functionally graded plates under combined thermal and mechanical loads[J]. Composite Structures, 2017, 162: 54-69.

[65] Liu S, Yu T T, Bui T Q. Size effects of functionally graded moderately thick microplates: A novel non-classical simple-FSDT isogeometric analysis[J]. European Journal of Mechanics—A/Solids, 2017, 66: 446-458.

[66] Kiendl J, Bletzinger K U, Linhard J, et al. Isogeometric shell analysis with Kirchhoff-Love elements[J]. Computer Methods in Applied Mechanics and Engineering, 2009, 198(49-52): 3902-3914.

[67] Benson D J, Bazilevs Y, Hsu M C, et al. Isogeometric shell analysis: The Reissner–Mindlin shell[J]. Computer Methods in Applied Mechanics and Engineering, 2010, 199(5-8): 276-289.

[68] Nguyen T N, Thai C H, Luu A T, et al. NURBS-based postbuckling analysis of functionally graded carbon nanotube-reinforced composite shells[J]. Computer Methods in Applied Mechanics and Engineering, 2019, 347: 983-1003.

[69] Cottrell J A, Reali A, Bazilevs Y, et al. Isogeometric analysis of structural vibrations[J]. Computer Methods in Applied Mechanics and Engineering, 2006, 195(41-43): 5257-5296.

[70] 詹双喜. 薄壳结构自由振动等几何分析与随机振动精确解[D]. 大连: 大连理工大学, 2017.

[71] Hughes T J R, Reali A, Sangalli G. Duality and unified analysis of discrete approximations in structural dynamics and wave propagation: Comparison of p-method finite elements with k-method NURBS[J]. Computer Methods in Applied Mechanics and Engineering, 2008, 197(49/50): 4104-4124.

[72] Bazilevs J. Isogeometric analysis of turbulence and fluid-structure interaction[D]. Austin: University of Texas, 2006.

[73] Bazilevs Y, Hsu M C, Akkerman I, et al. 3D simulation of wind turbine rotors at full scale. Part I: Geometry modeling and aerodynamics[J]. International Journal for Numerical Methods in Fluids, 2011, 65(1-3): 207-235.

[74] Bazilevs Y, Hsu M C, Kiendl J, et al. 3D simulation of wind turbine rotors at full scale. Part II: Fluid-structure interaction modeling with composite blades[J]. International Journal for Numerical Methods in Fluids, 2011, 65(1-3): 236-253.

[75] Lu J. Isogeometric contact analysis: Geometric basis and formulation for frictionless contact[J]. Computer Methods in Applied Mechanics and Engineering, 2011, 200(5-8): 726-741.

[76] Temizer İ, Wriggers P, Hughes T J R. Contact treatment in isogeometric analysis with NURBS[J]. Computer Methods in Applied Mechanics and Engineering, 2011, 200(9-12): 1100-1112.

[77] Taheri A H, Hassani B, Moghaddam N Z. Thermo-elastic optimization of material distribution of functionally graded structures by an isogeometrical approach[J]. International Journal of Solids and Structures, 2014, 51(2): 416-429.

[78] Wang C, Yu T T, Curiel-Sosa J L, et al. Adaptive chaotic particle swarm algorithm for isogeometric multi-objective size optimization of FG plates[J]. Structural and Multidisciplinary Optimization, 2019, 60(2): 757-778.

[79] 刘宏亮. 基于 NURBS 等几何分析的结构优化设计研究[D]. 大连: 大连理工大学, 2018.

[80] Liu H L, Yang D X, Wang X, et al. Smooth size design for the natural frequencies of curved Timoshenko beams using isogeometric analysis[J]. Structural and Multidisciplinary Optimization, 2019, 59(4): 1143-1162.

[81] Wall W A, Frenzel M A, Cyron C. Isogeometric structural shape optimization[J]. Computer Methods in Applied Mechanics and Engineering, 2008, 197(33-40): 2976-2988.

[82] 张升刚, 王彦伟, 黄正东. 等几何壳体分析与形状优化[J]. 计算力学学报, 2014, 31(1): 115-119.

[83] Seo Y D, Kim H J, Youn S K. Isogeometric topology optimization using trimmed spline surfaces[J]. Computer Methods in Applied Mechanics and Engineering, 2010, 199(49-52): 3270-3296.

[84] Gao J, Gao L, Xiao M. Isogeometric Topology Optimization: Methods, Applications and Implementations[M]. Singapore: Springer Nature Singapore, 2022.

[85] Xu G, Mourrain B, Duvigneau R, et al. A new error assessment method in isogeometric analysis of 2D heat conduction problems[J]. Advanced Science Letters, 2012, 10(1): 508-512.

[86] Nørtoft P, Gravesen J, Willatzen M. Isogeometric analysis of sound propagation through laminar flow in 2-dimensional ducts[J]. Computer Methods in Applied Mechanics and Engineering, 2015, 284: 1098-1119.

[87] Buffa A, Sangalli G, Vázquez R. Isogeometric methods for computational electromagnetics: B-spline and T-spline discretizations[J]. Journal of Computational Physics, 2014, 257: 1291-1320.

[88] Tepole A B, Gart M, Gosain A K, et al. Characterization of living skin using multi-view stereo and isogeometric analysis[J]. Acta Biomaterialia, 2014, 10(11): 4822-4831.

[89] Babuška I, Miller A. A feedback finite element method with a posteriori error estimation: Part I. The finite element method and some basic properties of the a posteriori error estimator[J]. Computer Methods in Applied Mechanics and Engineering, 1987, 61(1): 1-40.

[90] Babuška I, Rheinboldt W C. Error estimates for adaptive finite element computations[J]. SIAM Journal on Numerical Analysis, 1978, 15(4): 736-754.

[91] Babuška I, Rheinboldt W C. A-posteriori error estimates for the finite element method[J]. International Journal for Numerical Methods in Engineering, 1978, 12(10): 1597-1615.

[92] Ainsworth M, Oden J T. A posteriori error estimation in finite element analysis[J]. Computer Methods in Applied Mechanics and Engineering, 1997, 142(1/2): 1-88.

[93] Verfürth R. A Posteriori Error Estimation Techniques for Finite Element Methods[M]. Oxford: Oxford University Press, 2013.

[94] Zienkiewicz O C, Zhu J Z. A simple error estimator and adaptive procedure for practical engineerng analysis[J]. International Journal for Numerical Methods in Engineering, 1987, 24(2): 337-357.

[95] Zienkiewicz O C, Zhu J Z. The superconvergent patch recovery and a posteriori error estimates. Part I: The recovery technique[J]. International Journal for Numerical Methods in Engineering, 1992, 33(7): 1331-1364.

[96] Zienkiewicz O C, Zhu J Z. The superconvergent patch recovery and a posteriori error estimates. Part II: Error estimates and adaptivity[J]. International Journal for Numerical Methods in Engineering, 1992, 33(7): 1365-1382.

[97] Bazilevs Y, Da Veiga L B, Cottrell J A, et al. Isogeometric analysis: Approximation, stability and error estimates for h-refined meshes[J]. Mathematical Models and Methods in Applied Sciences, 2006, 16(7): 1031-1090.

[98] Dörfel M R, Jüttler B, Simeon B. Adaptive isogeometric analysis by local h-refinement with T-splines[J]. Computer Methods in Applied Mechanics and Engineering, 2010, 199(5): 264-275.

[99] Bank R E, Smith R K. A posteriori error estimates based on hierarchical bases[J]. SIAM Journal on Numerical Analysis, 1993, 30(4): 921-935.

[100] Kuru G, Verhoosel C V, van der Zee K G, et al. Goal-adaptive isogeometric analysis with hierarchical splines[J]. Computer Methods in Applied Mechanics and Engineering, 2014, 270: 270-292.

[101] Buffa A, Giannelli C. Adaptive isogeometric methods with hierarchical splines: Error estimator and convergence[J]. Mathematical Models and Methods in Applied Sciences, 2016, 26(1): 1-25.

[102] Pan Q, Xu G L, Xu G, et al. Isogeometric analysis based on extended Catmull-Clark subdivision[J]. Computers & Mathematics with Applications, 2016, 71(1): 105-119.

[103] Thai H P, Chamoin L, Ha-Minh C. A posteriori error estimation for isogeometric analysis using the concept of constitutive relation error[J]. Computer Methods in Applied Mechanics and Engineering, 2019, 355: 1062-1096.

[104] Kumar M, Kvamsdal T, Johannessen K A. Simple a posteriori error estimators in adaptive isogeometric analysis[J]. Computers and Mathematics with Applications, 2015, 70(7): 1555-1582.

[105] Kumar M, Kvamsdal T, Johannessen K A. Superconvergent patch recovery and a posteriori error estimation technique in adaptive isogeometric analysis[J]. Computer Methods in Applied Mechanics and Engineering, 2017, 316: 1086-1156.

[106] Kanduč T, Giannelli C, Pelosi F, et al. Adaptive isogeometric analysis with hierarchical box splines[J]. Computer Methods in Applied Mechanics and Engineering, 2017, 316: 817-838.

[107] Vuong A V, Giannelli C, Jüttler B, et al. A hierarchical approach to adaptive local refinement in isogeometric analysis[J]. Computer Methods in Applied Mechanics and Engineering, 2011, 200(49): 3554-3567.

[108] Jiang W, Dolbow J E. Adaptive refinement of hierarchical B-spline finite elements with an efficient data transfer algorithm[J]. International Journal for Numerical Methods in Engineering, 2015, 102(3): 233-256.

[109] Garau E M, Vázquez R. Algorithms for the implementation of adaptive isogeometric methods using hierarchical B-splines[J]. Applied Numerical Mathematics, 2018, 123: 58-87.

[110] Chen L, Lingen E J, de Borst R. Adaptive hierarchical refinement of NURBS in cohesive fracture analysis[J]. International Journal for Numerical Methods in Engineering, 2017, 112(13): 2151-2173.

[111] Giannelli C, Jüttler B, Kleiss S K, et al. THB-splines: An effective mathematical technology for adaptive refinement in geometric design and isogeometric analysis[J]. Computer Methods in Applied Mechanics and Engineering, 2016, 299: 337-365.

[112] Hennig P, Müller S, Kästner M. Bézier extraction and adaptive refinement of truncated hierarchical NURBS[J]. Computer Methods in Applied Mechanics and Engineering, 2016, 305: 316-339.

[113] Hofreither C, Jüttler B, Kiss G, et al. Multigrid methods for isogeometric analysis with THB-splines[J]. Computer Methods in Applied Mechanics and Engineering, 2016, 308: 96-112.

[114] Hennig P, Ambati M, de Lorenzis L, et al. Projection and transfer operators in adaptive isogeometric analysis with hierarchical B-splines[J]. Computer Methods in Applied Mechanics and Engineering, 2018, 334: 313-336.

[115] Atri H R, Shojaee S. Meshfree truncated hierarchical refinement for isogeometric analysis[J]. Computational Mechanics, 2018, 62(6): 1583-1597.

[116] Carraturo M, Giannelli C, Reali A, et al. Suitably graded THB-spline refinement and coarsening: Towards an adaptive isogeometric analysis of additive manufacturing processes[J]. Computer Methods in Applied Mechanics and Engineering, 2019, 348: 660-679.

[117] de Borst R, Chen L. The role of Bézier extraction in adaptive isogeometric analysis: Local refinement and hierarchical refinement[J]. International Journal for Numerical Methods in Engineering, 2018, 113(6): 999-1019.

[118] Chen L, de Borst R. Adaptive refinement of hierarchical T-splines[J]. Computer Methods in Applied Mechanics and Engineering, 2018, 337: 220-245.

[119] Morgenstern P, Peterseim D. Analysis-suitable adaptive T-mesh refinement with linear complexity[J]. Computer Aided Geometric Design, 2015, 34: 50-66.

[120] Brovka M, López J I, Escobar J M, et al. A simple strategy for defining polynomial spline spaces over hierarchical T-meshes[J]. Computer-Aided Design, 2016, 72: 140-156.

[121] Anitescu C, Hossain M N, Rabczuk T. Recovery-based error estimation and adaptivity using high-order splines over hierarchical T-meshes[J]. Computer Methods in Applied Mechanics and Engineering, 2018, 328: 638-662.

[122] Yu P, Anitescu C, Tomar S, et al. Adaptive isogeometric analysis for plate vibrations: An efficient approach of local refinement based on hierarchical a posteriori error estimation[J]. Computer Methods in Applied Mechanics and Engineering, 2018, 342: 251-286.

[123] Nguyen-Thanh N, Muthu J, Zhuang X, et al. An adaptive three-dimensional RHT-splines formulation in linear elasto-statics and elasto-dynamics[J]. Computational Mechanics, 2014, 53(2): 369-385.

[124] Johannessen K A, Kumar M, Kvamsdal T. Divergence-conforming discretization for Stokes problem on locally refined meshes using LR B-splines[J]. Computer Methods in Applied Mechanics and Engineering, 2015, 293: 38-70.

[125] Bekele Y W, Kvamsdal T, Kvarving A M, et al. Adaptive isogeometric finite element analysis of steady-state groundwater flow[J]. International Journal for Numerical and Analytical Methods in Geomechanics, 2016, 40(5): 738-765.

[126] Zimmermann C, Sauer R A. Adaptive local surface refinement based on LR NURBS and its application to contact[J]. Computational Mechanics, 2017, 60(6): 1011-1031.

[127] Occelli M, Elguedj T, Bouabdallah S, et al. LR B-splines implementation in the Altair RadiossTM solver for explicit dynamics isogeometric analysis[J]. Advances in Engineering Software, 2019, 131: 166-185.

[128] Paul K, Zimmermann C, Mandadapu K K, et al. An adaptive space-time phase field formulation for dynamic fracture of brittle shells based on LR NURBS[J]. Computational Mechanics, 2020, 65(4): 1039-1062.

[129] 何启亮. 基于自适应等几何分析的复杂形状板力学行为研究[D]. 南京: 河海大学, 2022.

[130] Benson D, Bazilevs Y, Luycker E D, et al. A generalized finite element formulation for arbitrary basis functions: From isogeometric analysis to XFEM[J]. International Journal for Numerical Methods in Engineering, 2010, 83: 765-785.

[131] Singh I V, Bhardwaj G, Mishra B K. A new criterion for modeling multiple discontinuities passing through an element using XIGA[J]. Journal of Mechanical Science and Technology, 2015, 29(3): 1131-1143.

[132] Bayesteh H, Afshar A, Mohammdi S. Thermo-mechanical fracture study of inhomogeneous cracked solids by the extended isogeometric analysis method[J]. European Journal of Mechanics—A/Solids, 2015, 51: 123-139.

[133] Bhardwaj G, Singh S K, Singh I V, et al. Fatigue crack growth analysis of an interfacial crack in heterogeneous materials using homogenized XIGA[J]. Theoretical and Applied Fracture Mechanics, 2016, 85: 294-319.

[134] Bhardwaj G, Singh I V, Mishra B K. Stochastic fatigue crack growth simulation of interfacial crack in bi-layered FGMs using XIGA[J]. Computer Methods in Applied Mechanics and Engineering, 2015, 284: 186-229.

[135] Bui T. Extended isogeometric dynamic and static fracture analysis for cracks in piezoelectric materials using NURBS[J]. Computer Methods in Applied Mechanics and Engineering, 2015, 295: 470-509.

[136] Bui T Q, Hirose S, Zhang C Z, et al. Extended isogeometric analysis for dynamic fracture in multiphase piezoelectric/piezomagnetic composites[J]. Mechanics of Materials, 2016, 97: 135-163.

[137] Singh S K, Singh I V, Bhardwaj G, et al. A Bézier extraction based XIGA approach for three-dimensional crack simulations[J]. Advances in Engineering Software, 2018, 125: 55-93.

[138] Khatir S, Abdel Wahab M. Fast simulations for solving fracture mechanics inverse problems using POD-RBF XIGA and Jaya algorithm[J]. Engineering Fracture Mechanics, 2018, 205: 285-300.

[139] Yin S H, Yu T T, Bui T Q, et al. Static and dynamic fracture analysis in elastic solids using a multiscale extended isogeometric analysis[J]. Engineering Fracture Mechanics, 2019, 207: 109-130.

[140] Shojaee S, Asgharzadeh M, Haeri A. Crack analysis in orthotropic media using combination of isogeometric analysis and extended finite element[J]. International Journal of Applied Mechanics, 2014, 6(6): 1450068.

[141] Yu T, Lai Y, Yin S. Dynamic crack analysis in isotropic/orthotropic media via extended isogeometric analysis[J]. Mathematical Problems in Engineering, 2014, (5): 282-290.

[142] Ghorashi S S, Valizadeh N, Mohammadi S, et al. T-spline based XIGA for fracture analysis of orthotropic media[J]. Computers & Structures, 2015, 147: 138-146.

[143] Jia Y, Anitescu C, Ghorashi S, et al. Extended isogeometric analysis for material interface problems[J]. Journal of Applied Mathematics, 2015, 80: 608-633.

[144] 汪超, 谢能刚, 黄璐璐. 基于扩展等几何分析和混沌离子运动算法的带孔结构形状优化设计[J]. 工程力学, 2019, 36(4): 248-256.

[145] 李可可. 基于扩展等几何分析的含缺陷结构极限和安定上限分析究[D]. 南京: 河海大学, 2022.

[146] Bhardwaj G, Singh I V, Mishra B K, et al. Numerical simulations of cracked plate using XIGA under different loads and boundary conditions[J]. Mechanics of Advanced Materials and Structures, 2016, 23(6): 704-714.

[147] Tan P F, Nguyen-Thanh N, Zhou K. Extended isogeometric analysis based on Bézier extraction for an FGM plate by using the two-variable refined plate theory[J]. Theoretical and Applied Fracture Mechanics, 2017, 89: 127-138.

[148] Yin S H, Yu T T, Bui T Q, et al. Buckling and vibration extended isogeometric analysis of imperfect graded Reissner-Mindlin plates with internal defects using NURBS and level sets[J]. Computers & Structures, 2016, 177: 23-38.

[149] Singh S K, Singh I V, Mishra B K, et al. Analysis of cracked plate using higher-order shear deformation theory: Asymptotic crack-tip fields and XIGA implementation[J]. Computer Methods in Applied Mechanics and Engineering, 2018, 336: 594-639.

[150] Liu S, Yu T T, Van Lich L, et al. Size effect on cracked functional composite microplates by an XIGA-based effective approach[J]. Meccanica, 2018, 53(10): 2637-2658.

[151] Yu T T, Bui T Q, Yin S H, et al. On the thermal buckling analysis of functionally graded plates with internal defects using extended isogeometric analysis[J]. Composite Structures, 2016, 136: 684-695.

[152] Tran L, Ly H, Lee J, et al. Vibration analysis of cracked FGM plates using higher-order shear deformation theory and extended isogeometric approach[J]. International Journal of Mechanical Sciences, 2015, 96-97: 65-78.

[153] Huang J Z, Nguyen-Thanh N, Zhou K. Extended isogeometric analysis based on Bézier extraction for the buckling analysis of Mindlin–Reissner plates[J]. Acta Mechanica, 2017, 228(9): 3077-3093.

[154] Nguyen-Thanh N, Valizadeh N, Nguyen M N, et al. An extended isogeometric thin shell analysis based on Kirchhoff-Love theory[J]. Computer Methods in Applied Mechanics and Engineering, 2015, 284: 265-291.

[155] Jia Y, Anitescu C, Ghorashi S S, et al. Extended isogeometric analysis for material interface problems[J]. Journal of Applied Mathematics, 2015, 80(3): 608-633.

[156] Duflot M, Bordas S. A posteriori error estimation for extended finite elements by an extended global recovery[J]. International Journal for Numerical Methods in Engineering, 2008, 76(8): 1123-1138.

[157] Yu T, Bui T Q. Numerical simulation of 2-D weak and strong discontinuities by a novel approach based on XFEM with local mesh refinement[J]. Computers and Structures, 2018, 196: 112-133.

[158] Wang Z, Yu T T, Bui T Q, et al. Numerical modeling of 3-D inclusions and voids by a novel adaptive XFEM[J]. Advances in Engineering Software, 2016, 102: 105-122.

[159] Bordas S, Duflot M, Le P. A simple error estimator for extended finite elements[J]. Communications in Numerical Methods in Engineering, 2008, 24(11): 961-971.

[160] Prange C, Loehnert S, Wriggers P. Error estimation for crack simulations using the XFEM[J]. International Journal for Numerical Methods in Engineering, 2012, 91(13): 1459-1474.

[161] Loehnert S, Prange C, Wriggers P. Error controlled adaptive multiscale XFEM simulation of cracks[J]. International Journal of Fracture, 2012, 178(1): 147-156.

[162] Wang Z, Yu T T, Bui T Q, et al. 3-D local mesh refinement XFEM with variable-node hexahedron elements for extraction of stress intensity factors of straight and curved planar cracks[J]. Computer Methods in Applied Mechanics and Engineering, 2017, 313: 375-405.

[163] González-Estrada O A, Ródenas J J, Bordas S P A, et al. Locally equilibrated stress recovery for goal oriented error estimation in the extended finite element method[J]. Computers & Structures, 2015, 152: 1-10.

[164] Nguyen-Thanh N, Zhou K. Extended isogeometric analysis based on PHT-splines for crack propagation near inclusions[J]. International Journal for Numerical Methods in Engineering, 2017, 112(12): 1777-1800.

[165] Chen X, Gu J M, Yu T T, et al. Numerical simulation of arbitrary holes in orthotropic media by an efficient computational method based on adaptive XIGA[J]. Composite Structures, 2019, 229: 111387.

[166] Videla J, Contreras F, Nguyen H X, et al. Application of PHT-splines in bending and vibration analysis of cracked Kirchhoff-Love plates[J]. Computer Methods in Applied Mechanics and Engineering, 2020, 361: 112754.

[167] Paul K, Zimmermann C, Mandadapu K K, et al. An adaptive space-time phase field formulation for dynamic fracture of brittle shells based on LR NURBS[J]. Computational Mechanics, 2020, 65(4): 1039-1062.

[168] Gu J M, Yu T T, Van Lich L, et al. Multi-inclusions modeling by adaptive XIGA based on LR B-splines and multiple level sets[J]. Finite Elements in Analysis and Design, 2018, 148: 48-66.

[169] Gu J M, Yu T T, Van Lich L, et al. Fracture modeling with the adaptive XIGA based on locally refined B-splines[J]. Computer Methods in Applied Mechanics and Engineering, 2019, 354: 527-567.

[170] Gu J M, Yu T T, Van Lich L, et al. Crack growth adaptive XIGA simulation in isotropic and orthotropic materials[J]. Computer Methods in Applied Mechanics and Engineering, 2020, 365: 113016.

[171] Chen X, Gu J M, Yu T T, et al. Numerical simulation of arbitrary holes in orthotropic media by an efficient computational method based on adaptive XIGA[J]. Composite Structures, 2019, 229: 111387.

[172] Fang W H, Chen X, Yu T T, et al. Effects of arbitrary holes/voids on crack growth using local mesh refinement adaptive XIGA[J]. Theoretical and Applied Fracture Mechanics, 2020, 109: 102724.

[173] Yu T T, Yuan H T, Gu J M, et al. Error-controlled adaptive LR B-splines XIGA for assessment of fracture parameters in through-cracked Mindlin–Reissner plates[J]. Engineering Fracture Mechanics, 2020, 229: 106964.

[174] 张建康. 基于自适应扩展等几何分析的含缺陷功能梯度板力学行为研究[D]. 南京: 河海大学, 2022.

[175] Yang H S, Dong C Y. Adaptive extended isogeometric analysis based on PHT-splines for thin cracked plates and shells with Kirchhoff-Love theory[J]. Applied Mathematical Modelling, 2019, 76: 759-799.

[176] Yang H S, Dong C Y, Qin X C, et al. Vibration and buckling analyses of FGM plates with multiple internal defects using XIGA-PHT and FCM under thermal and mechanical loads[J]. Applied Mathematical Modelling, 2020, 78: 433-481.

[177] Li W D, Nguyen-Thanh N, Huang J Z, et al. Adaptive analysis of crack propagation in thin-shell structures via an isogeometric-meshfree moving least-squares approach[J]. Computer Methods in Applied Mechanics and Engineering, 2020, 358: 112613.

[178] Yuan H, Yu T, Bui T. Multi-patch local mesh refinement XIGA based on LR NURBS and Nitsche's method for crack growth in complex cracked plates[J]. Engineering Fracture Mechanics, 2021, 250: 107780.

第 2 章 样条函数基础

等几何分析 (IGA)[1]的基本原理是基于等参元思想将 CAD 中用于表达几何模型的样条函数作为有限元形函数，样条的控制点作为计算网格节点，从而统一设计模型、分析模型和优化模型。为了后面内容的论述，本章简单地介绍样条函数。

2.1 B 样条

节点向量 $\varXi = \{\xi_1, \xi_2, \cdots, \xi_{n+p+1}\}$，$\xi_1, \xi_2, \cdots, \xi_{n+p+1}$ 为参数空间的一组非递减序列，ξ_i 为第 i 个节点，i 为节点号，p 为样条基函数的阶次，n 为样条基函数的个数。若节点 ξ_i 出现的次数为 k $(k > 1)$ 次，则称节点 ξ_i 为 k 重节点，否则 ξ_i 为一个简单节点。若节点区间等长，则称节点向量 $\varXi$ 是均匀的，否则为非均匀的。若第一个节点 ξ_1 和最后一个节点 ξ_{n+p+1} 的重复度为 $p+1$ 次，则节点向量 $\varXi$ 为开放的。等几何分析中使用的节点向量通常为开放的，以方便边界条件的施加。

给定阶次 p 和节点向量 $\varXi = \{\xi_1, \xi_2, \cdots, \xi_{n+p+1}\}$，B 样条基函数 $N_{i,p}(\xi)$ 的 Cox-de Boor 递推公式如下[2]。

当 $p = 0$ 时，有

$$N_{i,p}(\xi) = \begin{cases} 1, & \xi_i \leqslant \xi < \xi_{i+1} \\ 0, & \text{其他} \end{cases} \tag{2.1}$$

当 $p \geqslant 1$ 时，有

$$N_{i,p}(\xi) = \frac{\xi - \xi_i}{\xi_{i+p} - \xi_i} N_{i,p-1}(\xi) + \frac{\xi_{i+p+1} - \xi}{\xi_{i+p+1} - \xi_{i+1}} N_{i+1,p-1}(\xi) \tag{2.2}$$

由式 (2.1)和式 (2.2)可知：① $N_{i,0}(\xi)$ 是一个阶梯函数，它在半开区间 $\xi \in [\xi_i, \xi_{i+1})$ 外都为 0；② 式(2.2)中可能出现 0/0 的情况，规定 $0/0 = 0$；③ 半开区间 $\xi \in [\xi_i, \xi_{i+1})$ 称为第 i 个节点区间，如果相邻节点值相同，那么它的长度等于 0。值得注意的是，当 $p = 1$ 时，B 样条基函数就是线性有限元法的形函数。图 2.1 为均匀节点向量 $\varXi = \{0, 1, 2, 3, 4, \cdots\}$ 上定义的 0 阶、1 阶和 2 阶 B 样条基函数示意图。

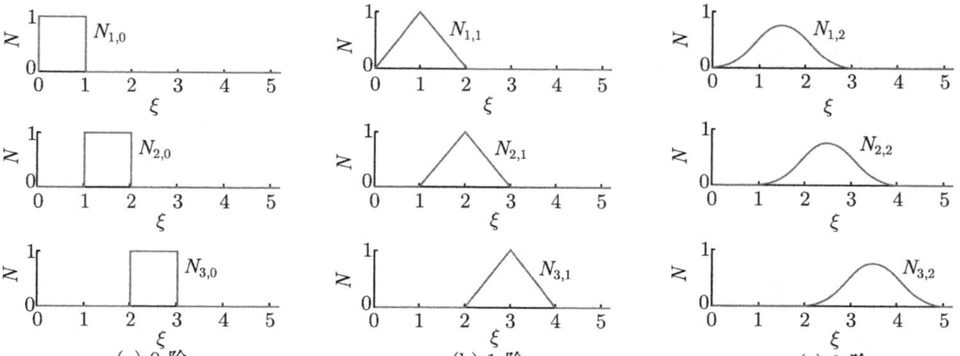

(a) 0 阶 (b) 1 阶 (c) 2 阶

图 2.1 均匀节点向量 $\boldsymbol{\Xi} = \{0, 1, 2, 3, 4, \cdots\}$ 上定义的 0 阶、1 阶和 2 阶 B 样条基函数

B 样条基函数具有高阶连续性，在节点 i 处为 C^{p-r} 连续，r 为节点的重复次数。图 2.2 为开放节点向量 $\boldsymbol{\Xi}_2 = \{0, 0, 0, 0.25, 0.5, 0.75, 0.75, 1, 1, 1\}$ 上定义的二阶 B 样条基函数曲线，$N_{4,2}$、$N_{5,2}$ 和 $N_{6,2}$ 在 $\xi = 0.75$ 处为 C^0 连续。

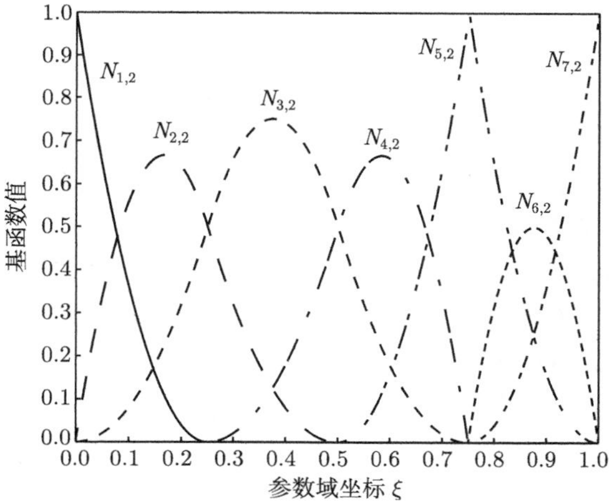

图 2.2 开放节点向量 $\boldsymbol{\Xi}_2 = \{0, 0, 0, 0.25, 0.5, 0.75, 0.75, 1, 1, 1\}$ 上定义的二阶 B 样条基函数曲线

由 B 样条基函数的定义可知，B 样条基函数具有如下特性[3]：① 单位分解性，$\sum\limits_{i=1}^{n} N_{i,p}(\xi) = 1$；② 非负性，每个 B 样条基函数在整个定义域内都是非负的，$N_{i,p}(\xi) \geqslant 0, \forall \xi$；③ 线性无关性，$\sum\limits_{i=1}^{n} \alpha_i N_{i,p}(\xi) = 0 \Leftrightarrow \alpha_k = 0, k = 1, 2, \cdots, n$；④ 局部支撑性，基函数 $N_{i,p}(\xi)$ 仅在区间 $[\xi_i,\ \xi_{i+p+1})$ 上不为 0，在其他区间均为 0；⑤ 高阶连续性，B 样条基函数 $N_{i,p}(\xi)$ 在节点区间内具有任意阶导数，在重复

度为 k 的节点处具有 $p-k$ 次连续导数；⑥ 缩放或平移节点向量不会改变基函数；⑦ 通常不具有插值性，不满足克罗内克性质，即 $N_{i,p}(\xi_j) \neq \delta_{ij}$，只在 $k=p$ 时 $N_{i,p}(\xi_j)=1$。

由 B 样条基函数和控制点可生成 B 样条曲线，即

$$\boldsymbol{C}(\xi) = \sum_{i=0}^{n} N_{i,p}(\xi)\boldsymbol{P}_i \tag{2.3}$$

式中，$\boldsymbol{P}_i$ 为控制点坐标；n 为控制点个数。

给定两个节点向量 $\boldsymbol{\Xi} = \{\xi_1, \xi_2, \cdots, \xi_{n+p+1}\}$ 和 $\boldsymbol{\mathcal{H}} = \{\eta_1, \eta_2, \cdots, \eta_{m+q+1}\}$ 及控制点坐标 $\boldsymbol{P}_{i,j}$，张量积 B 样条曲面可表示为

$$\boldsymbol{S}(\xi, \eta) = \sum_{i=1}^{n}\sum_{j=1}^{m} N_{i,p}(\xi)M_{j,q}(\eta)\boldsymbol{P}_{i,j} \tag{2.4}$$

式中，$N_{i,p}(\xi)$ 和 $M_{j,q}(\eta)$ 分别为定义在节点向量 $\boldsymbol{\Xi}$ 和 $\boldsymbol{\mathcal{H}}$ 上的 B 样条基函数；p 和 q 分别为基函数 $N_{i,p}(\xi)$ 和 $M_{j,q}(\eta)$ 的阶次；n 和 m 分别为 ξ 和 η 参数方向上基函数的数量。

2.2　NURBS

B 样条方便自由建模，但是缺乏精确描述一些形状的能力，如圆形和椭圆体。NURBS 是 B 样条的有理形式，继承了 B 样条所有优秀的特性，且可以精确地描述任意复杂的几何。NURBS 已经成为计算机辅助设计领域处理几何信息时用于形状的表示、设计和数据交换的工业标准。

NURBS 基函数可以根据 B 样条基函数加权构造，即

$$R_i^p(\xi) = \frac{N_{i,p}(\xi)w_i}{\sum\limits_{s=1}^{n} N_{s,p}(\xi)w_s} \tag{2.5}$$

式中，$R_i^p(\xi)$ 为 NURBS 基函数；w_i 为权因子。

选择合适的 w_i 值可以描述不同类型的曲线。若所有控制点的权重相等，则 NURBS 基函数退化为 B 样条基函数。值得注意的是，对于简单的几何模型，权因子可由解析方法获得；对于复杂的几何模型，权因子可以从 CAD 软件 (如 Rhino) 中获得，也可以由设计者自定义。

与定义 B 样条曲线的方式类似，一条 p 次 NURBS 曲线可定义为

$$\boldsymbol{C}(\xi) = \sum_{i=1}^{n} R_i^p(\xi)\boldsymbol{P}_i \tag{2.6}$$

式中，$\boldsymbol{P}_i$ 表示控制点坐标。

已知两个节点向量 $\boldsymbol{\Xi} = \{\xi_1, \xi_2, \cdots, \xi_{n+p+1}\}$ 和 $\boldsymbol{\mathcal{H}} = \{\eta_1, \eta_2, \cdots, \eta_{m+q+1}\}$，张量积 NURBS 曲面可定义为

$$\boldsymbol{F}(\xi, \eta) = \sum_{i=1}^{n}\sum_{j=1}^{m} R_{i,j}^{p,q}(\xi, \eta)\boldsymbol{P}_{i,j} \tag{2.7}$$

式中，$\boldsymbol{P}_{i,j}$ 为控制点坐标，二维 NURBS 基函数 $R_{i,j}^{p,q}(\xi, \eta)$ 为

$$R_{i,j}^{p,q}(\xi, \eta) = \frac{N_{i,p}(\xi)M_{j,q}w_{i,j}}{\sum\limits_{\bar{i}=1}^{n}\sum\limits_{\bar{j}=1}^{m} N_{\bar{i},p}(\xi)M_{\bar{j},q}(\eta)w_{\bar{i},\bar{j}}} \tag{2.8}$$

式中，$w_{i,j}$ 为权因子。

图 2.3 为等几何分析采用 NURBS 几何建模的参数域和物理域。在等几何分析中，参数域和物理域上的点是一一对应的，因此可将物理域上的数据转换到参数域上进行分析计算。

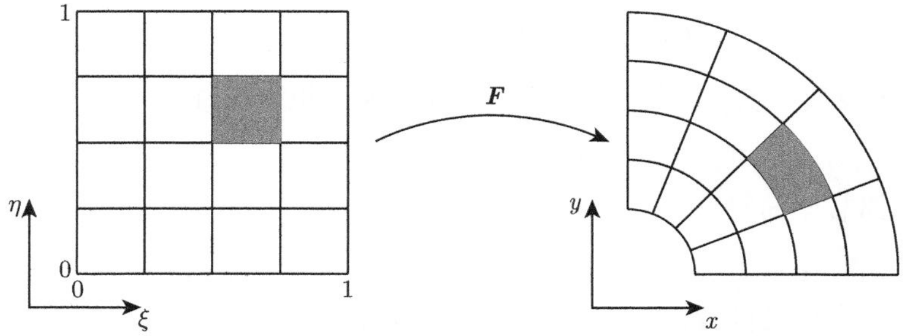

(a) 参数域 $\overline{\Omega}$　　(b) 物理域 Ω

图 2.3　参数域 $\overline{\Omega}$ 和物理域 Ω 的对应关系

2.3 LR B 样条

LR B 样条的核心思想是分解 B 样条的张量积网格结构获得参数域的局部表示[4]。由 B 样条理论可知，含有 $n+p+1$ 个节点的节点向量 $\boldsymbol{\Xi}=\{\xi_1, \xi_2, \cdots, \xi_{n+p+1}\}$ 产生 n 个线性无关阶次为 p 的 B 样条基函数。分解全局节点向量 $\boldsymbol{\Xi} = \{\xi_1, \xi_2, \cdots, \xi_{n+p+1}\}$ 为局部节点向量 $\boldsymbol{\Xi}_i = \{\xi_i, \xi_{i+1}, \cdots, \xi_{i+p+1}\}$，获得参数空间和几何离散的局部表示，每个局部节点向量 $\boldsymbol{\Xi}_i$ 构造一个样条基函数。用局部节点向量表示样条，基函数的参数域是最小的，即该基函数具有最小支撑。LR B 样条基函数由 Cox-de Boor 递归公式计算，它取决于局部节点向量 $\boldsymbol{\Xi}_i$ 和阶次 p。

阶次为 p 和 q 的二维 LR B 样条基函数 $B_{ij}^{pq}(\xi,\eta)$ 被定义为一个可分离的函数 B：$\mathbb{R}^2 \to \mathbb{R}$，即

$$B_{ij}^{pq}(\xi,\eta) = N_i^p(\xi)M_j^q(\eta) \tag{2.9}$$

式中，$N_i^p(\xi)$ 和 $M_j^q(\eta)$ 分别为 ξ 和 η 参数方向上的一维 LR B 样条基函数。LR B 样条基函数的性质直接来自 B 样条基函数，具有非负性、单位分解性和强凸包性。

LR B 样条曲面是由控制点集合 $\boldsymbol{P}_{ij}$ 和 LR B 样条基函数 $B_{ij}^{pq}(\xi,\eta)$ 构造的，即

$$\boldsymbol{x}(\xi,\eta) = \sum_{i=1}^{n}\sum_{j=1}^{m} B_{ij}^{pq}(\xi,\eta)\boldsymbol{P}_{ij} \tag{2.10}$$

式中，n 和 m 分别为 ξ 和 η 参数方向上的 LR B 样条基函数的个数。

为了确保 LR B 样条在局部细化过程中保持单位分解性，将 LR B 样条基函数乘以一个比例因子 $\gamma_{ij} \in (0,1]$，得

$$\boldsymbol{x}(\xi,\eta) = \sum_{i=1}^{n}\sum_{j=1}^{m} B_{ij}^{pq}(\xi,\eta)\boldsymbol{P}_{ij}\gamma_{ij} \tag{2.11}$$

由上述公式可知，全局 B 样条表示分解为一组局部细化 B 样条组成的局部表示。

2.3.1 局部节点向量

节点向量 $\boldsymbol{\Xi} = \{\xi_1,\xi_2,\cdots,\xi_{n+p+1}\}$ 能产生 n 个线性无关阶次为 p 的 B 样条基函数。由 B 样条的算法可知，每个 B 样条基函数 $N_{i,p}$ 仅需要不超过 $p+2$ 个节点，且每个 B 样条基函数使用不同的节点值。因此，定义 B 样条基函数不需要使用全局节点向量。第 $i(i=1,2,\cdots,n)$ 个 B 样条基函数 $N_{i,p}(\xi) = B_{\Xi_i}(\xi)$ 由下面局部节点向量定义：

$$\boldsymbol{\Xi}_i = \{\xi_{i+j}\}_{j=0}^{p+1}, \quad i=1,2,\cdots,n \tag{2.12}$$

例如，考虑一组二阶 B 样条基函数的全局开放节点向量 $\boldsymbol{\Xi} = \{0,0,0,0.3,0.5,0.8,0.8,1,1,1\}$，它能够生成 7 个含有 4 个节点值的局部节点向量，即

$$\boldsymbol{\Xi}_1 = \{0,0,0,0.3\}$$

$$\boldsymbol{\Xi}_2 = \{0,0,0.3,0.5\}$$

$$\boldsymbol{\Xi}_3 = \{0,0.3,0.5,0.8\}$$

$$\begin{aligned} \boldsymbol{\varXi}_4 &= \{0.3, 0.5, 0.8, 0.8\} \\ \boldsymbol{\varXi}_5 &= \{0.5, 0.8, 0.8, 1\} \\ \boldsymbol{\varXi}_6 &= \{0.8, 0.8, 1, 1\} \\ \boldsymbol{\varXi}_7 &= \{0.8, 1, 1, 1\} \end{aligned} \tag{2.13}$$

由式(2.13)中的 7 个局部节点向量 $\boldsymbol{\varXi}_1 \sim \boldsymbol{\varXi}_7$ 可以分别生成 7 个 B 样条基函数。值得注意的是，不需要整个基函数集合，删除其中的一个子集，只保留需要的基函数集合。从局部节点向量可以很好地解释在节点值 $\xi = 0.8$ 处 B 样条基函数 $N_{4,2}(\xi)$、$N_{5,2}(\xi)$ 和 $N_{6,2}(\xi)$ 是 C^0 连续的，原因是 $\boldsymbol{\varXi}_4$、$\boldsymbol{\varXi}_5$ 和 $\boldsymbol{\varXi}_6$ 在节点值 $\xi = 0.8$ 处的重复度为 2。

一个加权 B 样条基函数可以定义为

$$\boldsymbol{B}_{\varXi}^{\gamma}(\xi) = \gamma \prod_{i=1}^{n} \boldsymbol{B}_{\varXi_i}(\xi^i) \tag{2.14}$$

式中，$\gamma \in (0, 1]$ 为权因子，引入 γ 是为了确保 LR B 样条基函数的单位分解属性，这个权因子与 NURBS 中的有理权因子不同。

给定两个局部节点向量 $\boldsymbol{\varXi} = \{\xi_1, \xi_2, \cdots, \xi_{p+2}\}$、$\boldsymbol{\mathcal{H}} = \{\eta_1, \eta_2, \cdots, \eta_{q+2}\}$ 和权因子 γ，则二维加权 B 样条基函数可表示为

$$\boldsymbol{B}_{\varXi,\mathcal{H}}^{\gamma}(\xi, \eta) = \gamma \boldsymbol{B}_{\varXi,\mathcal{H}}(\xi, \eta) \tag{2.15}$$

2.3.2 局部细化网格

图 2.4 给出了 Box 网格、张量网格和 LR 网格三种典型的平面网格。Box 网格或 T 网格是通过插入水平和竖直线段将二维矩形域 $[\xi_0, \xi_n] \times [\eta_0, \eta_n]$ 划分为更小的矩形得到的网格。张量网格是没有 T 接头的 Box 网格，插入的所有水平线段和竖直线段贯穿整个矩形长度 $[\xi_0, \xi_n]$ 或宽度 $[\eta_0, \eta_n]$。LR 网格 M_n 是在初始张量网格 M_0 的基础上插入一系列水平或竖直线段得到的网格，如 $M_n \supset M_{n-1} \supset \cdots \supset M_1 \supset M_0$，且每个中间步骤网格 M_i 也是 Box 网格。换句话说，必须可以通过一次插入一条线段来创建网格，这些线段永远不会停留在单元的中心 (节点区间)。图 2.4 (c) 不仅是 Box 网格，也是 LR 网格，但图 2.4 (a) 仅是 Box 网格，不是 LR 网格。对于三种典型的平面网格，每条线段都有一个对应的整数值 n，即相同线段重复的次数，称为该线段的重复度。在 LR 网格中，线段的重复度必须满足 $0 < n \leqslant p$，p 为 LR B 样条基函数的阶次。

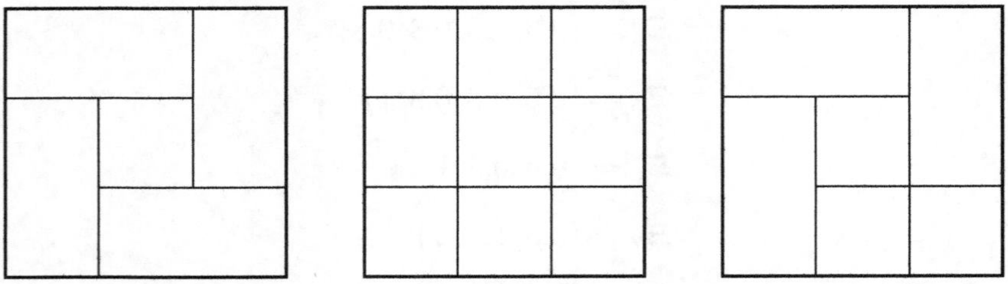

(a) Box 网格 (b) 张量网格 (c) LR 网格

图 2.4 典型的二维网格

与张量网格相比，LR 网格的主要优势是能局部细化。LR B 样条基函数的节点向量具有 $p+2$ 个节点，因此网格线至少贯穿 $p+2$ 个节点。一个 LR 网格 M_n 上网格线的扩展可以通过网格线的重新建立、现有网格线的延伸、两条网格线的连接和增加网格线的重复度四种方式实现。增加网格线的重复度会降低 LR B 样条曲线的连续性。在二维 LR 网格下，通过插入水平和垂直的线段达到网格线的扩展。任何方式网格线的扩展都将导致 LR B 样条失去最小支撑性。若 LR B 样条基函数的支撑域没有完全被任何其他网格线贯穿，则称 LR B 样条具有最小支撑。

2.3.3 局部细化过程

若 LR B 样条由于网格线扩展而失去最小支撑性，则执行局部细化。一般来说，局部细化的过程是通过插入单个节点来实现的。根据经典样条理论，插入额外节点丰富了基函数，然而 B 样条描述的几何仍然保持不变。将单个节点 $\bar{\xi}$ 插入含 $p+2$ 个节点的局部节点向量 $\boldsymbol{\Xi}$ 会产生含 $p+3$ 个节点的节点向量。因此，通过分解扩大的节点向量 $\boldsymbol{\Xi}=\left\{\xi_1,\cdots,\xi_{i-1},\bar{\xi},\xi_i,\cdots,\xi_{p+2}\right\}$ 得到两个含 $p+2$ 个节点的节点向量 $\boldsymbol{\Xi}_1=\left\{\xi_1,\cdots,\xi_{i-1},\bar{\xi},\xi_i,\cdots,\xi_{p+1}\right\}$ 和 $\boldsymbol{\Xi}_2=\left\{\xi_2,\cdots,\xi_{i-1},\bar{\xi},\xi_i,\cdots,\xi_{p+2}\right\}$，由这两个节点向量可以生成两个 LR B 样条。

在 LR 网格 ξ 参数方向上，LR B 样条基函数的关系可表示为[5]

$$\gamma\boldsymbol{B}_{\Xi}(\xi)=\gamma_1\boldsymbol{B}_{\Xi_1}(\xi)+\gamma_2\boldsymbol{B}_{\Xi_2}(\xi) \tag{2.16}$$

式中，$\gamma_1=\alpha_1\gamma$，$\gamma_2=\alpha_2\gamma$，α_1 和 α_2 分别为

$$\alpha_1=\begin{cases}1, & \xi_{p+1}\leqslant\bar{\xi}\leqslant\xi_{p+2}\\ \dfrac{\bar{\xi}-\xi_1}{\xi_{p+1}-\xi_1}, & \xi_1\leqslant\bar{\xi}\leqslant\xi_{p+1}\end{cases} \tag{2.17a}$$

$$\alpha_2=\begin{cases}\dfrac{\xi_{p+2}-\bar{\xi}}{\xi_{p+2}-\xi_2}, & \xi_2\leqslant\bar{\xi}\leqslant\xi_{p+2}\\ 1, & \xi_1\leqslant\bar{\xi}\leqslant\xi_2\end{cases} \tag{2.17b}$$

将节点 $\overline{\xi} = 3/2$ 插入局部节点向量 $\boldsymbol{\Xi} = \{0,1,2,3\}$，由式(2.17)计算得到 $\alpha_1 = \alpha_2 = 0.75$，由节点向量构造基函数 $\boldsymbol{B}_{\Xi}$。原始基函数 $\gamma\boldsymbol{B}_{\Xi}$ 被分为两个新的 LR B 样条基函数 $\gamma\alpha_1\boldsymbol{B}_{\Xi_1}$ 和 $\gamma\alpha_2\boldsymbol{B}_{\Xi_2}$。由图 2.5可知，插入新的节点不会改变样条的几何形状。

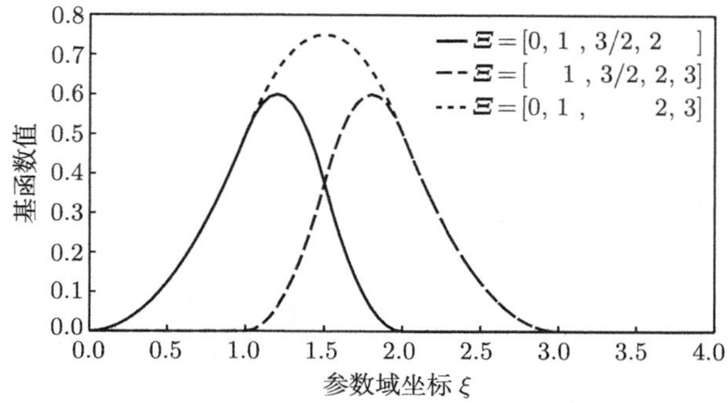

图 2.5 局部节点向量 $\boldsymbol{\Xi} = \{0,1,2,3\}$ 插入节点 $\overline{\xi} = 3/2$

二维 B 样条基函数每次在一个参数方向上执行细化。考虑两个局部节点向量 $\boldsymbol{\Xi} = \{\xi_1,\xi_2,\cdots,\xi_{p+2}\}$ 和 $\boldsymbol{\mathcal{H}} = \{\eta_1,\eta_2,\cdots,\eta_{q+2}\}$，对于带权重的二维 LR B 样条基函数 $\gamma B_{\Xi,\mathcal{H}}(\xi,\eta)$，根据细化算法式(2.16)，细化 ξ 方向，得

$$
\begin{aligned}
\gamma B_{\Xi,\mathcal{H}}(\xi,\eta) &= \gamma B_{\Xi} \cdot B_{\mathcal{H}}(\eta) \\
&= \gamma[\alpha_1 B_{\Xi_1}(\xi) + \alpha_2 B_{\Xi_2}(\xi)]B_{\mathcal{H}}(\eta) \\
&= \gamma_1 B_{\Xi_1,\mathcal{H}}(\xi,\eta) + \gamma_2 B_{\Xi_2,\mathcal{H}}(\xi,\eta)
\end{aligned} \tag{2.18}
$$

节点向量 $\boldsymbol{\Xi}$ 被分解为 $\boldsymbol{\Xi}_1$ 和 $\boldsymbol{\Xi}_2$，细化过程分两步进行：① 分解支撑域被网格线扩展的所有 LR B 样条基函数；② 检查所有新生成的基函数是否具有最小支撑。若新生成的 LR B 样条没有最小支撑，则执行细化。分解 $\gamma B_{\Xi,\mathcal{H}}(\xi,\eta)$ 为 $\gamma_j B_{\Xi_j,\mathcal{H}}(\xi,\eta)(j=1,2)$，可能会出现以下两种情况：

(1) 若 LR B 样条不存在，则需要创建一个新的 LR B 样条。在这种情况下，新控制点 $\boldsymbol{x}_j$ 与原 LR B 样条控制点相同，即 $\boldsymbol{P}_j = \boldsymbol{P}$。

(2) 若 $B_{\Xi_j,\mathcal{H}}(\xi,\eta)$ 已经存在，则控制点和权因子分别为 $\boldsymbol{P}_j = \dfrac{\boldsymbol{P}_j\gamma_j + \boldsymbol{P}\gamma\alpha_j}{\gamma_j + \alpha_j\gamma}$ 和 $\gamma_j = \gamma_j + \gamma\alpha_j$。

在分解前面的 LR B 样条之后，在上述两种情况下 $\gamma B_{\Xi,\mathcal{H}}(\xi,\eta)$ 被删除，继续进行第二步并检查新局部基函数的支撑域是否完全被现有网格线贯穿。若没有最小支撑，则再次执行第一步。值得注意的是，在细化过程的每一步，单位分解和几何映射都保持不变。对于二维 LR B 样条，可以通过仅使用原始网格线的扩展来保证获得的样条空间是线性无关的。

2.3.4　细化策略

本节介绍两种不同的细化策略，即全跨度细化策略和结构网格细化策略[6]。

全跨度细化策略是细化一个标记单元 (需要细化的单元) 支撑的所有不为零的 LR B 样条基函数，插入的两条网格线必须贯穿标记单元所支撑的所有基函数的最小节点值到最大节点值。该细化策略将确保标记单元上所支撑的所有 LR B 样条都得到相同的处理，且所有单元都将通过细化进行拆分。该策略的缺点是得到了一个较大的细化范围，相邻单元也被一条线段分割，这实际上使其纵横比翻倍。由图 2.6(a) 可以看出，这种细化策略产生了矩形的相邻单元。

结构网格细化策略是细化 LR B 样条基函数，而不是细化单元。根据 LR B 样条的支撑域，插入结构网格线，通过对 LR B 样条基函数进行细化，从而实现 LR 网格的局部细化，如图 2.6(b) 所示。在等几何分析中，一般采用后验误差方法确定需要细化的 LR B 样条基函数。在自适应局部网格细化过程中，根据细化参数标记后验误差大的 LR B 样条基函数进行网格的自适应细化。一个 LR B 样条基函数的误差是指该 LR B 样条基函数上所支撑的所有单元的误差之和。LR B 样条基函数不是线性无关的，但结构网格细化策略获得的 LR B 样条基函数一般是线性无关的，因此通常采用结构网格细化策略对 LR 网格进行局部细化。

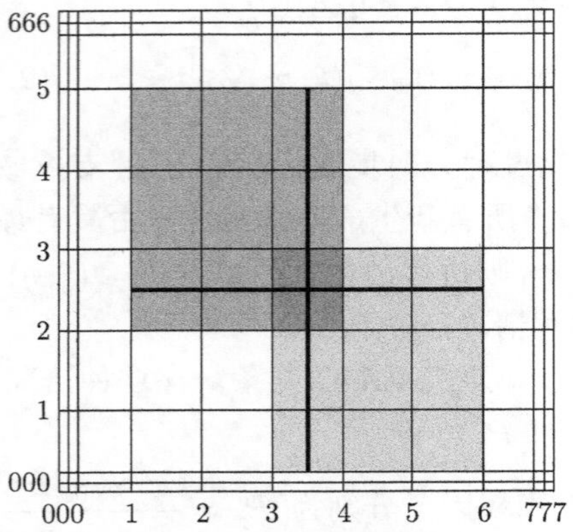

(a) 全跨度细化策略

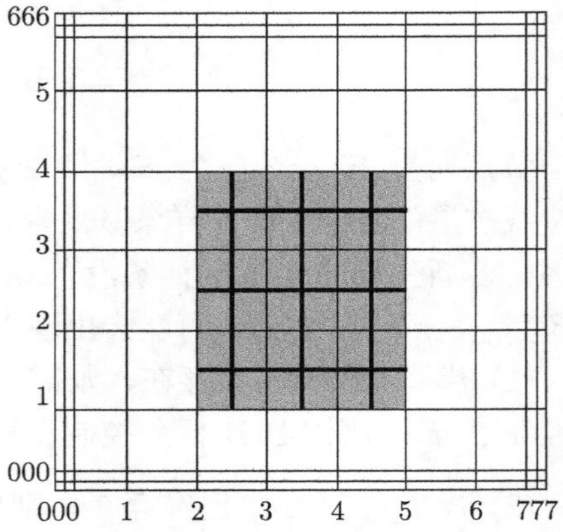

(b) 结构网格细化策略

图 2.6　LR 网格细化策略

2.4 LR NURBS

Zimmermann 和 Sauer[7]将 LR B 样条扩展到 LR NURBS，从而描述不能用多项式精确描述的复杂几何模型。在 $\mathbb{R}^d$ 上的 LR NURBS 对象是由在 $\mathbb{R}^{d+1}$ 上的 LR B 样条实体投影变换构造出来的，一个映射控制点 $\boldsymbol{P}_i^w$ 的前 d 项和第 $d+1$ 项分别代表空间坐标和权因子。例如，对于三维问题，控制点表示为 $\boldsymbol{P}_i^w=[x_i,y_i,z_i,w_i]$。LR NURBS 对象的控制点由以下投影变换得到

$$(\boldsymbol{P}_i)_k=\frac{(\boldsymbol{P}_i^w)_k}{w_i},\quad w_i=(\boldsymbol{P}_i^w)_{d+1} \tag{2.19}$$

式中，$(\boldsymbol{P}_i)_k$ 为控制点 $\boldsymbol{P}_i$ 的第 k 个分量；w_i 为第 i 个控制点对应的权因子。为了推广这种关系，二维加权 LR B 样条基函数为

$$W(\xi,\eta)=\sum_{i=0}^{n}\sum_{j=0}^{m}B_{ij}^{pq}(\xi,\eta)w_{ij} \tag{2.20}$$

式中，$B_{ij}^{pq}(\xi,\eta)$ 为 LR B 样条基函数；w_{ij} 为 LR B 样条基函数权因子。

二维 LR NURBS 基函数定义为

$$R_{ij}^{pq}(\xi,\eta)=\frac{B_{ij}^{pq}(\xi,\eta)w_{ij}}{W(\xi,\eta)}=\frac{B_{ij}^{pq}(\xi,\eta)w_{ij}}{\sum\limits_{i=0}^{n}\sum\limits_{j=0}^{m}B_{ij}^{pq}(\xi,\eta)w_{ij}} \tag{2.21}$$

同样，在节点向量中插入额外的节点时，LR NURBS 曲面定义为

$$\boldsymbol{P}(\xi,\eta)=\sum_{i=0}^{n}\sum_{j=0}^{m}R_{ij}^{pq}(\xi,\eta)\boldsymbol{P}_{ij}\gamma_{ij} \tag{2.22}$$

式中，$\boldsymbol{P}_{ij}$ 为控制点坐标；γ_{ij} 为比例因子。

LR NURBS 基函数的性质 (如连续性和支撑性) 直接来自于节点向量。LR NURBS 基函数具有非负性和单位分解性，这导致 LR NURBS 具有强凸包性。值得注意的是，这些权因子与任何显式的几何描述分离，每个权因子都与控制点一一对应，改变权因子会改变几何形状。当所有权因子都相等时，曲面又是一个多项式表示，故 $R_{ij}^{pq}(\xi,\eta)=B_{ij}^{pq}(\xi,\eta)$。所以，LR B 样条是 LR NURBS 的一种特殊情况。为了局部细化 LR NURBS 对象，必须特别注意权因子。在细化开始之前，LR NURBS 映射控制点 $\boldsymbol{P}_{ij}^w$ 可以由式(2.19)计算得到，在控制点 $\boldsymbol{P}_{ij}^w$ 中引入

权因子 w_{ij}，并将其作为控制点 $\boldsymbol{P}_{ij}^w$ 的第四项，则 LR NURBS 映射控制点的形式为 $\boldsymbol{P}_{ij}^w=[x_{ij}w_{ij},\ y_{ij}w_{ij},\ z_{ij}w_{ij},\ w_{ij}]$。

在细化过程之后，控制点通过将空间坐标除以其相关权因子变换回来。当执行细化时，w_{ij} 的处理方式与控制点相同。自适应分析时，细化参数 β 控制 LR NURBS 基函数的增长率。细化参数 β 使前后两个 LR NURBS 基函数 $\mathcal{B}_{i-1}$ 和 $\mathcal{B}_i$ 满足以下关系：

$$\begin{aligned}&\mathcal{B}_{i-1}\subset\mathcal{B}_i\\&(1+\beta)\left|\mathcal{B}_{i-1}\right|\leqslant\left|\mathcal{B}_i\right|\end{aligned}\tag{2.23}$$

式中，$\mathcal{B}_{i-1}$ 和 $\mathcal{B}_i$ 分别为第 $i-1$ 次和第 i 次自适应细化后 LR NURBS 基函数的个数。

式(2.23)可简单地表述为：第 i 次自适应细化 LR NURBS 基函数 $\mathcal{B}_i$ 应该是第 $i-1$ 次 LR NURBS 基函数 $\mathcal{B}_{i-1}$ 细化的结果，且每次自适应细化时增加的基函数个数占上一次基函数总数的百分比至少大于 β。例如，取细化参数 $\beta=5\%$，若在第 $i-1$ 次细化后产生了 $N=200$ 个基函数，则在第 i 次细化后至少生成 $(1+\beta)\times N=210$ 个基函数。细化参数 β 越小，自适应细化次数越多，细化的区域越小，计算精度越高；细化参数 β 越大，自适应细化次数越少，细化的区域越大，计算精度越低。对于线弹性问题，自适应细化参数的取值范围建议为 $5\%\leqslant\beta\leqslant20\%$[5]。

2.5 层次 B 样条

Forsey 和 Bartels[8]于 1988 年提出了层次 B 样条 (HB 样条)。HB 样条由一系列嵌套的张量积样条空间的累积构成，可以对子区域进行局部加细。HB 样条可以理解为一种通过用细网格 B 样条代替所选粗网格 B 样条来局部丰富近似空间的技术。

令 $V^0\subset V^1\subset\cdots\subset V^N$ 为一个嵌套的序列，表示定义于未裁剪域 Ω_0 上的 n 变量 B 样条函数空间。用 $\mathcal{B}^l$ 表示第 l 层空间 V^l 的 B 样条基函数，且第 $l+1$ 层 $\mathcal{B}^{l+1}$ 由 $\mathcal{B}^l$ 均匀二分细化得到。定义样条空间的嵌套区域记为 $(\Omega_l)_{l=0,1,\cdots,N}$，满足

$$\hat{\Omega}_0=\Omega_0^0\supset\Omega_0^1\supset\cdots\supset\Omega_0^{N-1}\supset\Omega_0^N=\varnothing\tag{2.24}$$

式中，每个子域 Ω_0^l 是指第 l 层中有待加密的区域；Ω_0^0 和初始域 $\hat{\Omega}_0$ 相关联；辅助空集 Ω_0^N 用来简化之后的表示过程，下标 0 表示只考虑非剪裁域 Ω_0。图 2.7 给出了平面层次 B 网格。

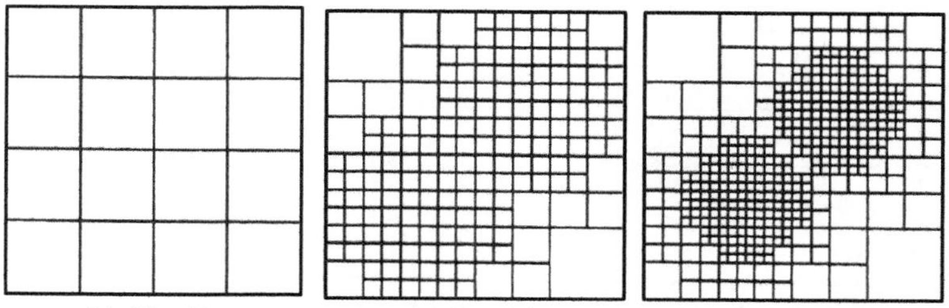

(a) 第 0 层 (b) 第 2 层 (c) 第 3 层

图 2.7 平面层次 B 网格

定义区域 Ω_0 上的函数 f 的支集为 $\text{supp}f=\{(x,y):f(x,y)\neq 0\wedge(x,y)\in\Omega^0\}$。设 N^l 是定义在 Ω^l 上的张量积 B 样条基函数，HB 样条空间的基函数 $\mathcal{K}$ 通过以下递推方式给出[9]。

(1) 初始：$K^0=\tau\in N^0:\text{supp}\tau\neq\varnothing$。

(2) 从 K^l 构造 K^{l+1}：$K^{l+1}=K_A^{l+1}\cup K_B^{l+1}, l=0,1,\cdots,N-2$，$K_A^{l+1}=\left\{\tau\in K^l:\text{supp}\tau\not\subseteq\Omega^{l+1}\right\}$，$K_B^{l+1}=\left\{\tau\in N^{l+1}:\text{supp}\tau\subseteq\Omega^{l+1}\right\}$。

(3) $\mathcal{K}=K^{N-1}$。

记截断的层次 B 样条 (THB 样条) 基为 $\mathcal{T}$。在 HB 样条中不同层次间存在交叠的基函数，因此 HB 样条不具备单位分解性。为了实现 HB 样条的单位分解性，需要对其基函数进行截断。HB 样条的样条空间是一层一层嵌套的，因此空间 V^l 的任意函数 s 可以由较细层次空间 V^{l+1} 中的 B 样条基函数组合得到，即

$$s=\sum_{\beta\in\mathcal{B}^{l+1}}c_\beta^{l+1}(s)\beta \tag{2.25}$$

式中，函数 s 关于 $\mathcal{B}^{l+1}$ 的截断定义为 $\text{Trunc}^{l+1}s=\sum\limits_{\beta\in\mathcal{B}^{l+1}\ \text{supp}\beta\not\subseteq\Omega_0^{l+1}}c_\beta^{l+1}(s)\beta$。

通过上述公式可以看出，在当前较密的层次域下一些局部支集与其相交的基函数在表示较粗网格的基函数时被省略，因此这一操作称为截断。引入截断层次 B 样条基[10]：

$$\mathcal{T}=\left\{\text{Trunc}^{l+1}\beta:\beta\in\mathcal{B}^l\cap\mathcal{H},l=0,1,\cdots,N-1\right\} \tag{2.26}$$

式中，$\text{Trunc}^{l+1}\beta=\text{Trunc}^{N-1}(\text{Trunc}^{N-2}(\cdots(\text{Trunc}^{l+1}(\beta))\cdots))$。

图 2.8 给出了具有三层嵌套域下单变量 HB 样条和 THB 样条基函数的构造过程。由图可以看出，截断操作不仅使 THB 样条基函数局部支集的区间范围减小，也使其满足了单位分解性质。THB 样条基函数 τ 的支撑区间不规整，因此修改传统的基函数局部支集定义为 $\text{supp}\tau=\{x:\tau(x)\neq 0\wedge x\in\Omega_0^0\}$。

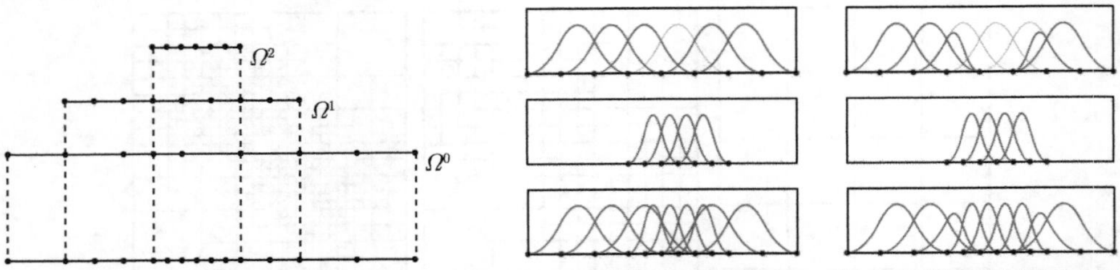

(a) 三层嵌套的层次网格　(b) HB样条基函数的构造　(c) THB样条基函数的构造

图 2.8　HB 样条和 THB 样条基函数的构造过程[10]

HB 样条和 THB 样条不仅实现了局部细化，还保留了 NURBS 基函数的一些优点，如局部支撑性、线性无关性、非负性。THB 样条是对 HB 样条的规范化，相对于 HB 样条，THB 样条支撑更小且具有单位分解性。

2.6　T 样条

T 样条网格是以矩形块为基础单元进行非均匀分布而组成的矩形域网格。T 样条网格中有 T 型节点、X 型节点和 O 型节点，如图 2.9 所示。

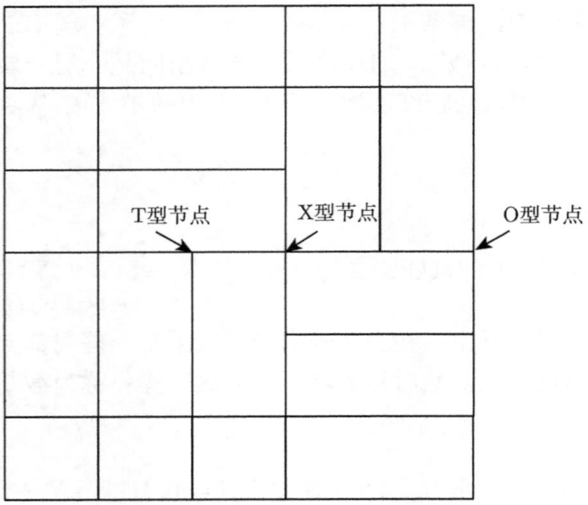

图 2.9　T 样条网格

T 样条网格需满足以下两个约束：① 一个 T 样条网格中的矩形单元其对边上的节点距需要保持一致。如图 2.10 所示，在单元 A 中两条竖直方向的边界上的节点距都为 d_6，两条水平方向的边界上的节点距都为 e_4。在 B 矩阵单元中两条竖直方向的边界上的节点距都为 d_3+d_4，两条水平方向的边界上的节点距都为

e_4+e_5。② 在一个矩形单元中，若对边有两个水平对齐或者竖直堆砌的控制点，则两个控制点间自动地加入一条新的水平边界或竖直边界。如图 2.10 所示，若在单元网格 C 的下边界加入一个与上边界中间控制点水平位置相同的控制点，则在单元网格 C 内部将自动增加一条水平的边线。

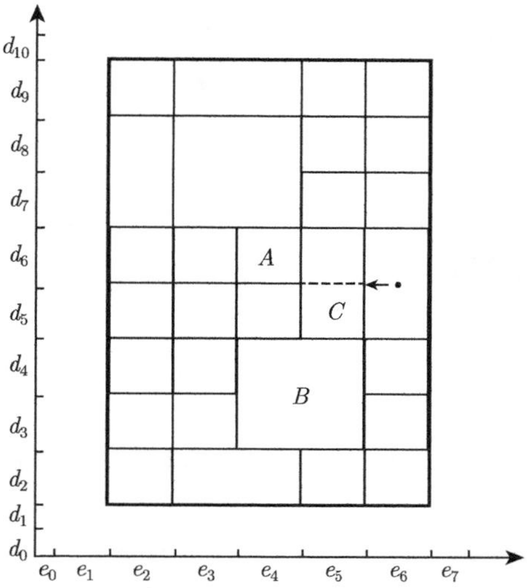

图 2.10　T 样条网格的约束

在确定 T 样条的 T 网格之后，需要通过 T 网格寻找锚点。锚点是基函数所对应的局部非零点节点向量的中心点。锚点 $\{a_i\}_{i=1}^n$ 和局部非零节点向量是一一对应的，因此锚点和基函数 $\{N_{i,p}\}_{i=1}^n$ 也是一一对应的，并且锚点和控制点也是一一对应的。对于每个 B 样条基函数 $N_{i,p}$，用 a_i 表示其锚点，锚点的定义式为[11]

$$a_i=\begin{cases}\dfrac{u_{i+(p+1)}}{2}, & p\text{为奇数}\\ \dfrac{u_{i+(p/2)}+u_{i+(p/2)+1}}{2}, & p\text{为偶数}\end{cases} \tag{2.27}$$

T 样条可以看成控制网格上具有 T 型节点的 NURBS 曲面[12]。控制点与 T 样条基函数 $T_i(u,v)$ 相乘得到 T 样条曲面，即

$$\boldsymbol{S}_{\mathrm{T}}(u,v)=\sum_{i=1}^{n}\boldsymbol{P}_iT_i(u,v) \tag{2.28}$$

式中，$\boldsymbol{S}_{\mathrm{T}}$ 为 T 样条曲面上物质坐标为 (u,v) 的点的全局坐标；$\boldsymbol{P}_i$ 为控制点的全局坐标；n 为控制点的数量；$T_i(u,v)$ 为控制点对应的 T 样条基函数，具体表达

式如下：

$$T_i(u,v)=\frac{\omega_i B_i(u,v)}{\sum\limits_{i=1}^{n}\omega_i B_i(u,v)}=\frac{\omega_i B_i(u,v)}{W(u,v)} \tag{2.29}$$

式中，混合函数 $B_i(u,v)$ 为 B 样条基函数 $N_i(u)$ 和 $R_i(v)$ 的乘积；ω_i 为控制点所对应的权重；$W(u,v)$ 为权重与基函数的乘积之和。

因为使用 B 样条基函数，所以 T 样条曲面也具备以下优良性质。

(1) 局部支撑性和非负性：曲面上任意点的位置均只与有限范围内的控制点有关，且该范围内的控制顶点对曲面点的影响因子均为正值。

(2) 仿射不变性：通过对控制点施加旋转、平移、缩放和剪切等仿射变换，完成对曲面的变换。

(3) 强凸包性：T 样条曲面包含在由控制点 P_{ij} 组成的控制拓扑图构成的凸包中。

(4) 局部修正性：移动曲面控制点 P_{ij} 仅在间隔 $[u_i,u_{i+p+1})$ 和 $[v_j,v_{j+q+1})$ 内对曲面进行改变。

T 样条基函数是基于局部节点向量而不是全局节点向量来计算的。局部节点向量的建立依赖于 T 网格和锚点的建立，根据 T 网格和锚点可以得到 T 样条曲面上每一个控制点对应的局部节点向量 $\boldsymbol{u}_i=[u_1,u_2,\cdots,u_{p+2}]$ 和 $\boldsymbol{v}_i=[v_1,v_2,\cdots,v_{p+2}]$。局部细化算法是 T 样条的核心算法，可以采用递归算法对 T 样条进行局部细化[13]。

2.7 PHT 样条

鉴于任意 T 网格上的样条基函数构造困难，Deng 等[14]结合分级 B 样条的思想，提出了 PHT 样条。

分级 T 网格始于一个张量积网格，通过逐层局部加细后得到。将张量积网格设置为初始网格，然后对待细化的胞腔进行十字插入剖分，将一个胞腔细化为 4 个子胞腔，从而得到一个新的 T 网格，重复步骤 k 次，即可得到最大层数为 k 的层次 T 网格。图 2.11 给出了层次 T 网格的生成过程，其中初始网格是标准的张量积网格。

给定一个层次 T 网格，按照 T 网格的样条空间定义的 $\mathcal{S}(3,3,1,1,\mathcal{T})$ 中的样条函数称为 PHT 样条。在实际应用中，主要考虑层次 T 网格 $\mathcal{T}$ 上的双三阶 C^1 光滑的样条空间 $\mathcal{S}(3,3,1,1,\mathcal{T})$，其维数为 $\mathcal{S}(3,3,1,1,\mathcal{T})=4(V^++V^b)$。每个边界点和内部的十字点都与四个基函数相关，因此边界点和内部的十字点称为基点。对于每个内部的基点 (s_i, t_j)，与其相关的四个基函数对应的节点向量分别为 $(s_{i-1}, s_{i-1}, s_i, s_i, s_{i+1})$、$(s_{i-1}, s_i, s_i, s_{i+1}, s_{i+1})$、$(t_{j-1}, t_{j-1}, t_j, t_j, t_{j+1})$ 和 $(t_{j-1}, t_j, t_j, t_{j+1}, t_{j+1})$。当基点是边界点时，$s_{i-1} = s_i$ 或 $s_i = s_{i+1}$ 或 $t_{j-1} = t_j$ 或 $t_j = t_{j+1}$，显然这些基函数也在空间 $\mathcal{S}(3,3,1,1,\mathcal{T})$ 中。

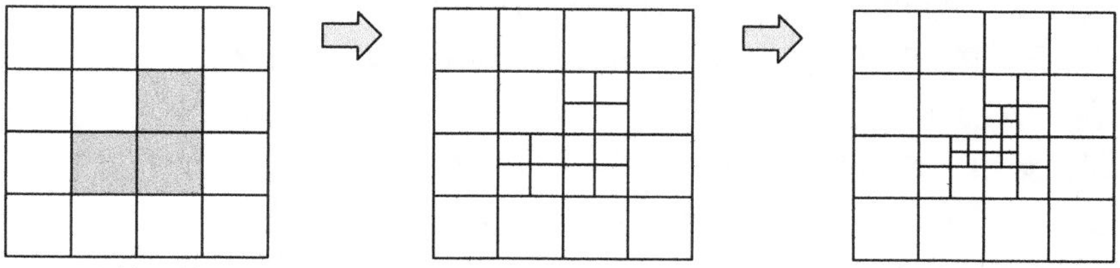
(a) 第 0 层　(b) 第 1 层　(c) 第 2 层

图 2.11　不同层级的二维层次 T 网格[15]

PHT 样条空间的基函数可以通过逐层构造的方式得到。给定初始化张量积网格 $\mathcal{T}_0$，对其进行 N 次细化后得到层次 T 网格 $\mathcal{T} = \mathcal{T}_0\mathcal{T}_1, \cdots, \mathcal{T}_N$。$\mathcal{M}^{l+1}$ 对第 l 层的基函数在第 $l+1$ 层剖分的网格进行截断操作，b_i^{l+1} 为在第 $l+1$ 层上新出现的基函数，则层次 T 网格上的一组基函数 $\{b_i\}$ 可以采用如下递归方式得到[14]。

(1) 初始化：$\mathcal{S} = \left\{b_i^0 : \text{张量积网格}\mathcal{T}_0\text{上的双三阶 B 样条基函数}\right\}$。

(2) 递归过程：$\mathcal{S}^{l+1} = \mathcal{S}_A^{l+1} \cup \mathcal{S}_B^{l+1}, k = 0, 1, \cdots, N-1$，$\mathcal{S}_A^{l+1} = \{\mathcal{M}^{l+1}(b_i^l) : b_i^l \in \mathcal{S}^l\}$，$\mathcal{S}_B^{l+1} = \left\{b_i^{l+1} : \text{第 } l+1 \text{ 层的基函数}\right\}$。

(3) $\mathcal{S} = \mathcal{S}^N$。

PHT 基函数具有以下性质：

(1) 满足单位分解。

(2) 非负性。

(3) 具有局部支撑集。

(4) 若基点没有消失，则所有的基函数在此基点处的几何信息保持不变。

(5) 全局 C^1 连续性。

定义 $b_{i,j}(\xi, \eta)$ 为 $\mathcal{S}(3,3,1,1,\mathcal{T})$ 样条空间的基函数，则 PHT 样条曲面 $\mathcal{S}_{\text{pht}}$ 可表示为

$$\mathcal{S}_{\text{pht}}(\xi, \eta) = \sum_{i=1}^{m} \sum_{j=1}^{4} b_{i,j}(\xi, \eta) C_{i,j}, \quad (\xi, \eta) \in \Omega \tag{2.30}$$

式中，i 为基点的编号；j 为每个基点对应的基函数的编号；m 为基点的总数量；(ξ, η) 为 PHT 样条曲面 $\mathcal{S}_{\text{pht}}$ 的参数坐标；$C_{i,j}$ 为每个基函数对应的控制点系数。

设层次 T 网格 $\mathcal{T}$ 上的样条函数为

$$S(x,y)=\sum_{i=1}^{m} C_i b_i(x,y) \tag{2.31}$$

式中，$b_i(x,y)$ 为基函数；C_i 为待求的控制点系数。

根据基于 PHT 的数据拟合法[14]，由基函数的性质可知，给定样条函数 $S(x,y)$ 在每个基点处的几何信息为 $\mathrm{LS}(x_0,y_0)=(S(x_0,y_0),S_x(x_0,y_0),S_y(x_0,y_0),S_{xy}(x_0,y_0))$，即函数值、一阶偏导数和混合偏导数，就可以通过 Hermite 插值直接求出控制系数 C_i 的值，从而得到样条函数的表达式。对于任意的基点 (x_0,y_0)，假设其相应的四个基函数的指标为 j_1、j_2、j_3、j_4，记对应的控制点系数向量为 $\boldsymbol{C}=(C_{j1},C_{j2},C_{j3},C_{j4})$。设基点相邻的四个胞腔所在的区域为 $[x_0-x_0^1,x_0+x_0^2]\times[y_0-y_0^1,y_0+y_0^2]$，则有

$$\boldsymbol{C}=\mathrm{LS}(x_0,y_0)\cdot\boldsymbol{B}^{-1} \tag{2.32}$$

其中，

$$\boldsymbol{B}^{-1}=\begin{bmatrix} 1 & 1 & 1 & 1 \\ -x_0^1 & x_0^2 & -x_0^1 & x_0^2 \\ -y_0^1 & -y_0^1 & y_0^2 & x_0^2 \\ x_0^1y_0^1 & -x_0^2y_0^1 & -x_0^1y_0^2 & x_0^2y_0^2 \end{bmatrix} \tag{2.33}$$

一个给定的 T 网格 $\mathcal{T}$，对于 $\mathcal{T}$ 中的每个基点，只要有相关的几何信息，就可以通过式 (2.32)求出唯一一个插值该几何信息的 PHT 样条。

参 考 文 献

[1] Hughes T, Cottrell J, Bazilevs Y. Isogeometric analysis: CAD, finite elements, NURBS, exact geometry and mesh refinement[J]. Computer Methods in Applied Mechanics and Engineering, 2005, 194(39): 4135-4195.

[2] Piegl L, Tiller W. The NURBS Book[M]. 2nd ed. Berlin: Springer, 1997.

[3] Thai C. Development of isogeometric finite element methods[D]. Ho Chi Minh City: Viet Nam National University-Ho Chi Minh City, 2015.

[4] Dokken T, Lyche T, Pettersen K F. Polynomial splines over locally refined box-partitions[J]. Computer Aided Geometric Design, 2013, 30(3): 331-356.

[5] Johannessen K A, Kvamsdal T, Dokken T. Isogeometric analysis using LR B-splines[J]. Computer Methods in Applied Mechanics and Engineering, 2014, 269: 471-514.

[6] Kumar M, Kvamsdal T, Johannessen K A. Superconvergent patch recovery and a posteriori error estimation technique in adaptive isogeometric analysis[J]. Computer Methods in Applied Mechanics and Engineering, 2017, 316: 1086-1156.

[7] Zimmermann C, Sauer R A. Adaptive local surface refinement based on LR NURBS and its application to contact[J]. Computational Mechanics, 2017, 60(6): 1011-1031.

[8] Forsey D R, Bartels R H. Hierarchical B-spline refinement[J]. ACM SIGGRAPH Computer Graphics, 1988, 22(4): 205-212.

[9] Vuong A V, Giannelli C, Jüttler B, et al. A hierarchical approach to adaptive local refinement in isogeometric analysis[J]. Computer Methods in Applied Mechanics and Engineering, 2011, 200(49-52): 3554-3567.

[10] Giannelli C, Jüttler B, Speleers H. THB-splines: The truncated basis for hierarchical splines[J]. Computer Aided Geometric Design, 2012, 29(7): 485-498.

[11] Bazilevs Y, Calo V M, Cottrell J A, et al. Isogeometric analysis using T-splines[J]. Computer Methods in Applied Mechanics and Engineering, 2010, 199(5-8): 229-263.

[12] Uhm T K, Youn S K. T-spline finite element method for the analysis of shell structures[J]. International Journal for Numerical Methods in Engineering, 2010, 80(4): 507-536.

[13] Sederberg T W, Cardon D L, Finnigan G T, et al. T-spline simplification and local refinement[J]. ACM Transactions on Graphics, 2004, 23(3): 276-283.

[14] Deng J S, Chen F L, Li X, et al. Polynomial splines over hierarchical T-meshes[J]. Graphical Models, 2008, 70(4): 76-86.

[15] 金灵智, 王禹, 郝鹏, 等. 加筋路径驱动的板壳自适应等几何屈曲分析[J]. 力学学报, 2023, 55(5): 1151-1164.

第 3 章 自适应等几何分析的基本理论

等几何分析采用几何建模的样条函数作为有限元分析的形函数，具有几何精确、高阶连续、精度高、无传统的网格划分过程等优势。对于复杂几何体，需要采用多片进行几何建模。自适应技术能解决数值方法的精度和计算效率问题，在误差大的区域 (如裂纹附近) 采用小尺度单元，在误差小的区域 (如远离裂纹区) 采用大尺度单元。将扩展有限元法的加强思想引入等几何分析中就形成了扩展等几何分析。为了便于后续章节讲解扩展等几何分析，本章介绍基于 LR NURBS 的自适应多片等几何分析的基本理论。

3.1 基本方程及弱形式

考虑一个平面弹性体 Ω，边界为 Γ。为了方便公式推导，假设区域 Ω 只划分成两个子区域 (片)Ω^m $(m=1,2)$，两片间有一个界面 Γ^*，如图 3.1所示。对每片进行几何建模和力学分析，片与片之间通过某种方法进行耦合。采用 Nitsche 方法[1]进行片与片间的耦合。由多片组成的弹性体的平衡方程和边界条件为

$$\nabla \cdot \boldsymbol{\sigma}^m + \boldsymbol{b}^m = \boldsymbol{0}(\text{在 } \Omega^m \text{ 内}) \tag{3.1a}$$

$$\boldsymbol{u}^m = \overline{\boldsymbol{u}}^m(\text{在 } \Gamma_u^m \text{ 上}) \tag{3.1b}$$

$$\boldsymbol{\sigma}^m \cdot \boldsymbol{n}^m = \overline{\boldsymbol{t}}^m(\text{在 } \Gamma_t^m \text{ 上}) \tag{3.1c}$$

$$\boldsymbol{u}^1 = \boldsymbol{u}^2(\text{在 } \Gamma^* \text{ 上}) \tag{3.1d}$$

$$\boldsymbol{\sigma}^1 \cdot \boldsymbol{n}^1 = -\boldsymbol{\sigma}^2 \cdot \boldsymbol{n}^2(\text{在 } \Gamma^* \text{ 上}) \tag{3.1e}$$

式中，∇ 为哈密顿算子；$\boldsymbol{u}^m$ 为位移；$\boldsymbol{\sigma}^m$ 为应力张量；$\boldsymbol{b}^m$ 为体力；$\overline{\boldsymbol{u}}^m$ 和 $\overline{\boldsymbol{t}}^m$ 分别为边界 Γ^m $(\Gamma^m{=}\Gamma_u^m \cup \Gamma_t^m)$ 处已知的位移和应力；$\boldsymbol{n}^m$ 为边界 Γ^m 的单位外法向矢量；$\boldsymbol{n}^1$ 和 $\boldsymbol{n}^2$ 分别为片 Ω^1 和 Ω^2 的单位外法向矢量。式 (3.1d) 和式 (3.1e) 是为了保证两片在界面 Γ^* 上的位移和应力连续。

对于小变形问题，应变张量 $\boldsymbol{\varepsilon}^m$ 可表示为

$$\boldsymbol{\varepsilon}^m = \nabla_s \boldsymbol{u}^m \tag{3.2}$$

式中，∇_s 为对称梯度算子。

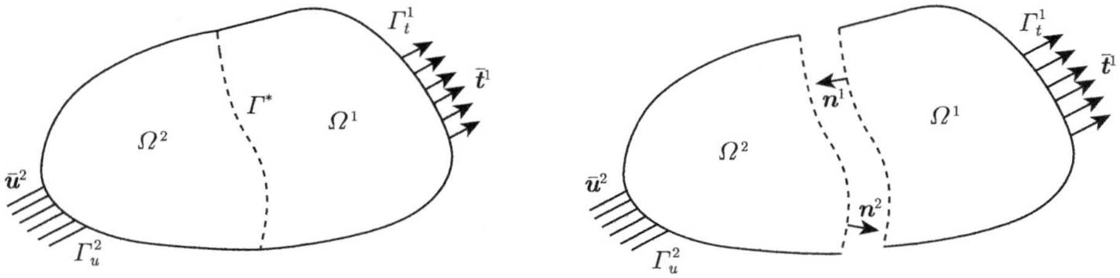

图 3.1　区域 Ω 的组成

对于线弹性体，应力 $\boldsymbol{\sigma}^m$ 为

$$\boldsymbol{\sigma}^m = \boldsymbol{D}^m \boldsymbol{\varepsilon}^m \tag{3.3}$$

式中，$\boldsymbol{D}^m$ 为弹性矩阵。对于各向同性均匀弹性体，弹性矩阵元素为

$$D_{ijkl}^m = \lambda^m \delta_{ij}\delta_{kl} + \mu^m \left(\delta_{ik}\delta_{jl} + \delta_{il}\delta_{jk}\right) \tag{3.4}$$

式中，λ^m 和 μ^m 为弹性体 Ω^m 的拉梅常数；μ^m 为剪切模量；δ 为克罗内克符号。

式(3.1)的弱形式可表示为[2]

$$\begin{aligned}&\sum_{m=1}^{2}\int_{\Omega^m}\left[\boldsymbol{\varepsilon}\left(\delta\boldsymbol{u}^m\right)\right]^{\mathrm{T}}\boldsymbol{\sigma}^m\mathrm{d}\Omega-\int_{\Gamma^*}[\![\delta\boldsymbol{u}]\!]^{\mathrm{T}}\boldsymbol{n}\left\{\boldsymbol{\sigma}\right\}\mathrm{d}\Gamma-\int_{\Gamma^*}\left\{\boldsymbol{\sigma}\left(\delta\boldsymbol{u}\right)\right\}^{\mathrm{T}}\boldsymbol{n}^{\mathrm{T}}[\![\boldsymbol{u}]\!]\mathrm{d}\Gamma\\&+\int_{\Gamma^*}\alpha[\![\delta\boldsymbol{u}]\!]^{\mathrm{T}}[\![\boldsymbol{u}]\!]\mathrm{d}\Gamma=\sum_{m=1}^{2}\int_{\Omega^m}\left(\delta\boldsymbol{u}^m\right)^{\mathrm{T}}\boldsymbol{b}^m\mathrm{d}\Omega+\sum_{m=1}^{2}\int_{\Gamma_t^m}\left(\delta\boldsymbol{u}^m\right)^{\mathrm{T}}\bar{\boldsymbol{t}}^m\mathrm{d}\Gamma\end{aligned} \tag{3.5}$$

式中，上标 T 代表转置；$\boldsymbol{n} = \begin{bmatrix} n_x & 0 & n_y \\ 0 & n_y & n_x \end{bmatrix}$，$\boldsymbol{n}^1 = [n_x, n_y]^{\mathrm{T}}$ 为 Ω^1 在界面 Γ^* 的单位外法向矢量分量；跳跃算子 $[\![\cdot]\!]$ 和平均算子 $\{\cdot\}$ 分别定义为[1]

$$[\![\boldsymbol{u}]\!] = \boldsymbol{u}^1 - \boldsymbol{u}^2 \tag{3.6a}$$

$$\{\boldsymbol{\sigma}\} = \chi\boldsymbol{\sigma}^1 + (1-\chi)\boldsymbol{\sigma}^2 \tag{3.6b}$$

式中，$\chi = E_1/(E_1+E_2)$，E_1 和 E_2 分别为 Ω^1 和 Ω^2 的材料弹性模量。

式(3.5)等号左侧最后一项保证求解稳定性，并保证整体劲度矩阵是非奇异的[1]。参数 α 与材料系数、单元尺寸和基函数阶次有关，定义如下[1]：

$$\alpha = \frac{\lambda+\mu}{2}\frac{C(p)}{h_e} \tag{3.7}$$

式中，$\lambda+\mu=\min(\lambda^1+\mu^1,\lambda^2+\mu^2)$；$C(p)$ 为与基函数阶次有关的正数。基函数阶次为线性、二阶和三阶时，$C(p)$ 分别取 12、36 和 80[1]。单元尺寸 h_e 在自适应局部网格细化时会发生改变，指区域 Ω^1 界面 Γ^* 上的单元尺寸。

3.2 离散方程

在区域 Ω^m 内，位移的等几何分析逼近为

$$\boldsymbol{u}_h^m(\boldsymbol{\xi})=\sum_{i=1}^{N_d^m}R_i^m(\boldsymbol{\xi})\boldsymbol{u}_i^m \tag{3.8}$$

式中，$R_i^m(\boldsymbol{\xi})$ 为控制点 i 处 LR NURBS 基函数 (形函数)；$\boldsymbol{u}_i^m=[u_{xi}^m,u_{yi}^m]^{\mathrm{T}}$ 为控制点 i 处的位移；N_d^m 为区域 Ω^m 内的控制点数。

根据位移逼近式(3.8)，区域 Ω^m 的位移、应变和应力的矩阵形式为

$$\boldsymbol{u}_h^m=\boldsymbol{R}^m\boldsymbol{U}^m \tag{3.9a}$$

$$\boldsymbol{\varepsilon}_h^m=\boldsymbol{B}^m\boldsymbol{U}^m \tag{3.9b}$$

$$\boldsymbol{\sigma}_h^m=\boldsymbol{D}^m\boldsymbol{B}^m\boldsymbol{U}^m \tag{3.9c}$$

式中，$\boldsymbol{U}^m=[\boldsymbol{u}_i^m]$ 表示区域 Ω^m 内控制点位移向量；$\boldsymbol{R}^m$ 为基函数矩阵；$\boldsymbol{B}^m$ 为应变矩阵。在单元 e 中，$\boldsymbol{R}_e^m$ 和 $\boldsymbol{B}_e^m$ 分别为

$$\boldsymbol{R}_e^m=\begin{bmatrix}R_1^m & 0 & R_2^m & 0 & \cdots\\ 0 & R_1^m & 0 & R_2^m & \cdots\end{bmatrix} \tag{3.10a}$$

$$\boldsymbol{B}_e^m=\begin{bmatrix}R_{1,x}^m & 0 & R_{2,x}^m & 0 & \cdots\\ 0 & R_{1,y}^m & 0 & R_{2,y}^m & \cdots\\ R_{1,y}^m & R_{1,x}^m & R_{2,y}^m & R_{2,x}^m & \cdots\end{bmatrix} \tag{3.10b}$$

基函数对物理域坐标导数 $R_{i,x}^m$ 和 $R_{i,y}^m$ 可根据式 (3.11) 求得

$$\begin{bmatrix}R_{i,x}^m\\ \\ R_{i,y}^m\end{bmatrix}=\boldsymbol{J}^{-1}\begin{bmatrix}R_{i,\xi}^m\\ \\ R_{i,\eta}^m\end{bmatrix} \tag{3.11}$$

式中，$\boldsymbol{J}$ 为参数域与物理域转换的雅可比矩阵，其表达式为

$$
\boldsymbol{J}=\begin{bmatrix}\dfrac{\partial x^m}{\partial \xi} & \dfrac{\partial y^m}{\partial \xi}\\[2ex] \dfrac{\partial x^m}{\partial \eta} & \dfrac{\partial y^m}{\partial \eta}\end{bmatrix} \tag{3.12}
$$

将式(3.9)代入式(3.5)，得

$$
\left(\boldsymbol{K}^b+\boldsymbol{K}^n+(\boldsymbol{K}^n)^{\mathrm{T}}+\boldsymbol{K}^s\right)\boldsymbol{U}=\boldsymbol{F}^b \tag{3.13}
$$

式中，$\boldsymbol{U}=[\boldsymbol{U}^m]$ 为控制点位移向量。整体劲度矩阵 $\boldsymbol{K}^b$、整体界面耦合矩阵 $\boldsymbol{K}^n$ 和 $\boldsymbol{K}^s$、整体荷载列阵 $\boldsymbol{F}^b$ 可表示为[3]

$$
\boldsymbol{K}^b=\sum_{m=1}^{2}\int_{\Omega}(\boldsymbol{B}^m)^{\mathrm{T}}\boldsymbol{D}^m\boldsymbol{B}^m\mathrm{d}\Omega \tag{3.14a}
$$

$$
\boldsymbol{K}^n=\begin{bmatrix}-\chi\displaystyle\int_{\Gamma^*}(\boldsymbol{R}^1)^{\mathrm{T}}\boldsymbol{n}\boldsymbol{D}^1\boldsymbol{B}^1\mathrm{d}\Gamma & -(1-\chi)\displaystyle\int_{\Gamma^*}(\boldsymbol{R}^1)^{\mathrm{T}}\boldsymbol{n}\boldsymbol{D}^2\boldsymbol{B}^2\mathrm{d}\Gamma\\ \chi\displaystyle\int_{\Gamma^*}(\boldsymbol{R}^2)^{\mathrm{T}}\boldsymbol{n}\boldsymbol{D}^1\boldsymbol{B}^1\mathrm{d}\Gamma & (1-\chi)\displaystyle\int_{\Gamma^*}(\boldsymbol{R}^2)^{\mathrm{T}}\boldsymbol{n}\boldsymbol{D}^2\boldsymbol{B}^2\mathrm{d}\Gamma\end{bmatrix} \tag{3.14b}
$$

$$
\boldsymbol{K}^s=\begin{bmatrix}\displaystyle\int_{\Gamma^*}\alpha\left(\boldsymbol{R}^1\right)^{\mathrm{T}}\boldsymbol{R}^1\mathrm{d}\Gamma & -\displaystyle\int_{\Gamma^*}\alpha\left(\boldsymbol{R}^1\right)^{\mathrm{T}}\boldsymbol{R}^2\mathrm{d}\Gamma\\ -\displaystyle\int_{\Gamma^*}\alpha\left(\boldsymbol{R}^2\right)^{\mathrm{T}}\boldsymbol{R}^1\mathrm{d}\Gamma & \displaystyle\int_{\Gamma^*}\alpha\left(\boldsymbol{R}^2\right)^{\mathrm{T}}\boldsymbol{R}^2\mathrm{d}\Gamma\end{bmatrix} \tag{3.14c}
$$

$$
\boldsymbol{F}^b=\sum_{m=1}^{2}\int_{\Omega^m}(\boldsymbol{R}^m)^{\mathrm{T}}\boldsymbol{b}^m\mathrm{d}\Omega+\sum_{m=1}^{2}\int_{\Gamma_t^m}(\boldsymbol{R}^m)^{\mathrm{T}}\bar{\boldsymbol{t}}^m\mathrm{d}\Gamma \tag{3.14d}
$$

当 $m=1$ 时，多片等几何分析就退化为常规单片等几何分析。

式(3.14)的积分可以采用高斯积分策略[4]。对于 ξ 方向阶次为 p 和 η 方向阶次为 q 的二维 LR NURBS 基函数，采用 $(p+1)\times(q+1)$ 个高斯积分点就可以达到满足要求的精度。图 3.2给出了等几何分析单元积分过程。通过转换关系 T_1，将物理域单元积分转换到参数域单元 $[\xi_i,\ \xi_{i+1}]\times[\eta_j,\ \eta_{j+1}]$ 上积分。通过转换关系 T_2，将参数域单元 $[\xi_i,\ \xi_{i+1}]\times[\eta_j,\ \eta_{j+1}]$ 积分转换到标准四边形单元 $[-1,\ 1]\times[-1,\ 1]$ 上积分，这样高斯积分直接作用在标准四边形单元上。转换关系 T_1 是等几何分析建模，对应的雅可比矩阵 $\boldsymbol{J}$ 如式(3.12)所示。转换关系 T_2 及对应的雅可比矩阵 $\boldsymbol{J}_2$ 分别为

$$T_2:\begin{cases}\xi=\xi_i+(\bar{\xi}+1)\dfrac{\xi_{i+1}-\xi_i}{2}\\[2ex]\eta=\eta_i+(\bar{\eta}+1)\dfrac{\eta_{i+1}-\eta_i}{2}\end{cases}\tag{3.15a}$$

$$\boldsymbol{J}_2=\begin{bmatrix}\dfrac{\partial\xi}{\partial\bar{\xi}} & \dfrac{\partial\eta}{\partial\bar{\xi}}\\[2ex]\dfrac{\partial\xi}{\partial\bar{\eta}} & \dfrac{\partial\eta}{\partial\bar{\eta}}\end{bmatrix}=\begin{bmatrix}\dfrac{\xi_{i+1}-\xi_i}{2} & 0\\[2ex] 0 & \dfrac{\eta_{i+1}-\eta_i}{2}\end{bmatrix}\tag{3.15b}$$

通过转换关系 T_1 和 T_2，单元劲度矩阵 $\boldsymbol{k}^e$ 和单元荷载列阵 $\boldsymbol{f}^e$ 在标准四边形单元 $[-1,\ 1]\times[-1,\ 1]$ 上积分形式分别为

$$\boldsymbol{k}^e=\int_{-1}^{1}\int_{-1}^{1}(\boldsymbol{B})^{\mathrm{T}}\boldsymbol{D}\boldsymbol{B}|\boldsymbol{J}||\boldsymbol{J}_2|\mathrm{d}\bar{\xi}\mathrm{d}\bar{\eta}\tag{3.16a}$$

$$\boldsymbol{f}^e=\int_{-1}^{1}\int_{-1}^{1}(\boldsymbol{R})^{\mathrm{T}}\boldsymbol{b}|\boldsymbol{J}||\boldsymbol{J}_2|\mathrm{d}\bar{\xi}\mathrm{d}\bar{\eta}+\int_{\Gamma_t^e}(\boldsymbol{R})^{\mathrm{T}}\bar{\boldsymbol{t}}\mathrm{d}\Gamma\tag{3.16b}$$

由于 $\mathrm{d}\Gamma=\sqrt{(\mathrm{d}x)^2+(\mathrm{d}y)^2}$，通过转换关系 T_1 有

$$\mathrm{d}x=\frac{\partial x}{\partial\xi}\mathrm{d}\xi+\frac{\partial x}{\partial\eta}\mathrm{d}\eta\tag{3.17a}$$

$$\mathrm{d}y=\frac{\partial y}{\partial\xi}\mathrm{d}\xi+\frac{\partial y}{\partial\eta}\mathrm{d}\eta\tag{3.17b}$$

在参数域边界单元中，$\mathrm{d}\xi$ 和 $\mathrm{d}\eta$ 一个为 0，另一个不为 0。设 $\mathrm{d}\xi\neq0$，则

$$\mathrm{d}\Gamma=\sqrt{\left(\frac{\partial x}{\partial\xi}\right)^2+\left(\frac{\partial y}{\partial\xi}\right)^2}\mathrm{d}\xi=\sqrt{\boldsymbol{J}(1,:)\boldsymbol{J}(1,:)^{\mathrm{T}}}\mathrm{d}\xi\tag{3.18}$$

式中，$\boldsymbol{J}(1,:)$ 表示取雅可比矩阵 $\boldsymbol{J}$ 的第 1 行。

通过转换关系 T_1 和 T_2，边界单元积分为

$$\int_{\Gamma_t^e}(\boldsymbol{R})^{\mathrm{T}}\bar{\boldsymbol{t}}\mathrm{d}\Gamma=\int_{-1}^{1}(\boldsymbol{R})^{\mathrm{T}}\bar{\boldsymbol{t}}\sqrt{\boldsymbol{J}(1,:)\boldsymbol{J}(1,:)^{\mathrm{T}}}\frac{\xi_{i+1}-\xi_i}{2}\mathrm{d}\bar{\xi},\quad \mathrm{d}\xi\neq0\tag{3.19a}$$

$$\int_{\Gamma_t^e}(\boldsymbol{R})^{\mathrm{T}}\bar{\boldsymbol{t}}\mathrm{d}\Gamma=\int_{-1}^{1}(\boldsymbol{R})^{\mathrm{T}}\bar{\boldsymbol{t}}\sqrt{\boldsymbol{J}(2,:)\boldsymbol{J}(2,:)^{\mathrm{T}}}\frac{\eta_{i+1}-\eta_i}{2}\mathrm{d}\bar{\eta},\quad \mathrm{d}\eta\neq0\tag{3.19b}$$

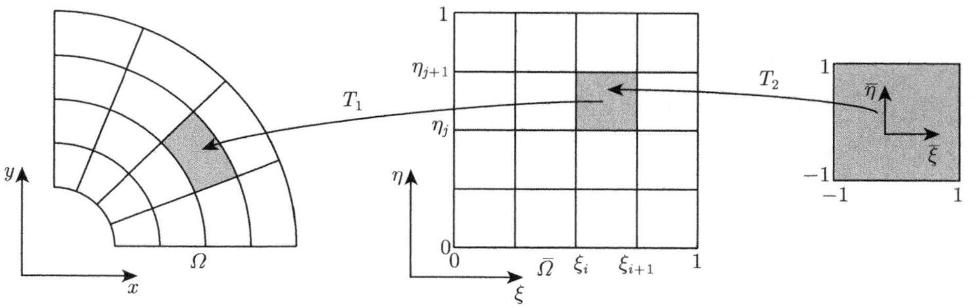

图 3.2 等几何分析单元积分过程

将高斯积分方案用于式(3.16)即可求出单元劲度矩阵和单元荷载列阵，通过单元矩阵组装得到整体劲度矩阵和整体荷载列阵。界面耦合矩阵也可以通过边界单元积分方式进行计算。

3.3 位移边界条件施加

样条基函数不具有插值性，因此等几何分析在控制点处直接施加本质边界条件会明显降低计算精度且影响收敛率，可以采用最小二乘拟合配点法[5]施加位移边界条件。下面以单片等几何分析为例，介绍基于最小二乘拟合配点法的位移边界条件的施加。

将控制点处位移 $\boldsymbol{u}_i$ 分成两部分，即 $\boldsymbol{u}_i = \boldsymbol{u}_i^b + \boldsymbol{u}_i^g$。设控制点 i 为位移边界控制点，当基函数 $R_i(\boldsymbol{\xi})$ 支撑域包含位移边界 Γ_u 时，$\boldsymbol{u}_i^b = \boldsymbol{0}$；当基函数 $R_i(\boldsymbol{\xi})$ 支撑域不包含位移边界 Γ_u 时，$\boldsymbol{u}_i^g = \boldsymbol{0}$。等几何分析位移逼近可表示为

$$\boldsymbol{u}_h(\boldsymbol{\xi}) = \sum_{i=1}^{N_d} R_i(\boldsymbol{\xi})\boldsymbol{u}_i^b + \sum_{i=1}^{N_d} R_i(\boldsymbol{\xi})\boldsymbol{u}_i^g \tag{3.20}$$

式中，$R_i(\boldsymbol{\xi})$ 为 LR NURBS 基函数；N_d 为控制点个数。

式(3.20)改写成矩阵形式为

$$\boldsymbol{u}_h = \boldsymbol{R}\boldsymbol{U} = \boldsymbol{R}\boldsymbol{U}_b + \boldsymbol{R}\boldsymbol{U}_g \tag{3.21}$$

式中，$\boldsymbol{R}$ 为基函数矩阵；$\boldsymbol{U} = [\boldsymbol{u}_i] = \boldsymbol{U}_b + \boldsymbol{U}_g$ 为位移向量；$\boldsymbol{U}_b = [\boldsymbol{u}_i^b]$；$\boldsymbol{U}_g = [\boldsymbol{u}_i^g]$。

将式(3.21)代入式(3.5)，可得到

$$\boldsymbol{K}\boldsymbol{U}_b = \boldsymbol{F} - \boldsymbol{K}\boldsymbol{U}_g = \boldsymbol{F}_b \tag{3.22}$$

式中，$\boldsymbol{K}$ 和 $\boldsymbol{F}$ 分别为整体劲度矩阵和整体荷载列阵。

若 $\boldsymbol{U}_g$ 已求出，划去整体劲度矩阵 $\boldsymbol{K}$ 对应的位移边界 Γ_u 控制点编号的行和列，且划去 $\boldsymbol{F}_b$ 对应的位移边界 Γ_u 控制点编号的行，即可求得未知向量 $\boldsymbol{U}_b$，进而求得位移 $\boldsymbol{U}$。$\boldsymbol{U}_g$ 可通过等几何分析位移逼近和位移边界 Γ_u 上已知位移 $\overline{\boldsymbol{u}}(\boldsymbol{x})$ 的最小二乘拟合求得。

令

$$\mathcal{J} = \sum_{k\in\boldsymbol{\mathcal{M}}} \left[\boldsymbol{u}_h(\boldsymbol{\xi}_k) - \overline{\boldsymbol{u}}(\boldsymbol{x}_k)\right]^2, \quad \boldsymbol{x}_k \in \Gamma_u \tag{3.23}$$

式中，$\boldsymbol{\mathcal{M}}$ 为位移边界 Γ_u 配点集合，通过位移边界 Γ_u 上每个单元取 $2\times(p+1)$ 个点得到[5]。

当 $\boldsymbol{x}_k \in \Gamma_u$ 时，式(3.20)和式(3.21)右边第一项为零，将式(3.21)代入式(3.23)，得

$$\mathcal{J} = \sum_{k\in\boldsymbol{\mathcal{M}}} \left[\boldsymbol{R}(\boldsymbol{\xi}_k)\boldsymbol{U}_g - \overline{\boldsymbol{u}}(\boldsymbol{x}_k)\right]^2, \quad \boldsymbol{x}_k \in \Gamma_u \tag{3.24}$$

令 $\mathcal{J}$ 关于 $\boldsymbol{U}_g$ 的一阶导数等于零，得

$$\boldsymbol{K}_g\boldsymbol{U}_g = \boldsymbol{F}_g \tag{3.25}$$

且

$$\boldsymbol{K}_g = \sum_{k\in\boldsymbol{\mathcal{M}}} \left[\boldsymbol{R}(\boldsymbol{\xi}_k)\right]^{\mathrm{T}} \boldsymbol{R}(\boldsymbol{\xi}_k) \tag{3.26a}$$

$$\boldsymbol{F}_g = \sum_{k\in\boldsymbol{\mathcal{M}}} \left[\boldsymbol{R}(\boldsymbol{\xi}_k)\right]^{\mathrm{T}} \overline{\boldsymbol{u}}(\boldsymbol{x}_k) \tag{3.26b}$$

提取式(3.25)中 $\boldsymbol{K}_g$ 对应的位移边界 Γ_u 控制点编号的行和列，以及 $\boldsymbol{F}_g$ 对应的位移边界 Γ_u 控制点编号的行，即可求得 $\boldsymbol{U}_g$。

3.4 误差估计

基于 ZZ 后验误差估计方法[6]，在每片上进行应力恢复，构造多片等几何分析的后验误差估计。区域 Ω 划分成 N_p 个子区域 Ω^m $(m=1,2,\cdots,N_p)$。为了构造多片等几何分析的后验误差估计，对每个子区域进行应力恢复，然后在每个子区域求后验误差估计。子区域 Ω^m 的光滑应力场或恢复应力场的逼近为

$$\boldsymbol{\sigma}_s^m(\boldsymbol{\xi}) = \boldsymbol{R}_*^m\boldsymbol{\sigma}_*^m \tag{3.27}$$

式中，$\boldsymbol{\sigma}_*^m$ 为光滑应力场控制点处的应力；$\boldsymbol{R}_*^m$ 为光滑应力场基函数矩阵。对于平面单元 e，单元光滑应力场基函数矩阵为

$$(\boldsymbol{R}_*^m)_e = \begin{bmatrix} R_1^m & 0 & 0 & R_2^m & 0 & 0 & \cdots \\ 0 & R_1^m & 0 & 0 & R_2^m & 0 & \cdots \\ 0 & 0 & R_1^m & 0 & 0 & R_2^m & \cdots \end{bmatrix} \tag{3.28}$$

式中，R_i^m 为 LR NURBS 基函数。

采用最小二乘拟合法求解光滑应力场控制点应力 $\boldsymbol{\sigma}_*^m$。令

$$\mathcal{J}(\boldsymbol{\sigma}_*^m) = \sum_{k=1}^{N_t^m} [\boldsymbol{\sigma}_s^m(\boldsymbol{x}_k) - \boldsymbol{\sigma}_h^m(\boldsymbol{x}_k)]^2 \tag{3.29}$$

式中，$\boldsymbol{x}_k \in \mathbb{R}^2$ 表示应力超收敛点[7]；N_t^m 为应力超收敛点总数。表 3.1给出了不同阶次基函数等几何分析在区间 $[-1,1]$ 上的应力超收敛点。

表 3.1 在区间 $[-1,1]$ 上的应力超收敛点 (p 为基函数阶次)

$p=1$	$p=2$	$p=3$	$p=4$	$p=5$
0	−0.5773502691896257	−1	−0.5193296223592281	−1
	0.5773502691896257	0	0.5193296223592281	0
		1		1

将式(3.9)和式(3.27)代入式(3.29)，可得到

$$\mathcal{J}(\boldsymbol{\sigma}_*^m) = \sum_{k=1}^{N_t^m} [\boldsymbol{R}_*^m(\boldsymbol{\xi}_k)\boldsymbol{\sigma}_*^m - \boldsymbol{D}^m\boldsymbol{B}^m(\boldsymbol{\xi}_k)\boldsymbol{U}^m]^2 \tag{3.30}$$

令 $\mathcal{J}(\boldsymbol{\sigma}_*^m)$ 关于 $\boldsymbol{\sigma}_*^m$ 的一阶导数等于零，可得

$$\boldsymbol{A}^m\boldsymbol{\sigma}_*^m = \boldsymbol{M}^m \tag{3.31}$$

其中，

$$\boldsymbol{A}^m = \sum_{k=1}^{N_t^m} [\boldsymbol{R}_*^m(\boldsymbol{\xi}_k)]^{\mathrm{T}} \boldsymbol{R}_*^m(\boldsymbol{\xi}_k) \tag{3.32a}$$

$$\boldsymbol{M}^m = \sum_{k=1}^{N_t^m} [\boldsymbol{R}_*^m(\boldsymbol{\xi}_k)]^{\mathrm{T}} \boldsymbol{D}^m\boldsymbol{B}^m(\boldsymbol{\xi}_k)\boldsymbol{U}^m \tag{3.32b}$$

由式 (3.31)求得 $\boldsymbol{\sigma}_*^m$，再由式(3.27)求得子区域 Ω^m 的光滑应力场。

采用能量范数误差评估等几何分析的求解精度。一般情况下，很难得到应力精确解。根据 ZZ 后验误差估计方法，用恢复应力 $\boldsymbol{\sigma}_s^m$ 代替精确应力构造后验估计误差。估计能量范数误差和相对估计能量范数误差定义如下：

$$\|\boldsymbol{e}^s\|_E = \left[\sum_{m=1}^{N_p} \frac{1}{2} \int_{\Omega^m} (\boldsymbol{\sigma}_s^m - \boldsymbol{\sigma}_h^m)^{\mathrm{T}} (\boldsymbol{D}^m)^{-\mathrm{T}} (\boldsymbol{\sigma}_s^m - \boldsymbol{\sigma}_h^m)\, \mathrm{d}\Omega\right]^{\frac{1}{2}} \tag{3.33a}$$

$$\|\boldsymbol{u}^s\|_E = \left[\sum_{m=1}^{N_p} \frac{1}{2} \int_{\Omega^m} (\boldsymbol{\sigma}_s^m)^{\mathrm{T}} (\boldsymbol{D}^m)^{-\mathrm{T}} \boldsymbol{\sigma}_s^m \mathrm{d}\Omega\right]^{\frac{1}{2}} \tag{3.33b}$$

$$\|\boldsymbol{e}_r^s\|_E = \frac{\|\boldsymbol{e}^s\|_E}{\|\boldsymbol{u}^s\|_E} \times 100\% \tag{3.33c}$$

式中，$\boldsymbol{\sigma}_h^m$ 为区域 Ω^m 应力的数值解。

定义一个有效指标 θ，即

$$\theta = \frac{\|\boldsymbol{e}_r^s\|_E}{\|\boldsymbol{e}_r\|_E} \tag{3.34}$$

随着自适应细化次数增加，若有效指标 θ 越来越接近 1，则估计误差越来越接近真实误差，表明估计误差有效。

3.5　求 解 步 骤

基于 LR NURBS 基函数的自适应多片等几何分析求解弹性体的主要步骤如下。

(1) 根据几何形状特征，采用多片等几何分析建模，得到几何建模网格。对几何建模网格采用全局 h-细化，建立初始计算网格。选择自适应细化参数 β，以控制 LR NURBS 基函数增加率。

(2) 局部细化网格下多片等几何分析求解：① 由式(3.13)结合位移边界条件求出位移；② 由式(3.31)和式(3.27)求出每片的恢复应力；③ 由式(3.33)计算每片上每个单元的估计能量范数误差，并计算总的能量范数误差；④ 计算每片上每个样条基函数的估计误差；⑤ 根据估计误差大小和细化参数 β，标记误差大的样条基函数。

(3) 若求出的能量范数误差小于预设的误差或达到最大自适应细化次数，则停止计算；否则，对标记的样条基函数采用结构网格细化策略细化，并执行步骤 (2)。

3.6 数值算例

本节前两个算例存在解析解，通过计算结果和解析解的比较验证自适应多片等几何分析的正确性和有效性。为了考察自适应多片等几何分析的优势，算例也给出了均匀全局细化 (每一片都进行均匀全局 h-细化) 的计算结果进行比较。除非特别说明，LR NURBS 基函数两个参数方向的阶次均采用 2 阶，用 $p=2$ 表示。采用结构网格细化策略进行自适应局部网格细化，全局细化是指全局 h-细化。误差收敛曲线在自然对数下绘制，自然对数用 $\lg(\cdot)$ 表示。

算例 3.1 L 形板问题

图 3.3 (a) 为 L 形板的几何模型和边界条件，$L=1\text{m}$，弹性模量 $E=4\times10^7\text{Pa}$，泊松比 $\nu=0.25$。在边界 Γ_u 上约束位移，在边界 Γ_{ti} $(i=1,2,3,4)$ 处施加面力 $\bar{\boldsymbol{t}}_i$，面力 $\bar{\boldsymbol{t}}_i$ 分量大小分别为

$$\bar{t}_{1x}=\frac{2E\left(\sin\dfrac{\theta}{3}-\nu\cos\dfrac{\theta}{3}\right)}{3r^{\frac{1}{3}}\left(\nu^2-1\right)},\quad \bar{t}_{1y}=\frac{\sqrt{2}E\cos\left(\dfrac{\theta}{3}+\dfrac{\pi}{4}\right)}{3r^{\frac{1}{3}}\left(\nu+1\right)} \tag{3.35a}$$

$$\bar{t}_{2x}=\frac{\sqrt{2}E\cos\left(\dfrac{\theta}{3}+\dfrac{\pi}{4}\right)}{3r^{\frac{1}{3}}\left(\nu+1\right)},\quad \bar{t}_{2y}=-\frac{2E\left(\cos\dfrac{\theta}{3}-\nu\sin\dfrac{\theta}{3}\right)}{3r^{\frac{1}{3}}\left(\nu^2-1\right)} \tag{3.35b}$$

$$\bar{t}_{3x}=-\frac{2E\left(\sin\dfrac{\theta}{3}-\nu\cos\dfrac{\theta}{3}\right)}{3r^{\frac{1}{3}}\left(\nu^2-1\right)},\quad \bar{t}_{3y}=-\frac{\sqrt{2}E\cos\left(\dfrac{\theta}{3}+\dfrac{\pi}{4}\right)}{3r^{\frac{1}{3}}\left(\nu+1\right)} \tag{3.35c}$$

$$\bar{t}_{4x}=-\frac{\sqrt{2}E\cos\left(\dfrac{\theta}{3}+\dfrac{\pi}{4}\right)}{3r^{\frac{1}{3}}\left(\nu+1\right)},\quad \bar{t}_{4y}=\frac{2E\left(\cos\dfrac{\theta}{3}-\nu\sin\dfrac{\theta}{3}\right)}{3r^{\frac{1}{3}}\left(\nu^2-1\right)} \tag{3.35d}$$

其中，$r=\sqrt{x^2+y^2}$，$\theta=\arctan\left(y/x\right)$。

L 形区域所受体力 $\boldsymbol{b}$ 的分量大小为

$$b_x=-\frac{\sqrt{2}E\cos\left(\dfrac{4\pi}{3}\theta+\dfrac{\pi}{4}\right)}{9r^{\frac{4}{3}}\left(\nu-1\right)},\quad b_y=-\frac{\sqrt{2}E\sin\left(\dfrac{4\pi}{3}\theta+\dfrac{\pi}{4}\right)}{9r^{\frac{4}{3}}\left(\nu-1\right)} \tag{3.36}$$

按平面应力问题分析，该问题的位移和应力解析解为[3]

$$u_x=r^{\frac{2}{3}}\sin\left(\frac{2\theta}{3}\right) \tag{3.37a}$$

$$u_y = r^{\frac{2}{3}} \sin\left(\frac{2\theta}{3}\right) \tag{3.37b}$$

$$\sigma_x = \frac{2E\left(\sin\frac{\theta}{3} - \nu\cos\frac{\theta}{3}\right)}{3r^{\frac{1}{3}}\left(\nu^2-1\right)} \tag{3.37c}$$

$$\sigma_y = -\frac{2E\left(\cos\frac{\theta}{3} - \nu\sin\frac{\theta}{3}\right)}{3r^{\frac{1}{3}}\left(\nu^2-1\right)} \tag{3.37d}$$

$$\tau_{xy} = \frac{\sqrt{2}E\cos\left(\frac{\theta}{3}+\frac{\pi}{4}\right)}{3r^{\frac{1}{3}}\left(\nu+1\right)} \tag{3.37e}$$

由应力解析解可以得出，该 L 形板问题在拐点处 ($x=0$，$y=0$) 应力是奇异的，会产生应力集中现象。

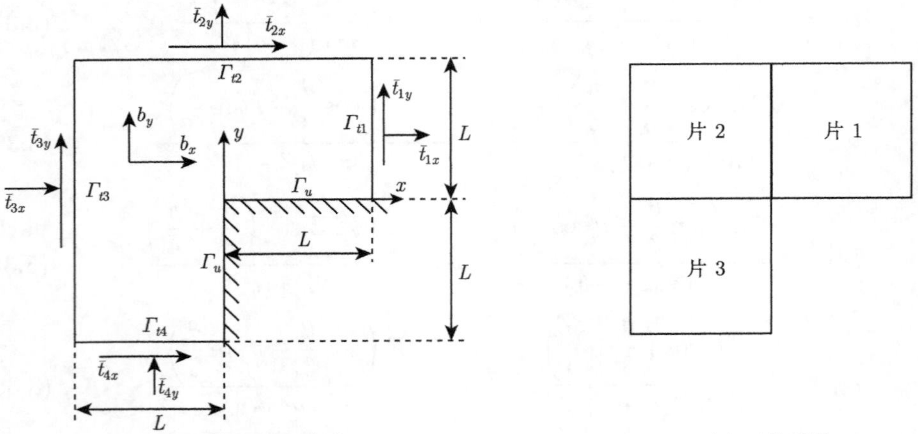

(a) 几何模型和边界条件　　　　(b) 三片建模

图 3.3　L 形板问题

采用三片进行几何建模，如图 3.3 (b) 所示，每一片都是一个正方形区域。首先，考察多片等几何分析的收敛性，取不同阶次的 LR NURBS 基函数，即线性 ($p=1$)、二阶 ($p=2$)、三阶 ($p=3$)，网格细化方案采用均匀全局 h-细化。不同阶次基函数的等几何分析对 L 形板的多片建模如图 3.4所示。为了表明 Nitsche 方法耦合不协调网格的能力，三片区域采用不同的初始计算网格，片 1 和片 3 的初始计算网格采用 4×4 个单元的均匀网格，片 2 的初始计算网格采用 2×2 个单元的均匀网格，如图 3.5所示。

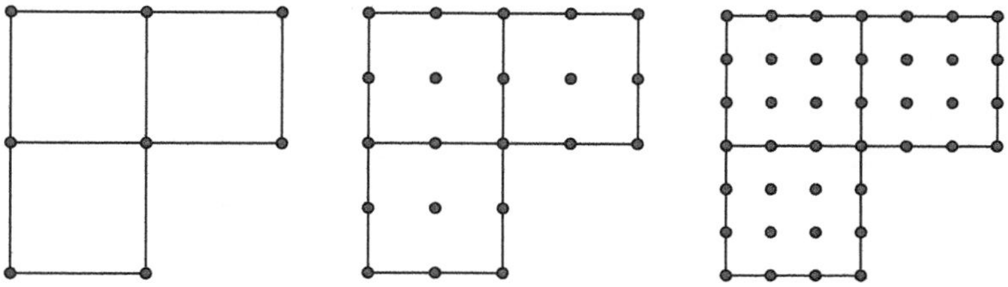
(a) 线性基函数
(b) 二阶基函数
(c) 三阶基函数

图 3.4 不同阶次基函数的多片等几何分析建模 (圆点代表控制点)

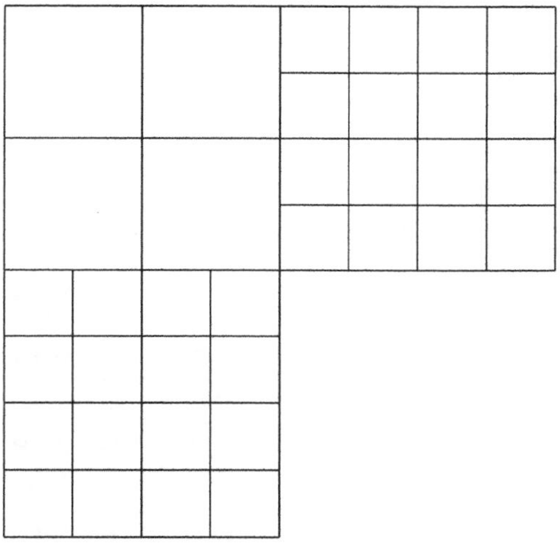

图 3.5 收敛分析的初始计算网格

不同阶次基函数多片等几何分析采用均匀全局细化计算得到的相对估计能量范数误差随自由度的变化关系如图 3.6 所示。由图可见，随着自由度增加，不同阶次基函数多片等几何分析计算精度均提高，表明多片等几何分析具有稳定性和收敛性。当自由度相同时，基函数阶次越高，计算误差越小。多片等几何分析采用二阶基函数和三阶基函数明显比采用线性基函数的误差收敛率高。二阶基函数和三阶基函数多片等几何分析的误差收敛率相差不大，但三阶基函数的自由度多，因此本章其他算例均采用二阶基函数。

接下来，采用二阶 LR NURBS 基函数的自适应多片等几何分析求解该 L 形板。图 3.7给出了 L 形板几何建模网格和初始计算网格。对每片区域的几何建模网格采用两次均匀全局 h-细化得到初始计算网格，三片区域的初始计算网格均采用 4×4 个单元的均匀网格。自适应细化参数取 $\beta = 5\%$。图 3.8为第 5 次、第 15 次和第 21 次自适应局部细化网格，局部网格细化主要集中在拐点附近。随着自

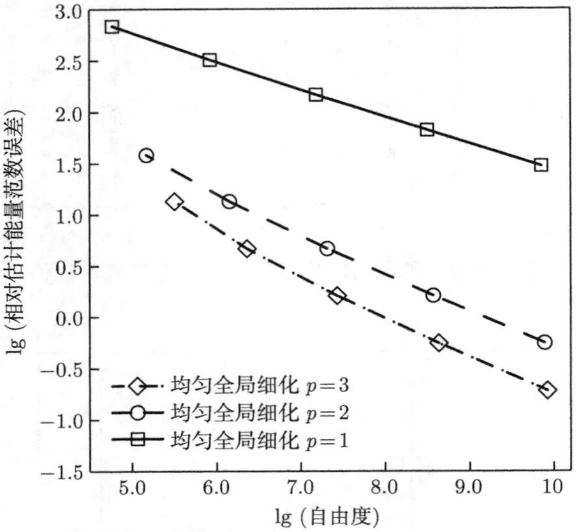

图 3.6　不同阶次基函数多片等几何分析的相对估计能量范数误差随自由度的变化

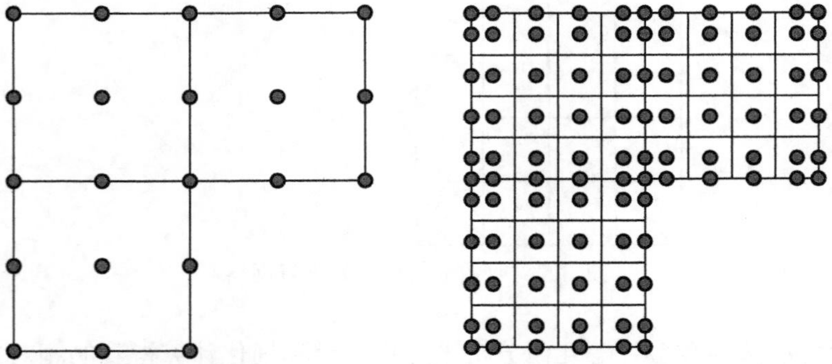

(a) 几何建模网格和控制点　　(b) 初始计算网格和控制点

图 3.7　L 形板问题的网格

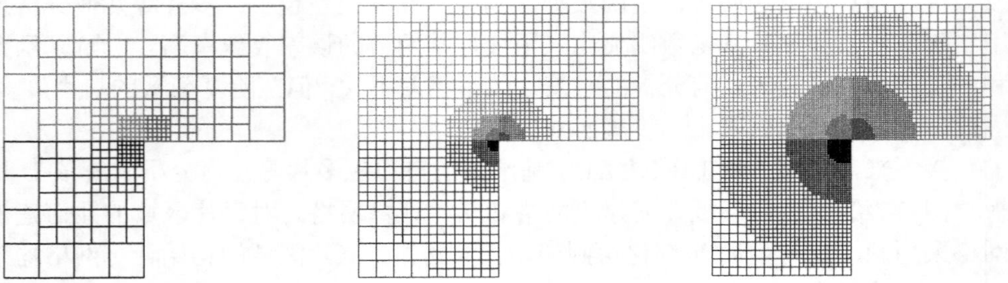

(a) 第 5 次细化　　(b) 第 15 次细化　　(c) 第 21 次细化

图 3.8　L 形板问题的自适应网格

适应细化次数增加，拐点附近网格单元尺寸越来越小，表明自适应等几何分析在应力集中区域自动细化网格，即在应力集中区域采用小尺度单元，远离应力集中区域采用大尺度单元，进而说明自适应等几何分析处理应力集中问题的有效性。

图 3.9 和图 3.10 分别给出了自适应多片等几何分析采用 15 次细化计算的 x 方向位移分布云图和 von Mises 应力分布云图。由图 3.9 和图 3.10 得出，位移和应力在多片界面是光滑连续的，表明处理多片耦合时 Nitsche 方法是非常有效的。图 3.9 和图 3.10 还给出了精确解及精确解与数值解的绝对误差。由云图比较可知，自适应多片等几何分析计算结果和精确解非常吻合。由图 3.10可以看出，应力误差大的区域在拐点附近，进一步说明自适应网格局部细化主要发生在拐点附近的原因。

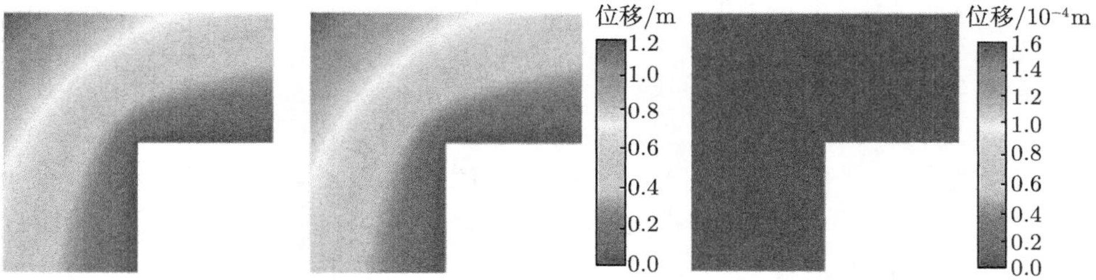

(a) 数值解 (b) 精确解 (c) 绝对误差

图 3.9 L 形板问题的 x 方向位移分布云图

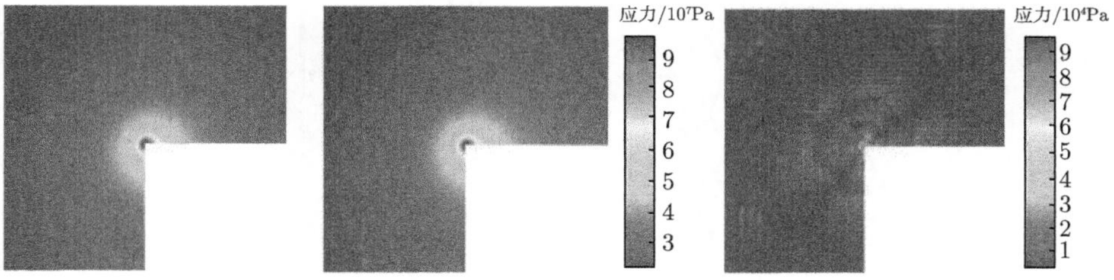

(a) 数值解 (b) 精确解 (c) 绝对误差

图 3.10 L 形板问题的 von Mises 应力分布云图

图 3.11 (a) 给出了采用自适应局部细化和均匀全局细化的相对估计能量范数误差收敛曲线，自适应局部细化的误差收敛速度明显比均匀全局细化的误差收敛速度快，这体现了自适应分析的优势。图 3.11 (b) 给出了后验误差估计有效指标的变化，随着自适应次数增加，有效指标越来越逼近 1，说明自适应多片等几何分析采用的后验误差估计是十分有效的。

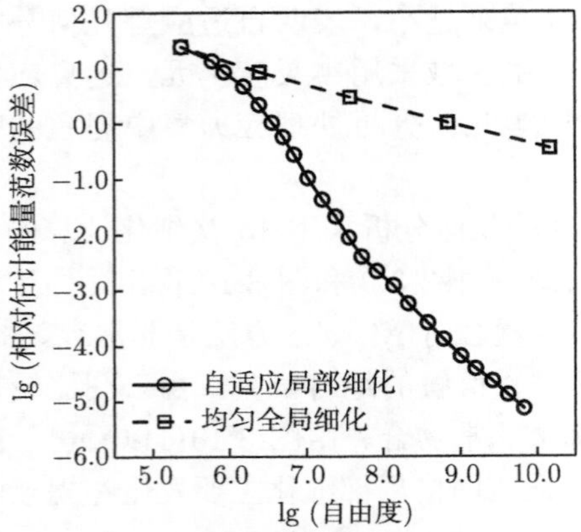

(a) 相对估计能量范数误差收敛曲线

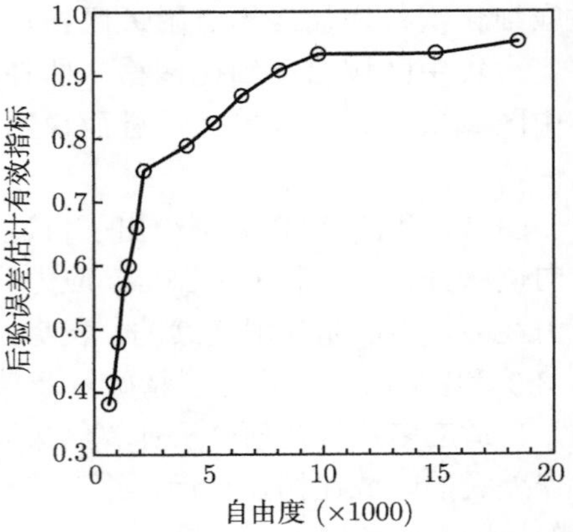

(b) 后验误差估计有效指标

图 3.11 L 形板问题的收敛性和后验误差估计有效指标

算例 3.2 双材料边界值问题

考虑一个由两种材料组成的圆形区域，如图 3.12 (a) 所示。区域 Ω_1 和 Ω_2 均是各向同性均匀材料，但材料属性不同。几何参数为：$a = 0.4\text{m}$，$b = 2\text{m}$。区域 Ω_1 的弹性模量 $E_1 = 1\text{Pa}$，泊松比 $\nu_1 = 0.25$。区域 Ω_2 的弹性模量 $E_2 = 10\text{Pa}$，泊松比 $\nu_2 = 0.3$。位移和应力在材料界面 Γ_I 处是连续的。按平面应变分析，极坐标形式下的位移解析解为[8]

$$u_r(r) = \begin{cases} \left[\left(1 - \dfrac{b^2}{a^2}\right)\alpha + \dfrac{b^2}{a^2}\right] r, & 0 \leqslant r \leqslant a \\ \left(r - \dfrac{b^2}{r}\right)\alpha + \dfrac{b^2}{r}, & a \leqslant r \leqslant b \end{cases} \tag{3.38a}$$

$$u_\theta = 0 \tag{3.38b}$$

且

$$\alpha = \frac{(\lambda_1 + \mu_1 + \mu_2)b^2}{(\lambda_2 + \mu_2)a^2 + (\lambda_1 + \mu_1)(b^2 - a^2) + \mu_2 b^2} \tag{3.39}$$

式中，λ_1、μ_1 和 λ_2、μ_2 分别为区域 Ω_1 和 Ω_2 的材料拉梅常数。

径向应变和环向应变解析解分别为[8]

$$\varepsilon_{rr}(r) = \begin{cases} \left(1 - \dfrac{b^2}{a^2}\right)\alpha + \dfrac{b^2}{a^2}, & 0 \leqslant r \leqslant a \\ \left(1 + \dfrac{b^2}{r^2}\right)\alpha - \dfrac{b^2}{r^2}, & a \leqslant r \leqslant b \end{cases} \tag{3.40a}$$

$$\varepsilon_{\theta\theta}(r)=\begin{cases}\left(1-\dfrac{b^2}{a^2}\right)\alpha+\dfrac{b^2}{a^2}, & 0\leqslant r\leqslant a\\ \left(1-\dfrac{b^2}{r^2}\right)\alpha+\dfrac{b^2}{r^2}, & a\leqslant r\leqslant b\end{cases} \tag{3.40b}$$

径向应力和环向应力分别为

$$\sigma_{rr}(r)=2\mu\varepsilon_{rr}+\lambda(\varepsilon_{rr}+\varepsilon_{\theta\theta}) \tag{3.41a}$$

$$\sigma_{\theta\theta}(r)=2\mu\varepsilon_{\theta\theta}+\lambda(\varepsilon_{rr}+\varepsilon_{\theta\theta}) \tag{3.41b}$$

式中，拉梅常数 λ、μ 根据不同区域进行选择。

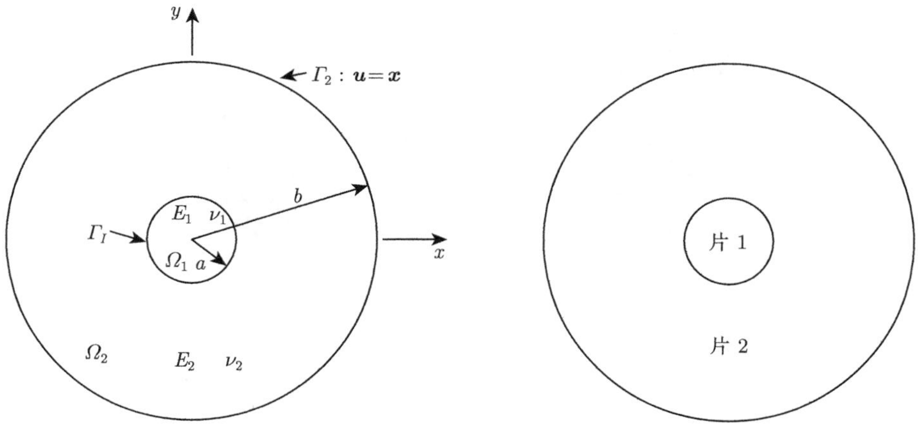

(a) 几何模型和边界条件 (b) 两片建模

图 3.12 双材料边界值问题

计算时，在边界 $\Gamma_2(r=b)$ 处根据式(3.38)施加精确位移边界条件。根据两种不同材料区域 Ω_1 和 Ω_2，等几何分析采用两片进行几何建模，如图 3.12 (b) 所示。图 3.13给出了几何建模网格和初始计算网格，分别对片 1 和片 2 的几何建模网格进行 3 次和 2 次均匀全局 h-细化得到初始计算网格，因此片 1 和片 2 的初始计算网格是不协调网格。自适应细化参数取 $\beta=10\%$。图 3.14给出了第 2 ~ 5 次自适应局部细化网格，网格局部细化发生在区域 Ω_2 上，且集中在材料界面附近。

图 3.15 ~ 图 3.17给出了采用 5 次自适应细化计算的径向位移分布云图、径向应力分布云图和环向应力分布云图，并给出了精确解及精确解与数值解的绝对误差。由云图比较可知，数值解和精确解吻合较好。

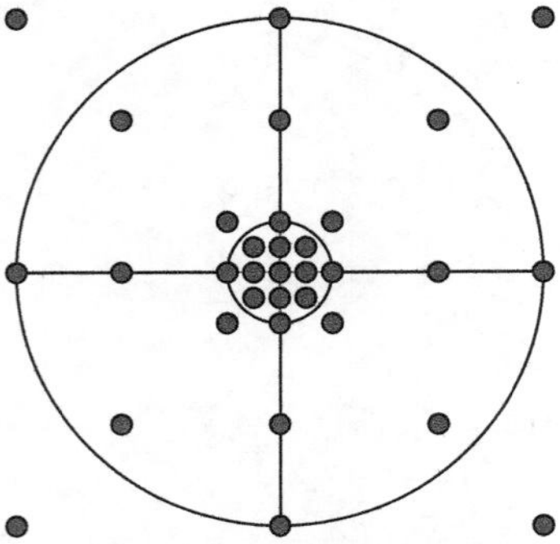

(a) 几何建模网格和控制点

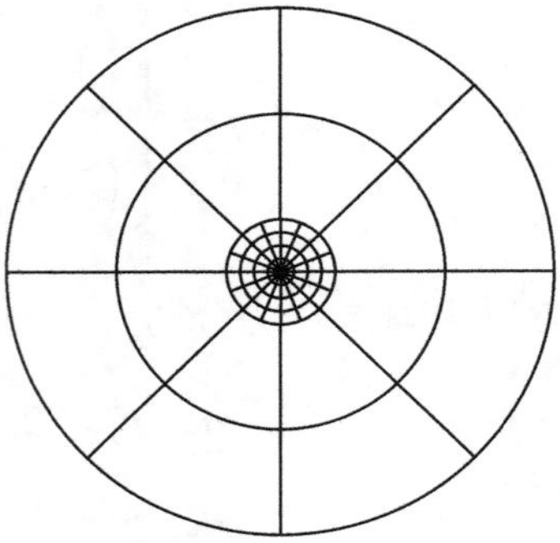

(b) 初始计算网格

图 3.13 双材料边界值问题的网格

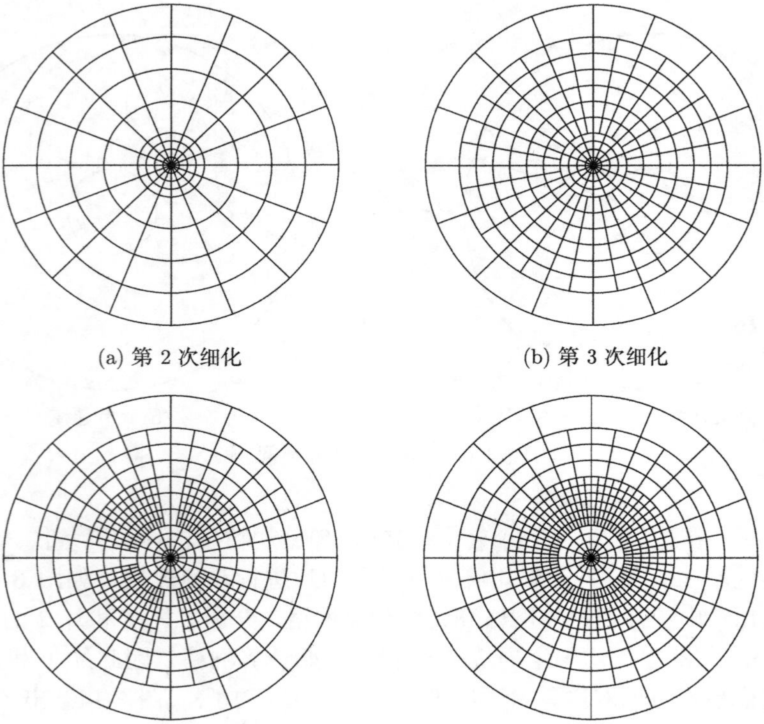

(a) 第 2 次细化

(b) 第 3 次细化

(c) 第 4 次细化

(d) 第 5 次细化

图 3.14 双材料边界值问题的第 2~5 次自适应局部细化网格

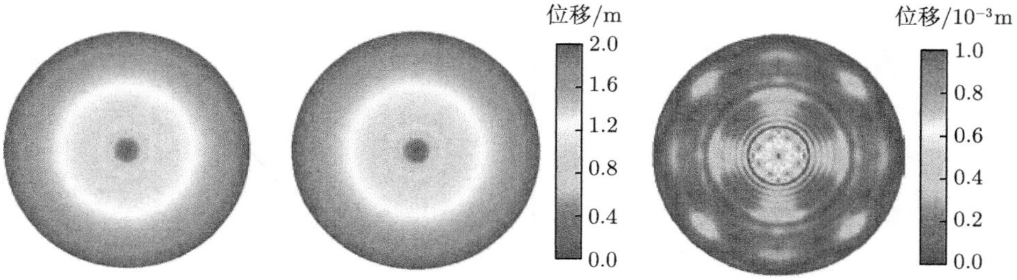

(a) 数值解　　(b) 精确解　　(c) 绝对误差

图 3.15　双材料边界值问题的径向位移分布云图

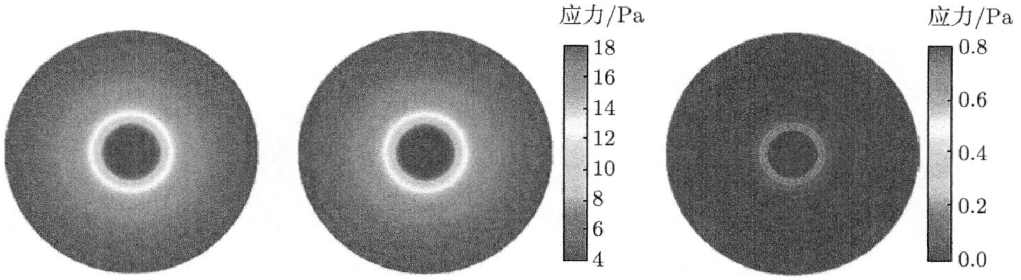

(a) 数值解　　(b) 精确解　　(c) 绝对误差

图 3.16　双材料边界值问题的径向应力分布云图

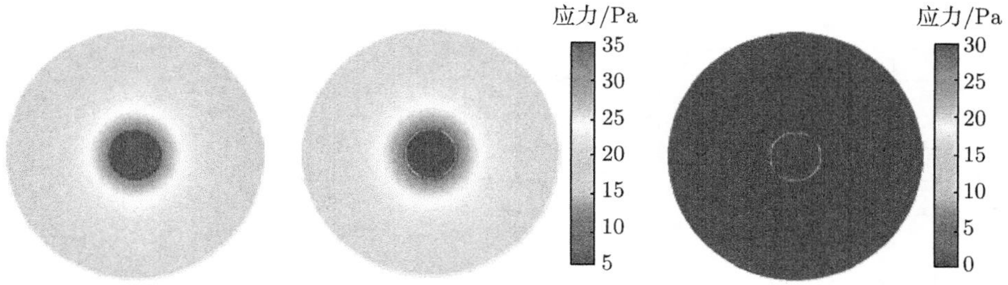

(a) 数值解　　(b) 精确解　　(c) 绝对误差

图 3.17　双材料边界值问题的环向应力分布云图

图 3.18 (a) 给出了分别采用自适应局部细化和均匀全局细化计算的相对估计能量范数误差收敛曲线。由图可见，自适应局部细化计算的误差收敛率明显高于均匀全局细化的误差收敛率。后验误差估计有效指标随自由度的变化如图 3.18 (b) 所示。由图可见，随着自适应次数增加，有效指标越来越逼近 1。

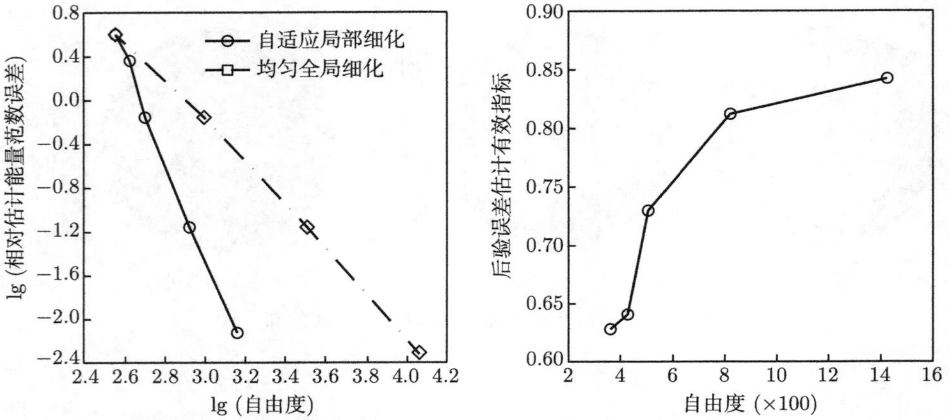

(a) 相对估计能量范数误差收敛曲线　　(b) 后验误差估计有效指标

图 3.18　双材料边界值问题的收敛性和后验误差估计有效指标

算例 3.3　复杂形状板问题

考虑一个含花形孔洞的方板，如图 3.19 (a) 所示。弹性模量 $E = 2.0\times10^{11}$Pa，泊松比 $\nu = 0.3$。按平面应力问题分析。方板上下两边固定，左右两边受单向均布拉伸荷载 $p = 1.0 \times 10^6$Pa。采用八片等几何分析建模，如图 3.19 (b) 所示。

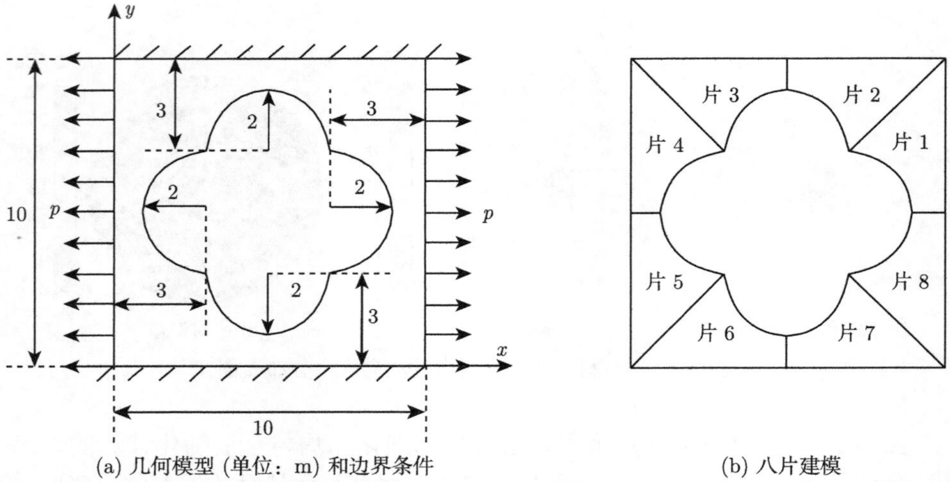

(a) 几何模型 (单位：m) 和边界条件　　(b) 八片建模

图 3.19　复杂形状板问题

图 3.20给出了复杂形状板的几何建模网格和初始计算网格，初始计算网格是通过几何建模网格的 2 次全局 h-细化得到的，每片区域的初始计算网格含有 4×4

个单元。自适应细化参数取 $\beta = 15\%$。图 3.21为第 2 次、第 5 次和第 7 次自适应细化网格，网格局部细化主要发生在孔洞附近。

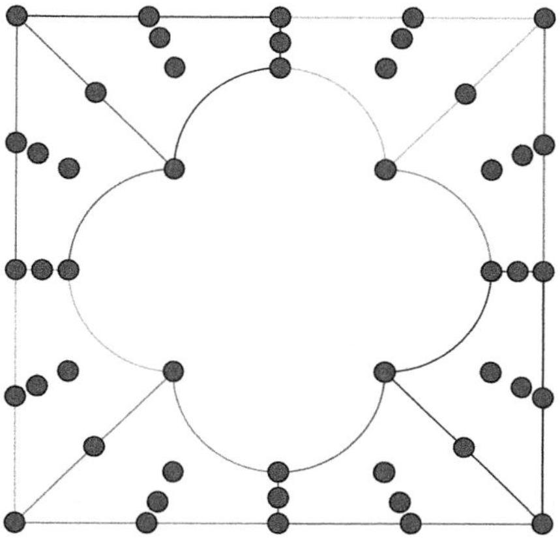

(a) 几何建模网格和控制点

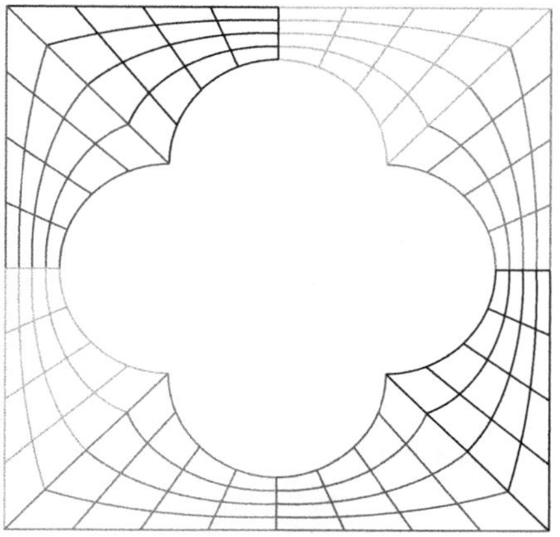

(b) 初始计算网格

图 3.20 复杂形状板问题的网格

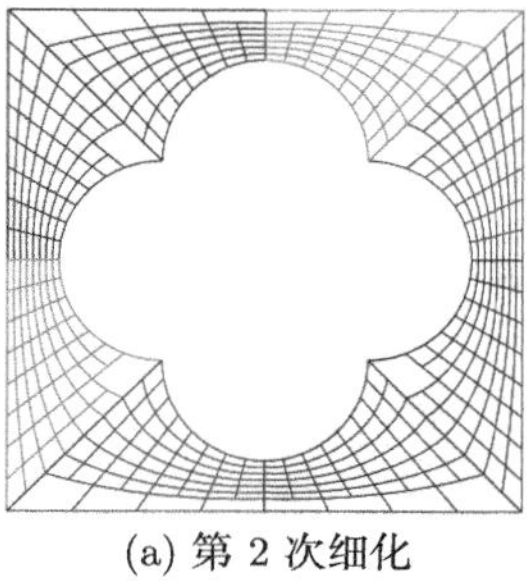

(a) 第 2 次细化

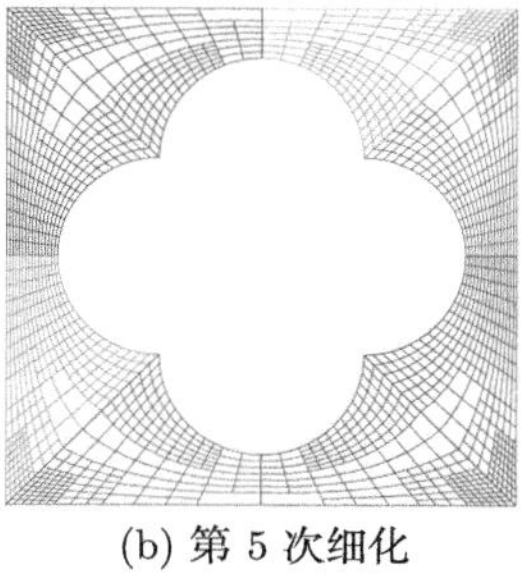

(b) 第 5 次细化

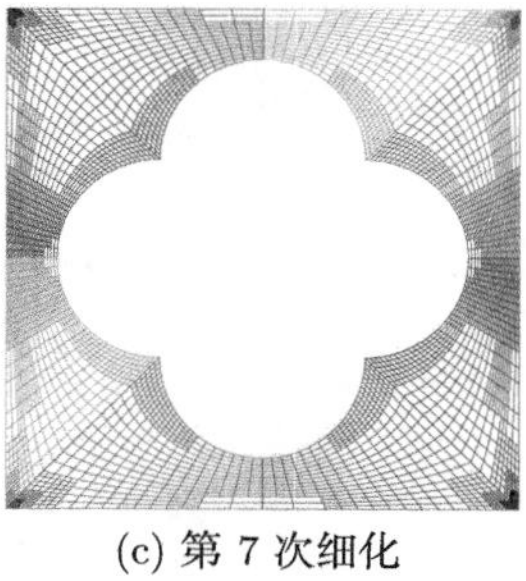

(c) 第 7 次细化

图 3.21 复杂形状板问题的自适应细化网格

图 3.22 和图 3.23 分别给出了 7 次自适应细化计算的位移分布云图和应力分布云图。由云图分布得出：① 位移和应力在材料界面是光滑连续的，说明 Nitsche 方法耦合多片的有效性；② 应力集中在孔洞附近；③ 网格局部细化主要发生在应力集中区域，表明自适应多片等几何分析的有效性。

图 3.24 给出了分别采用自适应局部细化和均匀全局细化计算的相对估计能量范数误差收敛曲线，可以看出自适应局部细化比均匀全局细化的误差收敛率高。

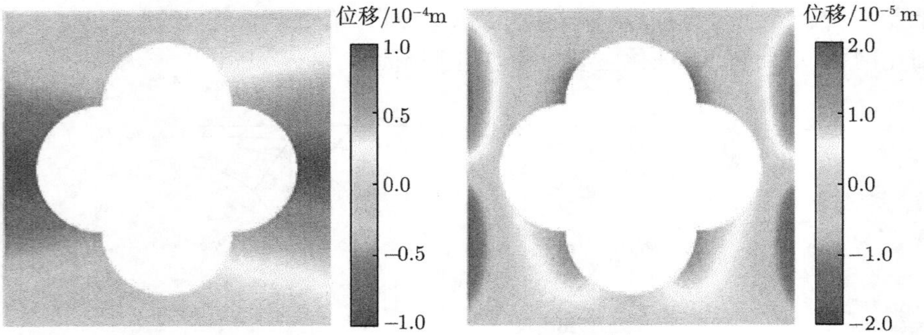

(a) u_x　　(b) u_y

图 3.22　复杂形状板问题的 7 次自适应细化计算的位移分布云图

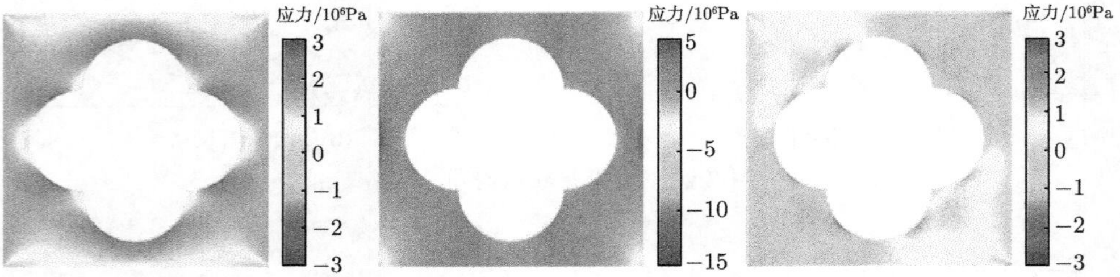

(a) σ_x　　(b) σ_y　　(c) τ_{xy}

图 3.23　复杂形状板问题的 7 次自适应细化计算的应力分布云图

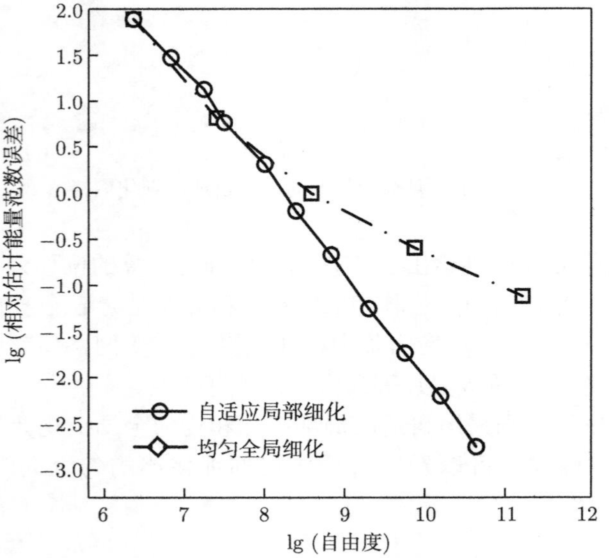

图 3.24　复杂形状板问题的相对估计能量范数误差收敛曲线

3.7 体参数化模型

CAD 采用线/面表征平面/三维几何，但等几何分析采用实体单元进行分析，因此体参数化模型构建是等几何分析的第一步。对于零亏格的实体，体参数化是创建一个双变量 (平面模型) 或者三变量 (三维模型) 张量体，使其与正方形和立方体建立一一映射关系，这两种情况的参数化模型统称为体参数化模型。对于多亏格的实体模型，则分解为多个零亏格域。构建体参数化模型一般有创建式和重建式两种方式[9]。CAD 领域还没有一种成熟的由边界曲面生成体参数化的一般方法，现有方法也大多针对零亏格模型展开研究。针对多亏格模型，现有的方法难以达到对该模型一次性整体生成体参数化模型，使这个问题成为当前体参数化模型的难点[10]。

3.7.1 平面域参数化

二维参数化模型的构建包括边界曲线控制点反求和域内控制点生成，其步骤主要如下：

(1) 得到插值模型的边界点，对边界点进行 B 样条曲线拟合得到初始控制点。

(2) 对曲线进行节点插入、升阶、拼接，使其和相邻子域边界曲线的节点矢量统一且同阶，由此得到最终边界控制点。通过对边界控制点进行插值得到初始内部控制点，并对这些控制点进行微调，以提高网格顶点的质量，进而得到适用于等几何分析的参数化模型。

在曲面情况不是很复杂的情况下，体内控制点可采用 Coons 曲面插值理论生成[11]。Coons 曲面插值理论较为简单且算法速度快，但适用范围较窄。如图 3.25 所示，设给定的 4 条边界样条曲线为 $x(u,0)$、$x(u,1)$、$x(0,v)$ 和 $x(1,v)$，其中，$u \geqslant 0$，$v \leqslant 1$。插值四条边界曲线得到 Coons 曲面，插值公式为[11]

$$\begin{aligned} x(u,v) &= (1-u)x(0,v) + ux(1,v) \\ &\quad + (1-v)x(u,0) + vx(u,1) \\ &\quad - [1-u \quad u]\begin{bmatrix} x(0,0) & x(0,1) \\ x(1,0) & x(1,1) \end{bmatrix}\begin{bmatrix} 1-v \\ v \end{bmatrix} \end{aligned} \tag{3.42}$$

边界曲线 $x(u,0)$、$x(u,1)$、$x(0,v)$ 和 $x(1,v)$ 可以是任意的，但早期的边界多边形是离散化的曲线，上面有许多点。一种更现代的用法是将边界多边形视为点数组 $\boldsymbol{b}_{i,j}$ 的 Bézier 控制多边形 ($i=0,1,\cdots,m$；$j=0,1,\cdots,n$)。每个 $\boldsymbol{b}_{i,j}$ 与参数对 $(u,v)=(i/m,j/n)$ 相关联。离散的 Coons 曲面表示为[11]

$$\boldsymbol{b}_{i,j} = (1-i/m)\boldsymbol{b}_{0,j} + i/m\boldsymbol{b}_{m,j}$$

$$
+ (1-j/n)\boldsymbol{b}_{i,0} + j/n\boldsymbol{b}_{i,n} - [1-i/m \quad i/m]\begin{bmatrix} \boldsymbol{b}_{0,0} & \boldsymbol{b}_{0,n} \\ \boldsymbol{b}_{m,0} & \boldsymbol{b}_{m,n} \end{bmatrix}\begin{bmatrix} 1-j/n \\ j/n \end{bmatrix} \tag{3.43}
$$

式中，$0<i<m$，$0<j<n$。

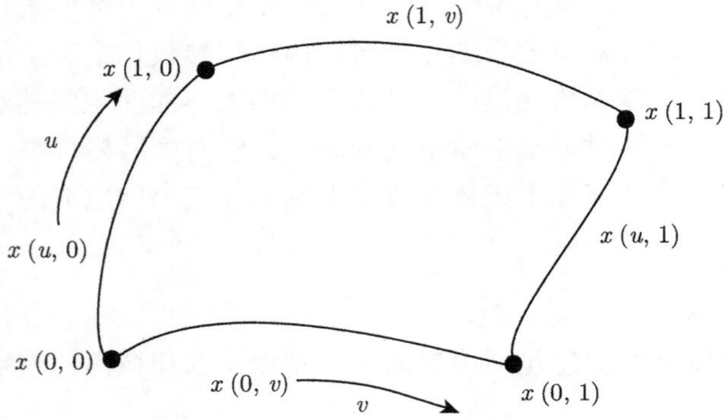

图 3.25　Coons 曲面

3.7.2　空间域参数化

给定 6 个边界曲面 $S(0,v,w)$、$S(1,v,w)$、$S(u,0,w)$、$S(u,1,w)$、$S(u,v,0)$ 和 $S(u,v,1)$，插值上述 6 个曲面的 Coons 参数体 $S(u,v,w)$ 可按如下方式构造[12]：

$$
\begin{aligned}
S(u,v,w) = & [1-\alpha(u)]S(0,v,w) + \alpha(u)S(1,v,w) + [1-\beta(v)]S(u,0,w) \\
& + \beta(v)S(u,1,w) + [1-\gamma(w)]S(u,v,0) + \gamma(w)S(u,v,1) \\
& + [1-\alpha(u),\alpha(u)]\begin{bmatrix} S(0,0,W) & S(0,1,W) \\ S(1,0,W) & S(1,1,W) \end{bmatrix}\begin{bmatrix} 1-\beta(v) \\ \beta(v) \end{bmatrix} \\
& - [1-\beta(u),\beta(u)]\begin{bmatrix} S(u,0,0) & S(u,0,1) \\ S(u,1,0) & S(u,1,1) \end{bmatrix}\begin{bmatrix} 1-\gamma(w) \\ \gamma(w) \end{bmatrix} \\
& - [1-\gamma(w),\gamma(w)]\begin{bmatrix} S(0,v,0) & S(1,v,0) \\ S(0,v,1) & S(1,v,1) \end{bmatrix}\begin{bmatrix} 1-\alpha(u) \\ \alpha(u) \end{bmatrix} \\
& - [1-\gamma(w)]\left[[1-\alpha(u),\alpha(u)]\begin{bmatrix} S(0,0,0) & S(0,1,0) \\ S(1,0,0) & S(1,1,0) \end{bmatrix}\begin{bmatrix} 1-\beta(v) \\ \beta(v) \end{bmatrix}\right] \\
& + \gamma(w)\left[[1-\alpha(u),\alpha(u)]\begin{bmatrix} S(0,0,1) & S(0,1,1) \\ S(1,0,1) & S(1,1,1) \end{bmatrix}\begin{bmatrix} 1-\beta(v) \\ \beta(v) \end{bmatrix}\right]
\end{aligned} \tag{3.44}
$$

式中，$\alpha(u)$、$\beta(v)$ 和 $\gamma(w)$ 为参数函数，且满足 $\alpha(0) = \beta(0) = \gamma(0) = 0$ 和 $\alpha(1) = \beta(1) = \gamma(1) = 1$。

参数体 $S(u, v, w)$ 插值 6 个边界参数曲面可以看成插值 4 条边界曲线的 Coons 曲面的推广。

参 考 文 献

[1] Nguyen V P, Kerfriden P, Brino M, et al. Nitsche's method for two and three dimensional NURBS patch coupling[J]. Computational Mechanics, 2014, 53(6): 1163-1182.

[2] 辜继明. 不连续问题的自适应扩展等几何分析研究[D]. 南京: 河海大学, 2020.

[3] Gu J M, Yu T T, Van Lich L, et al. Adaptive multi-patch isogeometric analysis based on locally refined B-splines[J]. Computer Methods in Applied Mechanics and Engineering, 2018, 339: 704-738.

[4] Cottrell J A, Hughes T J R, Bazilevs Y. Isogeometric Analysis: Toward Integration of CAD and FEA[M]. Chichester: John Wiley & Sons Inc., 2009.

[5] De Luycker E, Benson D J, Belytschko T, et al. X-FEM in isogeometric analysis for linear fracture mechanics[J]. International Journal for Numerical Methods in Engineering, 2011, 87(6): 541-565.

[6] Zienkiewicz O C, Zhu J Z. A simple error estimator and adaptive procedure for practical engineerng analysis[J]. International Journal for Numerical Methods in Engineering, 1987, 24(2): 337-357.

[7] Kumar M, Kvamsdal T, Johannessen K A. Superconvergent patch recovery and a posteriori error estimation technique in adaptive isogeometric analysis[J]. Computer Methods in Applied Mechanics and Engineering, 2017, 316: 1086-1156.

[8] Sukumar N, Chopp D L, Moës N, et al. Modeling holes and inclusions by level sets in the extended finite-element method[J]. Computer Methods in Applied Mechanics and Engineering, 2001, 190(46/47): 6183-6200.

[9] 陈龙, 樊兴旺, 王猛, 等. 有限元四边单元网格模型的参数化重建[J]. 计算机辅助设计与图形学学报, 2017, 29(4): 680-688.

[10] Xu G, Mourrain B, Wu X Y, et al. Efficient construction of multi-block volumetric spline parameterization by discrete mask method[J]. Journal of Computational and Applied Mathematics, 2015, 290: 589-597.

[11] Farin G, Hansford D. Discrete coons patches[J]. Computer Aided Geometric Design, 1999, 16(7): 691-700.

[12] 许华强, 徐岗, 胡维华, 等. 面向等几何分析的 B 样条参数体生成方法[J]. 图学学报, 2013, 34(3): 43-48.

第 4 章　非均质问题的自适应扩展等几何分析

等几何分析采用连续函数作为形状 (插值) 函数，因此分析夹杂问题、断裂问题仍不方便。在 CAD 建模中，通常采用一系列布尔运算 (如并、交及减等裁剪) 获得含孔洞的几何模型，利用这种方式建模最终生成的是裁剪 NURBS 曲面。根据裁剪曲面构造裁剪单元用于等几何分析，这种方法效率较低且仅限于单个裁剪曲线[1,2]。扩展等几何分析的计算网格独立于结构内部的几何或物理界面，分析非均质问题时，前处理简单便利，且易生成几何形状好的单元。本章介绍求解非均质问题的自适应扩展等几何分析。

4.1　夹杂问题

4.1.1　基本方程及弱形式

考虑一个平面区域 $\Omega \in \mathbb{R}^2$，边界为 Γ。区域 Ω 由多种各向同性均匀线弹性材料组成，边界 $\Gamma = \Gamma_u \cup \Gamma_t \cup_{k=1}^{N_{\text{int}}} \Gamma_I^k$，$\Gamma_u$、$\Gamma_t$ 分别为位移边界和应力边界，Γ_I^k 为材料界面，N_{int} 为材料界面总数量。夹杂问题的平衡方程和边界条件为[3]

$$\nabla \cdot \boldsymbol{\sigma} + \boldsymbol{b} = \boldsymbol{0} \ (\text{在 } \Omega \text{ 内}) \tag{4.1a}$$

$$\boldsymbol{u} = \overline{\boldsymbol{u}} \ (\text{在 } \Gamma_u \text{ 上}) \tag{4.1b}$$

$$\boldsymbol{\sigma} \cdot \boldsymbol{n} = \overline{\boldsymbol{t}} \ (\text{在 } \Gamma_t \text{ 上}) \tag{4.1c}$$

$$[\![\boldsymbol{\sigma} \cdot \boldsymbol{n}_I^k]\!] = \boldsymbol{0} \ (\text{在 } \Gamma_I^k (k = 1, 2, \cdots, N_{\text{int}}) \text{ 上}) \tag{4.1d}$$

式中，∇ 为哈密顿算子；$\boldsymbol{u}$ 为位移；$\boldsymbol{\sigma}$ 为应力；$\boldsymbol{b}$ 为体力；$\overline{\boldsymbol{u}}$ 为位移边界上的已知位移；$\overline{\boldsymbol{t}}$ 为应力边界上的已知面力；$\boldsymbol{n}$ 为边界的单位外法向矢量。

考虑小变形，应变 $\boldsymbol{\varepsilon}$ 和应力 $\boldsymbol{\sigma}$ 可表示为

$$\boldsymbol{\varepsilon} = \nabla_s \boldsymbol{u} \tag{4.2a}$$

$$\boldsymbol{\sigma} = \boldsymbol{D} : \boldsymbol{\varepsilon} \tag{4.2b}$$

式中，∇_s 为对称梯度算子；$\boldsymbol{D}$ 为弹性矩阵。

令 $\boldsymbol{u} \in \boldsymbol{\mathcal{S}} = \left\{\boldsymbol{u} \middle| \ \boldsymbol{u} = \overline{\boldsymbol{u}} \text{ 在 } \varGamma_u \text{ 上}, \boldsymbol{u} \in \boldsymbol{H}^1(\varOmega)\right\}$，$\boldsymbol{\mathcal{V}} = \{\delta\boldsymbol{u} | \ \delta\boldsymbol{u} = \boldsymbol{0} \text{ 在 } \varGamma_u \text{ 上}, \delta\boldsymbol{u} \in \boldsymbol{H}^1(\varOmega)\}$，式(4.1)的弱形式为

$$\int_{\varOmega} \left[\boldsymbol{\varepsilon}\left(\delta\boldsymbol{u}\right)\right]^{\mathrm{T}} \boldsymbol{\sigma} \mathrm{d}\varOmega = \int_{\varOmega} (\delta\boldsymbol{u})^{\mathrm{T}} \boldsymbol{b} \mathrm{d}\varOmega + \int_{\varGamma_t} (\delta\boldsymbol{u})^{\mathrm{T}} \bar{\boldsymbol{t}} \mathrm{d}\varGamma, \quad \forall \delta\boldsymbol{u} \in \boldsymbol{\mathcal{V}} \tag{4.3}$$

4.1.2 位移模式

夹杂问题在固体力学中属于弱不连续问题，材料界面处位移连续、应变不连续，因此在材料界面处加强函数应连续且其导数不连续。Moës 等[4]提出了一种修正的水平集加强函数 $\varPsi(\boldsymbol{\xi})$，即

$$\varPsi(\boldsymbol{\xi}) = \sum_i |\varphi_i| R_i(\boldsymbol{\xi}) - \left| \sum_i \varphi_i R_i(\boldsymbol{\xi}) \right| \tag{4.4}$$

式中，φ_i 表示控制点 i 处的水平集函数值。

图 4.1给出了二阶基函数时的加强函数，黑线表示材料界面。由图 4.1可以看出：① 加强函数在夹杂界面连续，但其导数不连续；② 不含界面的单元，加强函数值等于零。因此，该加强函数既能反映界面处的力学特性，也不会带来混合单元问题[5]。

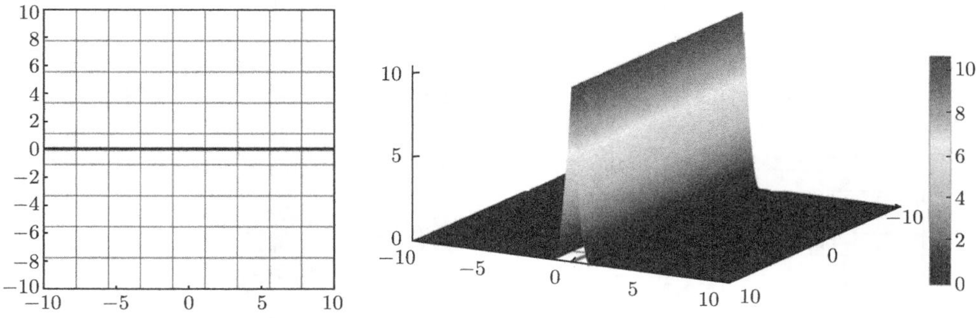

(a) 计算网格 (b) 加强函数分布

图 4.1 夹杂问题的加强函数

对于夹杂问题，扩展等几何分析位移逼近可表示为

$$\boldsymbol{u}^h(\boldsymbol{\xi}) = \sum_{i \in \mathcal{N}^{\mathrm{std}}} R_i(\boldsymbol{\xi}) \boldsymbol{u}_i + \sum_{j \in \mathcal{N}^{\mathrm{int}}} R_j(\boldsymbol{\xi}) \varPsi(\boldsymbol{\xi}) \boldsymbol{a}_j \tag{4.5}$$

式中，$R_i(\boldsymbol{\xi})$ 为控制点 i 处的形函数 (LR NURBS 基函数)；$\boldsymbol{u}_i$ 为控制点 i 处的位移；$\boldsymbol{a}_j$ 为控制点 j 处的加强变量；$\mathcal{N}^{\mathrm{std}}$ 为离散域内所有控制点集；$\mathcal{N}^{\mathrm{int}}$ 为形函数支撑域被夹杂界面切割的控制点集；$\varPsi(\boldsymbol{\xi})$ 为加强函数。

根据夹杂界面位置定义水平集函数，通过单元节点的水平集符号确定含夹杂界面的加强单元，加强单元上不为 0 的基函数对应的控制点为加强控制点。含夹杂界面单元的四个节点水平集非同号；不含夹杂界面单元的四个节点水平集同号，如图 4.2所示。图 4.3给出了夹杂问题的加强单元、加强控制点和夹杂界面水平集函数分布。

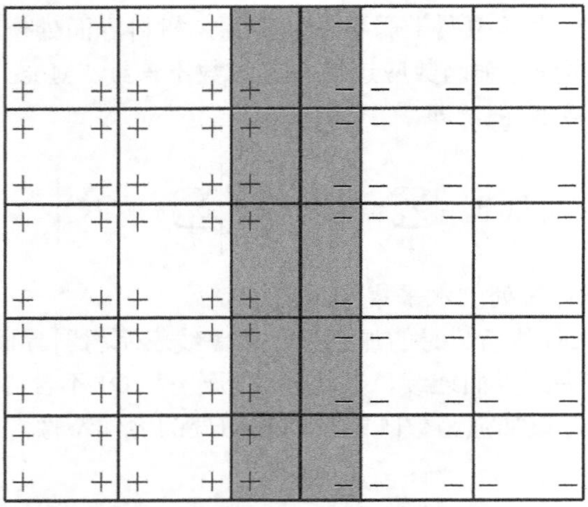

图 4.2　根据单元节点水平集符号确定含夹杂界面的加强单元

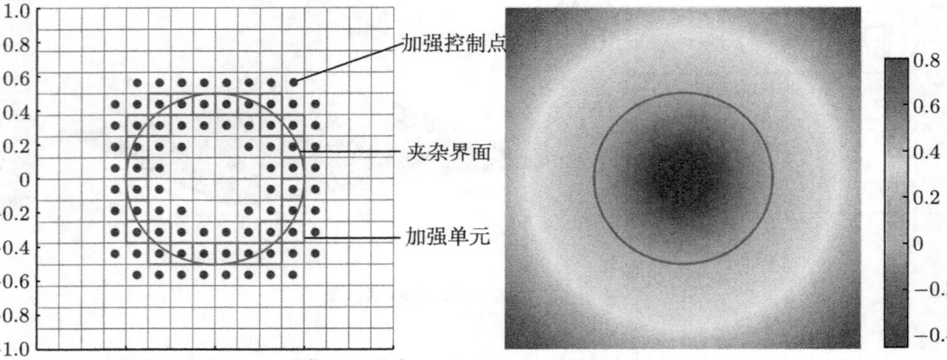

(a) 含圆形夹杂二阶 LR 网格　　(b) 圆形夹杂界面水平集函数分布

图 4.3　含圆形夹杂问题

对于含多个夹杂的平面问题，每一个夹杂界面 Γ_I^k 采用一个水平集函数 $\varphi^k(\boldsymbol{x})$ 表示。多个夹杂问题的扩展等几何分析位移逼近为[6]

$$\boldsymbol{u}^h(\boldsymbol{\xi}) = \sum_{i\in\mathcal{N}^{\text{std}}} R_i(\boldsymbol{\xi})\boldsymbol{u}_i + \sum_{k=1}^{N_{\text{int}}}\sum_{j\in\mathcal{N}_k^{\text{int}}} R_j(\boldsymbol{\xi})\varPsi^k(\boldsymbol{\xi})\boldsymbol{a}_j^k \tag{4.6}$$

式中，N_{int} 为夹杂界面数；$\varPsi^k(\boldsymbol{\xi})$ 为第 k 个夹杂界面的加强函数。$\varPsi^k(\boldsymbol{\xi})$ 定义如下：

$$\varPsi^k(\boldsymbol{\xi}) = \sum_{I\in\mathcal{N}_k^{\text{int}}} |\varphi_I^k| R_I(\boldsymbol{\xi}) - \left|\sum_{I\in\mathcal{N}_k^{\text{int}}} \varphi_I^k R_I(\boldsymbol{\xi})\right|, \quad k=1,2,\cdots,N_{\text{int}} \tag{4.7}$$

4.1.3 离散方程

根据夹杂问题的扩展等几何分析位移逼近式(4.6)，位移、应变和应力的矩阵形式为

$$\boldsymbol{u}^h = \boldsymbol{Rd}, \quad \boldsymbol{\varepsilon}^h = \boldsymbol{Bd}, \quad \boldsymbol{\sigma}^h = \boldsymbol{DBd} \tag{4.8}$$

式中，未知位移矢量 $\boldsymbol{d} = [\boldsymbol{u} \quad \boldsymbol{a}]^{\text{T}}$ 由常规位移矢量 $\boldsymbol{u} = [\boldsymbol{u}_i]$ 和加强位移矢量 $\boldsymbol{a} = [\boldsymbol{a}_j^k]$ 组成，$\boldsymbol{u}_i = [u_{ix}\ u_{iy}]^{\text{T}}$ $(i\in\mathcal{N}^{\text{std}})$，$\boldsymbol{a}_j^k = [a_{jx}^k\ a_{jy}^k]^{\text{T}}$ $(k=1,2,\cdots,N_{\text{int}}$，$j\in\mathcal{N}_k^{\text{int}})$。基函数矩阵 $\boldsymbol{R}$ 和应变矩阵 $\boldsymbol{B}$ 由常规基函数矩阵 $\boldsymbol{R}^{\text{std}}$、常规应变矩阵 $\boldsymbol{B}^{\text{std}}$ 和加强基函数矩阵 $\boldsymbol{R}^{\text{int}}$、加强应变矩阵 $\boldsymbol{B}^{\text{int}}$ 组成。

对于二维问题，基函数矩阵和应变矩阵可表示为

$$\boldsymbol{R} = \left[\boldsymbol{R}^{\text{std}} | \boldsymbol{R}^{\text{int}}\right] \tag{4.9a}$$

$$\boldsymbol{R}_e^{\text{std}} = \begin{bmatrix} R_1 & 0 & R_2 & 0 & \cdots \\ 0 & R_1 & 0 & R_2 & \cdots \end{bmatrix} \tag{4.9b}$$

$$\boldsymbol{R}_e^{\text{int}} = \begin{bmatrix} R_1\varPsi^k & 0 & R_2\varPsi^k & 0 & \cdots \\ 0 & R_1\varPsi^k & 0 & R_2\varPsi^k & \cdots \end{bmatrix}, \quad k=1,2,\cdots,N_{\text{int}} \tag{4.9c}$$

$$\boldsymbol{B} = \left[\boldsymbol{B}^{\text{std}} | \boldsymbol{B}^{\text{int}}\right] \tag{4.9d}$$

$$\boldsymbol{B}_e^{\text{std}} = \begin{bmatrix} R_{1,x} & 0 & R_{2,x} & 0 & \cdots \\ 0 & R_{1,y} & 0 & R_{2,y} & \cdots \\ R_{1,y} & R_{1,x} & R_{2,y} & R_{2,x} & \cdots \end{bmatrix} \tag{4.9e}$$

$$\boldsymbol{B}_e^{\text{int}} = \begin{bmatrix} (R_1\varPsi^k)_{,x} & 0 & (R_2\varPsi^k)_{,x} & 0 & \cdots \\ 0 & (R_1\varPsi^k)_{,y} & 0 & (R_2\varPsi^k)_{,y} & \cdots \\ (R_1\varPsi^k)_{,y} & (R_1\varPsi^k)_{,x} & (R_2\varPsi^k)_{,y} & (R_2\varPsi^k)_{,x} & \cdots \end{bmatrix} \tag{4.9f}$$

式中，$R_{i,x}$ 和 $R_{i,y}$ 分别表示 LR NURBS 基函数 R_i 对 x 和 y 的导数。

将式(4.8)和式(4.9)代入式(4.3)，考虑到任意的 $\delta \boldsymbol{d}$，可得

$$\boldsymbol{K}\boldsymbol{d} = \boldsymbol{F} \tag{4.10}$$

式中，$\boldsymbol{K}$ 和 $\boldsymbol{F}$ 分别为整体劲度矩阵和整体荷载列阵，由单元劲度矩阵和单元荷载列阵组成。

对于二维单元 e，单元劲度矩阵和单元荷载列阵分别为

$$\boldsymbol{k} = \int_{\Omega_e} (\boldsymbol{B}_e)^{\mathrm{T}} \boldsymbol{D}\boldsymbol{B}_e \mathrm{d}\Omega \tag{4.11a}$$

$$\boldsymbol{f} = \int_{\Omega_e} (\boldsymbol{R}_e)^{\mathrm{T}} \boldsymbol{b} \mathrm{d}\Omega + \int_{\Gamma_t} (\boldsymbol{R}_e)^{\mathrm{T}} \bar{\boldsymbol{t}} \mathrm{d}\Gamma \tag{4.11b}$$

4.1.4 积分方案

利用扩展等几何分析求解夹杂问题时，存在三种类型的单元，即不含加强控制点的常规单元、含加强控制点不含界面的单元和含夹杂界面的单元。在常规单元和含加强控制点不含界面的单元中，采用常规高斯积分法，积分点数为 $(p+1)\times(q+1)$ (p 和 q 为两个方向的基函数阶数)。对于含夹杂界面的单元，材料非均质，且应变不连续，不能直接采用常规高斯积分法，一般采用三角形子单元积分法[7,8]，每个子单元内被积函数是连续的且材料是均质的，每个三角形子单元采用 13 个积分点，单元积分转化为在这些子单元上积分。图 4.4给出了夹杂问题的积分方案 (二阶基函数)。

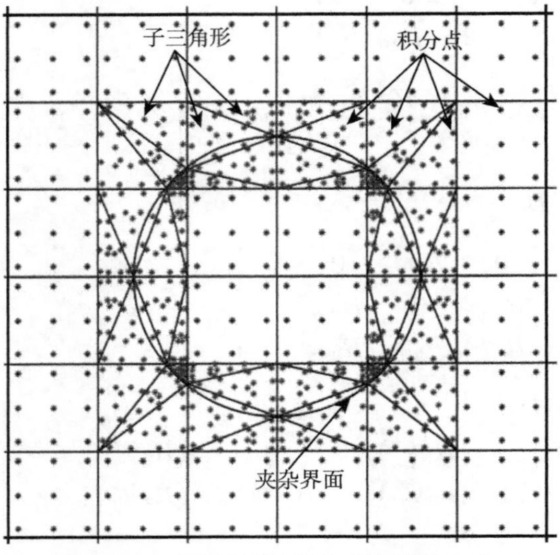

图 4.4　夹杂问题的积分方案和积分点

常规单元的高斯积分过程已经在第 3 章介绍，此处不再赘述。含夹杂界面的加强单元积分过程如图 4.5所示，转换关系 T_1 和 T_2 及对应的雅可比矩阵在第 3 章已经给出。对于含夹杂界面的加强单元，采用划分子三角形的积分方案，通过转换关系 T_3，将标准四边形单元的子三角形积分转换为标准三角形单元积分。转换关系 T_3 及对应的雅可比矩阵 $\boldsymbol{J}_3$ 分别为

$$T_3:\begin{cases}\bar{\xi}=\bar{\xi}_1\left(1-\hat{\xi}-\hat{\eta}\right)+\bar{\xi}_2\left(\hat{\xi}\right)+\bar{\xi}_3\left(\hat{\eta}\right)\\ \bar{\eta}=\bar{\eta}_1\left(1-\hat{\xi}-\hat{\eta}\right)+\bar{\eta}_2\left(\hat{\xi}\right)+\bar{\eta}_3\left(\hat{\eta}\right)\end{cases} \tag{4.12}$$

$$\boldsymbol{J}_3=\begin{bmatrix}\dfrac{\partial\bar{\xi}}{\partial\hat{\xi}} & \dfrac{\partial\bar{\eta}}{\partial\hat{\xi}}\\ \dfrac{\partial\bar{\xi}}{\partial\hat{\eta}} & \dfrac{\partial\bar{\eta}}{\partial\hat{\eta}}\end{bmatrix}=\begin{bmatrix}-\bar{\xi}_1+\bar{\xi}_2 & -\bar{\eta}_1+\bar{\eta}_2\\ -\bar{\xi}_1+\bar{\xi}_3 & -\bar{\eta}_1+\bar{\eta}_3\end{bmatrix} \tag{4.13}$$

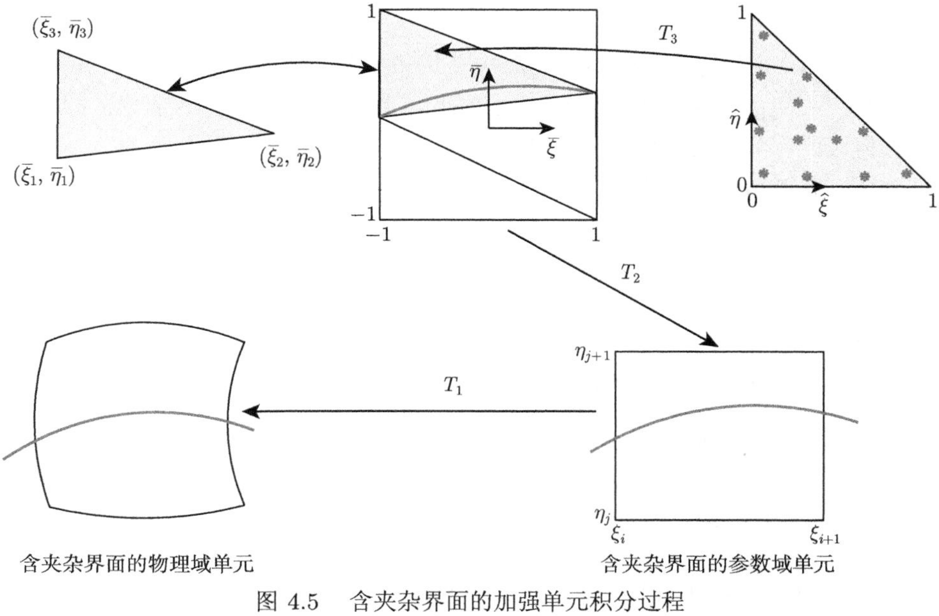

图 4.5 含夹杂界面的加强单元积分过程

夹杂界面在物理域和参数域中若是曲线 (图 4.5)，在划分三角形时，则采用直线段代替夹杂界面，当网格单元尺寸较大时，该积分方案存在一定的误差。利用自适应扩展等几何分析求解夹杂问题时，随着自适应网格细化，含夹杂界面单元的尺寸会越来越小，夹杂界面在参数域中趋于直线，划分子三角形积分方案精度不断提高。

4.1.5 误差估计

为了建立分析夹杂问题的自适应扩展等几何分析模型，实现局部网格的自动细化，需要一种有效的后验误差估计方法。基于恢复法，构建夹杂问题的恢复应变，发展后验误差估计方法。

夹杂问题的光滑应变场逼近为

$$\boldsymbol{\varepsilon}^s(\boldsymbol{\xi}) = \sum_{i\in\mathcal{N}^{\text{std}}} R_i(\boldsymbol{\xi})\boldsymbol{g}_i + \sum_{k=1}^{N_{\text{int}}}\sum_{j\in\mathcal{N}_k^{\text{int}}} R_j(\boldsymbol{\xi})\left[H(\boldsymbol{\xi}) - H\left(\boldsymbol{\xi}_j\right)\right]\boldsymbol{e}_j^k \tag{4.14}$$

式中，$\boldsymbol{g}_i$ 为常规光滑应变场未知变量；$\boldsymbol{e}_j^k$ 为夹杂界面加强控制点处的光滑应变场附加未知变量；H 为阶跃函数，在夹杂界面一侧取 $+1$，另一侧取 -1。

式(4.14)等号右侧第一项为常规光滑应变场；第二项为光滑应变场加强项，用于反映应变在夹杂界面的不连续性。式(4.14)可改写成如下矩阵形式：

$$\boldsymbol{\varepsilon}^s(\boldsymbol{\xi}) = \boldsymbol{R}_*\boldsymbol{\varepsilon}_* \tag{4.15}$$

式中，$\boldsymbol{\varepsilon}_* = [\boldsymbol{g} \quad \boldsymbol{e}]^{\text{T}}$ 为夹杂问题的光滑应变场未知量，$\boldsymbol{g} = [\boldsymbol{g}_i]$，$i \in \mathcal{N}^{\text{std}}$，$\boldsymbol{e} = \left[\boldsymbol{e}_j^k\right]$，$k = 1, 2, \cdots, N_{\text{int}}$，$j \in \mathcal{N}_k^{\text{int}}$。光滑应变场基函数矩阵 $\boldsymbol{R}_*$ 包含两部分，即常规基函数矩阵 $\boldsymbol{R}_*^{\text{std}}$ 和加强基函数矩阵 $\boldsymbol{R}_*^{\text{int}}$。

对于二维单元 e，光滑应变场基函数矩阵为

$$\boldsymbol{R}_* = \left[\boldsymbol{R}_*^{\text{std}} | \boldsymbol{R}_*^{\text{int}}\right] \tag{4.16a}$$

$$\left(\boldsymbol{R}_*^{\text{std}}\right)_e = \begin{bmatrix} R_1 & 0 & 0 & R_2 & 0 & 0 & \cdots \\ 0 & R_1 & 0 & 0 & R_2 & 0 & \cdots \\ 0 & 0 & R_1 & 0 & 0 & R_2 & \cdots \end{bmatrix} \tag{4.16b}$$

$$\left(\boldsymbol{R}_*^{\text{int}}\right)_e = \begin{bmatrix} R_1H_1 & 0 & 0 & R_2H_2 & 0 & 0 & \cdots \\ 0 & R_1H_1 & 0 & 0 & R_2H_2 & 0 & \cdots \\ 0 & 0 & R_1H_1 & 0 & 0 & R_2H_2 & \cdots \end{bmatrix} \tag{4.16c}$$

式中，$H_i = H(\boldsymbol{\xi}) - H(\boldsymbol{\xi}_i)$。

由光滑应变场 $\boldsymbol{\varepsilon}^s$ 和计算应变场 $\boldsymbol{\varepsilon}^h$ 的最小二乘拟合求出光滑应变场未知量 $\boldsymbol{\varepsilon}_*$。令

$$\mathcal{J}\left(\boldsymbol{\varepsilon}_*\right) = \int_\Omega \left(\boldsymbol{\varepsilon}^s - \boldsymbol{\varepsilon}^h\right)^{\text{T}}\left(\boldsymbol{\varepsilon}^s - \boldsymbol{\varepsilon}^h\right)\mathrm{d}\Omega \tag{4.17}$$

$\mathcal{J}$ 对 $\boldsymbol{\varepsilon}_*$ 的一阶导数为零，得

$$\boldsymbol{A}\boldsymbol{\varepsilon}_* = \boldsymbol{M} \tag{4.18}$$

其中，

$$\boldsymbol{A}=\int_{\Omega}(\boldsymbol{R}_*)^{\mathrm{T}}\boldsymbol{R}_*\mathrm{d}\Omega,\quad \boldsymbol{M}=\int_{\Omega}(\boldsymbol{R}_*)^{\mathrm{T}}\boldsymbol{\varepsilon}^h\mathrm{d}\Omega \tag{4.19}$$

根据 ZZ 后验误差估计方法[9]，用光滑应变场 $\boldsymbol{\varepsilon}^s$ 代替真实应变场 $\boldsymbol{\varepsilon}$ 得到夹杂问题的估计能量范数误差和相对估计能量范数误差，即

$$\|\boldsymbol{e}^s\|_{E(\Omega)}=\left[\frac{1}{2}\int_{\Omega}\left(\boldsymbol{\varepsilon}^s-\boldsymbol{\varepsilon}^h\right)^{\mathrm{T}}\boldsymbol{D}\left(\boldsymbol{\varepsilon}^s-\boldsymbol{\varepsilon}^h\right)\mathrm{d}\Omega\right]^{\frac{1}{2}} \tag{4.20a}$$

$$\|\boldsymbol{e}_r^s\|_{E(\Omega)}=\frac{\left[\frac{1}{2}\int_{\Omega}\left(\boldsymbol{\varepsilon}^s-\boldsymbol{\varepsilon}^h\right)^{\mathrm{T}}\boldsymbol{D}\left(\boldsymbol{\varepsilon}^s-\boldsymbol{\varepsilon}^h\right)\mathrm{d}\Omega\right]^{\frac{1}{2}}}{\left[\frac{1}{2}\int_{\Omega}\left(\boldsymbol{\varepsilon}^s\right)^{\mathrm{T}}\boldsymbol{D}\left(\boldsymbol{\varepsilon}^s\right)\mathrm{d}\Omega\right]^{\frac{1}{2}}}\times 100\% \tag{4.20b}$$

4.1.6 数值算例

若无特殊说明，LR NURBS 基函数两个参数方向的阶次均采用 2 阶，用 $p=2$ 表示。网格局部细化采用结构网格细化策略，全局细化是指全局 h-细化。按平面应变问题分析。误差收敛曲线在自然对数下绘制，自然对数用 $\lg(\cdot)$ 表示。

算例 4.1 双材料边界值问题

考虑一个由两种材料组成的圆板，如图 4.6所示。区域 Ω_1 是各向同性均匀夹杂

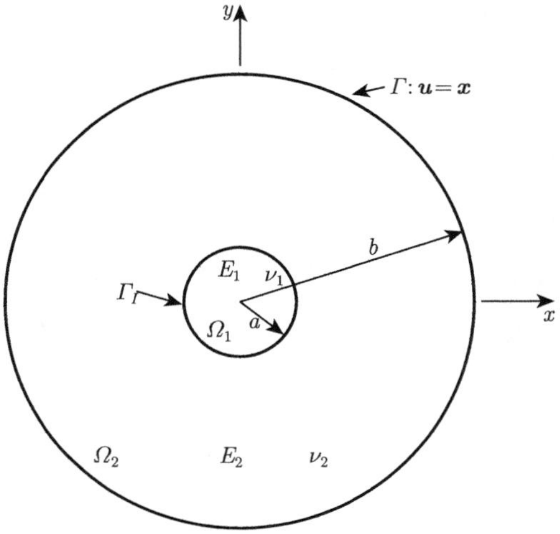

图 4.6 双材料边界值问题的几何模型和边界条件

材料，区域 Ω_2 是各向同性均匀基体材料。圆形夹杂和基体的半径分别为 $a = 0.4\text{m}$ 和 $b = 2\text{m}$。夹杂的材料参数为：弹性模量 $E_1 = 1\text{Pa}$ ，泊松比 $\nu_1 = 0.25$。基体的材料参数为：弹性模量 $E_2 = 10\text{Pa}$ ，泊松比 $\nu_2 = 0.3$。在材料界面 Γ_I 处，位移和应力是连续的。边界 $\Gamma(r = b)$ 处施加位移边界条件：$u_r = r$，$u_\theta = 0$。该问题的位移、应变和应力解析解在第 3 章已给出。

为了探究夹杂问题扩展等几何分析的收敛性，采用二阶 ($p = 2$) 基函数、三阶 ($p = 3$) 基函数和四阶 ($p = 4$) 基函数进行分析。图 4.7给出了二阶基函数、三阶基函数、四阶基函数扩展等几何分析的几何建模网格和控制点分布。采用全局 h-细化对几何建模网格细化 2 次得到初始计算网格，如图 4.8所示。

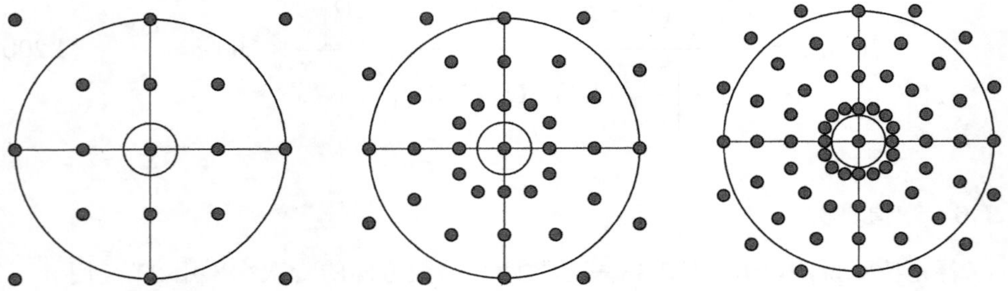

(a) 二阶基函数　(b) 三阶基函数　(c) 四阶基函数

图 4.7　双材料边界值问题的不同阶次基函数的几何建模网格和控制点分布

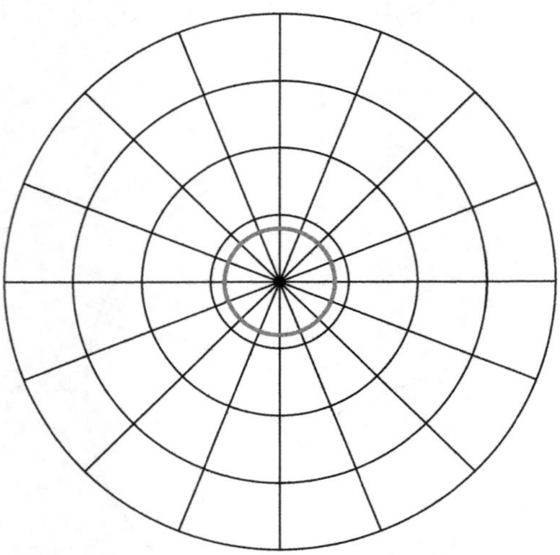

图 4.8　双材料边界值问题的收敛分析的初始计算网格

图 4.9 给出了不同阶次基函数扩展等几何分析计算的相对估计能量范数误差

随自由度的变化，采用三阶基函数和四阶基函数比采用二阶基函数计算的误差收敛率略高，但三阶基函数和四阶基函数比二阶基函数扩展等几何分析所需的自由度更多，因此本章其他算例均采用二阶基函数。

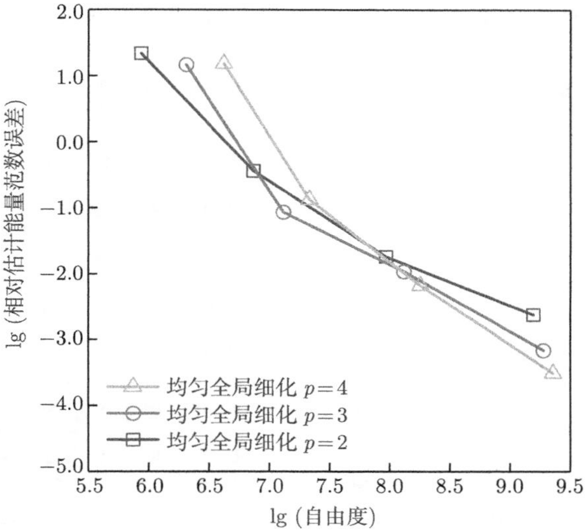

图 4.9 不同阶次基函数的相对估计能量范数误差随自由度的变化

算例 4.2 复杂形状夹杂

为了考察自适应扩展等几何分析求解复杂形状夹杂问题的能力，考虑一个含有复杂形状夹杂的方板，如图 4.10所示。夹杂由四个半圆组成，方板和夹杂的几

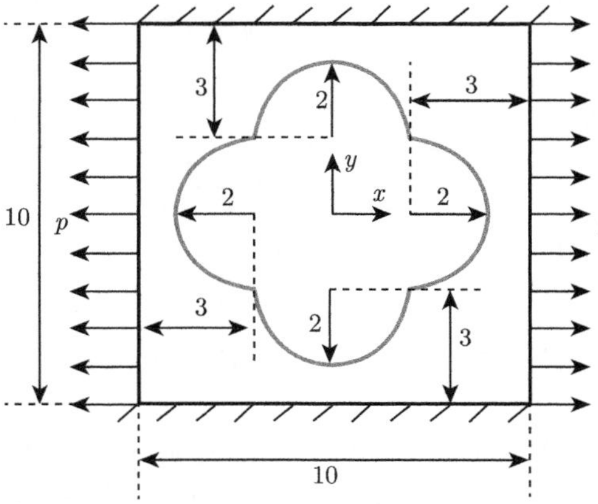

图 4.10 复杂形状夹杂几何模型 (单位：m) 和边界条件

何尺寸如图 4.10所示。夹杂和基体的材料属性与算例 4.1 相同。方板左右两侧受 x 方向的均匀拉伸荷载 $p = 1\text{Pa}$，上下两边固定。

图 4.11给出了复杂形状夹杂问题的几何建模网格和初始计算网格，几何建模时不用考虑夹杂的复杂形状，极大地简化了模型。初始计算网格是通过几何建模网格的 3 次全局 h-细化得到的，含有 8×8 个单元和 10×10 个控制点。

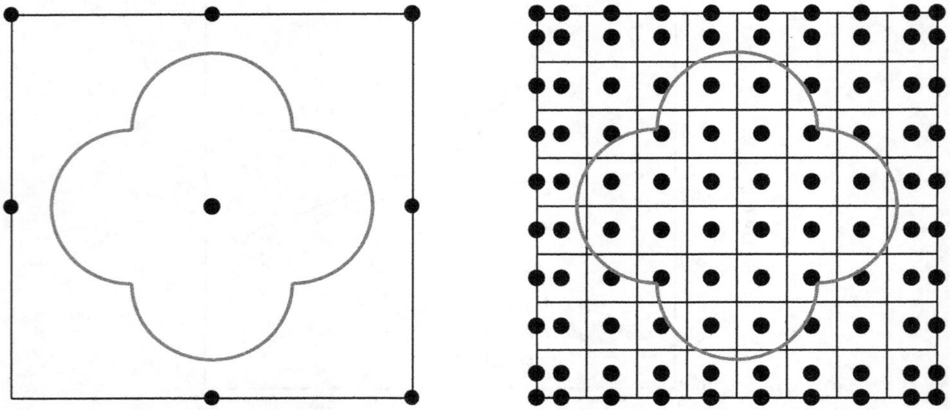

(a) 几何建模网格　　(b) 初始计算网格

图 4.11　复杂形状夹杂网格和控制点

自适应细化参数设置为 $\beta = 30\%$，第 3~5 次自适应细化网格如图 4.12所示。由图可以看出，网格局部细化主要发生在夹杂界面附近，随着自适应细化次数增加，夹杂界面附近的单元尺寸越来越小。

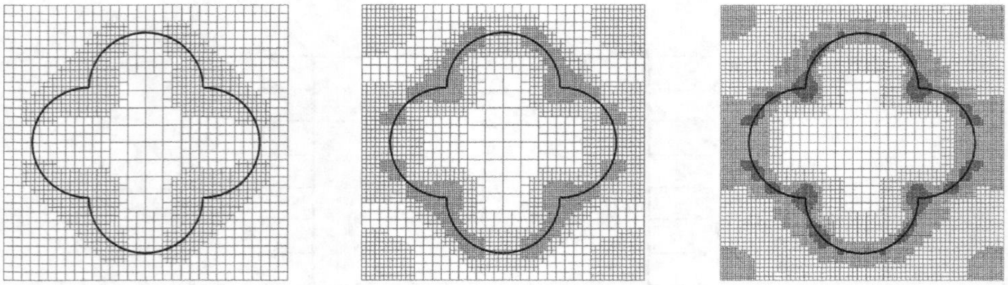

(a) 第 3 次细化　　(b) 第 4 次细化　　(c) 第 5 次细化

图 4.12　复杂形状夹杂自适应细化网格

图 4.13和图 4.14分别给出了采用 5 次自适应网格细化得到的位移分布云图和应力分布云图。由于对称地施加边界条件，故方板的变形也是关于坐标轴对称的。由图 4.13可以看出，在夹杂界面 x 方向、y 方向的位移都是光滑连续的。图

4.14反映了夹杂界面附近的应力集中特性，这是由夹杂界面夹杂和基体材料性质突变导致的。由图 4.12和图 4.14可以得出，网格局部细化区域与应力集中区域基本一致，表明自适应扩展等几何分析能自动捕获应力集中区域，有效地处理复杂形状夹杂问题。

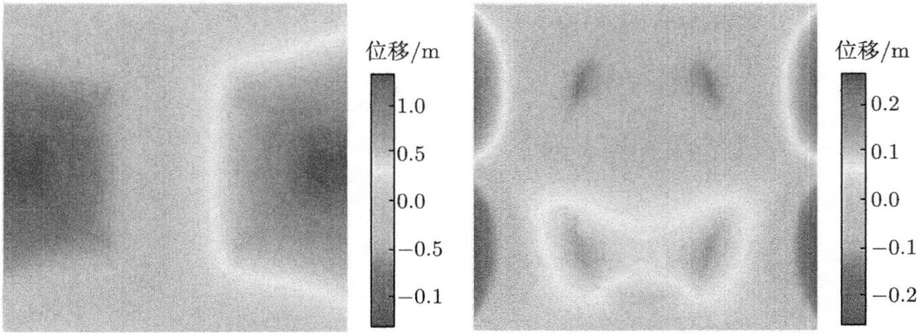

(a) u_x (b) u_y

图 4.13 复杂形状夹杂位移分布云图

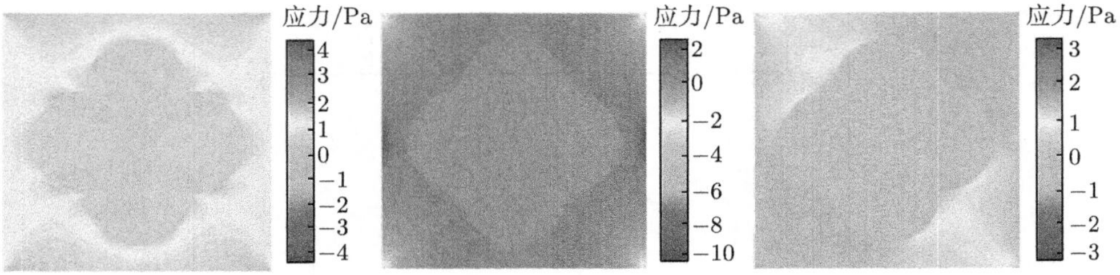

(a) σ_x (b) σ_y (c) σ_{xy}

图 4.14 复杂形状夹杂应力分布云图

图 4.15给出了采用自适应局部细化和均匀全局细化的扩展等几何分析计算的相对估计能量范数误差收敛曲线。相比于均匀全局细化，自适应局部细化的收敛速度更高。

算例 4.3 多个夹杂

为了验证自适应扩展等几何分析处理多个夹杂问题的能力，考虑含有四个圆形夹杂的方板，如图 4.16所示。方板长度为 10m，四个圆形夹杂半径均为 $r = 0.8$m。基体的材料参数为：弹性模量为 10Pa，泊松比为 0.3。四个圆形夹杂的弹性模量均为 1Pa、泊松比均为 0.25。方板底边约束，上边施加一个 y 方向的均布荷载 $p = 5$Pa。

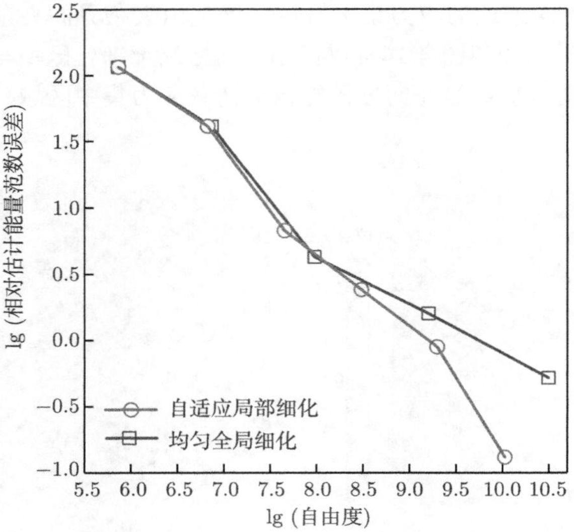

图 4.15　复杂形状夹杂相对估计能量范数误差收敛曲线

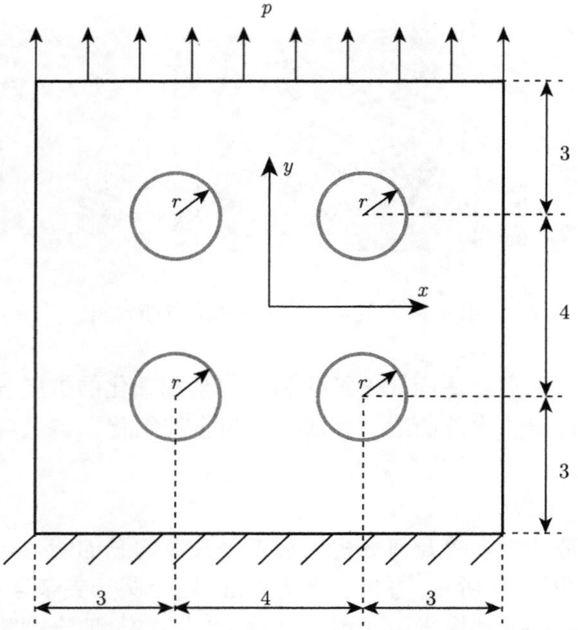

图 4.16　四个圆形夹杂问题的几何模型 (单位：m) 和边界条件

扩展等几何分析几何建模时，不用考虑内部夹杂界面，采用二阶 LR NURBS 基函数的几何建模网格和控制点，如图 4.17 (a) 所示。初始计算网格 (图 4.17 (b))

采用 8×8 个单元的均匀网格，自适应细化参数设置为 $\beta = 30\%$。图 4.18给出了第 3~5 次自适应细化网格，网格局部细化主要发生在四个圆形夹杂界面附近，表明自适应扩展等几何分析能自动捕获夹杂界面，在夹杂界面附近采用小尺度单元，在远离夹杂界面采用大尺度单元，从而有效地处理多夹杂问题。

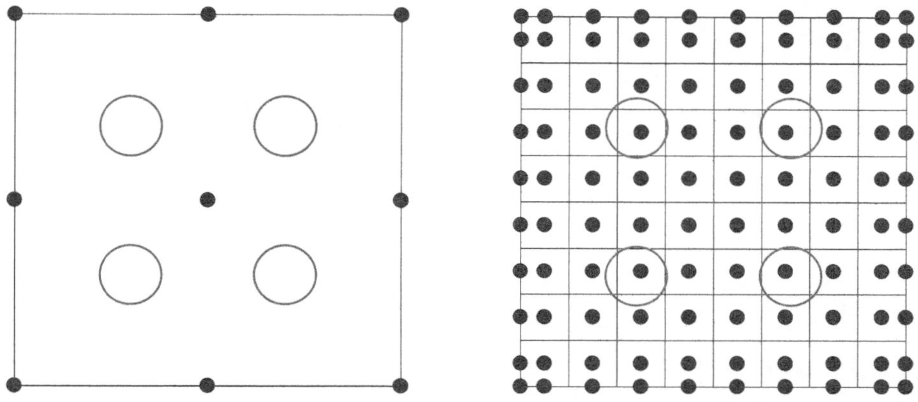

(a) 几何建模网格 (b) 初始计算网格

图 4.17 多个夹杂网格和控制点

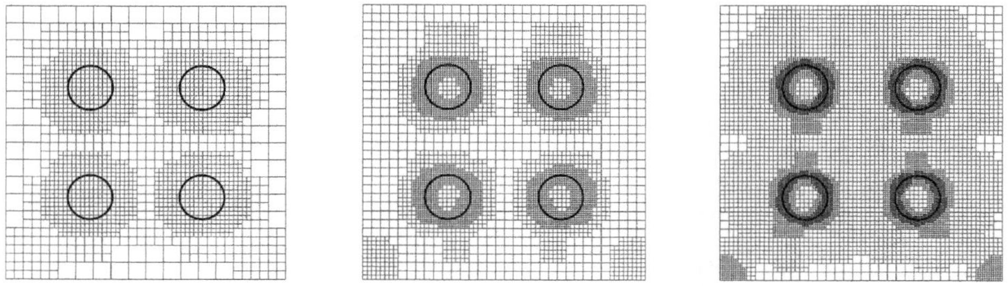

(a) 第 3 次细化 (b) 第 4 次细化 (c) 第 5 次细化

图 4.18 多个夹杂自适应细化网格

图 4.19给出了采用 5 次自适应网格细化得到的位移分布云图，位移在四个夹杂界面都是光滑连续的。位移变化具有不规则性，这是由四个圆形夹杂引起的。图 4.20为应力分布云图，在四个夹杂界面附近均存在应力集中。

图 4.21给出了扩展等几何分析计算的相对估计能量范数误差随自由度的变化。同样，采用自适应局部细化比采用均匀全局细化的误差收敛速度快。

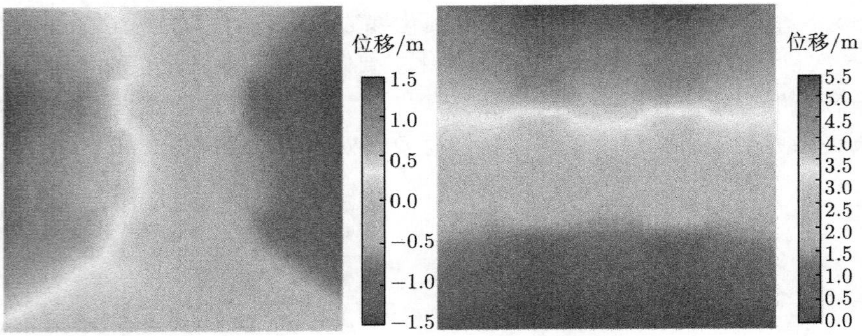

(a) u_x　　　　(b) u_y

图 4.19　多个夹杂位移分布云图

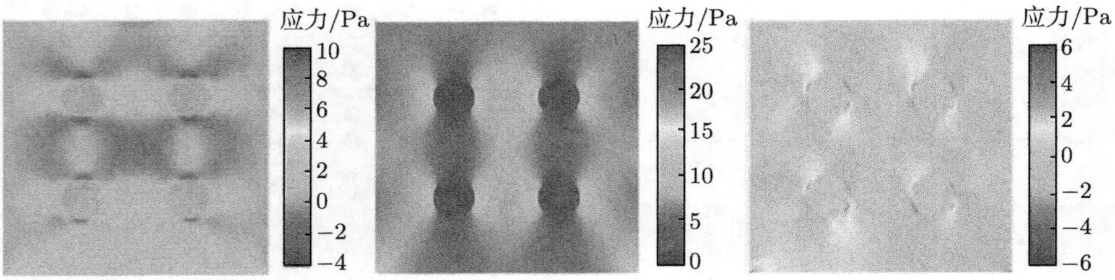

(a) σ_x　　　　(b) σ_y　　　　(c) σ_{xy}

图 4.20　多个夹杂应力分布云图

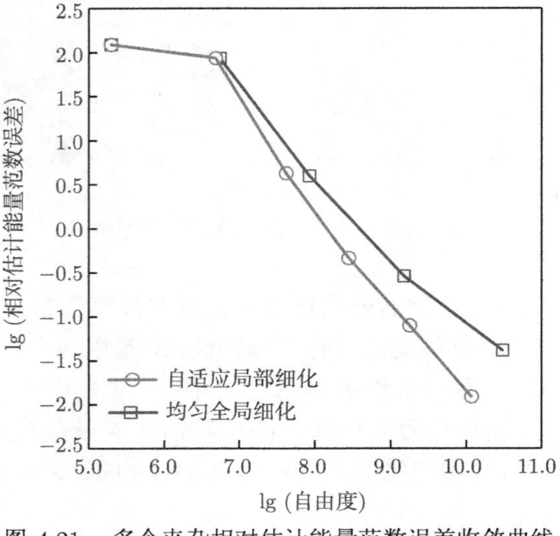

图 4.21　多个夹杂相对估计能量范数误差收敛曲线

4.2 孔 洞 问 题

4.2.1 基本方程

图 4.22为一个含有孔洞的二维弹性体结构。区域为 $\Omega \in \mathbb{R}^2$，边界为 $\Gamma = \Gamma_u \cup \Gamma_t \cup \Gamma_h^i \equiv \partial\Omega$，$\Gamma_u$ 为位移边界，Γ_t 为应力边界，Γ_h^i 为孔洞界面。所有的孔洞界面不受任何外力作用。孔洞问题的平衡方程及边界条件为

$$\nabla \cdot \boldsymbol{\sigma} + \boldsymbol{b} = \boldsymbol{0} \ (\text{在}\Omega\text{内}) \tag{4.21a}$$

$$\boldsymbol{u} = \bar{\boldsymbol{u}} \ (\text{在}\Gamma_u\text{上}) \tag{4.21b}$$

$$\boldsymbol{\sigma} \cdot \boldsymbol{n} = \bar{\boldsymbol{t}} \ (\text{在}\Gamma_t\text{上}) \tag{4.21c}$$

$$\boldsymbol{\sigma} \cdot \boldsymbol{n}_h^i = \boldsymbol{0} \ (\text{在}\Gamma_h^i\text{上}), \quad i = 1, 2, \cdots, m \tag{4.21d}$$

式中，$\boldsymbol{\sigma}$ 表示应力张量；$\boldsymbol{b}$ 和 $\boldsymbol{u}$ 分别表示体力和位移；$\bar{\boldsymbol{u}}$ 和 $\bar{\boldsymbol{t}}$ 分别表示边界上已知的位移和应力；$\boldsymbol{n}$ 为边界的单位外法向矢量；m 为孔洞的数量。

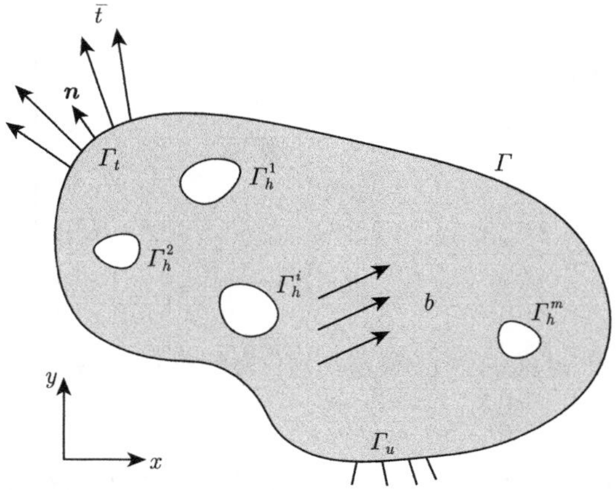

图 4.22　二维含孔结构示意图

考虑小变形问题，几何方程与本构方程分别为

$$\boldsymbol{\varepsilon} = \nabla_s \boldsymbol{u} \tag{4.22a}$$

$$\boldsymbol{\sigma} = \boldsymbol{D} : \boldsymbol{\varepsilon} \tag{4.22b}$$

式中，∇_s 为对称梯度算子；$\boldsymbol{\varepsilon}$ 为应变张量；$\boldsymbol{D}$ 为弹性矩阵。

对于二维各向同性材料，弹性矩阵 $\boldsymbol{D}$ 为[10]

$$\boldsymbol{D}=\frac{E}{1-\nu^2}\begin{bmatrix}1 & \nu & 0\\ \nu & 1 & 0\\ 0 & 0 & \dfrac{1-\nu}{2}\end{bmatrix}\quad(\text{平面应力})\tag{4.23a}$$

$$\boldsymbol{D}=\frac{E}{(1+\nu)(1-2\nu)}\begin{bmatrix}1-\nu & \nu & 0\\ \nu & 1-\nu & 0\\ 0 & 0 & \dfrac{1-2\nu}{2}\end{bmatrix}\quad(\text{平面应变})\tag{4.23b}$$

式中，E 为弹性模量；ν 为泊松比。

对于二维正交各向异性材料，弹性矩阵 $\boldsymbol{D}$ 为[10]

$$\boldsymbol{D}=\begin{bmatrix}\dfrac{1}{E_1} & -\dfrac{\nu_{12}}{E_1} & 0\\ -\dfrac{\nu_{12}}{E_1} & \dfrac{1}{E_2} & 0\\ 0 & 0 & \dfrac{1}{G_{12}}\end{bmatrix}^{-1}\quad(\text{平面应力})\tag{4.24a}$$

$$\boldsymbol{D}=\begin{bmatrix}\dfrac{E_1-\nu_{13}^2E_3}{E_1^2} & \dfrac{-\nu_{12}E_2-\nu_{13}\nu_{23}E_3}{E_1E_2} & 0\\ \dfrac{-\nu_{12}E_2-\nu_{13}\nu_{23}E_3}{E_1E_2} & \dfrac{E_2-\nu_{23}^2E_3}{E_2^2} & 0\\ 0 & 0 & \dfrac{1}{G_{12}}\end{bmatrix}^{-1}\quad(\text{平面应变})\tag{4.24b}$$

式中，E_i 为材料主轴方向的弹性模量；ν_{ij} 为泊松比；G_{12} 为剪切模量。

4.2.2　离散方程

孔洞问题可以视为非均质材料问题，将孔洞内部的材料参数视为零。在扩展等几何分析中，孔洞边界独立于计算网格，方便几何建模。孔洞问题的扩展等几何分析位移逼近为[5]

$$\boldsymbol{u}^h(\boldsymbol{\xi})=\sum_{i=1}^{N_{\text{dim}}}R_i(\boldsymbol{\xi})\cdot V(\boldsymbol{\xi})\cdot\boldsymbol{d}_i\tag{4.25}$$

式中，$R_i(\boldsymbol{\xi})$ 为 LR NURBS 基函数；$\boldsymbol{d}_i=[d_{ix}\ d_{iy}]^{\mathrm{T}}$ 为位移未知变量；N_{dim} 为基函数个数；$V(\boldsymbol{\xi})$ 为加强函数，若点 $\boldsymbol{x}$ (与参数域点 $\boldsymbol{\xi}$ 对应的物理域点) 在孔洞内，则 $V(\boldsymbol{\xi})=0$，反之 $V(\boldsymbol{\xi})=1$。

图 4.23 为孔洞问题的二阶 LR 网格控制点分布示意图。计算时，支撑域完全位于孔洞内的控制点处的位移未知变量设为 0。

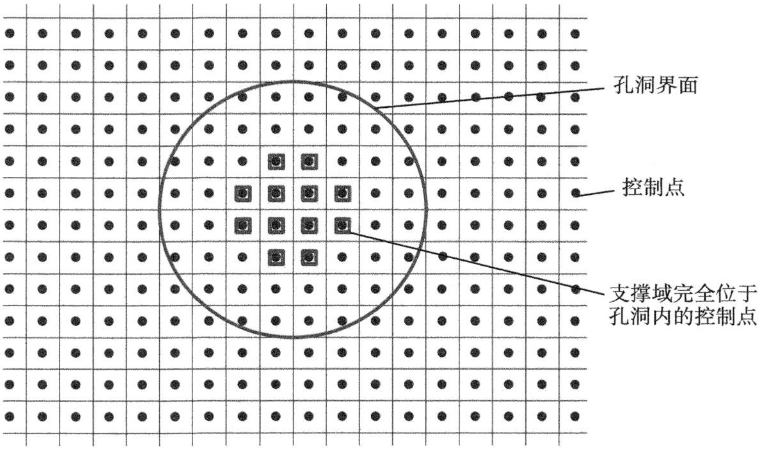

图 4.23 孔洞问题的二阶 LR 网格控制点分布示意图

在构造位移模式后，就可以和常规有限元法一样，由虚功原理导出其控制方程为

$$\boldsymbol{K}\boldsymbol{d} = \boldsymbol{F} \tag{4.26}$$

且

$$\boldsymbol{K} = \int_{\Omega} (\boldsymbol{B})^{\mathrm{T}} \boldsymbol{D}\boldsymbol{B} \mathrm{d}\Omega \tag{4.27}$$

$$\boldsymbol{F} = \int_{\Omega} (\boldsymbol{R})^{\mathrm{T}} \boldsymbol{b} \mathrm{d}\Omega + \int_{\Gamma_t} (\boldsymbol{R})^{\mathrm{T}} \bar{\boldsymbol{t}} \mathrm{d}\Gamma \tag{4.28}$$

式中，$\boldsymbol{d} = [\boldsymbol{d_i}]$ 为位移未知量。

对于单元 e，单元基函数矩阵 $\boldsymbol{R}_e$ 和单元应变矩阵 $\boldsymbol{B}_e$ 的表达式分别为

$$\boldsymbol{R}_e = \begin{bmatrix} R_1 V(\boldsymbol{\xi}) & 0 & R_2 V(\boldsymbol{\xi}) & 0 & \cdots \\ 0 & R_1 V(\boldsymbol{\xi}) & 0 & R_2 V(\boldsymbol{\xi}) & \cdots \end{bmatrix} \tag{4.29a}$$

$$\boldsymbol{B}_e = \begin{bmatrix} (R_1 V(\boldsymbol{\xi}))_{,x} & 0 & (R_2 V(\boldsymbol{\xi}))_{,x} & 0 & \cdots \\ 0 & (R_1 V(\boldsymbol{\xi}))_{,y} & 0 & (R_2 V(\boldsymbol{\xi}))_{,y} & \cdots \\ (R_1 V(\boldsymbol{\xi}))_{,y} & (R_1 V(\boldsymbol{\xi}))_{,x} & (R_2 V(\boldsymbol{\xi}))_{,y} & (R_2 V(\boldsymbol{\xi}))_{,x} & \cdots \end{bmatrix} \tag{4.29b}$$

利用扩展等几何分析计算孔洞问题时，实际上位移逼近并不完全按式(4.25)执行。采用和常规等几何分析相同的位移逼近，在计算单元劲度矩阵时忽略孔洞内的积分[11]。

4.2.3 积分方案

由于孔洞的存在，会产生三种类型的单元，即常规单元、孔洞内部单元和含孔洞界面的单元。对于常规单元，采取高斯积分准则，在每个单元内采用 $(p+1)\times(q+1)$ 个高斯积分点，图 4.24中，“*” 表示常规单元内的高斯点；对于完全处于孔洞内部的单元，直接忽略积分；对于含孔洞界面的单元，不能直接使用传统的高斯积分，可以采取子三角形积分技术[7]，与夹杂问题含界面单元的积分相同。孔洞外的子三角形单元采用 7 个积分点，孔洞内的子三角形单元直接忽略积分[12]。

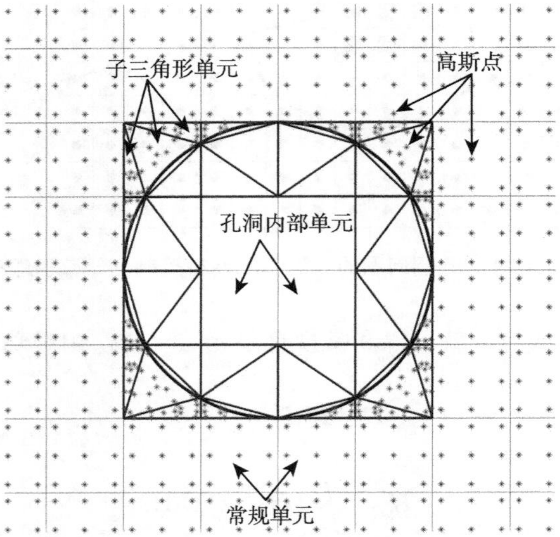

图 4.24 孔洞问题的数值积分示意图 (二阶基函数)

4.2.4 误差估计

对于孔洞问题，采用应力恢复技术建立扩展等几何分析的后验误差估计，实现网格的自动局部细化。孔洞问题的光滑应力场逼近为[12]

$$\boldsymbol{\sigma}^*(\boldsymbol{\xi})=\sum_{i=1}^{N_{\mathrm{dim}}}R_i(\boldsymbol{\xi})\cdot V(\boldsymbol{\xi})\cdot(\boldsymbol{c}_\sigma)_i \tag{4.30}$$

式中，$V(\boldsymbol{\xi})$ 为加强函数；$(\boldsymbol{c}_\sigma)_i=\left[(c_\sigma)_{ix}\quad(c_\sigma)_{iy}\quad(c_\sigma)_{ixy}\right]^{\mathrm{T}}$ 为光滑应力场未知变量。

光滑应力场逼近的矩阵形式为

$$\boldsymbol{\sigma}^*=\boldsymbol{R}^*\boldsymbol{c}_\sigma^* \tag{4.31}$$

式中，$\boldsymbol{R}^{*}$ 为光滑应力场基函数矩阵；$\boldsymbol{c}_{\sigma}^{*}=\left[(\boldsymbol{c}_{\sigma})_{i}\right]$ 为光滑应力场未知矢量。对于单元 e，光滑应力场基函数矩阵 $\boldsymbol{R}_{e}^{*}$ 为

$$\boldsymbol{R}_{e}^{*}=V(\boldsymbol{\xi})\begin{bmatrix} R_1 & 0 & 0 & R_2 & 0 & 0 & \cdots \\ 0 & R_1 & 0 & 0 & R_2 & 0 & \cdots \\ 0 & 0 & R_1 & 0 & 0 & R_2 & \cdots \end{bmatrix} \tag{4.32}$$

对于光滑应力场未知量 $\boldsymbol{c}_{\sigma}^{*}$，可由扩展等几何分析计算的应力 $\boldsymbol{\sigma}^{h}$ 和光滑应力场逼近 $\boldsymbol{\sigma}^{*}$ 的最小二乘拟合来确定。令

$$\mathcal{J}\left(\boldsymbol{c}_{\sigma}^{*}\right)=\int_{\Omega}\left(\boldsymbol{\sigma}^{*}-\boldsymbol{\sigma}^{h}\right)^{\mathrm{T}}\left(\boldsymbol{\sigma}^{*}-\boldsymbol{\sigma}^{h}\right)\mathrm{d}\Omega \tag{4.33}$$

由 $\mathcal{J}\left(\boldsymbol{c}_{\sigma}^{*}\right)$ 对 $\boldsymbol{c}_{\sigma}^{*}$ 的一阶导数为零，可得

$$\boldsymbol{A}\boldsymbol{c}_{\sigma}^{*}=\boldsymbol{B} \tag{4.34}$$

式中，$\boldsymbol{A}=\int_{\Omega}\left(\boldsymbol{R}^{*}\right)^{\mathrm{T}}\boldsymbol{R}^{*}\mathrm{d}\Omega$；$\boldsymbol{B}=\int_{\Omega}\left(\boldsymbol{R}^{*}\right)^{\mathrm{T}}\boldsymbol{\sigma}^{h}\mathrm{d}\Omega$。

根据 ZZ 后验误差估计方法[9]，采用光滑应力 $\boldsymbol{\sigma}^{*}$ 代替精确应力 $\boldsymbol{\sigma}$ 求后验估计误差。估计能量范数误差 $\|\boldsymbol{e}^{*}\|_{E}$ 与相对估计能量范数误差 $\|\boldsymbol{e}_{r}^{*}\|_{E}$ 可分别表示为

$$\|\boldsymbol{e}^{*}\|_{E}=\left[\int_{\Omega}\frac{1}{2}\left(\boldsymbol{\varepsilon}^{*}-\boldsymbol{\varepsilon}^{h}\right)^{\mathrm{T}}\left(\boldsymbol{\sigma}^{*}-\boldsymbol{\sigma}^{h}\right)\mathrm{d}\Omega\right]^{\frac{1}{2}} \tag{4.35a}$$

$$\|\boldsymbol{e}_{r}^{*}\|_{E}=\frac{\|\boldsymbol{e}^{*}\|_{E}}{\left[\int_{\Omega}\frac{1}{2}\left(\boldsymbol{\varepsilon}^{*}\right)^{\mathrm{T}}\boldsymbol{\sigma}^{*}\mathrm{d}\Omega\right]^{\frac{1}{2}}}\times 100\% \tag{4.35b}$$

式中，$\boldsymbol{\varepsilon}^{*}=\boldsymbol{D}^{-1}\boldsymbol{\sigma}^{*}$；$\boldsymbol{\varepsilon}^{h}$ 和 $\boldsymbol{\sigma}^{h}$ 分别表示计算得到的应变和应力。

4.2.5 数值算例

除特殊说明外，所有算例均采用二阶 LR NURBS 基函数，全局细化指的是全局 h-细化，误差收敛曲线均在自然对数下进行绘制。对于单孔洞问题，细化参数选取 $\beta=10\%$；对于多孔洞问题，细化参数选取 $\beta=20\%$。

算例 4.4 含圆孔的无限大板

图 4.25 为含有一个圆孔的无限大板，在左右边界上受到均布荷载 $p=1\mathrm{Pa}$。为了方便数值分析，选取含有圆孔的边长为 L 的正方形区域作为计算区域。几何参数如下：$L=8\mathrm{m}$，孔洞半径 $a=1\mathrm{m}$。材料弹性模量 $E=1\times10^{5}\mathrm{Pa}$，泊松比 $\nu=0.3$。

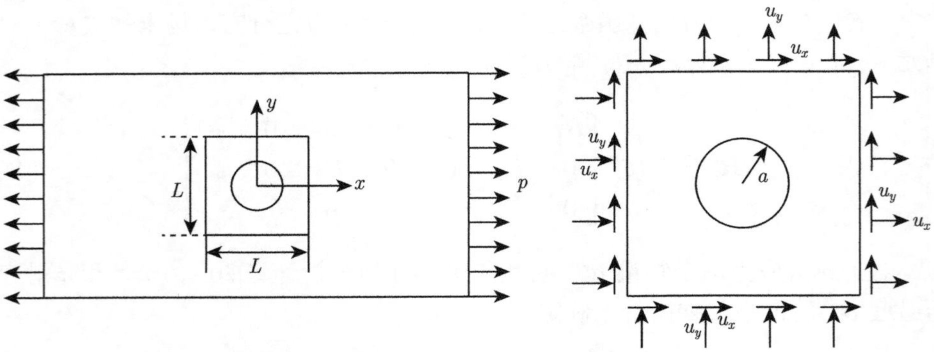

图 4.25　含圆孔的无限大板几何模型和边界条件

该问题的位移解析解为[13]

$$u_x = \frac{a}{8G}\left\{\frac{r}{a}(\kappa+1)\cos\theta + \frac{2a}{r}[(\kappa+1)\cos\theta+\cos 3\theta] - 2\frac{a^3}{r^3}\cos 3\theta\right\} \tag{4.36a}$$

$$u_y = \frac{a}{8G}\left\{\frac{r}{a}(\kappa-3)\sin\theta + \frac{2a}{r}[(1-\kappa)\sin\theta+\sin 3\theta] - 2\frac{a^3}{r^3}\sin 3\theta\right\} \tag{4.36b}$$

式中，$x^2+y^2=r^2$；$\theta=\arctan(y/x)$；G 为剪切模量；$\kappa=3-4\nu$。

应力解析解为[13]

$$\sigma_x = 1-\frac{a^2}{r^2}\left(\frac{3}{2}\cos 2\theta+\cos 4\theta\right)+\frac{3a^4}{2r^4}\cos 4\theta \tag{4.37a}$$

$$\sigma_y = -\frac{a^2}{r^2}\left(\frac{1}{2}\cos 2\theta-\cos 4\theta\right)-\frac{3a^4}{2r^4}\cos 4\theta \tag{4.37b}$$

$$\tau_{xy} = -\frac{a^2}{r^2}\left(\frac{1}{2}\sin 2\theta+\sin 4\theta\right)+\frac{3a^4}{2r^4}\sin 4\theta \tag{4.37c}$$

计算时，根据位移解析解式(4.36)在四个边界上施加精确的位移边界条件。首先，研究自适应扩展等几何分析求解孔洞问题的收敛性。分别应用一阶次、二阶次和三阶次的 LR NURBS 基函数对正方形计算区域进行建模，几何建模网格和控制点分布如图 4.26所示。几何建模时不用考虑孔洞界面，因此简化了模型。几何建模网格经过 3 次均匀全局 h-细化得到初始计算网格，初始计算网格含有 8×8 个单元，如图 4.27所示。

不同阶次 LR NURBS 基函数的扩展等几何分析采用均匀全局细化计算得到的相对估计能量范数误差与自由度的变化关系如图 4.28 所示。采用线性 LR

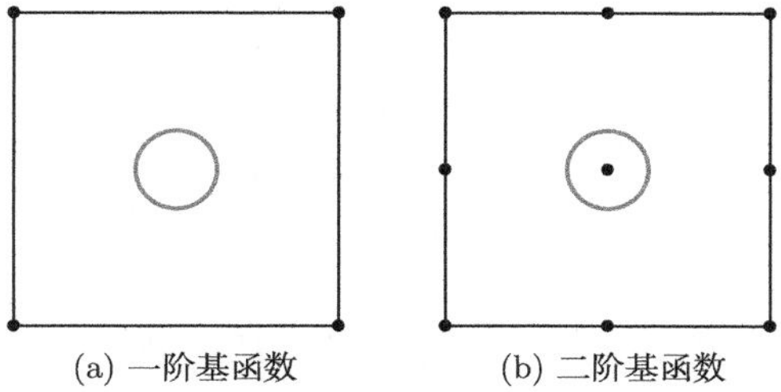

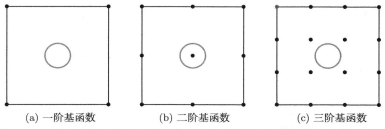

图 4.26 含圆孔的无限大板不同阶次基函数的几何建模网格和控制点分布

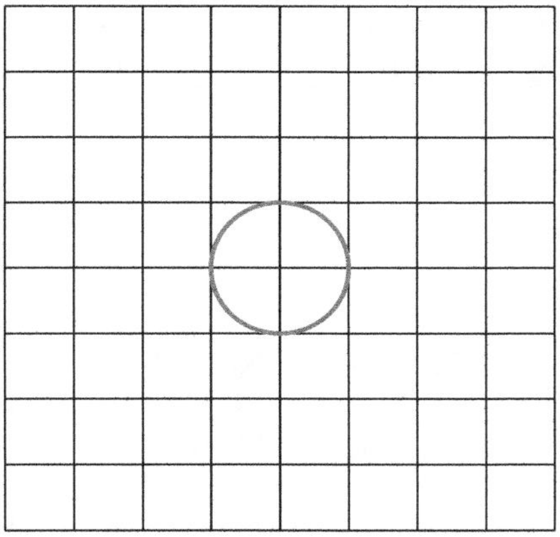

图 4.27 含圆孔的无限大板初始计算网格

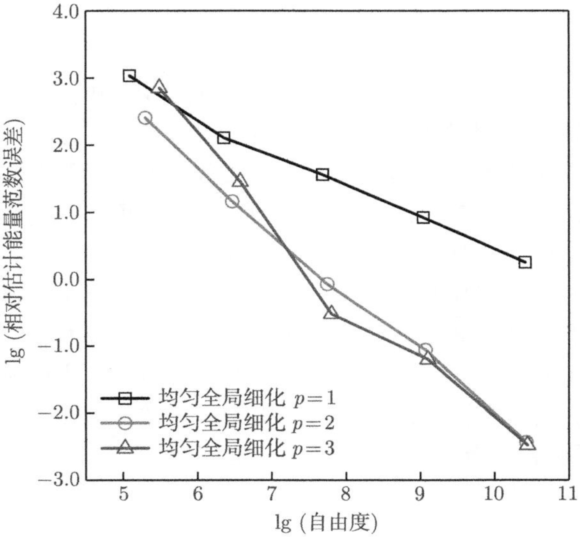

图 4.28 含圆孔的无限大板均匀全局细化的相对估计能量范数误差收敛曲线

NURBS 基函数计算的误差收敛速度明显慢于采用二阶 LR NURBS 基函数和三阶 LR NURBS 基函数计算的误差收敛速度。随着细化次数的增加，三阶 LR NURBS 基函数与二阶 LR NURBS 基函数的误差收敛曲线非常接近，但三阶 LR NURBS 基函数比二阶 LR NURBS 基函数所需的自由度更多。因此，本章后续孔洞问题均采用二阶 LR NURBS 基函数。

图 4.29给出了二阶基函数自适应扩展等几何分析的自适应细化网格。由图可以看到，在前三次细化过程中，自适应局部细化区域主要集中在孔洞界面附近；随着细化次数的增加，孔洞界面周围的细化区域逐渐减小。需要注意的是，在自适应局部细化过程中，细化区域并不是完全对称的，这是因为细化参数 β 只用于控制 LR NURBS 基函数增长的速率，随着自适应细化次数的增加局部细化区域是基本对称的[14]。

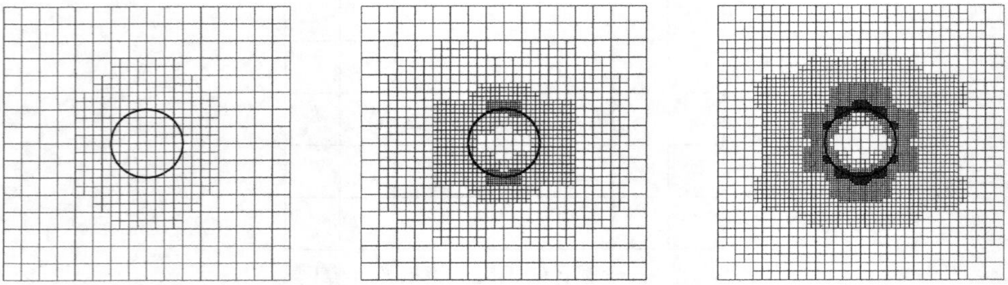

(a) 第 1 次细化　　(b) 第 3 次细化　　(c) 第 6 次细化

图 4.29　含圆孔的无限大板自适应细化网格

图 4.30 给出了线性基函数和二阶基函数的扩展等几何分析采用自适应局部细化和均匀全局细化的相对估计能量范数误差收敛曲线。采用自适应局部细化的误差收敛速度快于采用均匀全局细化的误差收敛速度，这说明自适应局部细化相较于均匀全局细化更有优势。二阶基函数的自适应扩展等几何分析比线性基函数的自适应扩展等几何分析具有更快的收敛速度。

经过 6 次自适应局部细化后，基于二阶基函数的自适应扩展等几何分析得到的位移分布云图和应力分布云图、解析解的位移分布云图和应力分布云图以及数值解和解析解的绝对误差云图如图 4.31 ~ 图 4.35所示。由图可知，计算结果和解析解吻合较好；孔洞界面附近存在应力集中，大的误差主要集中在孔洞界面附近，因此自适应网格局部细化发生在圆孔界面附近。

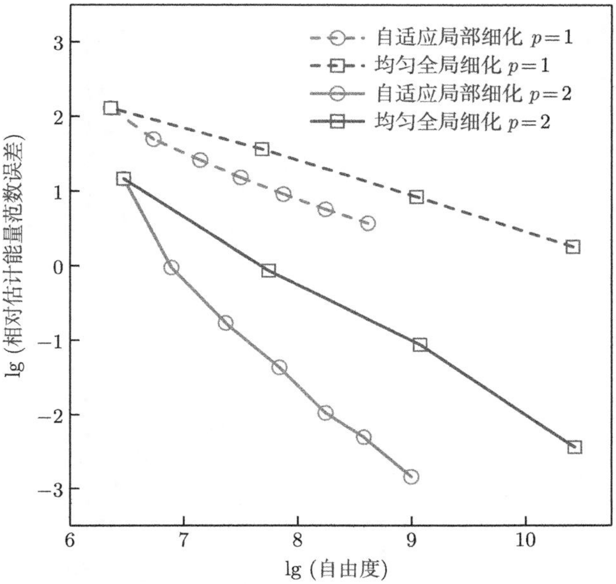

图 4.30　含圆孔的无限大板相对估计能量范数误差收敛曲线

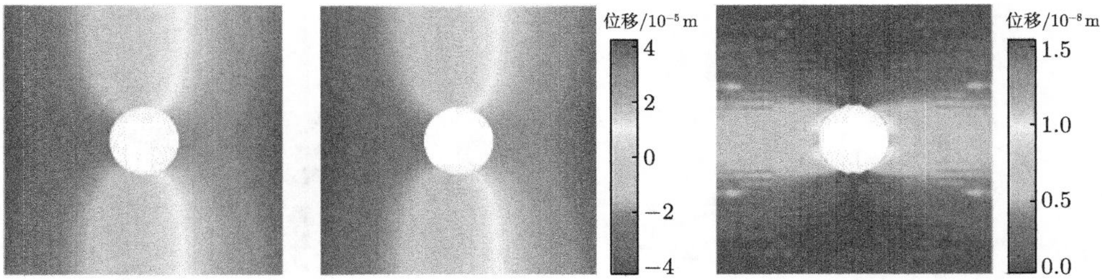

(a) 数值解　(b) 解析解　(c) 绝对误差

图 4.31　x 方向位移分布云图

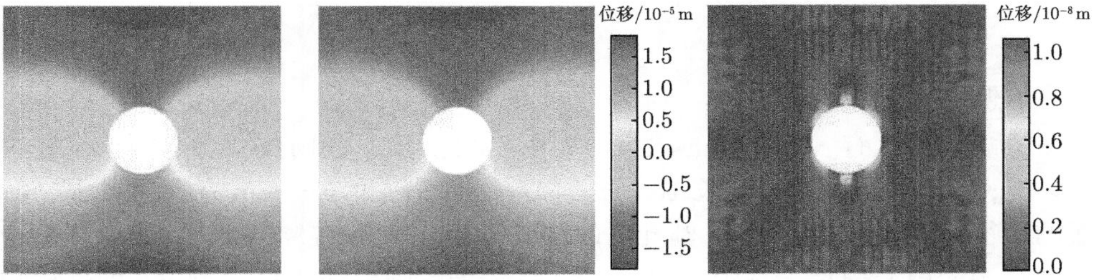

(a) 数值解　(b) 解析解　(c) 绝对误差

图 4.32　y 方向位移分布云图

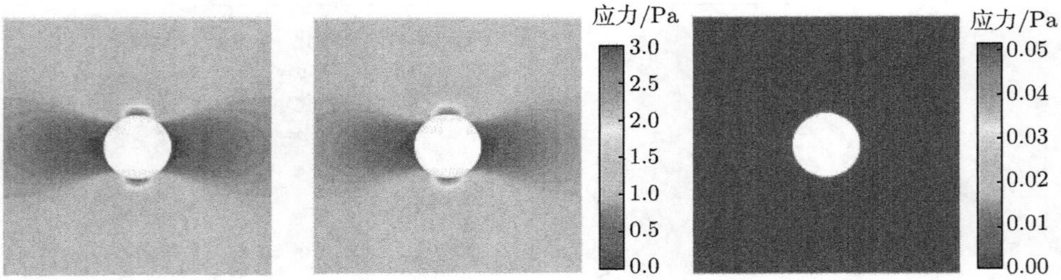

(a) 数值解　(b) 解析解　(c) 绝对误差

图 4.33　σ_x 分布云图

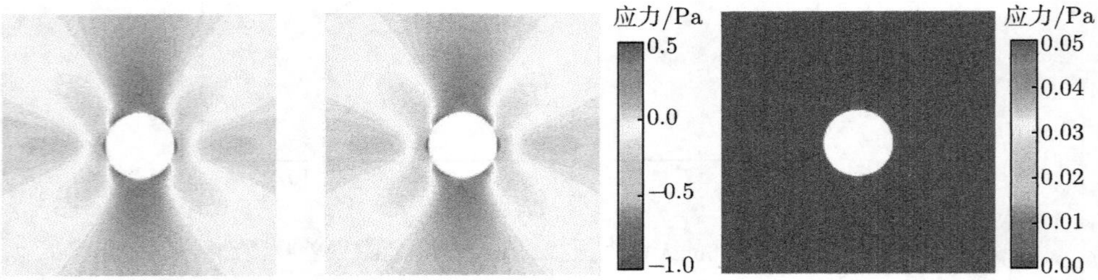

(a) 数值解　(b) 解析解　(c) 绝对误差

图 4.34　σ_y 分布云图

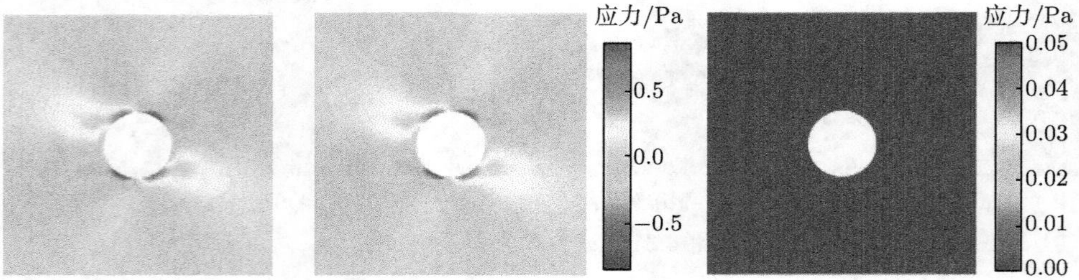

(a) 数值解　(b) 解析解　(c) 绝对误差

图 4.35　τ_{xy} 分布云图

算例 4.5　多孔洞圆板

考虑一个含有多个孔洞的圆板，如图 4.36所示。在圆板中含有两个半径为 $r = 3\text{m}$ 的圆孔洞和两个半长轴为 $a = 4\text{m}$、半短轴为 $b = 2\text{m}$ 的椭圆孔洞，圆板的半径为 $R = 20\text{m}$。两个圆孔洞的圆心坐标分别为 $(7, 7)$ 和 $(-7, -7)$，两个椭圆孔洞的中心坐标分别为 $(-7, 7)$ 和 $(7, -7)$。圆板的材料参数为：弹性模量 $E = 1 \times 10^3\text{Pa}$，泊松比 $\nu = 0.3$。在圆板板边施加径向位移 $u_{\text{r}} = 0.01\text{m}$。

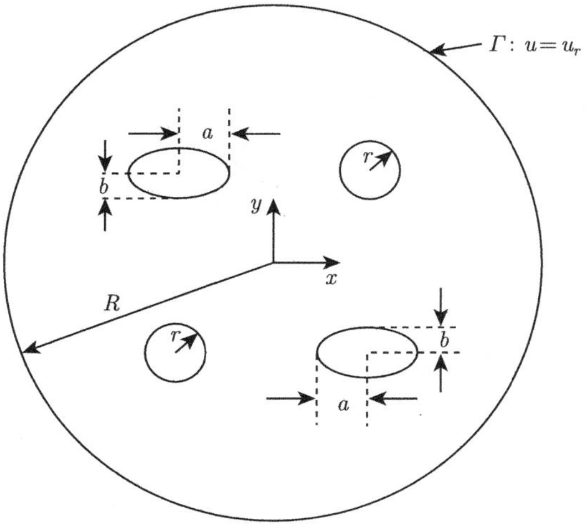

图 4.36 多孔洞圆板问题的几何模型和边界条件

几何建模网格和控制点分布如图 4.37(a) 所示，初始计算网格是通过几何建模网格的 4 次均匀全局 h-细化得到的，如图 4.37(b) 所示。由图可以观察到，扩展等几何分析可以精确地描述圆板，即精确建模；几何建模时不需要考虑孔洞界面。图 4.38 给出了自适应局部细化过程中的第 1 次、第 3 次和第 5 次细化网格。初始的局部细化集中在孔洞界面附近，后来的局部细化发生在圆孔洞界面附近和椭圆孔洞的长轴两端附近。

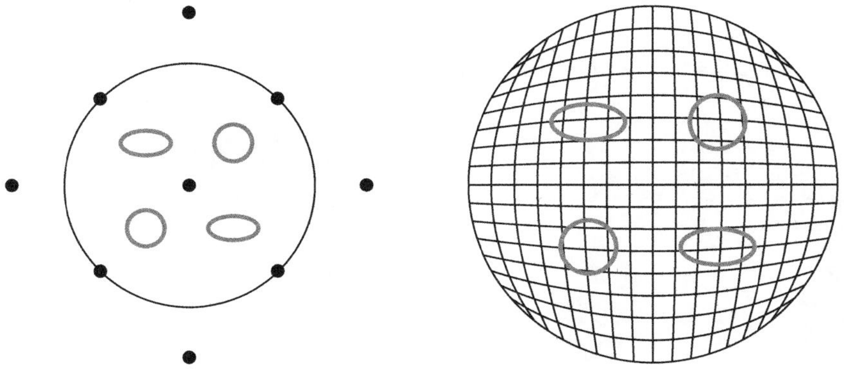

(a) 几何建模网格和控制点分布　　(b) 初始计算网格

图 4.37 多孔洞圆板网格

图 4.39 给出了采用自适应局部细化与均匀全局细化计算的相对估计能量范数误差收敛曲线，自适应局部细化比均匀全局细化的误差收敛速度快。图 4.40 和

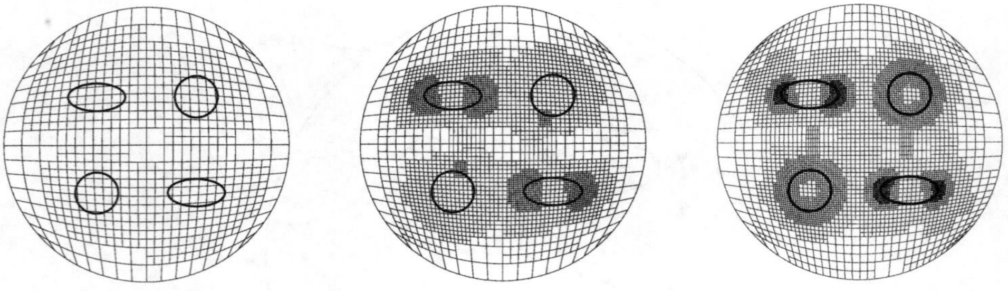

(a) 第 1 次细化　　(b) 第 3 次细化　　(c) 第 5 次细化

图 4.38　多孔洞圆板问题的自适应细化网格

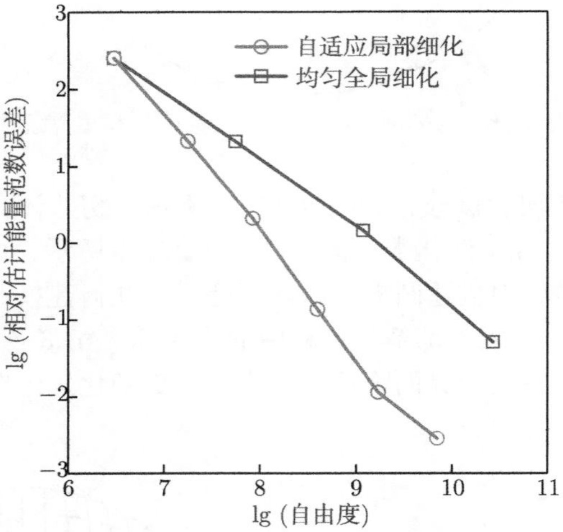

图 4.39　多孔洞圆板问题的相对估计能量范数误差收敛曲线

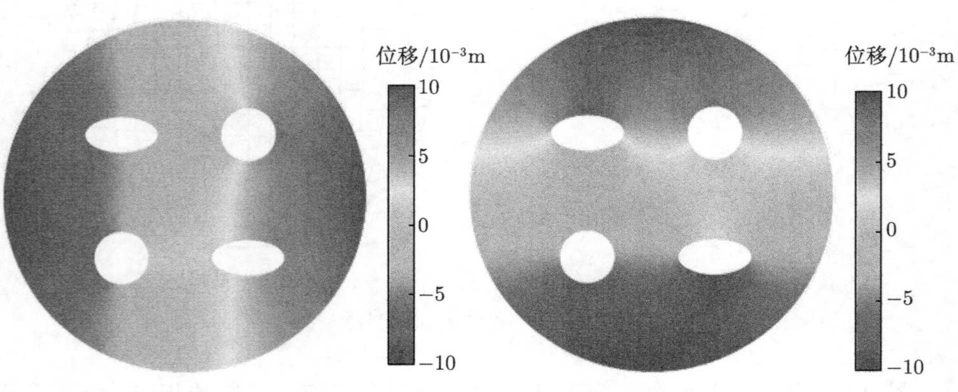

(a) u_x　　(b) u_y

图 4.40　多孔洞圆板问题的位移分布云图

图 4.41 分别给出了 4 次自适应局部细化计算得到的位移分布云图和 von Mises 应力分布云图。由 von Mises 应力分布云图可以发现，在孔洞界面附近，尤其是椭圆形孔洞长轴两端附近出现了应力集中现象，应力集中区域与网格局部细化区域基本一致，表明自适应扩展等几何分析能有效处理多孔洞问题。

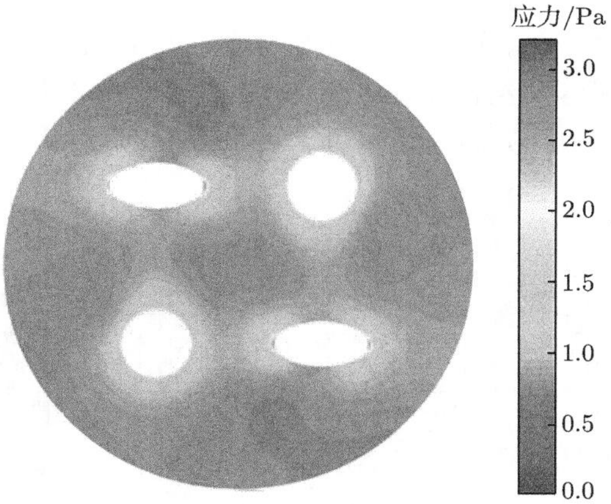

图 4.41 多孔洞圆板问题的 von Mises 应力分布云图

算例 4.6 含复杂孔洞的复杂形状板

考虑一个含有复杂形状孔洞的正交各向异性复杂形状板，如图 4.42所示。复

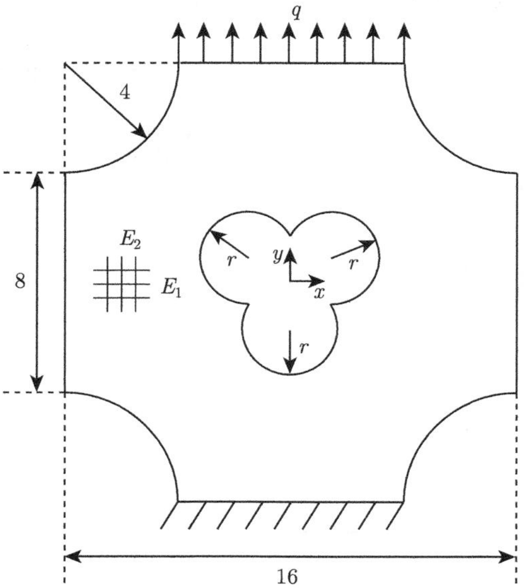

图 4.42 含复杂孔洞的复杂形状板问题的几何模型 (单位：m) 和边界条件

杂形状孔洞由三个相同的圆构造而成，圆的半径为 $r = 2\text{m}$，三个圆的圆心分别为 $(0,-2)$、$(\sqrt{3},1)$ 和 $(-\sqrt{3},1)$。复杂形状板的材料参数为：弹性模量 $E_1 = 30\text{GPa}$，$E_2 = 60\text{GPa}$，泊松比 $\nu_{12} = 0.3$，剪切模量 $G_{12} = 14.8942\text{GPa}$。板的底边固定，板的上边受到 $q = 10\text{N/m}$ 的均匀拉力。

为了简化复杂形状板的建模，将该复杂形状板视为一个含有四个 1/4 圆形孔洞和一个复杂孔洞的正方形板，正方形板的边长为 16m，表明扩展等几何分析可以简化几何建模。图 4.43给出了第 1 次、第 3 次和第 5 次的自适应局部细化网格，其中粗实线表示孔洞界面。由图可以看出，局部细化区域主要发生在孔洞界面附近。

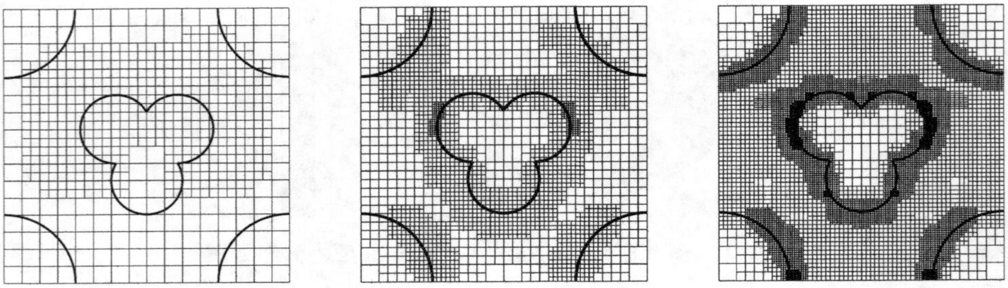

(a) 第 1 次细化　(b) 第 3 次细化　(c) 第 5 次细化

图 4.43　含复杂孔洞的复杂形状板问题的自适应细化网格

图 4.44为自适应局部细化和均匀全局细化计算的相对估计能量范数误差收敛

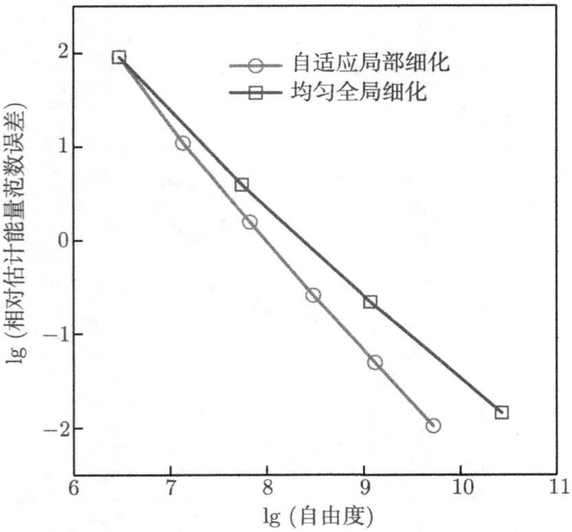

图 4.44　含复杂孔洞的复杂形状板问题的相对估计能量范数误差收敛曲线

曲线。图 4.45 给出了采用 5 次自适应局部细化计算得到的位移分布云图和 von Mises 应力分布云图。由图可知，孔洞界面附近发生了应力集中现象，且应力集中区域与网格局部细化区域基本一致。

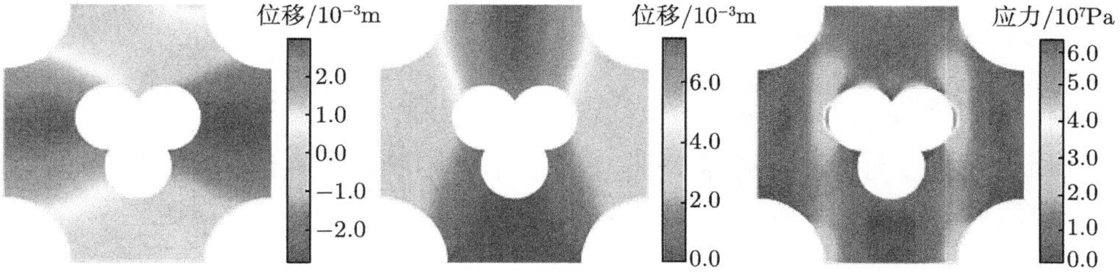

(a) x 方向位移　(b) y 方向位移　(c) von Mises 应力

图 4.45　含复杂孔洞的复杂形状板问题的位移分布云图和 von Mises 应力分布云图

4.3 非均质材料热传导问题

4.3.1 问题描述

考虑各向同性非均质介质。根据热传导理论，各向同性固体中稳态温度满足以下微分方程和边界条件：

$$\nabla\cdot(k\nabla T)+q_v=0 \tag{4.38}$$

且

$$T=\overline{T}\ (\text{在 }\varGamma_1\text{上}) \tag{4.39a}$$

$$-kT_{,n}=q_n\ (\text{在 }\varGamma_2\text{上}) \tag{4.39b}$$

$$-kT_{,n}=h(T-T_w)\ (\text{在 }\varGamma_3\text{上}) \tag{4.39c}$$

$$T_1=T_2,\quad k_1T_{1,n}=k_2T_{2,n}\ (\text{在 }\varGamma_4\text{上}) \tag{4.39d}$$

式中，k、k_1 和 k_2 为材料的导热系数；q_v 为热源强度；$\overline{T}$ 和 q_n 分别为边界上已知的温度和热流密度；T_w 为环境温度；h 为对流传热系数；T_1 和 T_2 为两种材料在界面处的温度；n 为边界外法线方向。

第一类和第二类边界条件 (式 (4.39a)和式 (4.39b)) 是指物体边界上的温度函数和热流密度均为已知。第三类边界条件 (式 (4.39c)) 是指物体边界上的对流或辐射换热条件已知。假设两个不同固体之间完全接触，界面上存在连续的温度和热流，称为第四类边界条件 (式 (4.39d))。

基于变分原理,非均匀介质中稳态热传导问题可以转换为求解泛函式 (4.40)的极值问题[15]。

$$\Pi = \int_{\Omega} \left\{ \frac{1}{2} k \left[(T_{,x})^2 + (T_{,y})^2 \right] - q_v T \right\} \mathrm{d}\Omega + \int_{\Gamma_2} q_n T \mathrm{d}\Gamma + \int_{\Gamma_3} h \left(\frac{T^2}{2} - T\, T_w \right) \mathrm{d}\Gamma \tag{4.40}$$

4.3.2 离散方程

由式 (4.39) 可知，材料界面处温度连续，温度梯度不连续。类似位移场的逼近，温度场的扩展等几何分析逼近可表示为[16]

$$T(x,y) = \sum_{i \in \boldsymbol{I}_1} R_i(\xi,\eta) T_i + \sum_{j \in \boldsymbol{I}_2} a_j R_j(\xi,\eta) \psi \tag{4.41}$$

且

$$\psi = \sum_{i \in \boldsymbol{I}_1} |\, \phi_i \,|\, R_i(\xi,\eta) - \left|\, \sum_{i \in \boldsymbol{I}_1} R_i(\xi,\eta) \phi_i \,\right| \tag{4.42}$$

式中，$R_i(\xi,\eta)$ 和 $R_j(\xi,\eta)$ 为 LR NURBS 基函数，是参数域局部坐标 (ξ, η) 的函数；T_i 和 a_j 分别为控制点 i 和 j 处的温度和加强变量；$\boldsymbol{I}_1$ 和 $\boldsymbol{I}_2$ 分别为离散域控制点集和支撑域被材料界面切割的控制点集；ψ 为加强函数；ϕ_i 为控制点 i 处的水平集函数值。

结合式 (4.40) 和式 (4.41)，运用变分原理可得

$$\boldsymbol{KT} = \boldsymbol{F} \tag{4.43}$$

式中，$\boldsymbol{T}$ 为整体的温度向量；$\boldsymbol{K}$ 和 $\boldsymbol{F}$ 分别为整体的热传导矩阵和温度荷载向量。

单元对 $\boldsymbol{K}$ 和 $\boldsymbol{F}$ 的贡献可表示为

$$\boldsymbol{k}_{ij} = \begin{bmatrix} \boldsymbol{k}_{ij}^{TT} & \boldsymbol{k}_{ij}^{Ta} \\ \boldsymbol{k}_{ij}^{aT} & \boldsymbol{k}_{ij}^{aa} \end{bmatrix} \tag{4.44a}$$

$$\boldsymbol{f}_i = \begin{bmatrix} f_i^T & f_i^a \end{bmatrix} \tag{4.44b}$$

其中，

$$\boldsymbol{k}_{ij}^{rs} = \int_{\Omega_e} (\boldsymbol{B}_i^r)^{\mathrm{T}} \boldsymbol{D} \boldsymbol{B}_j^s \mathrm{d}\Omega + \int_{\Gamma_3} (\boldsymbol{R}_i^r)^{\mathrm{T}} h \boldsymbol{R}_j^s \mathrm{d}\Gamma, \quad r,s = T,a \tag{4.45a}$$

$$\boldsymbol{f}_i^r = \int_{\Omega_e} q_v (\boldsymbol{R}_i^r)^{\mathrm{T}} \mathrm{d}\Omega - \int_{\Gamma_2} q_n (\boldsymbol{R}_i^r)^{\mathrm{T}} \mathrm{d}\Gamma + \int_{\Gamma_3} h T_w (\boldsymbol{R}_i^r)^{\mathrm{T}} \mathrm{d}\Gamma, \quad r = T,a \tag{4.45b}$$

且

$$\boldsymbol{D} = \begin{bmatrix} k & 0 \\ 0 & k \end{bmatrix} \tag{4.46a}$$

$$\boldsymbol{B}_i^T = \begin{bmatrix} R_{i,x} \\ R_{i,y} \end{bmatrix} \tag{4.46b}$$

$$\boldsymbol{B}_i^a = \begin{bmatrix} R_{i,x} & (R_i\psi)_{,x} \\ R_{i,y} & (R_i\psi)_{,y} \end{bmatrix} \tag{4.46c}$$

$$\boldsymbol{R}_i^T = \begin{bmatrix} R_i \end{bmatrix} \tag{4.46d}$$

$$\boldsymbol{R}_i^a = \begin{bmatrix} R_i & R_i\psi \end{bmatrix} \tag{4.46e}$$

对于不含加强控制点的单元，采用 $(p+1)\times(q+1)$ 个积分点，p 和 q 分别为 ξ 和 η 方向的 LR NURBS 基函数阶次。对于含材料界面的单元，采用子三角形积分方案[17]，每个子三角形单元内采用 7 个积分点。

考虑第一类边界条件 (式 (4.39a))，求解式 (4.43)可得到控制点处的温度和加强变量。需要注意的是，温度逼近式 (4.41) 可以直接满足第四类边界条件[16]，由此第四类边界条件不需要进行特殊处理。

4.3.3　误差估计

根据 ZZ 后验误差估计方法[9]，用光滑温度梯度代替精确值进行误差估计。跨过材料界面的温度梯度是不连续的，因此光滑温度梯度逼近可表示为

$$\boldsymbol{G}^s = \sum_{i\in \boldsymbol{I}_1} \boldsymbol{R}_i(\xi,\eta)\,\boldsymbol{G}_i^* + \sum_{j\in \boldsymbol{I}_2} \boldsymbol{R}_j(\xi,\eta)\left[H(\xi,\eta) - H(\xi_j,\eta_j)\right]\boldsymbol{a}_j^* \tag{4.47}$$

且

$$\boldsymbol{R}_i = \begin{bmatrix} R_i & 0 \\ 0 & R_i \end{bmatrix} \tag{4.48}$$

式中，H 在材料界面一侧等于 1，在材料界面另一侧等于 0；$\boldsymbol{G}_i^*$ 和 $\boldsymbol{a}_i^*$ 为控制点 i 处的光滑温度梯度向量和对应的加强变量向量。

式 (4.47)用矩阵形式表示为

$$\boldsymbol{G}^s = \boldsymbol{R}^*\boldsymbol{g}^* \tag{4.49}$$

通过扩展等几何分析计算的温度梯度 $\boldsymbol{G}^h$ 和光滑温度梯度 $\boldsymbol{G}^s$ 的最小二乘拟合求出光滑温度梯度未知量 $\boldsymbol{g}^*$。令

$$\Psi(\boldsymbol{G}^*) = \int_{\Omega} \left(\boldsymbol{G}^s - \boldsymbol{G}^h\right)^{\mathrm{T}} \left(\boldsymbol{G}^s - \boldsymbol{G}^h\right) \mathrm{d}\Omega \tag{4.50}$$

式 (4.50)关于未知量 $\boldsymbol{g}^*$ 最小化，可得

$$\boldsymbol{A}\boldsymbol{g}^* = \boldsymbol{B} \tag{4.51}$$

其中，

$$\boldsymbol{A} = \int_{\Omega_e} \boldsymbol{R}^*(\boldsymbol{R}^*)^{\mathrm{T}} \mathrm{d}\Omega \tag{4.52a}$$

$$\boldsymbol{B} = \int_{\Omega_e} (\boldsymbol{R}^*)^{\mathrm{T}} \boldsymbol{G}^h \mathrm{d}\Omega \tag{4.52b}$$

已有研究表明，散热误差能有效评估热传导问题数值模拟的精度[18,19]。单元的散热 L_2 误差范数和光滑温度梯度场热耗散范数分别为

$$\|e\|^2 = \int_{\Omega_e} \left(\boldsymbol{G}^s - \boldsymbol{G}\right)^{\mathrm{T}} \boldsymbol{D} \left(\boldsymbol{G}^s - \boldsymbol{G}^s\right) \mathrm{d}\Omega \tag{4.53a}$$

$$\|q\|^2 = \int_{\Omega_e} \left(\boldsymbol{G}^s\right)^{\mathrm{T}} \boldsymbol{D}\boldsymbol{G}^s \mathrm{d}\Omega \tag{4.53b}$$

式中，Ω_e 为单元面积。

可通过式 (4.54) 评估单元上相对误差，即

$$\theta = \frac{\|e\|}{\|q\|} \times 100\% \tag{4.54}$$

4.3.4 数值算例

以下算例中，如果没有特别说明，均使用二阶 LR NURBS 基函数。

算例 4.7 双材料圆环域

图 4.46(a) 为内、外表面具有固定温度的双材料圆环。内环是普通混凝土，外环是泡沫混凝土，普通混凝土和泡沫混凝土的导热系数分别为 10kJ/(mh·℃) 和 0.377kJ/(mh·℃)。由于圆环具有对称性，取 1/4 区域进行分析，并在其对称面上施加绝热边界条件，如图 4.46(b) 所示。

该问题温度解析解为[20]

$$T_2 = \frac{T_3 - T_1}{\dfrac{1}{2\pi k_1}\ln\dfrac{r_2}{r_1} + \dfrac{1}{2\pi k_2}\ln\dfrac{r_3}{r_2}}, \quad r = r_2 \tag{4.55a}$$

$$T = T_1 + \frac{T_2 - T_1}{\ln\dfrac{r_2}{r_1}}\ln\frac{r}{r_1}, \quad r_1 < r < r_2 \tag{4.55b}$$

$$T = T_2 + \frac{T_3 - T_2}{\ln\dfrac{r_3}{r_2}}\ln\frac{r}{r_2}, \quad r_2 < r < r_3 \tag{4.55c}$$

式中，r 为半径。

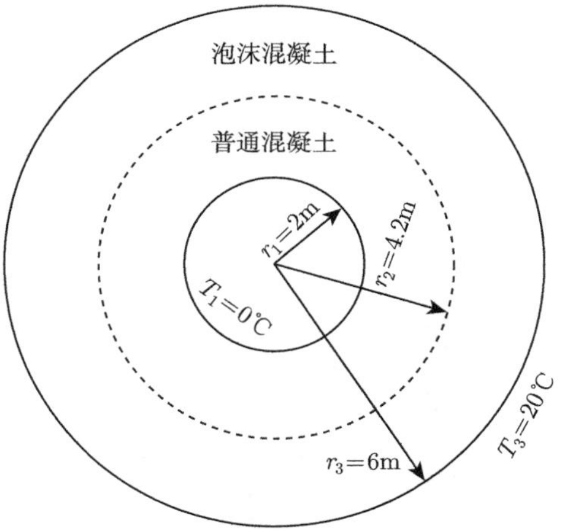

(a) 双材料圆环

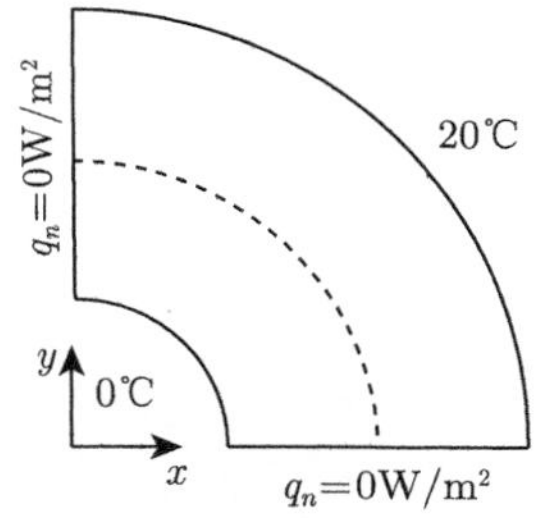

(b) 1/4 计算域

图 4.46 双材料圆环

图 4.47 为初始分析时的网格和相应的控制点（圆点）。沿环向和径向，LR NURBS 基函数的阶次分别为 2 和 1。需要注意的是，计算网格独立于材料界面。

图 4.48 给出了自适应过程四个网格。局部细化首先发生在材料界面周围，然后发生在圆环的外表面附近，最后发生在圆环的内表面和材料界面周围。这些细化区域符合预期。

图 4.49 为四次自适应细化后扩展等几何分析获得的温度、精确的温度和温度绝对误差分布云图。图 4.50 为四次自适应细化后扩展等几何分析获得的 x 方向温度梯度、精确的 x 方向温度梯度和温度梯度绝对误差分布云图。图 4.51 为四次自适应细化后扩展等几何分析获得的 y 方向温度梯度、精确的 y 方向温度梯度和温度梯度绝对误差分布云图。由图 4.49 ~ 图 4.51 可知，自适应扩展等几何分

析能获得高精度的结果。

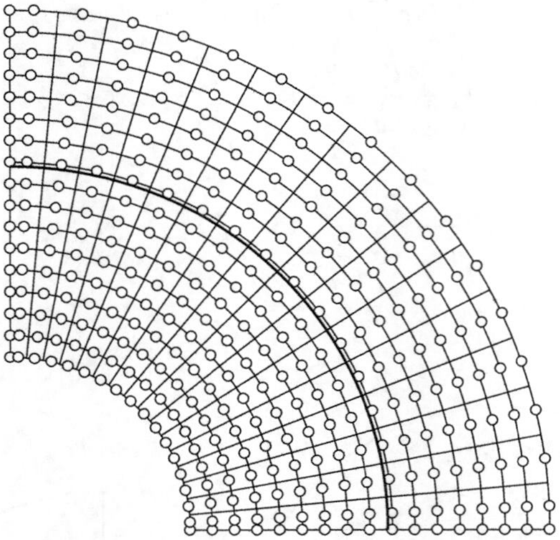

图 4.47　双材料圆环域初始计算网格和控制点

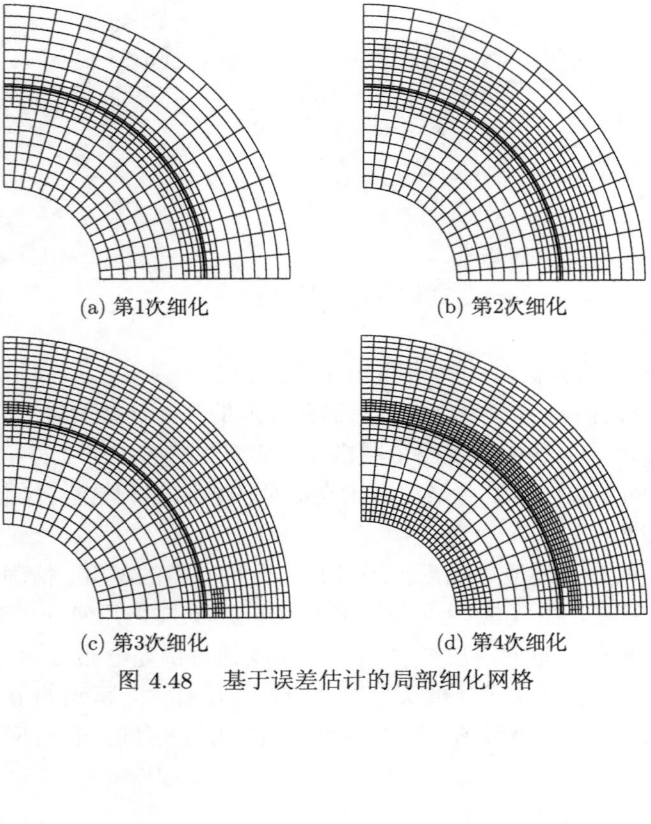

(a) 第1次细化　(b) 第2次细化

(c) 第3次细化　(d) 第4次细化

图 4.48　基于误差估计的局部细化网格

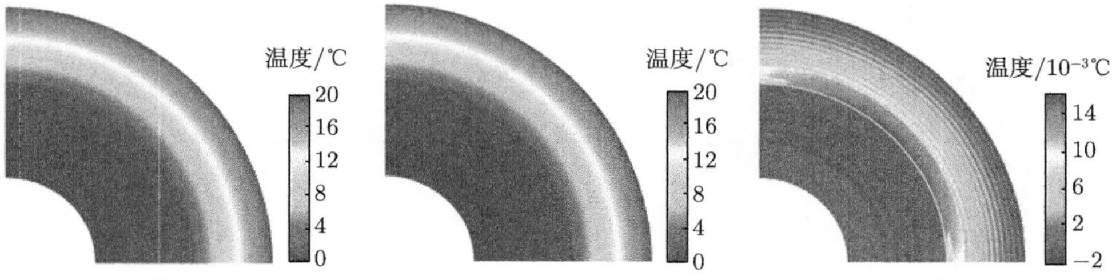

(a) 数值解 (b) 精确解 (c) 绝对误差

图 4.49 双材料圆环域温度分布云图

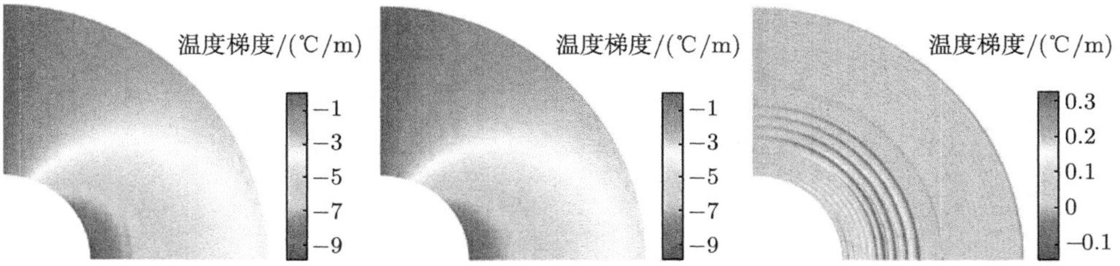

(a) 数值解 (b) 精确解 (c) 绝对误差

图 4.50 双材料圆环域 x 方向温度梯度分布云图

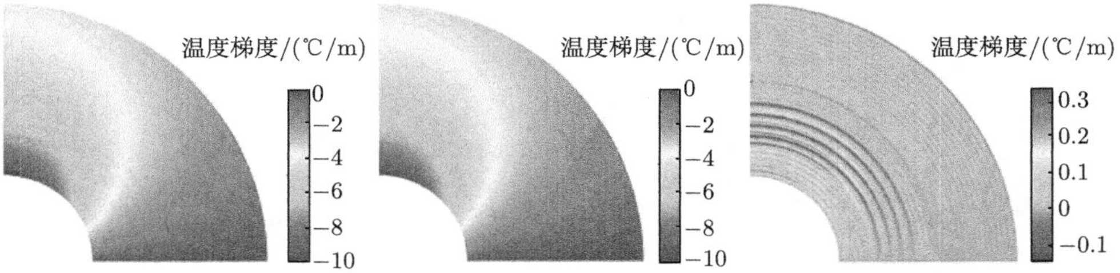

(a) 数值解 (b) 精确解 (c) 绝对误差

图 4.51 双材料圆环域 y 方向温度梯度分布云图

图 4.52 给出了径向温度分布，自适应扩展等几何分析的计算结果与解析解吻合得很好。

图 4.53 给出了两种细化方案的散热 L_2 误差范数的收敛曲线。自适应局部细化的收敛速度快于均匀全局细化，在均匀介质的稳态热传导中也得到了同样的结论[18]。

算例 4.8 含一个圆形夹杂的正方形区域

含有一个圆形夹杂的正方形板，夹杂半径为 2m，板边长为 10m，如图 4.54 所示。板上下边界为绝热边界。板左边温度为 400℃，右边与 85℃ 的空气接触，表面传

热系数为 h =160W/(m^2·℃)。材料 B 和材料 A 的导热系数分别为 100W/(m·℃) 和 200W/(m·℃)。图 4.55 为初始计算网格和控制点。

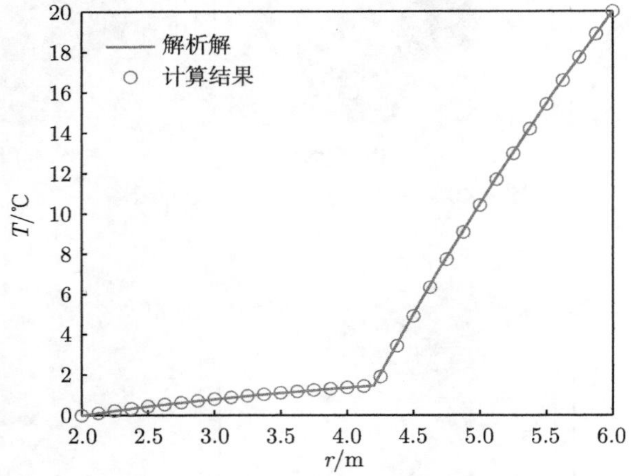

图 4.52 双材料圆环域径向温度分布

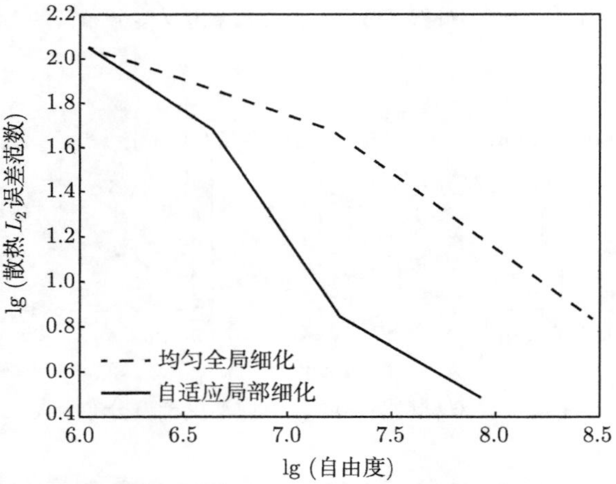

图 4.53 双材料圆环域自适应局部细化和均匀全局细化收敛性比较

图 4.56 给出了三次自适应局部细化网格。局部细化发生在材料界面附近，且随着细化次数的增加细化区域逐渐接近材料界面。这表明夹杂界面附近存在大的误差，符合预期。

图 4.57 为三次细化后的温度分布云图。图 4.58 为三次细化后 x 方向和 y 方向的温度梯度分布云图。夹杂的存在改变了温度的局部分布，温度梯度的极值发生在夹杂界面附近。

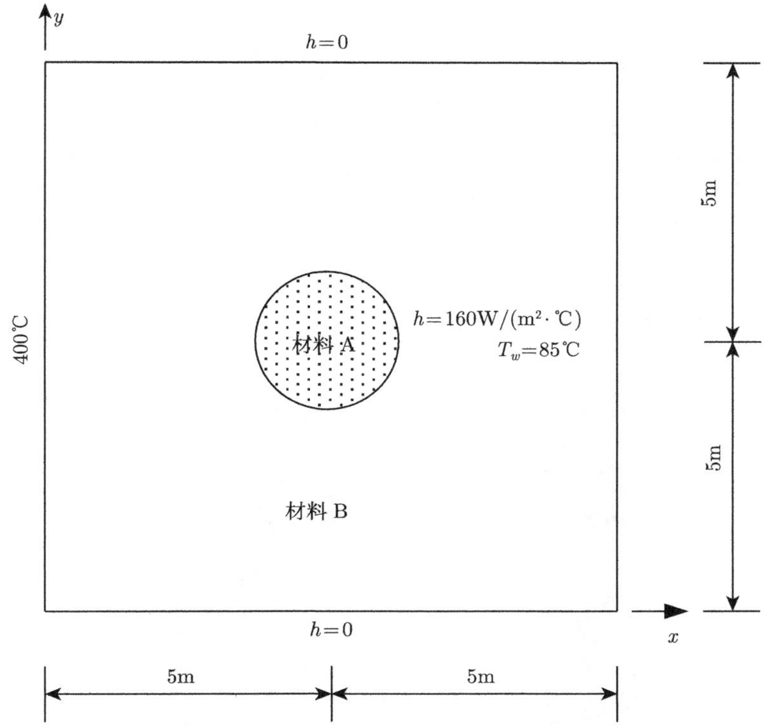

图 4.54 含一个圆形夹杂的正方形区域计算区域与边界

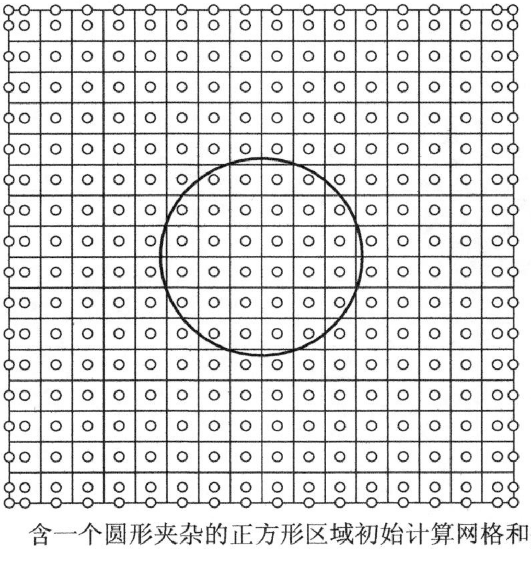

图 4.55 含一个圆形夹杂的正方形区域初始计算网格和控制点

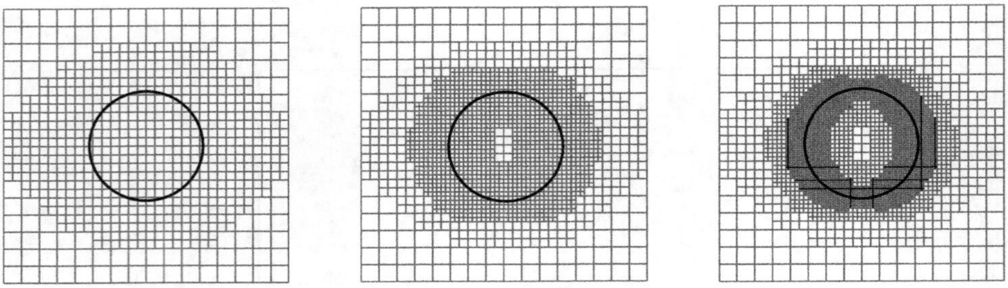

(a) 第一次细化　　(b) 第二次细化　　(c) 第三次细化

图 4.56 含一个圆形夹杂的正方形区域自适应局部细化网格

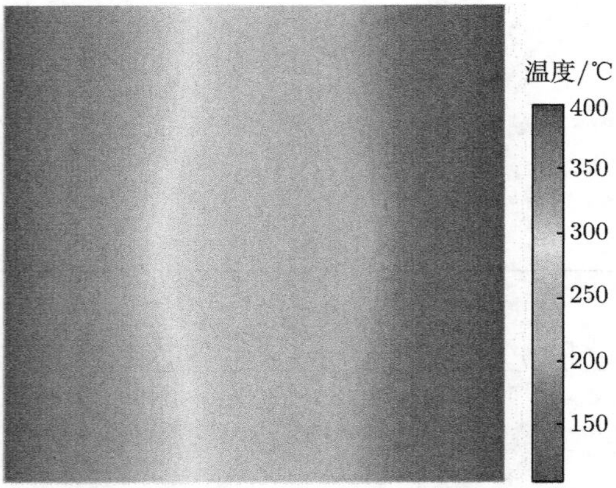

图 4.57 含一个圆形夹杂的正方形区域温度分布云图

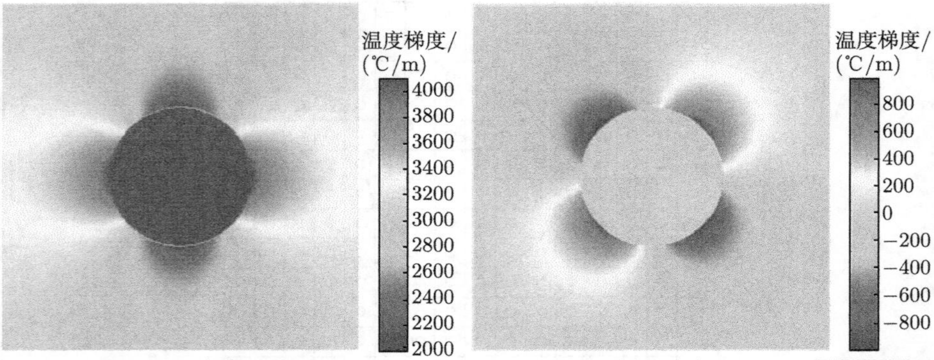

(a) x 方向　　(b) y 方向

图 4.58 含一个圆形夹杂的正方形区域温度梯度分布云图

（扫码获取彩图）

图 4.59 给出了不同阶次基函数扩展等几何分析获得的散热范数相对误差随

自由度的变化情况，增加自由度也就是增加细化次数。对于线性基函数，即 $p = q = 1$，扩展等几何分析就变成了常规的扩展有限元法。显然，随着细化次数的增加，二阶基函数比线性基函数收敛更快。

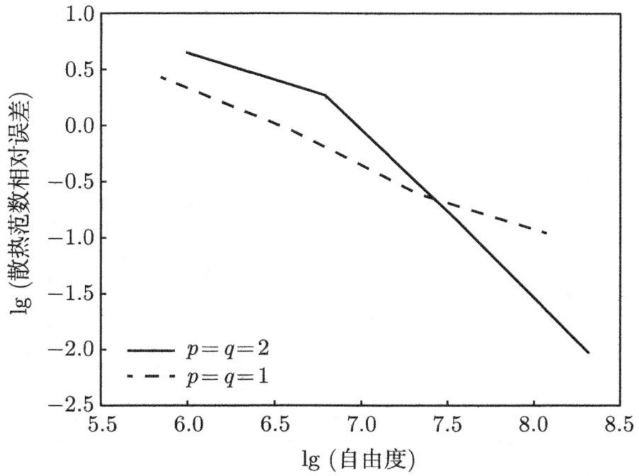

图 4.59 含一个圆形夹杂的正方形区域散热范数相对误差随自由度的变化

算例 4.9 含四个圆形夹杂的正方形区域

为了展示自适应扩展等几何分析模拟复杂非均匀介质中稳态传热的有效性，考虑具有四个半径为 1.2m 的相同圆形夹杂物的方形板，如图 4.60 所示。假设板

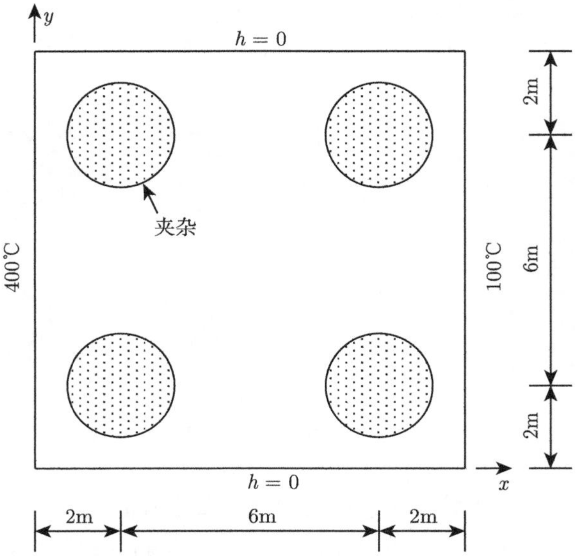

图 4.60 含四个圆形夹杂的方形板

的上下边界是绝热边界，左右边界的规定温度分别为 400℃ 和 100℃。此外，基体的导热系数为 100kJ/(mh·℃)，夹杂物的导热系数为 1000kJ/(mh·℃)。

首先在均匀的初始网格上进行计算，初始计算网格和控制点如图 4.61 所示。然后，根据自适应分析生成三个局部细化网格，如图 4.62 所示。细化区域与算例 4.8 相同，局部细化发生在材料界面附近，且随着细化次数的增加细化区域逐渐接近材料界面。

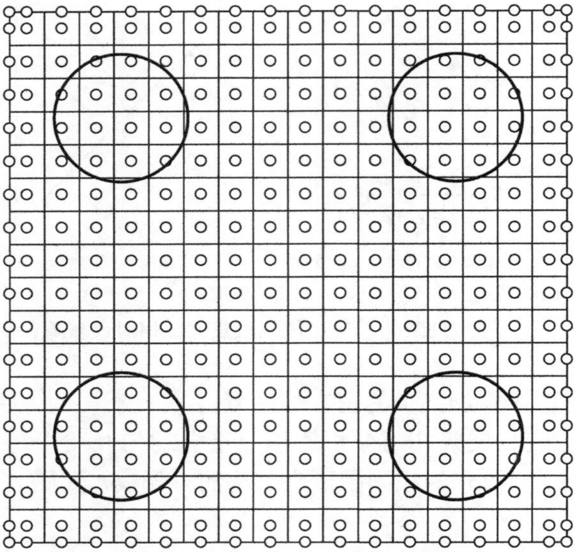

图 4.61 含四个圆形夹杂的正方形区域初始计算网格和控制点

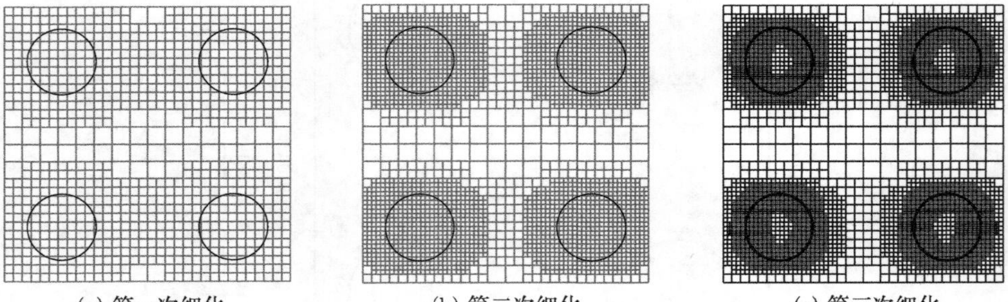

(a) 第一次细化 (b) 第二次细化 (c) 第三次细化

图 4.62 含四个圆形夹杂的正方形区域自适应局部细化网格

图 4.63 和图 4.64 分别为基于最后网格计算获得的温度分布云图和温度梯度分布云图。同样可以看出，夹杂的存在改变了温度的局部分布，温度梯度的极值发生在夹杂界面附近，且每个夹杂附近温度梯度分布几乎是相同的。

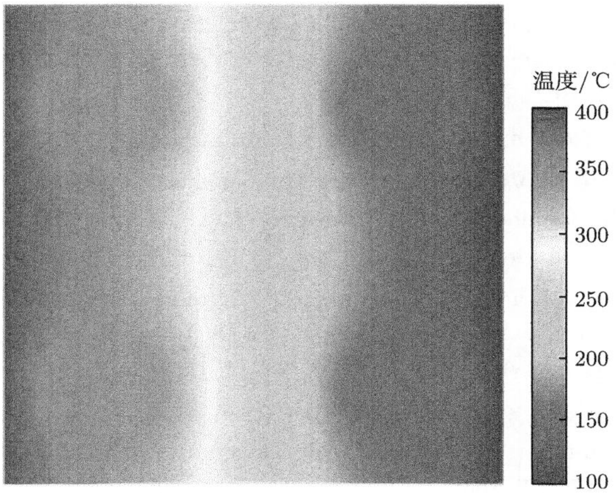

图 4.63　含四个圆形夹杂的正方形区域温度分布云图

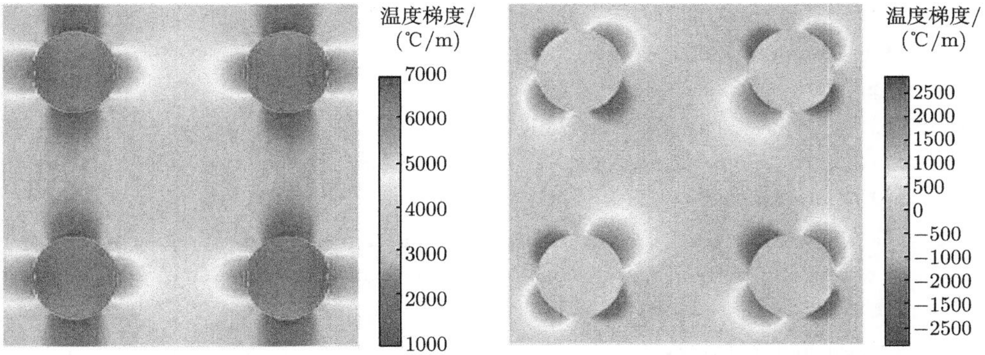

(a) x 方向　　(b) y 方向

图 4.64　含四个圆形夹杂的正方形区域温度梯度分布云图

（扫码获取彩图）

参 考 文 献

[1] Schmidt R, Wüchner R, Bletzinger K U. Isogeometric analysis of trimmed NURBS geometries[J]. Computer Methods in Applied Mechanics and Engineering, 2012, 241: 93-111.

[2] 尹硕辉. 面向 CAD/CAE 集成的等几何分析和有限胞元法研究及应用[D]. 南京: 河海大学, 2016.

[3] Sukumar N, Chopp D L, Moës N, et al. Modeling holes and inclusions by level sets in the extended finite-element method[J]. Computer Methods in Applied Mechanics and Engineering, 2001, 190(46/47): 6183-6200.

[4] Moës N, Cloirec M, Cartraud P, et al. A computational approach to handle complex microstructure geometries[J]. Computer Methods in Applied Mechanics and Engineering, 2003, 192(28): 3163-3177.

[5] 余天堂. 扩展有限单元法——理论、应用及程序[M]. 北京: 科学出版社, 2014.

[6] Gu J M, Yu T T, Van Lich L, et al. Multi-inclusions modeling by adaptive XIGA based on LR B-splines and multiple level sets[J]. Finite Elements in Analysis and Design, 2018, 148: 48-66.

[7] Ghorashi S S, Valizadeh N, Mohammadi S. Extended isogeometric analysis for simulation of stationary and propagating cracks[J]. International Journal for Numerical Methods in Engineering, 2012, 89(9): 1069-1101.

[8] Bui T Q, Hirose S, Zhang C Z, et al. Extended isogeometric analysis for dynamic fracture in multiphase piezoelectric/piezomagnetic composites[J]. Mechanics of Materials, 2016, 97: 135-163.

[9] Zienkiewicz O C, Zhu J Z. A simple error estimator and adaptive procedure for practical engineering analysis[J]. International Journal for Numerical Methods in Engineering, 1987, 24(2): 337-357.

[10] Mohammadi S. XFEM Fracture Analysis of Composites[M]. Chichester: John Wiley & Sons Inc., 2012.

[11] Daux C, Moës N, Dolbow J, et al. Arbitrary branched and intersecting cracks with the extended finite element method[J]. International Journal for Numerical Methods in Engineering, 2000, 48(12): 1741-1760.

[12] Chen X, Gu J M, Yu T T, et al. Numerical simulation of arbitrary holes in orthotropic media by an efficient computational method based on adaptive XIGA[J]. Composite Structures, 2019, 229: 111387.

[13] Timoshenko S. Theory of Elasticity[M]. 2nd ed. New York: McGraw-Hill, 1951.

[14] Bekele Y W, Kvamsdal T, Kvarving A M, et al. Adaptive isogeometric finite element analysis of steady-state groundwater flow[J]. International Journal for Numerical and Analytical Methods in Geomechanics, 2016, 40(5): 738-765.

[15] 吴永礼. 计算固体力学方法[M]. 北京: 科学出版社, 2003.

[16] Yu T T, Gong Z W. Numerical simulation of temperature field in heterogeneous material with the XFEM[J]. Archives of Civil and Mechanical Engineering, 2013, 13(2): 199-208.

[17] Gu J M, Yu T T, Van Lich L, et al. Crack growth adaptive XIGA simulation in isotropic and orthotropic materials[J]. Computer Methods in Applied Mechanics and Engineering, 2020, 365: 113016.

[18] Yu T T, Chen B, Natarajan S, et al. A locally refined adaptive isogeometric analysis for steady-state heat conduction problems[J]. Engineering Analysis with Boundary Elements, 2020, 117: 119-131.

[19] Lewis R W, Huang H C, Usmani A S, et al. Finite element analysis of heat transfer and flow problems using adaptive remeshing including application to solidification problems[J]. International Journal for Numerical Methods in Engineering, 1991, 32: 767-781.

[20] 赵镇南. 传热学[M]. 2 版. 北京: 高等教育出版社, 2008.

第 5 章　断裂问题的自适应扩展等几何分析

扩展等几何分析的计算网格独立于裂纹几何，模拟裂纹扩展时不需要网格重构，因此可以有效地分析断裂问题。本章介绍断裂问题的自适应扩展等几何分析的基本原理。

5.1　各向同性弹性体断裂问题

5.1.1　基本方程

考虑含有裂纹的平面弹性体，如图 5.1 所示。平面弹性体区域为 $\Omega \in \mathbb{R}^2$，边界 $\Gamma = \Gamma_u \cup \Gamma_t \cup \Gamma_c$，$\Gamma_u$ 是位移边界，Γ_t 是应力边界，Γ_c 是裂纹面。裂纹面 Γ_c 不受任何外力。该问题的平衡方程和边界条件为

$$\nabla \cdot \boldsymbol{\sigma} + \boldsymbol{b} = \boldsymbol{0}\ (\text{在}\ \Omega\ \text{内}) \tag{5.1a}$$

$$\boldsymbol{u} = \overline{\boldsymbol{u}}\ (\text{在}\ \Gamma_u\ \text{上}) \tag{5.1b}$$

$$\boldsymbol{\sigma} \cdot \boldsymbol{n} = \overline{\boldsymbol{t}}\ (\text{在}\ \Gamma_t\ \text{上}) \tag{5.1c}$$

$$\boldsymbol{\sigma} \cdot \boldsymbol{n} = \boldsymbol{0}\ (\text{在}\ \Gamma_c\ \text{上}) \tag{5.1d}$$

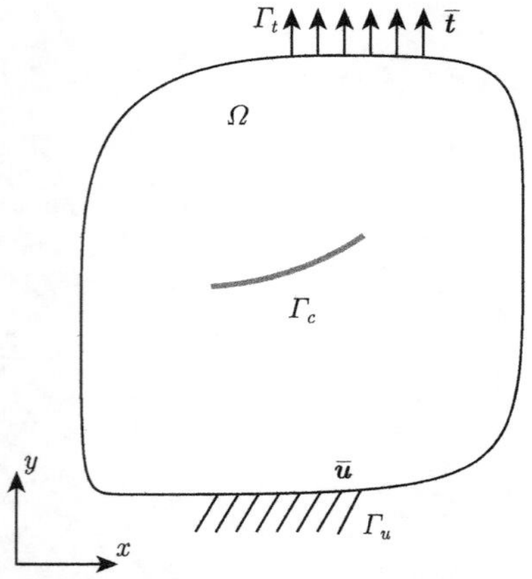

图 5.1　平面断裂问题示意图

式中，∇ 为哈密顿算子；$\boldsymbol{n}$ 为区域 Ω 边界的单位外法向矢量；$\overline{\boldsymbol{u}}$ 为位移边界 Γ_u 上已知的位移；$\overline{\boldsymbol{t}}$ 为应力边界 Γ_t 上已知的面力；$\boldsymbol{\sigma}$ 和 $\boldsymbol{b}$ 分别为应力和体力。

考虑小变形，应变 $\boldsymbol{\varepsilon}$ 和应力 $\boldsymbol{\sigma}$ 可表示为

$$\boldsymbol{\varepsilon} = \nabla_s \boldsymbol{u} \tag{5.2a}$$

$$\boldsymbol{\sigma} = \boldsymbol{D} : \boldsymbol{\varepsilon} \tag{5.2b}$$

式中，∇_s 为对称梯度算子；$\boldsymbol{D}$ 为弹性矩阵。

令 $\boldsymbol{u} \in \boldsymbol{\mathcal{S}} = \left\{\boldsymbol{u} \mid \boldsymbol{u} = \overline{\boldsymbol{u}} \text{ 在 } \Gamma_u \text{ 上}, \boldsymbol{u} \in \boldsymbol{H}^1(\Omega)\right\}$，$\boldsymbol{\mathcal{V}} = \{\delta\boldsymbol{u} \mid \delta\boldsymbol{u} = \boldsymbol{0} \text{ 在 } \Gamma_u \text{ 上}, \delta\boldsymbol{u} \in \boldsymbol{H}^1(\Omega)\}$，式 (5.1) 的弱形式为

$$\int_\Omega [\boldsymbol{\varepsilon}(\delta\boldsymbol{u})]^{\mathrm{T}} \boldsymbol{\sigma} \mathrm{d}\Omega = \int_\Omega (\delta\boldsymbol{u})^{\mathrm{T}} \boldsymbol{b} \mathrm{d}\Omega + \int_{\Gamma_t} (\delta\boldsymbol{u})^{\mathrm{T}} \overline{\boldsymbol{t}} \mathrm{d}\Gamma, \quad \forall \delta\boldsymbol{u} \in \boldsymbol{\mathcal{V}} \tag{5.3}$$

式中，T 为矩阵转置算子。

5.1.2 位移模式

断裂问题属于强不连续问题，位移在裂纹面不连续，并且应力在裂尖具有奇异性。为了模拟断裂问题，采用广义的 Heaviside 函数 (阶跃函数) 和裂尖分支函数作为加强函数来反映裂纹特性。断裂问题的扩展等几何分析位移逼近为[1,2]

$$\boldsymbol{u}^h(\boldsymbol{\xi}) = \sum_{i \in \mathcal{N}^{\mathrm{std}}} R_i(\boldsymbol{\xi}) \boldsymbol{u}_i + \sum_{j \in \mathcal{N}^{\mathrm{cf}}} R_j(\boldsymbol{\xi}) H_j(\boldsymbol{\xi}) \boldsymbol{d}_j + \sum_{k \in \mathcal{N}^{\mathrm{ct}}} R_k(\boldsymbol{\xi}) \sum_{\alpha=1}^{4} Q_k^\alpha(\boldsymbol{\xi}) \boldsymbol{c}_k^\alpha \tag{5.4}$$

且

$$H_j(\boldsymbol{\xi}) = H(\boldsymbol{\xi}) - H(\boldsymbol{\xi}_j) \tag{5.5}$$

$$Q_k^\alpha(\boldsymbol{\xi}) = Q_\alpha(\boldsymbol{\xi}) - Q_\alpha(\boldsymbol{\xi}_k) \tag{5.6}$$

式中，$R_i(\boldsymbol{\xi})$、$R_j(\boldsymbol{\xi})$ 和 $R_k(\boldsymbol{\xi})$ 为 LR NURBS 基函数；$\boldsymbol{u}_i = [u_{ix}\ u_{iy}]^{\mathrm{T}}$ 为控制点位移；$\boldsymbol{d}_j = [d_{jx}\ d_{jy}]^{\mathrm{T}}$ 为阶跃函数加强的控制点处的加强变量；$\boldsymbol{c}_k^\alpha = \left[c_{kx}^\alpha\ c_{ky}^\alpha\right]^{\mathrm{T}}$ 为裂尖分支函数加强的控制点处的加强变量；$\mathcal{N}^{\mathrm{std}}$ 为所有 LR NURBS 基函数集合；$\mathcal{N}^{\mathrm{cf}}$ 为支撑域被裂纹完全贯穿的 LR NURBS 基函数集合；$\mathcal{N}^{\mathrm{ct}}$ 为支撑域包含裂尖的 LR NURBS 基函数集合。

式 (5.4) 等号右侧第一项为位移的连续部分，其余项为位移的不连续部分 (加强位移)。广义的 Heaviside 加强函数在裂纹面一侧取 +1，在裂纹面另一侧取 −1，

因此可以反映裂纹面位移的不连续性。根据各向同性弹性体裂尖渐近位移场，裂尖分支加强函数可选取为[3]

$$\{Q_1, Q_2, Q_3, Q_4\} = \left\{\sqrt{r}\sin\frac{\theta}{2}, \sqrt{r}\cos\frac{\theta}{2}, \sqrt{r}\sin\theta\sin\frac{\theta}{2}, \sqrt{r}\sin\theta\cos\frac{\theta}{2}\right\} \tag{5.7}$$

式中，r 和 θ 为裂尖局部坐标系的极坐标。

裂纹完全贯穿的单元称为裂纹面加强单元。裂纹面加强单元上不为 0 的 LR NURBS 基函数对应的控制点采用广义的 Heaviside 函数加强，称为裂纹面加强控制点。含有裂尖的单元称为裂尖加强单元。裂尖加强单元上不为 0 的 LR NURBS 基函数对应的控制点采用裂尖分支函数加强，称为裂尖加强控制点。裂纹面加强单元、裂尖加强单元和加强控制点是根据裂纹位置选择的。当控制点既为裂纹面加强控制点也为裂尖加强控制点时，该控制点只采用裂尖加强函数进行加强。图 5.2 给出了扩展等几何分析模拟断裂问题的控制点和加强控制点。

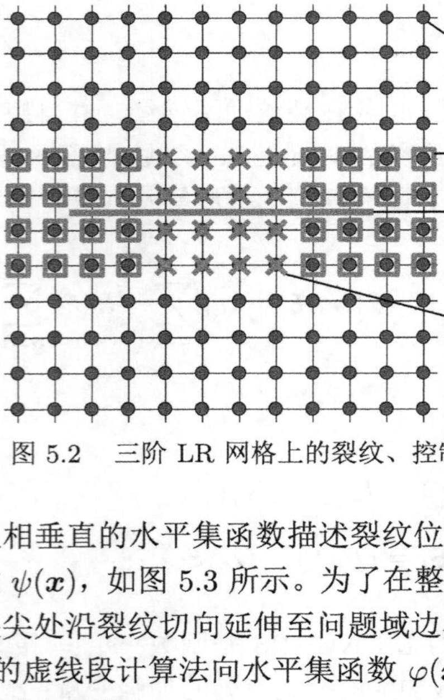

图 5.2　三阶 LR 网格上的裂纹、控制点和加强控制点

采用两个互相垂直的水平集函数描述裂纹位置，即法向水平集函数 $\varphi(\boldsymbol{x})$ 和切向水平集函数 $\psi(\boldsymbol{x})$，如图 5.3 所示。为了在整个问题域构造水平集函数，需要将裂纹在两个裂尖处沿裂纹切向延伸至问题域边界，如图 5.3 所示虚线段。基于裂纹 Γ_c 和扩展的虚线段计算法向水平集函数 $\varphi(\boldsymbol{x})$。为方便计算，按以下方式定义单一的切向水平集函数：

$$\psi(\boldsymbol{x}) = \max\left(\psi_1(\boldsymbol{x}),\ \psi_2(\boldsymbol{x})\right) \tag{5.8}$$

令 $\boldsymbol{\varphi}_e$ 和 $\boldsymbol{\psi}_e$ 分别为单元 e 四个节点的法向水平集和切向水平集组成的向量，根据以下方式选择加强单元：若 $\max(\boldsymbol{\varphi}_e) \times \min(\boldsymbol{\varphi}_e) < 0$ 且 $\max(\boldsymbol{\psi}_e) < 0$，则单

元 e 为裂纹面加强单元；若 $\max(\boldsymbol{\varphi}_e)\times\min(\boldsymbol{\varphi}_e)<0$ 且 $\max(\boldsymbol{\psi}_e)\times\min(\boldsymbol{\psi}_e)<0$，则单元 e 为裂尖加强单元。

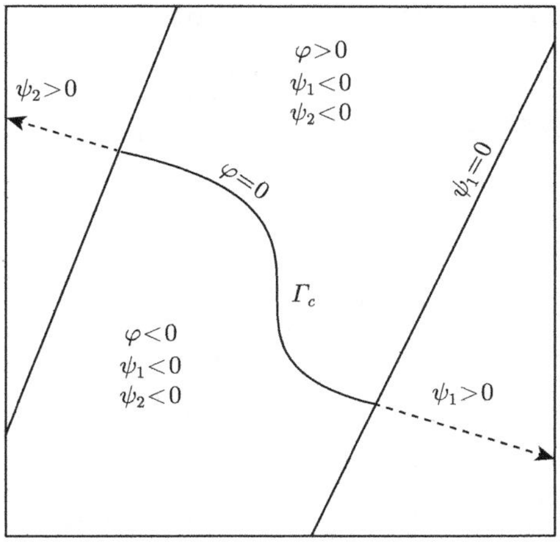

图 5.3 裂纹水平集函数构造

5.1.3 离散方程

根据位移逼近式 (5.4)，位移 $\boldsymbol{u}^h$、应变 $\boldsymbol{\varepsilon}^h$ 和应力 $\boldsymbol{\sigma}^h$ 的矩阵形式为

$$\boldsymbol{u}^h=\boldsymbol{RU},\quad \boldsymbol{\varepsilon}^h=\boldsymbol{BU},\quad \boldsymbol{\sigma}^h=\boldsymbol{DBU} \tag{5.9}$$

式中，$\boldsymbol{U}=[\boldsymbol{u}\quad \boldsymbol{d}\quad \boldsymbol{c}_1\quad \boldsymbol{c}_2\quad \boldsymbol{c}_3\quad \boldsymbol{c}_4]^{\mathrm{T}}$ 为控制点未知量，$\boldsymbol{u}=[\boldsymbol{u}_i]$，$i\in\mathcal{N}^{\mathrm{std}}$，$\boldsymbol{d}=[\boldsymbol{d}_j]$，$j\in\mathcal{N}^{\mathrm{cf}}$，$\boldsymbol{c}_\alpha=[\boldsymbol{c}_k^\alpha]$ $(\alpha=1,2,3,4)$，$k\in\mathcal{N}^{\mathrm{ct}}$；$\boldsymbol{R}$ 为基函数矩阵；$\boldsymbol{B}$ 为应变矩阵。

基函数矩阵 $\boldsymbol{R}$ 包含常规基函数矩阵 $\boldsymbol{R}^{\mathrm{std}}$ 和加强基函数矩阵 $\boldsymbol{R}^{\mathrm{cf}}$、$\boldsymbol{R}_\alpha^{\mathrm{ct}}$ $(\alpha=1,2,3,4)$。对于二维单元 e，基函数矩阵为

$$\boldsymbol{R}=\left[\boldsymbol{R}^{\mathrm{std}}\mid\boldsymbol{R}^{\mathrm{cf}}\mid\boldsymbol{R}_1^{\mathrm{ct}}\ \boldsymbol{R}_2^{\mathrm{ct}}\ \boldsymbol{R}_3^{\mathrm{ct}}\ \boldsymbol{R}_4^{\mathrm{ct}}\right] \tag{5.10a}$$

$$\boldsymbol{R}_e^{\mathrm{std}}=\begin{bmatrix}R_1 & 0 & R_2 & 0 & \cdots\\ 0 & R_1 & 0 & R_2 & \cdots\end{bmatrix} \tag{5.10b}$$

$$\boldsymbol{R}_e^{\mathrm{cf}}=\begin{bmatrix}R_1H_1 & 0 & R_2H_2 & 0 & \cdots\\ 0 & R_1H_1 & 0 & R_2H_2 & \cdots\end{bmatrix} \tag{5.10c}$$

$$\left(\boldsymbol{R}_\alpha^{\mathrm{ct}}\right)_e=\begin{bmatrix}R_1Q_1^\alpha & 0 & R_2Q_2^\alpha & 0 & \cdots\\ 0 & R_1Q_1^\alpha & 0 & R_2Q_2^\alpha & \cdots\end{bmatrix} \tag{5.10d}$$

应变矩阵 $\boldsymbol{B}$ 同样包含常规应变矩阵 $\boldsymbol{B}^{\mathrm{std}}$ 和加强应变矩阵 $\boldsymbol{B}^{\mathrm{cf}}$、$\boldsymbol{B}_{\alpha}^{\mathrm{ct}}$ $(\alpha = 1,2,3,4)$。对于二维单元 e，应变矩阵为

$$\boldsymbol{B} = \left[\boldsymbol{B}^{\mathrm{std}} \mid \boldsymbol{B}^{\mathrm{cf}} \mid \boldsymbol{B}_1^{\mathrm{ct}}\ \boldsymbol{B}_2^{\mathrm{ct}}\ \boldsymbol{B}_3^{\mathrm{ct}}\ \boldsymbol{B}_4^{\mathrm{ct}}\right] \tag{5.11a}$$

$$\boldsymbol{B}_e^{\mathrm{std}} = \begin{bmatrix} R_{1,x} & 0 & R_{2,x} & 0 & \cdots \\ 0 & R_{1,y} & 0 & R_{2,y} & \cdots \\ R_{1,y} & R_{1,x} & R_{2,y} & R_{2,x} & \cdots \end{bmatrix} \tag{5.11b}$$

$$\boldsymbol{B}_e^{\mathrm{cf}} = \begin{bmatrix} (R_1H_1)_{,x} & 0 & (R_2H_2)_{,x} & 0 & \cdots \\ 0 & (R_1H_1)_{,y} & 0 & (R_2H_2)_{,y} & \cdots \\ (R_1H_1)_{,y} & (R_1H_1)_{,x} & (R_2H_2)_{,y} & (R_2H_2)_{,x} & \cdots \end{bmatrix} \tag{5.11c}$$

$$\left(\boldsymbol{B}_{\alpha}^{\mathrm{ct}}\right)_e = \begin{bmatrix} (R_1Q_1^{\alpha})_{,x} & 0 & (R_2Q_2^{\alpha})_{,x} & 0 & \cdots \\ 0 & (R_1Q_1^{\alpha})_{,y} & 0 & (R_2Q_2^{\alpha})_{,y} & \cdots \\ (R_1Q_1^{\alpha})_{,y} & (R_1Q_1^{\alpha})_{,x} & (R_2Q_2^{\alpha})_{,y} & (R_2Q_2^{\alpha})_{,x} & \cdots \end{bmatrix} \tag{5.11d}$$

式中，$R_{i,x}$ 和 $R_{i,y}$ 分别为 LR NURBS 基函数 R_i 对 x 和 y 的导数。

将式 (5.9) 代入式 (5.3)，可得到

$$\boldsymbol{KU} = \boldsymbol{F} \tag{5.12}$$

式中，$\boldsymbol{K}$ 和 $\boldsymbol{F}$ 分别为整体劲度矩阵和整体荷载列阵。

单元劲度矩阵 $\boldsymbol{K}_e$ 和单元荷载列阵 $\boldsymbol{F}_e$ 分别为

$$\boldsymbol{K}_e = \int_{\Omega_e} (\boldsymbol{B}_e)^{\mathrm{T}} \boldsymbol{D}\boldsymbol{B}_e \mathrm{d}\Omega \tag{5.13}$$

$$\boldsymbol{F}_e = \int_{\Omega_e} (\boldsymbol{R}_e)^{\mathrm{T}} \boldsymbol{b} \mathrm{d}\Omega + \int_{\Gamma_t} (\boldsymbol{R}_e)^{\mathrm{T}} \bar{\boldsymbol{t}} \mathrm{d}\Gamma \tag{5.14}$$

对于含裂纹的复杂形状结构，需要将结构区域 Ω 划分成 N_p 个子区域 Ω^m $(m = 1,2,\cdots,N_p)$，采用多片建模，如图 5.4 所示。借鉴第 3 章多片等几何分析思想，对每个子区域 Ω^m 进行分析，多片之间采用 Nitsche 方法耦合，建立复杂形状结构断裂问题的多片扩展等几何分析模型。多片扩展等几何分析的位移逼近为[2]

$$\boldsymbol{u}_h^m(\boldsymbol{\xi}) = \sum_{i\in\mathcal{N}_{\mathrm{std}}^m} R_i^m(\boldsymbol{\xi})\boldsymbol{u}_i^m + \sum_{j\in\mathcal{N}_{\mathrm{cf}}^m} R_j^m(\boldsymbol{\xi})H_j(\boldsymbol{\xi})\boldsymbol{d}_j^m + \sum_{k\in\mathcal{N}_{\mathrm{ct}}^m} R_k^m(\boldsymbol{\xi}) \sum_{\alpha=1}^{4} Q_k^{\alpha}(\boldsymbol{\xi})\boldsymbol{c}_k^{\alpha m} \tag{5.15}$$

式中，$R_i^m(\boldsymbol{\xi})$、$R_j^m(\boldsymbol{\xi})$ 和 $R_k^m(\boldsymbol{\xi})$ 分别为第 m 片的第 i 个、第 j 个和第 k 个 LR NURBS 基函数；$\boldsymbol{u}_i^m$ 为第 m 片的控制点位移；$\boldsymbol{d}_j^m$ 和 $\boldsymbol{c}_k^{\alpha m}$ 分别为第 m 片的裂纹面和裂尖加强控制点处的加强变量；$\mathcal{N}_{\text{std}}^m$ 为第 m 片的所有 LR NURBS 基函数集合；$\mathcal{N}_{\text{cf}}^m$ 为第 m 片的支撑域被裂纹完全贯穿的 LR NURBS 基函数集合；$\mathcal{N}_{\text{ct}}^m$ 为第 m 片的支撑域包含裂尖的 LR NURBS 基函数集合。

若子区域 Ω^m 不包含裂纹，则式 (5.15) 右边只有第一项，而无加强项。在构造多片扩展等几何分析的位移逼近后，由虚功原理可推导出其控制方程，即

$$\left(\boldsymbol{K}^b + \boldsymbol{K}^n + (\boldsymbol{K}^n)^{\mathrm{T}} + \boldsymbol{K}^s\right)\boldsymbol{U} = \boldsymbol{F}^b \tag{5.16}$$

式中，$\boldsymbol{U} = [\boldsymbol{U}^m]$ 为位移未知向量，$\boldsymbol{U}^m = [\boldsymbol{u}^m \quad \boldsymbol{d}^m \quad \boldsymbol{c}_1^m \quad \boldsymbol{c}_2^m \quad \boldsymbol{c}_3^m \quad \boldsymbol{c}_4^m]^{\mathrm{T}}$ 为第 m 片的位移未知向量；$\boldsymbol{K}^b$ 和 $\boldsymbol{F}^b$ 分别为整体劲度矩阵和整体荷载列阵；$\boldsymbol{K}^n$ 和 $\boldsymbol{K}^s$ 为整体界面耦合矩阵。$\boldsymbol{K}^b$、$\boldsymbol{F}^b$、$\boldsymbol{K}^n$ 和 $\boldsymbol{K}^s$ 的具体形式和第 3 章多片等几何分析相似，只需要将等几何分析基函数矩阵和应变矩阵换成扩展等几何分析的基函数矩阵和应变矩阵即可。

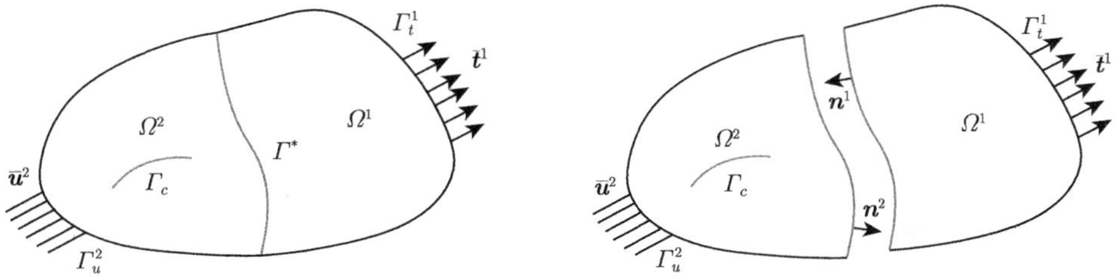

图 5.4 含裂纹区域 Ω 划分成两个子区域 Ω^1 和 Ω^2

5.1.4 积分方案

扩展等几何分析求解断裂问题存在三种类型的单元，即常规单元、裂纹面加强单元和裂尖加强单元。图 5.5 给出了扩展等几何分析求解断裂问题的积分方案和积分点。对于常规单元，采用常规高斯积分进行单元积分，高斯积分点个数为 $(p+1)\times(q+1)$。对于含有裂纹和裂尖的单元，采用常规高斯积分精度低，需要采用特殊的积分方案。对于裂纹完全贯穿的单元 (不含裂尖)，采用子三角形积分法[4,5]，裂纹面是单元边，且每个子三角形内采用 13 个积分点[4]，与第 4 章含夹杂界面单元积分类似。含有裂尖的单元也可采用子三角形积分法，每个子三角形内采用 $(2p)\times(2q)$ 个积分点[1]。对于不含裂纹但处于裂尖加强控制点支撑域的单元，即单元上至少有 1 个裂尖加强基函数不为 0，采用 10×10 个高斯积分点[6]。

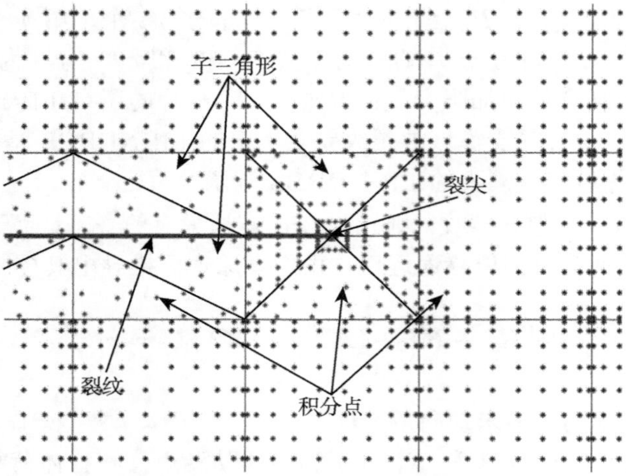

图 5.5　断裂问题的积分方案和积分点

含裂尖的单元被积式存在奇异性，采用子三角形积分法时，需要较多的积分点，增加了计算量。通过类似极坐标变换技术，将奇异的被积式转换为非奇异的被积式[7]，即可按常规方法进行积分。含裂尖的加强单元积分过程如图 5.6 所示，转换关系 T_1、T_2、T_3 及对应的雅可比矩阵在前面章节已经给出。通过转换关系

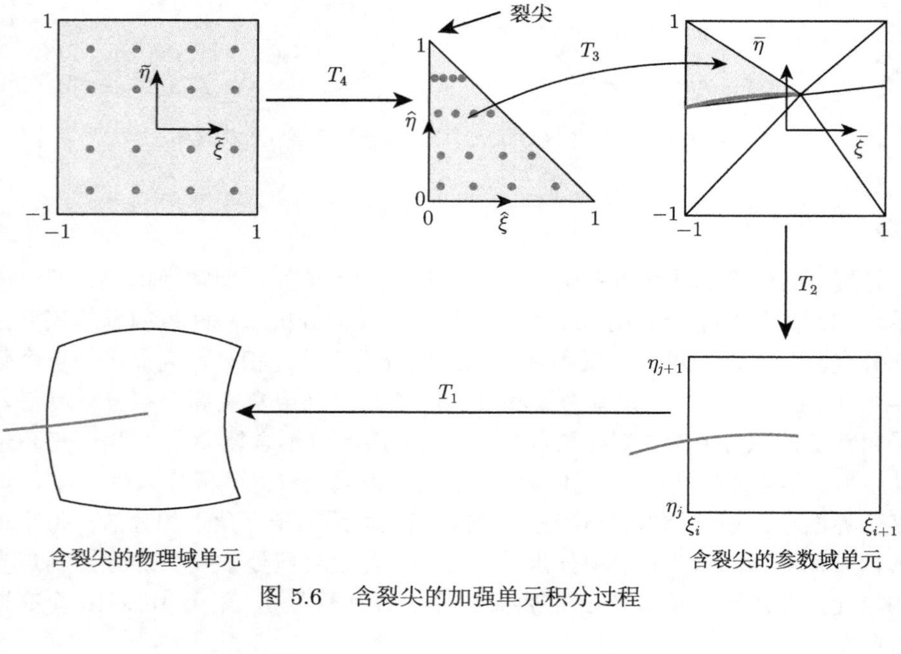

图 5.6　含裂尖的加强单元积分过程

T_4，将标准三角形单元积分转换为标准四边形单元的高斯积分。转换关系 T_4 及对应的雅可比矩阵 $\boldsymbol{J}_4$ 分别为

$$T_4: \begin{cases} \hat{\xi} = \dfrac{1}{4}\left(1 + \widetilde{\xi} - \widetilde{\eta} - \widetilde{\xi}\widetilde{\eta}\right) \\ \hat{\eta} = \dfrac{1}{2}\left(1 + \widetilde{\eta}\right) \end{cases} \tag{5.17}$$

$$\boldsymbol{J}_4 = \begin{bmatrix} \dfrac{\partial \hat{\xi}}{\partial \widetilde{\xi}} & \dfrac{\partial \hat{\eta}}{\partial \widetilde{\xi}} \\ \dfrac{\partial \hat{\xi}}{\partial \widetilde{\eta}} & \dfrac{\partial \hat{\eta}}{\partial \widetilde{\eta}} \end{bmatrix} = \begin{bmatrix} \dfrac{1}{4}\left(1 - \widetilde{\eta}\right) & 0 \\ \dfrac{1}{4}\left(-1 - \widetilde{\xi}\right) & \dfrac{1}{2} \end{bmatrix} \tag{5.18}$$

5.1.5 裂纹扩展分析

复合型裂纹扩展分析主要包含两方面的内容：① 裂纹扩展条件，即断裂准则；② 裂纹扩展方向，即裂纹扩展角。最大周向拉应力强度准则简单方便且有效，因此在工程界应用最为广泛。本章采用最大周向拉应力强度准则计算裂纹扩展角。

根据最大周向拉应力强度准则[8]，裂纹沿最大周向拉应力方向进行扩展。对于平面复合型裂纹问题，各向同性弹性体裂尖附近周向应力和切向应力分别为

$$\sigma_{\theta\theta} = \frac{K_{\mathrm{I}}}{\sqrt{2\pi r}}\frac{1}{4}\left(3\cos\frac{\theta}{2} + \cos\frac{3\theta}{2}\right) + \frac{K_{\mathrm{II}}}{\sqrt{2\pi r}}\frac{1}{4}\left(-3\sin\frac{\theta}{2} - 3\sin\frac{3\theta}{2}\right) \tag{5.19}$$

$$\sigma_{r\theta} = \frac{K_{\mathrm{I}}}{\sqrt{2\pi r}}\frac{1}{4}\left(\sin\frac{\theta}{2} + \sin\frac{3\theta}{2}\right) + \frac{K_{\mathrm{II}}}{\sqrt{2\pi r}}\frac{1}{4}\left(\cos\frac{\theta}{2} + 3\cos\frac{3\theta}{2}\right) \tag{5.20}$$

根据最大周向拉应力强度准则，在裂纹扩展方向上，周向应力 $\sigma_{\theta\theta}$ 为主应力，因此令切向应力 $\sigma_{r\theta}$ 为 0，可得

$$K_{\mathrm{I}}\sin\theta_c + K_{\mathrm{II}}\left(3\cos\theta_c - 1\right) = 0 \tag{5.21}$$

求解式 (5.21)，得到裂纹扩展角 θ_c 为

$$\theta_c = 2\arctan\left(\frac{1}{4}\left[\frac{K_{\mathrm{I}}}{K_{\mathrm{II}}} \pm \sqrt{\left(\frac{K_{\mathrm{I}}}{K_{\mathrm{II}}}\right)^2 + 8}\right]\right) \tag{5.22}$$

裂纹扩展角 θ_c 是从裂尖延长线逆时针方向计算的，如图 5.7 所示，图中 Δa 为裂纹扩展步长。式 (5.22) 中，若 $K_{\mathrm{II}} = 0$，则 $\theta_c = 0$；若 $K_{\mathrm{II}} > 0$，则 $\theta_c < 0$；若 $K_{\mathrm{II}} < 0$，则 $\theta_c > 0$。

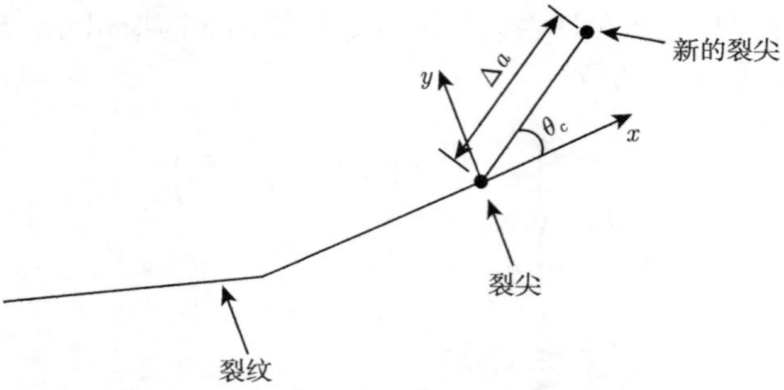

图 5.7　裂纹扩展示意图

互作用积分法计算的应力强度因子不仅精度高，而且计算时与积分路径无关，方便数值计算。选择两个独立的平衡状态，状态 1 $\left(\sigma_{ij}^{(1)}, \varepsilon_{ij}^{(1)}, u_i^{(1)}\right)$ 为真实状态，状态 2 $\left(\sigma_{ij}^{(2)}, \varepsilon_{ij}^{(2)}, u_i^{(2)}\right)$ 为辅助状态。互作用积分的面积分形式为[3]

$$I^{(1,2)} = \int_A \left(\sigma_{ij}^{(1)} \frac{\partial u_i^{(2)}}{\partial x_1} + \sigma_{ij}^{(2)} \frac{\partial u_i^{(1)}}{\partial x_1} - W^{(1,2)} \delta_{1j} \right) \frac{\partial q}{\partial x_j} \mathrm{d}A \tag{5.23}$$

式中，q 为从 0 到 1 的光滑权函数；δ 为克罗内克符号；A 为互作用积分域，由圆心在裂尖、半径为 r_J 的圆所穿过的单元组成，如图 5.8 所示。互作用应变能密度 $W^{(1,2)}$ 为

$$W^{(1,2)} = \frac{1}{2}\left(\sigma_{ij}^{(1)} \varepsilon_{ij}^{(2)} + \sigma_{ij}^{(2)} \varepsilon_{ij}^{(1)} \right) \tag{5.24}$$

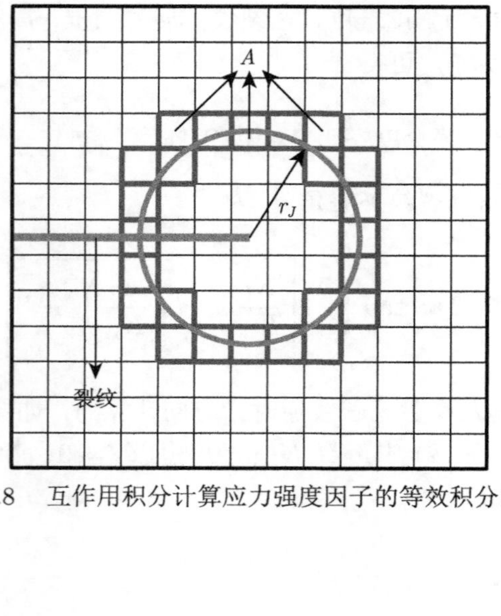

图 5.8　互作用积分计算应力强度因子的等效积分区域

互作用积分 $I^{(1,2)}$ 和应力强度因子的关系为

$$I^{(1,2)}=\frac{2\left(K_{\mathrm{I}}^{(1)}K_{\mathrm{I}}^{(2)}+K_{\mathrm{II}}^{(1)}K_{\mathrm{II}}^{(2)}\right)}{E^*} \tag{5.25}$$

式中，E^* 为弹性模量，针对平面应力问题，$E^*=E$，针对平面应变问题，$E^*=E/(1-\nu^2)$，ν 为泊松比。

通过选择辅助状态为 I 型或 II 型，真实状态下应力强度因子为

$$\begin{bmatrix} K_{\mathrm{I}}^{(1)} \\ K_{\mathrm{II}}^{(1)} \end{bmatrix}=\frac{E^*}{2}\begin{bmatrix} I^{(1,\mathrm{I}\ 型)} \\ I^{(1,\mathrm{II}\ 型)} \end{bmatrix} \tag{5.26}$$

5.1.6 误差分析

基于恢复法构造恢复应变 (光滑应变)，根据恢复应变建立后验误差估计。在多片扩展等几何分析中，对每个子区域 (片) 进行应变恢复，然后在每个子区域 (片) 求后验误差估计，即可得到多片扩展等几何分析的后验误差估计。

应变在裂纹面不连续，在裂尖附近具有奇异性，因此光滑应变场逼近应包含三部分，即常规光滑应变项、裂纹面光滑应变加强项和裂尖光滑应变加强项。各向同性弹性体断裂问题的光滑应变场逼近为[9]

$$\boldsymbol{\varepsilon}^s(\boldsymbol{\xi})=\sum_{i\in\mathcal{N}^{\mathrm{std}}}R_i(\boldsymbol{\xi})\boldsymbol{a}_i+\sum_{j\in\mathcal{N}^{\mathrm{cf}}}R_j(\boldsymbol{\xi})H_j(\boldsymbol{\xi})\boldsymbol{e}_j+\sum_{k\in\mathcal{N}^{\mathrm{ct}}}R_k(\boldsymbol{\xi})\sum_{\alpha=1}^{4}G_\alpha(\boldsymbol{\xi})\boldsymbol{g}_k^\alpha \tag{5.27}$$

式中，$R_i(\boldsymbol{\xi})$、$R_j(\boldsymbol{\xi})$、$R_k(\boldsymbol{\xi})$ 为 LR NURBS 样条基函数；$\boldsymbol{a}_i$ 为常规光滑应变场未知变量；$\boldsymbol{e}_j$ 和 $\boldsymbol{g}_k^\alpha$ 分别为裂纹面和裂尖加强控制点处的光滑应变场附加未知变量。光滑应变场裂尖加强函数 $G_\alpha(\alpha=1,2,3,4)$ 为[9]

$$G_1=\frac{1}{\sqrt{r}}\cos\frac{\theta}{2} \tag{5.28a}$$

$$G_2=\frac{1}{\sqrt{r}}\sin\frac{\theta}{2} \tag{5.28b}$$

$$G_3=\frac{1}{\sqrt{r}}\cos\frac{\theta}{2}\sin\frac{\theta}{2}\cos\frac{3\theta}{2} \tag{5.28c}$$

$$G_4=\frac{1}{\sqrt{r}}\cos\frac{\theta}{2}\sin\frac{\theta}{2}\sin\frac{3\theta}{2} \tag{5.28d}$$

光滑应变场逼近式 (5.27) 的矩阵形式为

$$\boldsymbol{\varepsilon}^s = \boldsymbol{N}\boldsymbol{\varepsilon}^* \tag{5.29}$$

式中，$\boldsymbol{\varepsilon}^* = [\boldsymbol{a} \quad \boldsymbol{e} \quad \boldsymbol{g}_1 \quad \boldsymbol{g}_2 \quad \boldsymbol{g}_3 \quad \boldsymbol{g}_4]^{\mathrm{T}}$ 为光滑应变场未知向量，$\boldsymbol{a} = [\boldsymbol{a}_i]$，$i \in \mathcal{N}^{\mathrm{std}}$，$\boldsymbol{e} = [\boldsymbol{e}_j]$，$j \in \mathcal{N}^{\mathrm{cf}}$，$\boldsymbol{g}_\alpha = [\boldsymbol{g}_k^\alpha]\,(\alpha = 1,2,3,4)$，$k \in \mathcal{N}^{\mathrm{ct}}$。光滑应变场中基函数矩阵 $\boldsymbol{N}$ 包含标准基函数矩阵 $\boldsymbol{N}^{\mathrm{std}}$ 和加强基函数矩阵 $\boldsymbol{N}^{\mathrm{cf}}$、$\boldsymbol{N}_\alpha^{\mathrm{ct}}\,(\alpha = 1,2,3,4)$。对于二维单元 e，光滑应变场中的基函数矩阵可表示为

$$\boldsymbol{N} = \left[\boldsymbol{N}^{\mathrm{std}} \mid \boldsymbol{N}^{\mathrm{cf}} \mid \boldsymbol{N}_1^{\mathrm{ct}}\ \boldsymbol{N}_2^{\mathrm{ct}}\ \boldsymbol{N}_3^{\mathrm{ct}}\ \boldsymbol{N}_4^{\mathrm{ct}}\right] \tag{5.30a}$$

$$\boldsymbol{N}_e^{\mathrm{std}} = \begin{bmatrix} R_1 & 0 & 0 & R_2 & 0 & 0 & \cdots \\ 0 & R_1 & 0 & 0 & R_2 & 0 & \cdots \\ 0 & 0 & R_1 & 0 & 0 & R_2 & \cdots \end{bmatrix} \tag{5.30b}$$

$$\boldsymbol{N}_e^{\mathrm{cf}} = \begin{bmatrix} R_1H_1 & 0 & 0 & R_2H_2 & 0 & 0 & \cdots \\ 0 & R_1H_1 & 0 & 0 & R_2H_2 & 0 & \cdots \\ 0 & 0 & R_1H_1 & 0 & 0 & R_2H_2 & \cdots \end{bmatrix} \tag{5.30c}$$

$$\left(\boldsymbol{N}_\alpha^{\mathrm{ct}}\right)_e = \begin{bmatrix} R_1G_\alpha & 0 & 0 & R_2G_\alpha & 0 & 0 & \cdots \\ 0 & R_1G_\alpha & 0 & 0 & R_2G_\alpha & 0 & \cdots \\ 0 & 0 & R_1G_\alpha & 0 & 0 & R_2G_\alpha & \cdots \end{bmatrix} \tag{5.30d}$$

通过扩展等几何分析计算的应变 $\boldsymbol{\varepsilon}^h$ 和恢复应变 $\boldsymbol{\varepsilon}^s$ 的最小二乘拟合求光滑应变场未知矢量 $\boldsymbol{\varepsilon}^*$，令

$$\mathcal{J}(\boldsymbol{\varepsilon}^*) = \int_\Omega \left(\boldsymbol{\varepsilon}^s - \boldsymbol{\varepsilon}^h\right)^{\mathrm{T}} \left(\boldsymbol{\varepsilon}^s - \boldsymbol{\varepsilon}^h\right) \mathrm{d}\Omega \tag{5.31}$$

求 $\mathcal{J}(\boldsymbol{\varepsilon}^*)$ 的最小值，可得

$$\boldsymbol{A}\boldsymbol{\varepsilon}^* = \boldsymbol{M} \tag{5.32}$$

其中，

$$\boldsymbol{A} = \int_\Omega \boldsymbol{N}^{\mathrm{T}}\boldsymbol{N}\mathrm{d}\Omega, \quad \boldsymbol{M} = \int_\Omega \boldsymbol{N}^{\mathrm{T}}\boldsymbol{\varepsilon}^h\mathrm{d}\Omega \tag{5.33}$$

采用 H_1 范数误差和能量范数误差评价扩展等几何分析求解各向同性弹性体断裂问题的精度。对于整个问题域 Ω，H_1 范数误差和相对 H_1 范数误差定义如下：

$$\|\boldsymbol{e}\|_{H_1} = \left[\int_\Omega \left(\boldsymbol{u} - \boldsymbol{u}^h\right)^{\mathrm{T}} \left(\boldsymbol{u} - \boldsymbol{u}^h\right) + \left(\frac{\partial \boldsymbol{u}}{\partial x} - \frac{\partial \boldsymbol{u}^h}{\partial x}\right)^{\mathrm{T}} \left(\frac{\partial \boldsymbol{u}}{\partial x} - \frac{\partial \boldsymbol{u}^h}{\partial x}\right) + \left(\frac{\partial \boldsymbol{u}}{\partial y} - \frac{\partial \boldsymbol{u}^h}{\partial y}\right)^{\mathrm{T}} \left(\frac{\partial \boldsymbol{u}}{\partial y} - \frac{\partial \boldsymbol{u}^h}{\partial y}\right) \mathrm{d}\Omega \right]^{\frac{1}{2}} \tag{5.34a}$$

$$\|\boldsymbol{u}\|_{H_1} = \left[\int_\Omega \boldsymbol{u}^{\mathrm{T}} \boldsymbol{u} + \left(\frac{\partial \boldsymbol{u}}{\partial x}\right)^{\mathrm{T}} \left(\frac{\partial \boldsymbol{u}}{\partial x}\right) + \left(\frac{\partial \boldsymbol{u}}{\partial y}\right)^{\mathrm{T}} \left(\frac{\partial \boldsymbol{u}}{\partial y}\right) \mathrm{d}\Omega \right]^{\frac{1}{2}} \tag{5.34b}$$

$$\|\boldsymbol{e}_r\|_{H_1} = \frac{\|\boldsymbol{e}\|_{H_1}}{\|\boldsymbol{u}\|_{H_1}} \times 100\% \tag{5.34c}$$

式中，$\boldsymbol{u}$ 为精确位移解；$\boldsymbol{u}^h$ 为位移数值解。

根据 ZZ 后验误差估计方法[10]，用恢复应变 $\boldsymbol{\varepsilon}^s$ 代替真实应变 $\boldsymbol{\varepsilon}$，即可得到误差估计。对于二维单元 e，后验误差估计定义为

$$\|\boldsymbol{e}^*\|_i = \left[\frac{1}{\Omega_i} \int_{\Omega_i} \left(\boldsymbol{\varepsilon}^s - \boldsymbol{\varepsilon}^h\right)^{\mathrm{T}} \left(\boldsymbol{\varepsilon}^s - \boldsymbol{\varepsilon}^h\right) \mathrm{d}\Omega \right]^{\frac{1}{2}} \tag{5.35}$$

式中，Ω_i 为单元 e 的面积；$\boldsymbol{\varepsilon}^h$ 为计算的应变。

一个 LR NURBS 样条的后验误差估计是指该 LR NURBS 样条基函数影响域内所有单元的后验误差估计。根据扩展等几何分析计算的应变 $\boldsymbol{\varepsilon}^h$ 和恢复法得到的光滑应变 $\boldsymbol{\varepsilon}^s$，估计能量范数误差和相对估计能量范数误差为

$$\|\boldsymbol{e}^s\|_E = \left[\frac{1}{2} \int_\Omega \left(\boldsymbol{\varepsilon}^s - \boldsymbol{\varepsilon}^h\right)^{\mathrm{T}} \boldsymbol{D} \left(\boldsymbol{\varepsilon}^s - \boldsymbol{\varepsilon}^h\right) \mathrm{d}\Omega \right]^{\frac{1}{2}} \tag{5.36a}$$

$$\|\boldsymbol{e}_r^s\|_E = \frac{\left[\frac{1}{2} \int_\Omega \left(\boldsymbol{\varepsilon}^s - \boldsymbol{\varepsilon}^h\right)^{\mathrm{T}} \boldsymbol{D} \left(\boldsymbol{\varepsilon}^s - \boldsymbol{\varepsilon}^h\right) \mathrm{d}\Omega \right]^{\frac{1}{2}}}{\left[\frac{1}{2} \int_\Omega \left(\boldsymbol{\varepsilon}^s\right)^{\mathrm{T}} \boldsymbol{D} \left(\boldsymbol{\varepsilon}^s\right) \mathrm{d}\Omega \right]^{\frac{1}{2}}} \times 100\% \tag{5.36b}$$

5.1.7　求解步骤

基于 LR NURBS 样条的自适应扩展等几何分析求解断裂问题的主要步骤如下[6]。

(1) 根据几何形状进行几何建模，几何建模时不需要考虑裂纹的具体位置，几何建模网格采用全局 h-细化建立初始计算网格。

(2) 采用水平集函数描述初始裂纹位置。

(3) 设置控制 LR NURBS 基函数增加率的自适应细化参数 β 和裂纹扩展步长。

(4) 扩展等几何分析求解断裂问题：① 根据裂纹水平集函数，选择裂纹面加强单元、裂尖加强单元和加强控制点；② 计算单元劲度矩阵和荷载列阵，形成整体劲度矩阵和荷载列阵；③ 结合位移边界条件，由式 (5.12) 求得控制点未知量；④ 由式 (5.9) 和式 (5.32) 求得恢复应变；⑤ 由式 (5.35) 和式 (5.36) 计算每个单元的后验误差估计和能量范数误差，并求得总的能量范数误差；⑥ 根据 LR NURBS 基函数的支撑域，计算每个 LR NURBS 基函数的后验误差估计；⑦ 根据估计误差大小和细化参数 β，标记误差大的 LR NURBS 基函数。

(5) 若能量范数误差小于预设的误差或达到最大自适应细化次数，则执行步骤 (6)；否则，对标记的 LR NURBS 基函数采用结构网格细化策略进行细化，并执行步骤 (4)。

(6) 由式 (5.26) 计算应力强度因子。

(7) 由式 (5.22) 计算裂纹扩展角，并根据裂纹扩展步长执行裂纹扩展。

(8) 若达到最大裂纹扩展步数，则停止计算；否则，用初始计算网格替换自适应细化网格，根据最新的裂纹位置更新裂纹水平集函数，并回到步骤 (4)。

5.1.8　数值算例

前两个数值算例均存在应力强度因子参考解，通过计算结果和参考解的比较，验证自适应扩展等几何分析求解断裂问题的正确性和有效性。在后两个算例中，采用自适应扩展等几何分析模拟裂纹扩展。考虑准静态裂纹扩展，假设裂纹都能扩展。除非特别说明，LR NURBS 样条基函数两个参数方向的阶次均采用三阶，用 $p=3$ 表示。采用结构网格细化策略进行网格局部细化。误差收敛曲线在自然对数下绘制，自然对数用 $\lg(\cdot)$ 表示。

算例 5.1　无限大板的中心裂纹

含有一条中心直裂纹的无限大板受到单向均匀拉力 $\sigma_0=10^4\text{Pa}$，如图 5.9 所示。裂纹长度为 $2a=200\text{m}$。为了方便数值模拟，选择一个含边裂纹的正方形区域 $ABCD$ 进行求解。正方形的边长为 10m，包含在正方形区域中的裂纹长度为 $c=5\text{m}$。材料参数为：弹性模量 $E=10^7\text{Pa}$，泊松比 $\nu=0.3$。采用裂尖局部坐标

系，无限大板中心直裂纹问题的位移和应力解析解分别为[11]

$$
\begin{aligned}
u_x(r,\theta) &= \frac{2(1+\nu)}{\sqrt{2\pi}}\frac{K_{\mathrm{I}}}{E}\sqrt{r}\cos\frac{\theta}{2}\left(2-2\nu-\cos^2\frac{\theta}{2}\right)\\
u_y(r,\theta) &= \frac{2(1+\nu)}{\sqrt{2\pi}}\frac{K_{\mathrm{I}}}{E}\sqrt{r}\sin\frac{\theta}{2}\left(2-2\nu-\cos^2\frac{\theta}{2}\right)
\end{aligned}
\tag{5.37}
$$

$$
\begin{aligned}
\sigma_{xx}(r,\theta) &= \frac{K_{\mathrm{I}}}{\sqrt{2\pi r}}\cos\frac{\theta}{2}\left(1-\sin\frac{\theta}{2}\sin\frac{3\theta}{2}\right)\\
\sigma_{yy}(r,\theta) &= \frac{K_{\mathrm{I}}}{\sqrt{2\pi r}}\cos\frac{\theta}{2}\left(1+\sin\frac{\theta}{2}\sin\frac{3\theta}{2}\right)\\
\sigma_{xy}(r,\theta) &= \frac{K_{\mathrm{I}}}{\sqrt{2\pi r}}\sin\frac{\theta}{2}\cos\frac{\theta}{2}\cos\frac{3\theta}{2}
\end{aligned}
\tag{5.38}
$$

式中，$K_{\mathrm{I}}=\sigma_0\sqrt{\pi a}$ 表示 I 型应力强度因子。

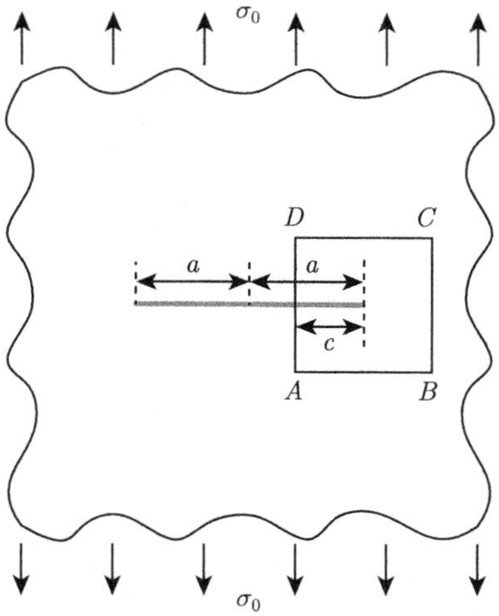

图 5.9 含一条中心直裂纹的无限大板的几何模型和边界条件

在数值计算时，根据应力解析解式 (5.38) 在正方形 $ABCD$ 的左边施加精确应力边界条件，根据位移解析解式 (5.37) 在正方形 $ABCD$ 的上边、下边和右边施加精确位移边条件。

首先，进行扩展等几何分析求解断裂问题的收敛性分析。扩展等几何分析分别采用线性 LR NURBS 样条基函数、二阶 LR NURBS 样条基函数、三阶 LR NURBS 样条基函数进行建模和求解，且只进行均匀全局 h-细化。采用权重为相同常数的线性 LR NURBS 样条基函数的扩展等几何分析和采用插值基函数的常规 XFEM 非常相似，因此与线性 LR NURBS 样条基函数的扩展等几何分析计算结果比较可以看成与常规 XFEM 计算结果比较。将含有 15×15 个单元的均匀网格作为初始计算网格。图 5.10 给出了扩展等几何分析采用不同阶次基函数的初始计算网格、控制点和加强控制点。

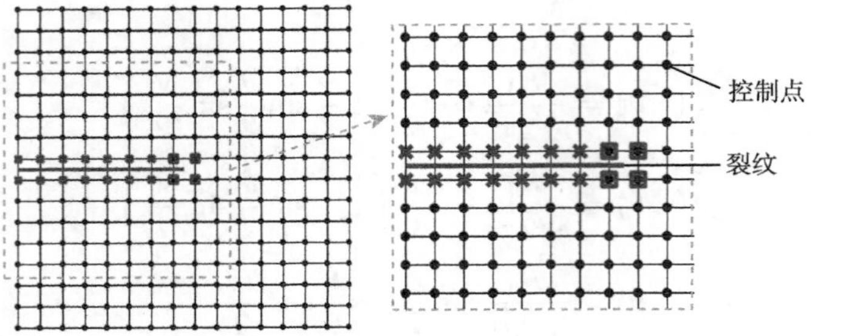

(a) 线性基函数

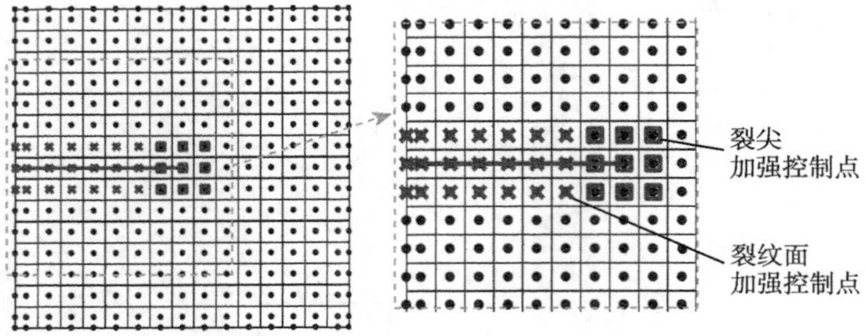

(b) 二阶基函数

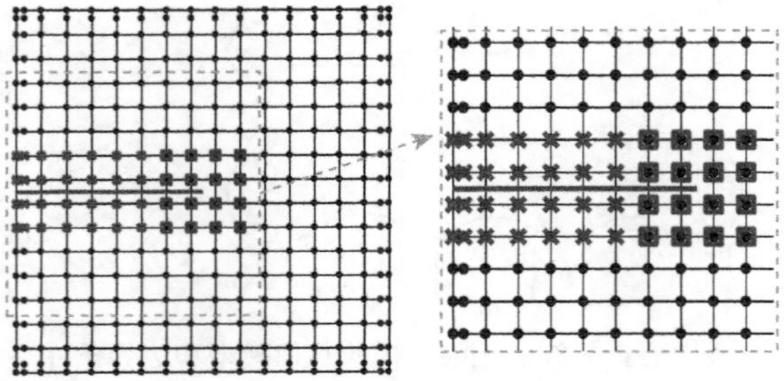

(c) 三阶基函数

图 5.10　无限大板的中心裂纹问题的初始计算网格、控制点和加强控制点

扩展等几何分析采用不同阶次基函数计算的相对 H_1 范数误差和相对估计能量范数误差随自由度变化的收敛曲线分别如图 5.11(a) 和 (b) 所示。两种范数误差随着自由度的增大均减小，说明扩展等几何分析求解断裂问题具有稳定性和收敛性。采用不同阶次基函数计算的误差大小是不同的。在相同自由度下，三阶基函数得到的误差最小，其次是二阶基函数，线性基函数误差最大。扩展等几何分析没

有进行混合单元处理，因此误差收敛曲线的收敛率都不是最优的[1,12]。图 5.11(c) 为 I 型应力强度因子相对误差随自由度变化的收敛曲线。同样，在相同自由度情况下，采用三阶基函数计算的误差最小。采用三阶基函数计算精度较高，因此其他算例均采用三阶 LR NURBS 样条基函数。

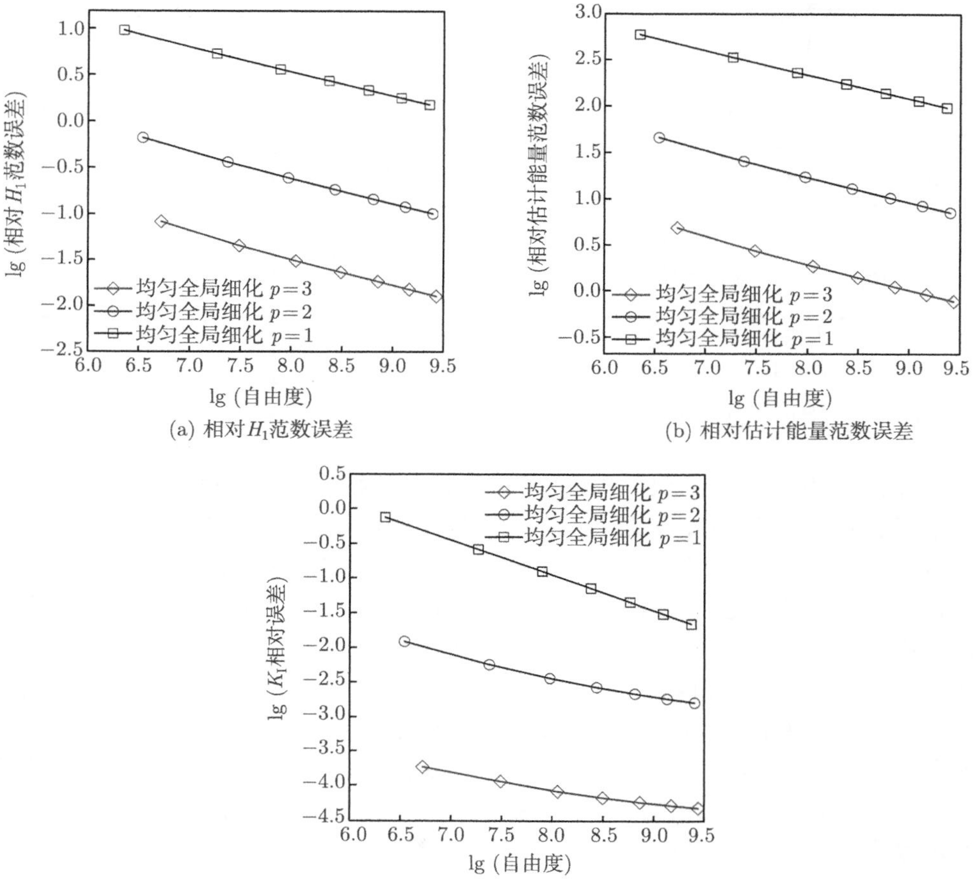

(a) 相对 H_1 范数误差　(b) 相对估计能量范数误差　(c) I 型应力强度因子相对误差

图 5.11　无限大板的中心裂纹问题的不同阶次基函数的收敛曲线

然后，研究不同互作用积分区域大小对扩展等几何分析求应力强度因子的影响，互作用积分区域半径为 $r_J = n\sqrt{S_{\text{tip}}}$，$S_{\text{tip}}$ 为含裂尖单元的面积。图 5.12 给出了不同均匀网格下扩展等几何分析采用不同阶次基函数计算的 I 型应力强度因子相对误差随互作用积分区域半径变化的曲线。由图可以看出，当 n 较小时，I 型应力强度因子随互作用积分区域半径变化的曲线出现了震荡现象，这是由裂尖加强函数引起的。当 n 较大时，I 型应力强度因子相对误差达到收敛值，即互作用积分计算结果与积分路径无关，说明扩展等几何分析采用互作用积分计算应力强度因子是非常有效的。当 LR NURBS 样条基函数阶次取三阶时，互作用积分区域半径为 $r_J = n\sqrt{S_{\text{tip}}}$，其中 $n \geqslant 3$。

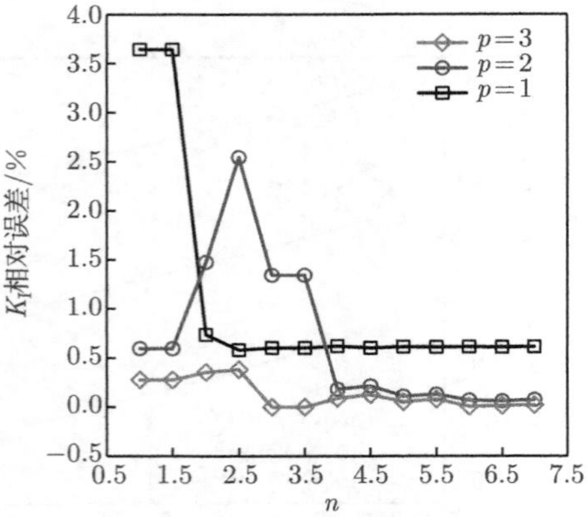

(a) 23 × 23 个单元的均匀网格

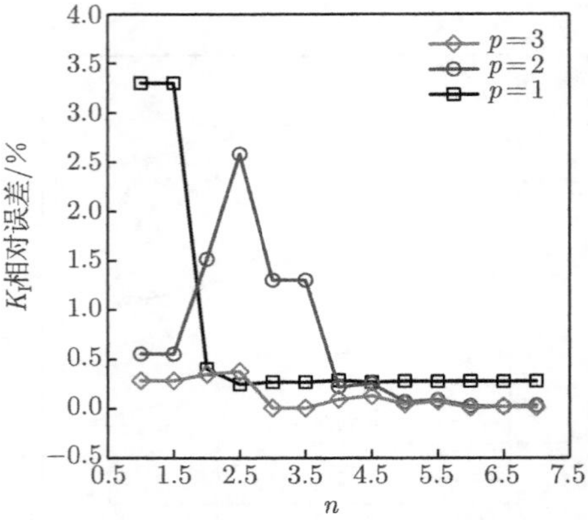

(b) 53 × 53 个单元的均匀网格

图 5.12　不同阶次基函数的 I 型应力强度因子相对误差随互作用积分区域半径变化的曲线

最后，采用基于 LR NURBS 样条的自适应扩展等几何分析求解该算例。为了和常规扩展有限元比较，扩展等几何分析采用线性和三阶 LR NURBS 样条进行自适应分析。在自适应扩展等几何分析中，自适应细化参数取为 $\beta = 20\%$。扩展等几何分析采用线性 LR NURBS 样条基函数得到的第 1 次、第 2 次和第 3 次局部细化网格如图 5.13 所示。扩展等几何分析采用三阶 LR NURBS 样条基函数得到的第 1 次、第 2 次和第 3 次局部细化网格如图 5.14 所示。由图 5.13 和图 5.14 可知，采用线性基函数和三阶基函数，局部网格细化都发生在裂纹面附近，且随着自适应次数增多，细化区域主要集中在裂尖附近。由于基函数次数不同，在相同细化次数下，细化网格略有不同，扩展等几何分析采用三阶基函数比采用线性基函数的细化区域大，原因是三阶基函数支撑域比线性基函数支撑域大。

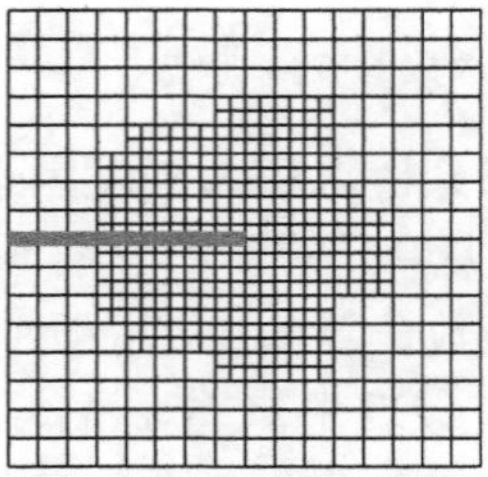

(a) 第 1 次细化

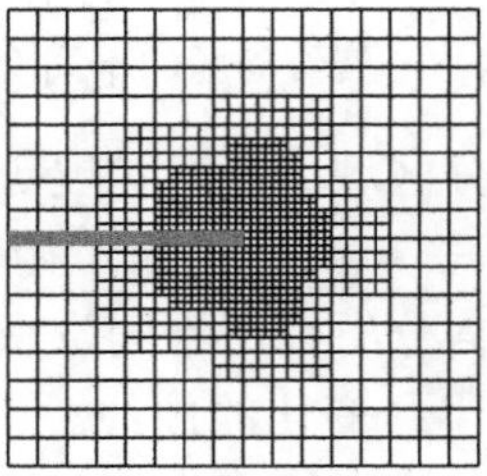

(b) 第 2 次细化

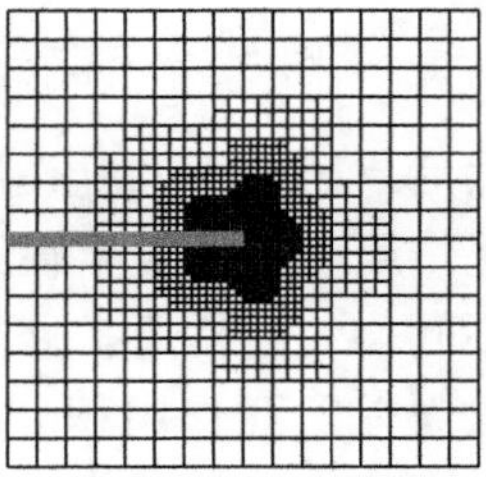

(c) 第 3 次细化

图 5.13　线性 LR NURBS 样条基函数的自适应网格

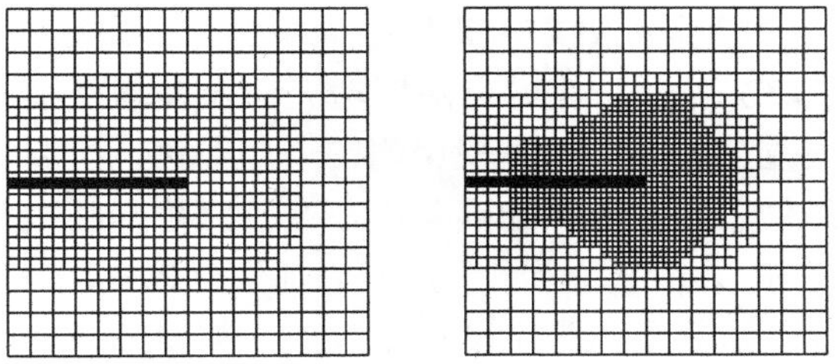

(a) 第1次细化　　(b) 第2次细化　　(c) 第3次细化

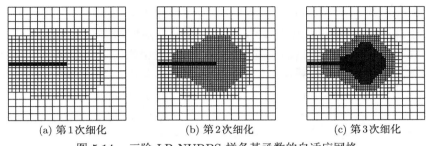

图 5.14　三阶 LR NURBS 样条基函数的自适应网格

图 5.15 给出了扩展等几何分析分别采用自适应局部细化和均匀全局细化计

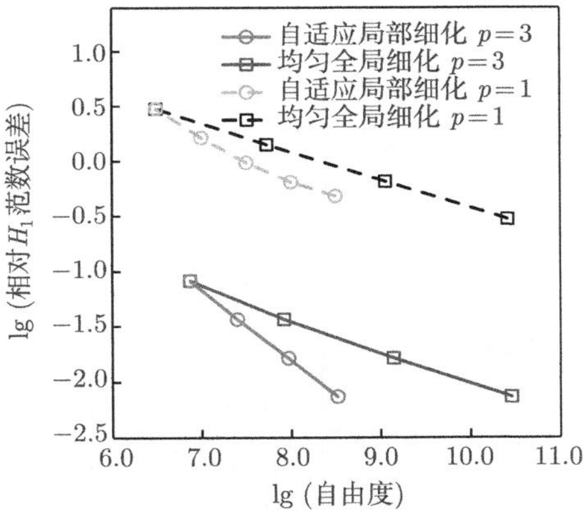

(a) 相对 H_1 范数误差

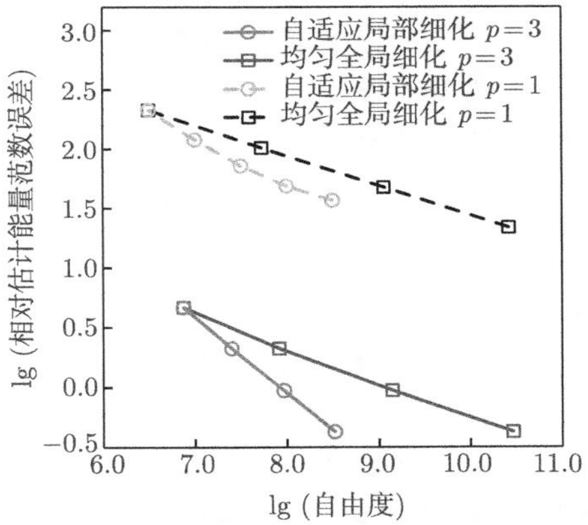

(b) 相对估计能量范数误差

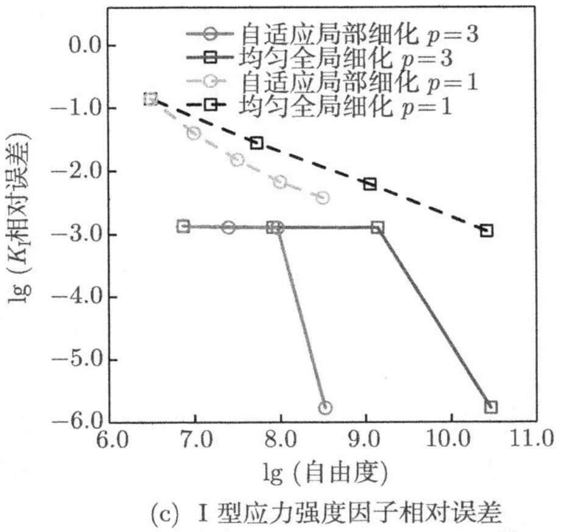

(c) I 型应力强度因子相对误差

图 5.15　线性和三阶 LR NURBS 样条基函数的收敛曲线

算的相对 H_1 范数误差、相对估计能量范数误差和 I 型应力强度因子相对误差随自由度变化的收敛曲线。由图 5.15 可知，随着自由度增大，误差均减小。当自由度相同时，无论是采用自适应局部细化，还是采用均匀全局细化，扩展等几何分析采用三阶基函数均比采用线性基函数计算的误差小，并且三阶基函数获得的误差收敛率比线性基函数的误差收敛率高。因此，扩展等几何分析采用三阶 LR NURBS 样条基函数比采用线性基函数无论是精度还是收敛率都要高。另外，无论是采用三阶基函数还是采用线性基函数，扩展等几何分析采用自适应局部细化均比采用均匀全局细化计算的误差收敛率高，说明自适应扩展等几何分析求解断裂问题具有优势。

图 5.16 ~ 图 5.18 分别给出了自适应扩展等几何分析采用 3 次自适应局部细化计算的位移分布云图 (放大 5 倍) 和 von Mises 应力分布云图。为了方便比较，图中还给出了精确位移云图和 von Mises 应力云图，以及数值解和精确解的绝对误差云图。通过云图比较可以得出，自适应扩展等几何分析计算的数值解和精确解非常吻合，说明自适应扩展等几何分析求解断裂问题具有有效性和正确性。由图 5.16 ~ 图 5.18 可知，位移在裂纹面是不连续的，应力在裂尖具有奇异性。

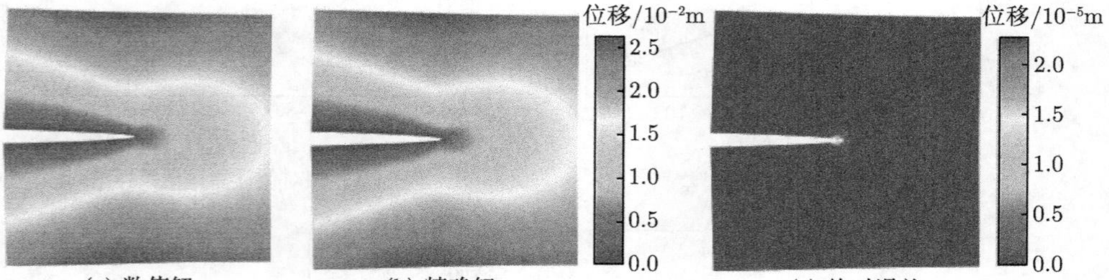

(a) 数值解　　(b) 精确解　　(c) 绝对误差

图 5.16　无限大板的中心裂纹问题的 x 方向位移分布云图

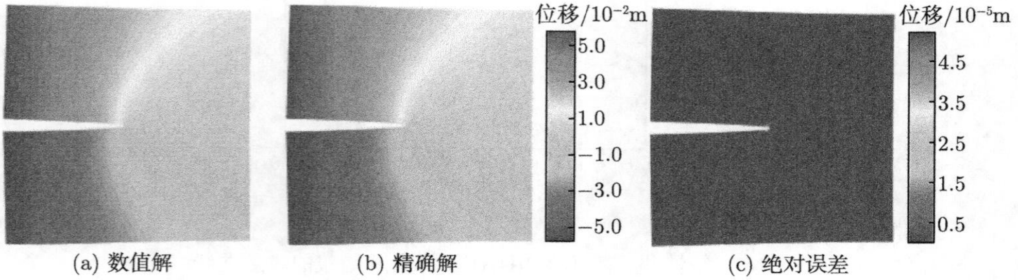

(a) 数值解　　(b) 精确解　　(c) 绝对误差

图 5.17　无限大板的中心裂纹问题的 y 方向位移分布云图

(a) 数值解 (b) 精确解 (c) 绝对误差

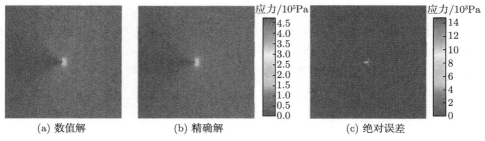

图 5.18 无限大板的中心裂纹问题的 von Mises 应力分布云图

算例 5.2 十字形的中心倾斜裂纹

为了说明自适应多片扩展等几何分析能有效地处理含裂纹的复杂结构问题，考虑一个含有中心倾斜裂纹的十字形试件，如图 5.19(a) 所示。该十字形试件几何参数如下：$2L = 330 \times 10^{-3}$m，$2S = 200 \times 10^{-3}$m，$2W = 100 \times 10^{-3}$m，$2H = 150 \times 10^{-3}$m。材料弹性模量 $E = 3 \times 10^7$Pa，泊松比 $\nu = 0.3$。该十字形试件上下两边施加单向均匀拉力 $\sigma_0 = 1$Pa。该算例研究不同裂纹水平倾角 $\varphi \in [0°, 90°]$ 和不同裂纹长度 $2a = 60 \times 10^{-3}$m、80×10^{-3}m、100×10^{-3}m 的应力强度因子。

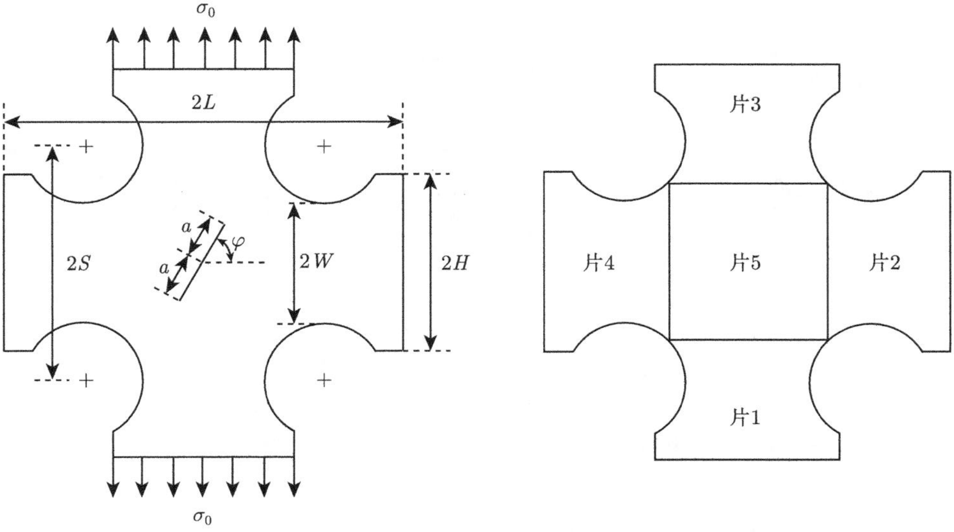

(a) 几何模型和边界条件 (b) 五片建模

图 5.19 含中心倾斜裂纹的十字形试件

为了精确描述十字形试件的几何形状，扩展等几何分析采用五片建模，如图 5.19 (b) 所示。多片之间的耦合采用 Nitsche 方法。首先，令 $a/W = 0.6$ 和 $\varphi = 0°$，进行自适应多片扩展等几何分析的收敛性分析。十字形试件的几何建模网格、控制点和初始计算网格如图 5.20 所示。自适应细化参数设置为 $\beta = 10\%$，图 5.21 为第 2 次、第 3 次、第 4 次局部细化网格。第 2 次网格局部细化主要发生在裂纹面附近，细化区域主要集中在裂尖附近，因此裂尖附近的单元尺寸越来越小。

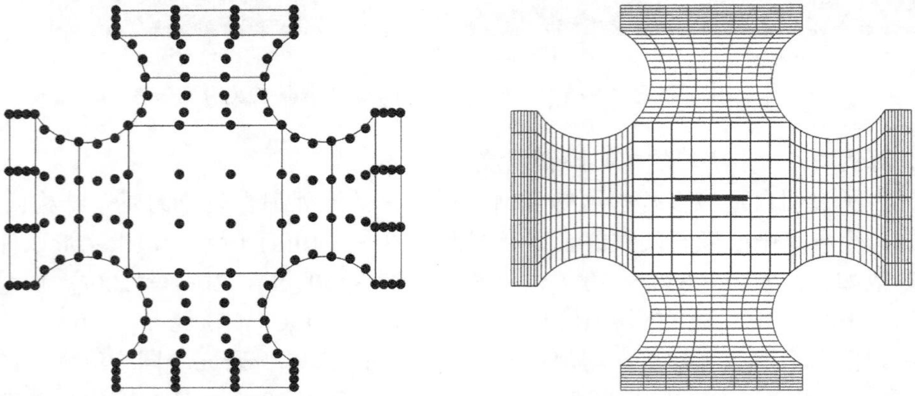

(a) 几何建模网格和控制点　　(b) 初始计算网格

图 5.20　含中心倾斜裂纹的十字形试件的网格

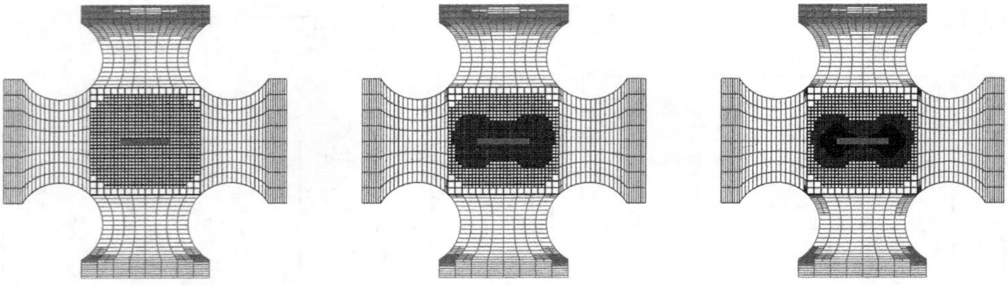

(a) 第 2 次细化　　(b) 第 3 次细化　　(c) 第 4 次细化

图 5.21　含中心倾斜裂纹的十字形试件的自适应网格

多片扩展等几何分析采用 4 次自适应网格细化计算的位移分布云图和 von Mises 应力分布云图分别如图 5.22 和图 5.23 所示。由云图可以看出，位移在裂纹面不连续，应力在裂尖附近具有集中性。图 5.24 给出了多片扩展等几何分析分别采用自适应局部细化和均匀全局细化 (每一片上都进行均匀全局细化) 计算的相对估计能量范数误差收敛曲线，采用自适应局部细化明显比采用均匀全局细化计算的误差收敛速度更快，表明自适应多片扩展等几何分析求解含裂纹的复杂结构具有优势。

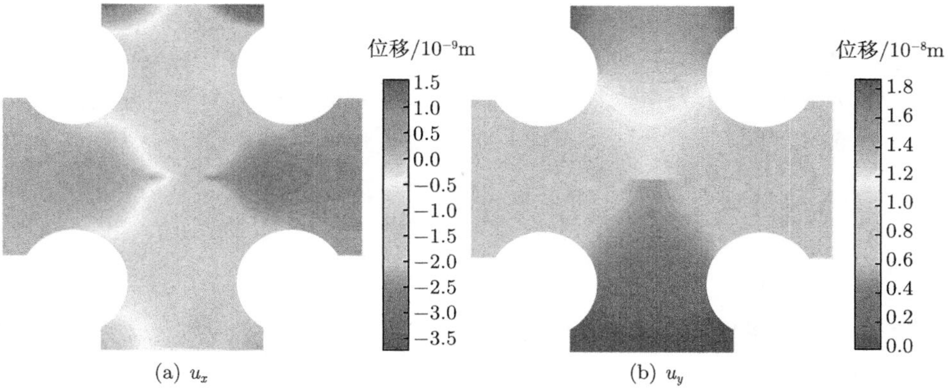

图 5.22 含中心倾斜裂纹的十字形试件的位移分布云图

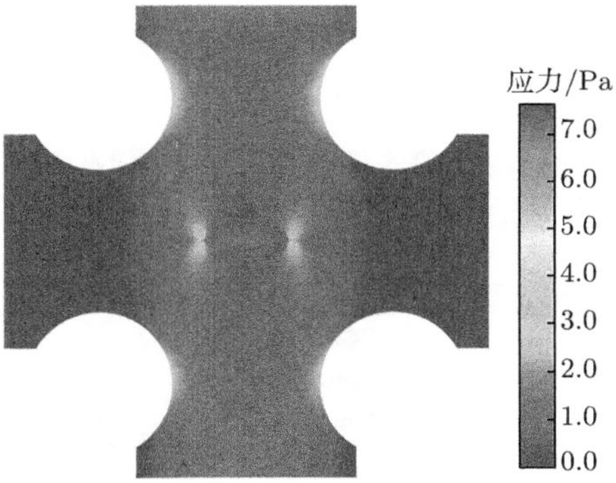

(扫码获取彩图)

图 5.23 含中心倾斜裂纹的十字形试件的 von Mises 应力分布云图

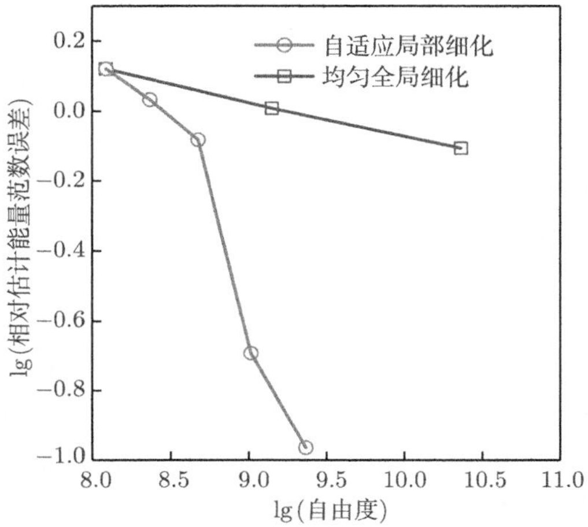

图 5.24 含中心倾斜裂纹的十字形试件的相对估计能量范数误差收敛曲线

为了验证自适应多片扩展等几何分析求解十字形试件中心倾斜裂纹应力强度因子的精度，将计算的归一化应力强度因子 $K_{\mathrm{I}}^* = K_{\mathrm{I}}/\sqrt{\pi a}$ 和 $K_{\mathrm{II}}^* = K_{\mathrm{II}}/\sqrt{\pi a}$ 与文献[13,14]结果进行比较。令 $\varphi = 0°$，考察不同裂纹长度的 I 型应力强度因子。对于纯 I 型裂纹问题，十字形试件中心裂纹的应力强度因子参考解为[13]

$$K_{\mathrm{I}}^{*,\mathrm{Ref}} = 1.1906 + 0.0076\frac{a}{W} + 0.2051\left(\frac{a}{W}\right)^2 - 0.0042\left(\frac{a}{W}\right)^3 \tag{5.39}$$

式中，$0.2 \leqslant a/W \leqslant 1.0$。

表 5.1 给出了自适应多片扩展等几何分析采用 4 次自适应细化计算的不同裂纹长度的归一化 I 型应力强度因子及相对误差。为了方便比较，表 5.1 还给出了多片扩展等几何分析采用均匀网格计算的不同裂纹长度的归一化 I 型应力强度因子及相对误差。均匀网格设置方式如下：片 1 ~ 片 4 采用 32×96 个单元的均匀网格，片 5 采用 65×65 个单元的均匀网格。由表 5.1 可得，自适应多片扩展等几何分析和多片扩展等几何分析计算的 I 型应力强度因子和文献结果都十分吻合。

表 5.1 十字形试件不同裂纹长度的归一化 I 型应力强度因子比较

a/W	扩展等几何分析结果	扩展等几何分析结果与参考解相对误差/%	自适应扩展等几何分析结果	自适应扩展等几何分析结果与参考解相对误差/%	参考解 $K_{\mathrm{I}}^{*,\mathrm{Ref}}$
0.6	1.2638	0.33	1.2638	0.33	1.268
0.8	1.3222	0.29	1.3240	0.15	1.326
1.0	1.3965	0.18	1.3983	0.05	1.399

最后，令 $a/W = 0.6$，研究不同裂纹倾角 $\varphi = [0°, 90°]$ 的复合型应力强度因子。图 5.25 给出了自适应多片扩展等几何分析采用 4 次自适应细化计算的不同裂纹倾角的归一化复合型应力强度因子。为了方便比较，图中还给出了多片扩展等几何分析采用均匀网格和 Kang 等[14]采用 XCQ4 计算的归一化复合型应力强度因子。由图 5.25 可以看出，复合型应力强度因子计算结果都非常吻合。

算例 5.3 双边裂纹的裂纹扩展

考虑一个含有双边裂纹的方板，如图 5.26 所示。方板边长 $L = 10\mathrm{m}$。两个边裂纹初始长度都为 $a = 0.35L$。材料弹性模量 $E = 1\mathrm{Pa}$，泊松比 $\nu = 0.25$。方板上下两边施加 y 方向的位移 $\overline{u} = 0.01\mathrm{m}$。

裂纹扩展步长设置为 $\Delta a = a/20$，裂纹扩展一共进行 18 步。为了得到精确的裂纹应力强度因子和裂纹扩展角，自适应扩展等几何分析采用 4 次自适应网格局部细化，互作用积分区域半径为 $r_J = 0.1172\mathrm{m}$。自适应细化参数选择 $\beta = 20\%$，初始计算网格采用 16×16 个单元的均匀网格。图 5.27 给出了若干步双边裂纹扩展的第 4 次自适应局部细化网格。左右两边的裂纹扩展方向相反，前者倾向于向下扩展，后者倾向于向上扩展。由图 5.27 可以看出，在裂纹扩展过程中，细化区域主要集中在裂纹面附近，尤其是裂尖附近。图 5.28 给出了若干步双边裂纹扩展的 von Mises 应力分布云图。由云图可知，应力集中主要发生在两个裂尖附近。

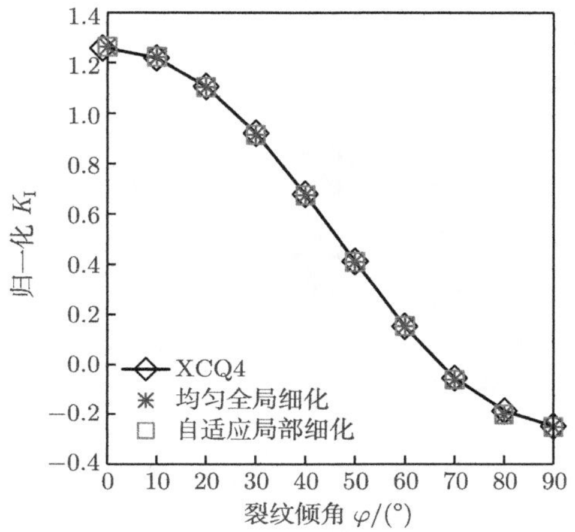

(a) K_{I}^*

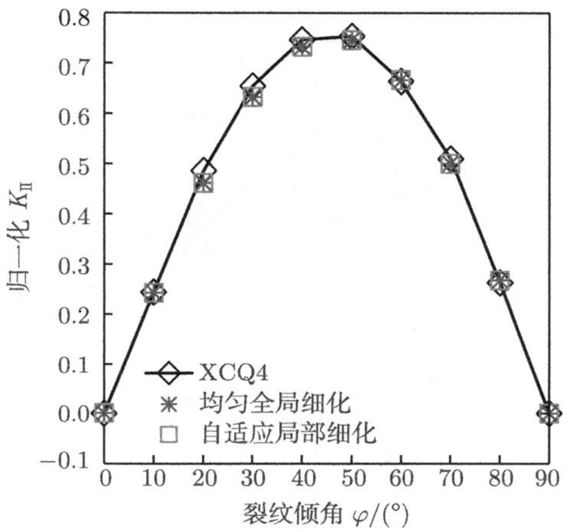

(b) K_{II}^*

图 5.25 十字形试件不同裂纹倾角的归一化复合型应力强度因子的比较

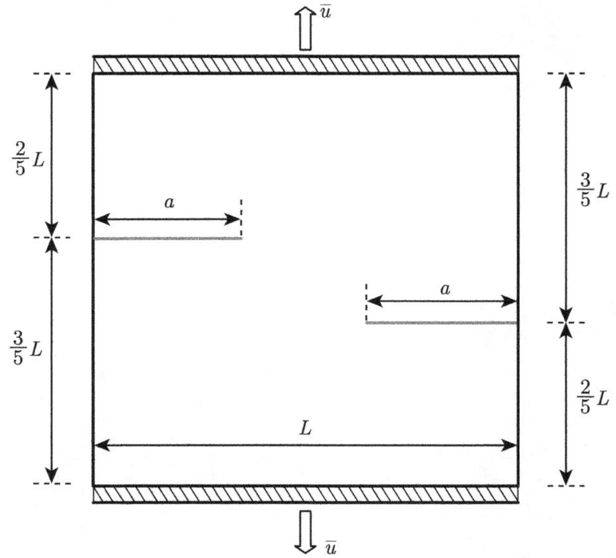

图 5.26 含双边裂纹方板的几何模型和边界条件

图 5.29 为自适应扩展等几何分析计算的裂纹扩展路径。为了方便比较，图 5.29 同样给出了常规扩展等几何分析采用 181×181 个单元的均匀网格和 Nguyen

等[15]采用对称伽辽金边界元法 (symmetryic Galerkin boundary element method，SGBEM) 计算的裂纹扩展路径。由图 5.29 可以看出，不同方法得到的裂纹扩展路径都非常吻合。

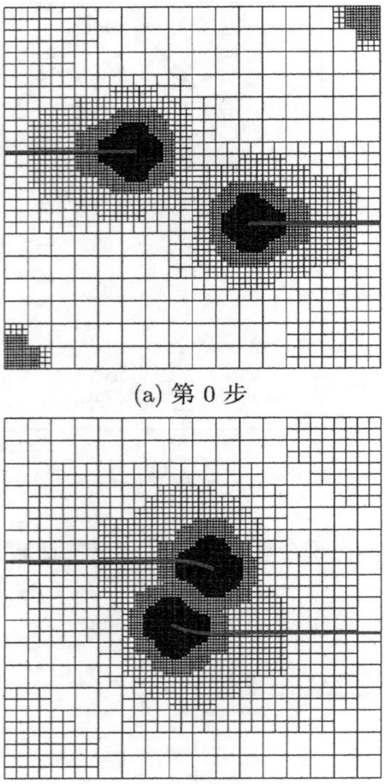

(a) 第 0 步　(b) 第 6 步

(c) 第 12 步　(d) 第 17 步

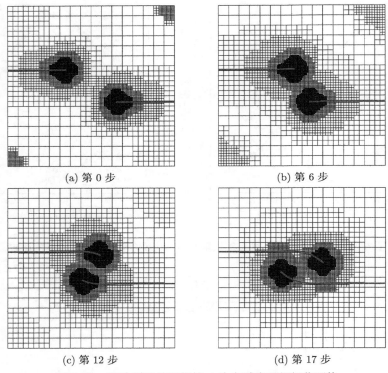

图 5.27　双边裂纹扩展的第 4 次自适应局部细化网格

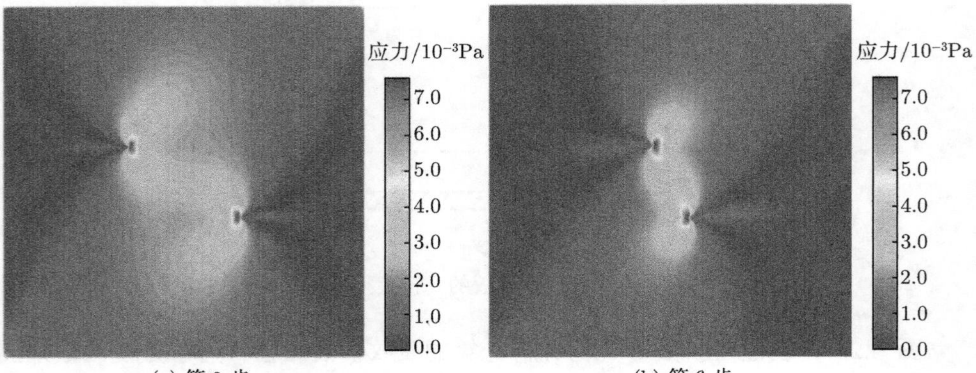

(a) 第 0 步　(b) 第 6 步

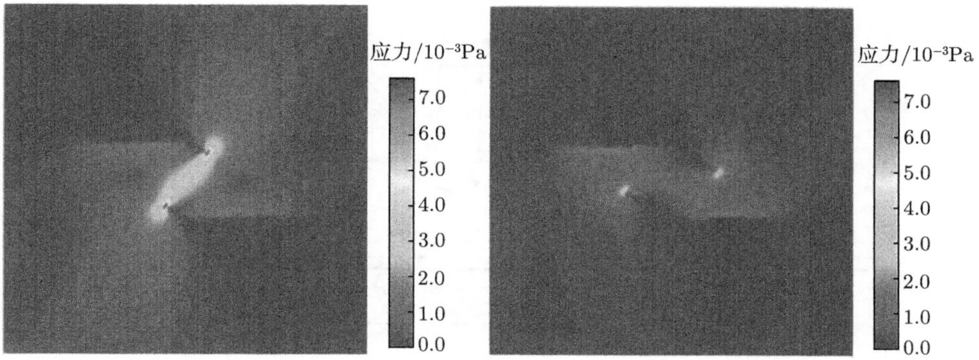

(c) 第 12 步 (d) 第 17 步

图 5.28 双边裂纹扩展的 von Mises 应力分布云图

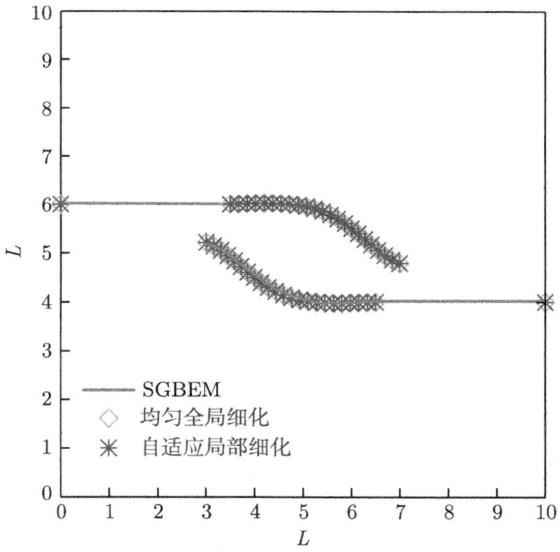

图 5.29 双边裂纹扩展路径的比较

算例 5.4 复杂结构的裂纹扩展

考虑一个木摺的边裂纹扩展。几何参数如图 5.30 所示。边裂纹初始长度为 5mm。木摺最顶端施加一个集中荷载 $P = 20\text{kN}$。材料弹性模量 $E = 200\text{GPa}$，泊松比 $\nu = 0.3$。该算例考虑木摺厚度对裂纹扩展路径的影响。

计算区域为图 5.30 虚线包围的区域。为了模拟厚木摺，在计算区域的底部固定 y 方向的位移。对于薄木摺，固定底部两个端点的 y 方向位移。对于两种情况，底部左下角 x 方向位移均固定。为了精确描述木摺几何形状，采用三片建模，如图 5.31 所示。片与片之间采用 Nitsche 方法进行耦合。

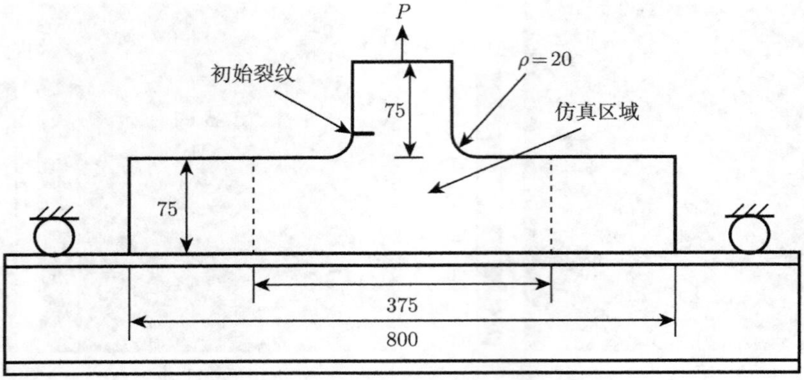

图 5.30 含边裂纹木搭的几何模型和边界条件（单位：mm）

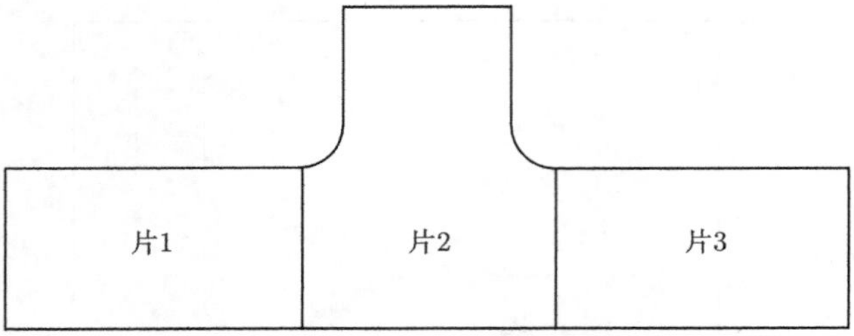

图 5.31 木搭的三片建模

裂纹扩展步长设置为 5mm，一共进行 12 步裂纹扩展。自适应多片扩展等几何分析采用 2 次自适应网格局部细化，自适应细化参数取为 $\beta = 10\%$，几何建模网格、控制点和初始计算网格如图 5.32 所示。初始计算网格是通过对每一片几何建模网格进行 4 次均匀全局 h-细化得到的。图 5.33 和图 5.34 分别给出了厚木搭和薄木搭的若干步边裂纹扩展的第 2 次自适应局部细化网格。由图 5.33 和图 5.34 得出，在裂纹扩展过程中，网格局部细化区域主要集中在裂纹面附近，尤其是裂尖附近。在进行自适应网格局部细化时，施加集中荷载的区域附近不进行网格局部细化。

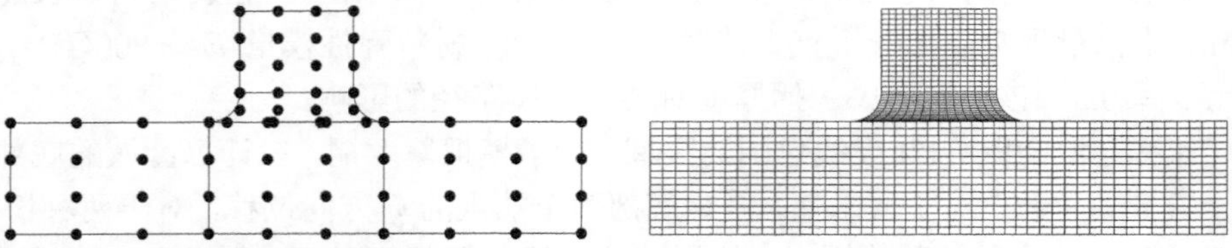

(a) 几何建模网格和控制点　　(b) 初始计算网格

图 5.32 木搭的网格

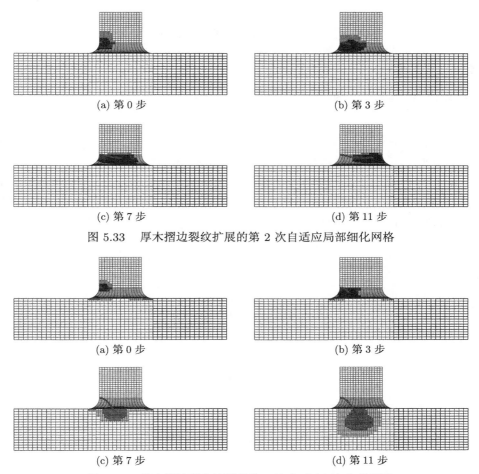

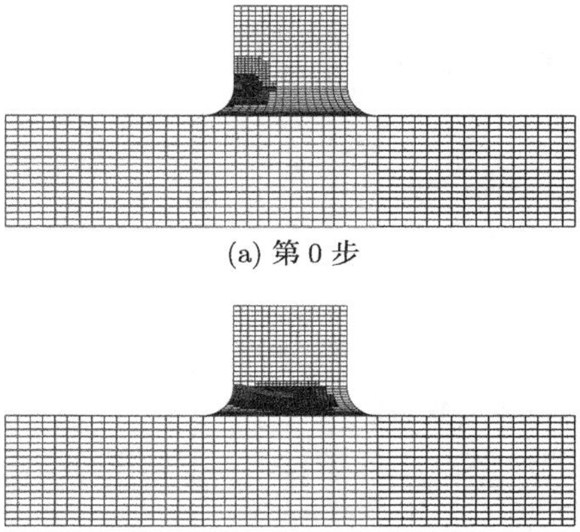

(a) 第 0 步　(b) 第 3 步

(c) 第 7 步　(d) 第 11 步

图 5.33　厚木摺边裂纹扩展的第 2 次自适应局部细化网格

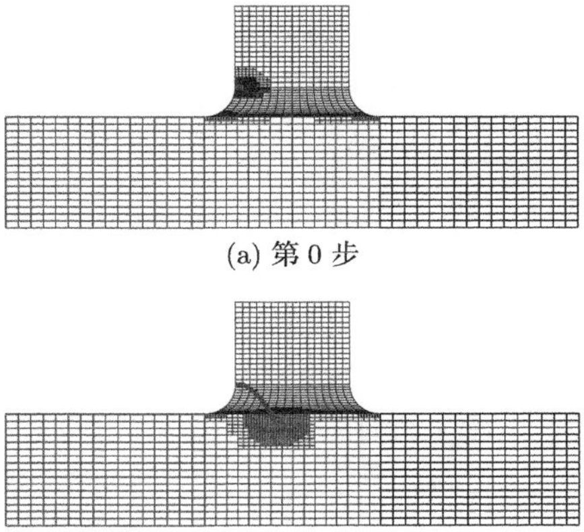

(a) 第 0 步　(b) 第 3 步

(c) 第 7 步　(d) 第 11 步

图 5.34　薄木摺边裂纹扩展的第 2 次自适应局部细化网格

图 5.35 给出了自适应多片扩展等几何分析计算的木摺边裂纹扩展路径。自适应多片扩展等几何分析得到的裂纹扩展路径和实验[16]及 XFEM[17]得到的裂纹扩展路径都十分吻合。

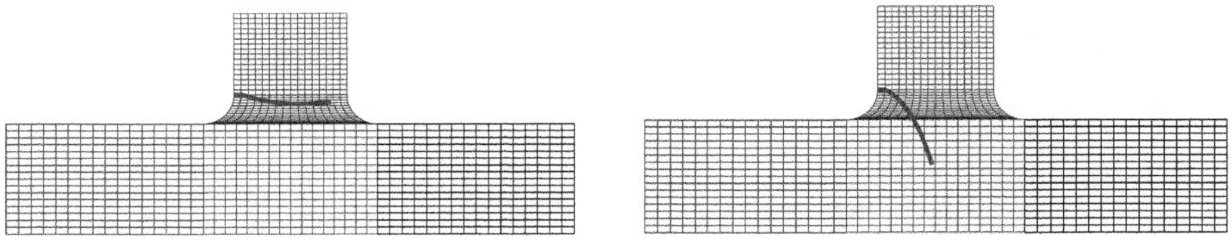

(a) 厚木摺　(b) 薄木摺

图 5.35　初始计算网格下木摺边裂纹扩展路径

5.2　正交各向异性弹性体断裂问题

5.2.1　裂尖场

线弹性体本构关系为

$$\boldsymbol{\varepsilon} = \boldsymbol{C}\boldsymbol{\sigma} \tag{5.40}$$

式中，$\boldsymbol{\varepsilon}$ 和 $\boldsymbol{\sigma}$ 分别为应变和应力向量；$\boldsymbol{C}$ 为柔度系数矩阵，与弹性矩阵互为逆矩阵。对于平面正交各向异性材料，弹性矩阵见式 (4.24)。

图 5.36 为含任意裂纹的正交各向异性弹性体及边界条件，其中 (X, Y) 为全局笛卡儿坐标，(x, y) 和 (r, θ) 分别是裂尖局部笛卡儿坐标和极坐标。对于正交各向异性材料，根据静力平衡方程和相容条件，可得如下四阶偏微分方程[18]：

$$C_{11}s^4 - 2C_{13}s^3 + (2C_{12} + C_{33})s^2 - 2C_{23}s + C_{22} = 0 \tag{5.41}$$

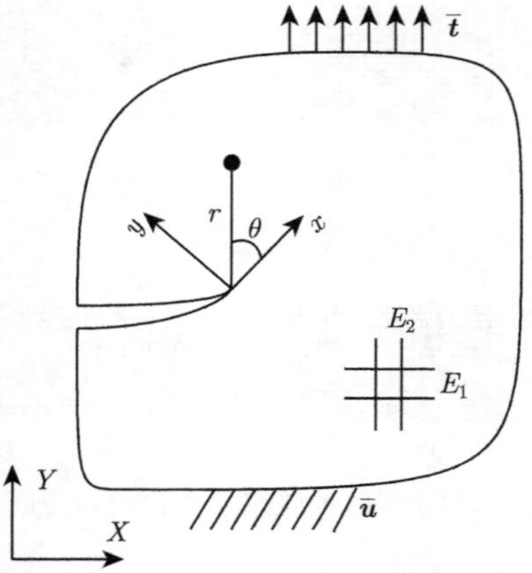

图 5.36　含任意裂纹的正交各向异性弹性体物理模型

式 (5.41) 的根是复数或纯虚数 $s_k = s_{kx} + \mathrm{i}s_{ky}$ $(k = 1, 2)$，并且复数根以共轭对的形式出现，即 $(s_1, \bar{s}_1)$ 和 $(s_2, \bar{s}_2)$。二维正交各向异性弹性材料 I 型和 II 型断裂裂尖附近的位移场和应力场如下[19]。

I 型：

$$u_x^{\mathrm{I}} = K_{\mathrm{I}}\sqrt{\frac{2r}{\pi}}\mathrm{Re}\left[\frac{1}{s_1 - s_2}(s_1 p_2 S_2 - s_2 p_1 S_1)\right] \tag{5.42a}$$

$$u_y^{\mathrm{I}} = K_{\mathrm{I}}\sqrt{\frac{2r}{\pi}}\mathrm{Re}\left[\frac{1}{s_1 - s_2}(s_1 q_2 S_2 - s_2 q_1 S_1)\right] \tag{5.42b}$$

$$\sigma_{xx}^{\mathrm{I}} = \frac{K_{\mathrm{I}}}{\sqrt{2\pi r}}\mathrm{Re}\left[\frac{s_1 s_2}{s_1 - s_2}\left(\frac{s_2}{S_2} - \frac{s_1}{S_1}\right)\right] \tag{5.43a}$$

$$\sigma_{yy}^{\mathrm{I}} = \frac{K_{\mathrm{I}}}{\sqrt{2\pi r}}\mathrm{Re}\left[\frac{1}{s_1 - s_2}\left(\frac{s_1}{S_2} - \frac{s_2}{S_1}\right)\right] \tag{5.43b}$$

$$\sigma_{xy}^{\mathrm{I}} = \frac{K_{\mathrm{I}}}{\sqrt{2\pi r}}\mathrm{Re}\left[\frac{s_1 s_2}{s_1 - s_2}\left(-\frac{1}{S_2} + \frac{1}{S_1}\right)\right] \tag{5.43c}$$

II 型：

$$u_x^{\mathrm{II}} = K_{\mathrm{II}}\sqrt{\frac{2r}{\pi}}\mathrm{Re}\left[\frac{1}{s_1 - s_2}(p_2 S_2 - p_1 S_1)\right] \tag{5.44a}$$

$$u_y^{\mathrm{II}} = K_{\mathrm{II}}\sqrt{\frac{2r}{\pi}}\mathrm{Re}\left[\frac{1}{s_1 - s_2}(q_2 S_2 - q_1 S_1)\right] \tag{5.44b}$$

$$\sigma_{xx}^{\mathrm{II}} = \frac{K_{\mathrm{II}}}{\sqrt{2\pi r}}\mathrm{Re}\left[\frac{1}{s_1 - s_2}\left(\frac{s_2^2}{S_2} - \frac{s_1^2}{S_1}\right)\right] \tag{5.45a}$$

$$\sigma_{yy}^{\mathrm{II}} = \frac{K_{\mathrm{II}}}{\sqrt{2\pi r}}\mathrm{Re}\left[\frac{1}{s_1 - s_2}\left(\frac{1}{S_2} - \frac{1}{S_1}\right)\right] \tag{5.45b}$$

$$\sigma_{xy}^{\mathrm{II}} = \frac{K_{\mathrm{II}}}{\sqrt{2\pi r}}\mathrm{Re}\left[\frac{1}{s_1 - s_2}\left(-\frac{s_2}{S_2} + \frac{s_1}{S_1}\right)\right] \tag{5.45c}$$

式中，Re 表示取复数项的实部；K_{I} 和 K_{II} 分别为 I 型和 II 型应力强度因子；p_k、q_k、S_k $(k = 1, 2)$ 分别为

$$p_k = C_{11}s_k^2 + C_{12} - C_{13}s_k \tag{5.46}$$

$$q_k = C_{12}s_k + \frac{C_{22}}{s_k} - C_{23} \tag{5.47}$$

$$S_k = \sqrt{\cos\theta + s_k \sin\theta} \tag{5.48}$$

5.2.2 位移模式

对于正交各向异性弹性体断裂问题，扩展等几何分析位移逼近为[20,21]

$$\boldsymbol{u}^h(\boldsymbol{\xi}) = \sum_{i\in\mathcal{N}^{\mathrm{std}}} R_i(\boldsymbol{\xi})\boldsymbol{u}_i + \sum_{j\in\mathcal{N}^{\mathrm{cf}}} R_j(\boldsymbol{\xi})H_j(\boldsymbol{\xi})\boldsymbol{d}_j + \sum_{k\in\mathcal{N}^{\mathrm{ct}}} R_k(\boldsymbol{\xi})\sum_{\alpha=1}^{4} Q_k^{\alpha}(\boldsymbol{\xi})\boldsymbol{c}_k^{\alpha} \tag{5.49}$$

且

$$H_j(\boldsymbol{\xi}) = H(\boldsymbol{\xi}) - H(\boldsymbol{\xi}_j) \tag{5.50}$$

$$Q_k^\alpha(\boldsymbol{\xi}) = Q_\alpha(\boldsymbol{\xi}) - Q_\alpha(\boldsymbol{\xi}_k) \tag{5.51}$$

式中，$R_i(\boldsymbol{\xi})$、$R_j(\boldsymbol{\xi})$、$R_k(\boldsymbol{\xi})$ 均为 LR B 样条基函数；$H(\boldsymbol{\xi})$ 和 $Q_\alpha(\boldsymbol{\xi})$ 分别为广义的 Heaviside 函数和正交各向异性裂尖分支函数；$\boldsymbol{u}_i$ 为常规等几何分析的位移；$\boldsymbol{d}_j$ 和 $\boldsymbol{c}_k^\alpha$ 分别为裂纹面和裂尖加强控制点处的加强变量；$\mathcal{N}^{\text{std}}$ 为所有 LR NURBS 样条基函数的集合；$\mathcal{N}^{\text{cf}}$ 为支撑域包含裂纹面 (不包括裂尖) 的 LR NURBS 样条基函数集合；$\mathcal{N}^{\text{ct}}$ 为支撑域包含裂尖的 LR NURBS 样条基函数集合。广义的 Heaviside 阶跃加强函数在裂纹面一侧取 +1，在裂纹面另一侧取 −1。根据正交各向异性弹性体裂尖渐近位移场，裂尖加强函数 Q_α 可表示为[20, 22]

$$\begin{aligned} Q_\alpha(r,\theta) &= [Q_1, Q_2, Q_3, Q_4] \\ &= \left[\sqrt{r}\sqrt{g_1(\theta)}\cos\frac{\theta_1}{2}, \sqrt{r}\sqrt{g_2(\theta)}\cos\frac{\theta_2}{2},\right. \\ &\qquad \left.\sqrt{r}\sqrt{g_1(\theta)}\sin\frac{\theta_1}{2}, \sqrt{r}\sqrt{g_2(\theta)}\sin\frac{\theta_2}{2}\right] \end{aligned} \tag{5.52}$$

其中，

$$g_k(\theta) = \sqrt{(\cos\theta + s_{kx}\sin\theta)^2 + (s_{ky}\sin\theta)^2}, \quad k = 1, 2 \tag{5.53}$$

$$\theta_k = \arctan\left(\frac{s_{ky}\sin\theta}{\cos\theta + s_{kx}\sin\theta}\right), \quad k = 1, 2 \tag{5.54}$$

运用 Bubnov-Galerkin 法，得到正交各向异性材料断裂问题的扩展等几何分析控制方程。

5.2.3 裂纹扩展分析

采用最大周向拉应力强度准则计算正交各向异性材料的裂纹扩展角，进而模拟裂纹扩展过程。对于平面正交各向异性材料断裂问题，根据正交各向异性弹性体裂尖附近的应力场，即式 (5.43) 和式 (5.45)，可得裂尖附近周向应力为[18]

$$\sigma_{\theta\theta} = \frac{K_{\text{I}}}{\sqrt{2\pi r}}\text{Re}\left(\frac{s_1 t_1 - s_2 t_2}{s_1 - s_2}\right) + \frac{K_{\text{II}}}{\sqrt{2\pi r}}\text{Re}\left(\frac{t_1 - t_2}{s_1 - s_2}\right) \tag{5.55}$$

其中，

$$t_1 = (s_2\sin\theta + \cos\theta)^{3/2} \tag{5.56}$$

$$t_2 = (s_1\sin\theta + \cos\theta)^{3/2} \tag{5.57}$$

Saouma 等[23]认为计算正交各向异性材料裂纹扩展角，不仅要考虑周向应力，还要考虑材料的断裂韧度。各向同性材料只有一个固定的断裂韧度，而正交各向异性材料的断裂韧度在不同的方向具有不同的值。Cahill 等[24]考虑裂纹扩展过程中裂纹与材料主轴方向的角度，将正交各向异性材料沿裂纹扩展方向的断裂韧度定义为

$$K_{\mathrm{IC}}^{\theta}=K_{\mathrm{IC}}^{1}\cos^{2}(\theta+\varphi-\alpha)+K_{\mathrm{IC}}^{2}\sin^{2}(\theta+\varphi-\alpha) \tag{5.58}$$

式中，K_{IC}^{1} 和 K_{IC}^{2} 分别为正交各向异性材料两个主轴方向的断裂韧度；φ 和 α 分别为全局坐标系下的裂纹倾角和材料方向角；θ 为裂尖局部坐标系下的裂纹扩展角，如图 5.37 所示。

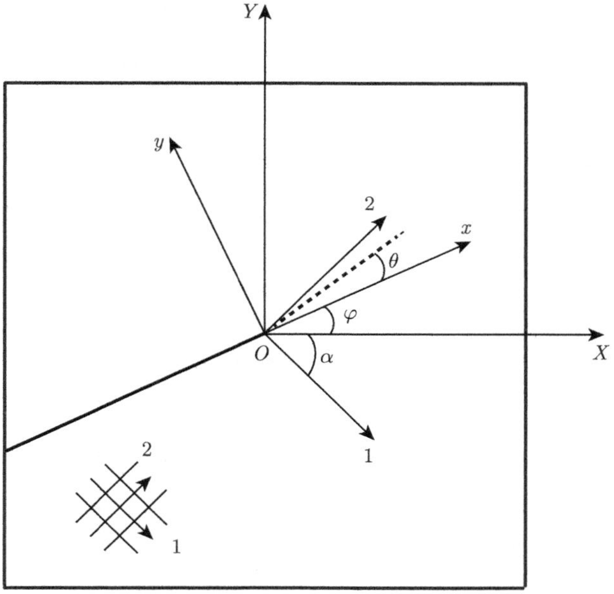

图 5.37 正交各向异性材料裂纹扩展

XOY 为全局直角坐标系；xOy 为裂尖局部直角坐标系；1 和 2 为材料主轴方向

对于正交各向异性材料裂纹扩展，裂纹扩展角 θ 并不是由最大周向拉力决定的，而是由 $\sqrt{2\pi r}\sigma_{\theta\theta}/K_{\mathrm{IC}}^{\theta}$ 最大值决定的，即

$$\max\left\{\frac{\sqrt{2\pi r}\sigma_{\theta\theta}}{K_{\mathrm{IC}}^{\theta}}\right\}=\max\left\{\frac{K_{\mathrm{I}}\mathrm{Re}\left(\dfrac{s_1t_1-s_2t_2}{s_1-s_2}\right)+K_{\mathrm{II}}\mathrm{Re}\left(\dfrac{t_1-t_2}{s_1-s_2}\right)}{\dfrac{E_2}{E_1}\cos^{2}(\theta+\varphi-\alpha)+\sin^{2}(\theta+\varphi-\alpha)}\right\} \tag{5.59}$$

式 (5.59) 的最大值和裂纹扩展角 θ 可利用 MATLAB 软件 GlobalSearch 函

数求得。

采用互作用积分法计算应力强度因子[25]。选择两个独立的平衡状态，状态 1 $\left(\sigma_{ij}^{(1)},\varepsilon_{ij}^{(1)},u_i^{(1)}\right)$ 和状态 2 $\left(\sigma_{ij}^{(2)},\varepsilon_{ij}^{(2)},u_i^{(2)}\right)$。状态 1 为计算的真实状态，状态 2 为根据正交各向异性材料裂尖渐近位移场和应力场，即式 (5.42)~ 式(5.45) 设计的辅助状态。状态 1 和状态 2 的互作用积分 $I^{(1,2)}$ 为

$$I^{(1,2)}=\int_A\left(\sigma_{ij}^{(1)}\frac{\partial u_i^{(2)}}{\partial x_1}+\sigma_{ij}^{(2)}\frac{\partial u_i^{(1)}}{\partial x_1}-W^{(1,2)}\delta_{1j}\right)\frac{\partial q}{\partial x_j}\mathrm{d}A \tag{5.60}$$

式中，δ_{1j} 为克罗内克符号；q 为从 0 到 1 的光滑权函数；积分区域 A 是由以裂尖为圆心、r_J 为半径的圆所穿过的单元组成的。互作用应变能密度 $W^{(1,2)}$ 为

$$W^{(1,2)}=\frac{1}{2}\left(\sigma_{ij}^{(1)}\varepsilon_{ij}^{(2)}+\sigma_{ij}^{(2)}\varepsilon_{ij}^{(1)}\right) \tag{5.61}$$

应力强度因子和互作用积分 $I^{(1,2)}$ 的关系为[20]

$$I^{(1,2)}=2c_{11}K_{\mathrm{I}}^{(1)}K_{\mathrm{I}}^{(2)}+c_{12}\left(K_{\mathrm{I}}^{(1)}K_{\mathrm{II}}^{(2)}+K_{\mathrm{I}}^{(2)}K_{\mathrm{II}}^{(1)}\right)+2c_{22}K_{\mathrm{II}}^{(1)}K_{\mathrm{II}}^{(2)} \tag{5.62}$$

其中，

$$c_{11}=-\frac{C_{22}}{2}\mathrm{Im}\left(\frac{s_1+s_2}{s_1s_2}\right) \tag{5.63}$$

$$c_{12}=-\frac{C_{22}}{2}\mathrm{Im}\left(\frac{1}{s_1s_2}\right)+\frac{C_{11}}{2}\mathrm{Im}\left(s_1s_2\right) \tag{5.64}$$

$$c_{22}=\frac{C_{11}}{2}\mathrm{Im}\left(s_1+s_2\right) \tag{5.65}$$

选取状态 2 为 I 型或 II 型，根据式 (5.62)~ 式(5.65)计算互作用积分 $I^{(1,\mathrm{I}\,型)}$ 和 $I^{(1,\mathrm{II}\,型)}$，则真实状态下的 I 型和 II 型应力强度因子可通过下面的线性方程组求得

$$I^{(1,\mathrm{I}\,型)}=2c_{11}K_{\mathrm{I}}^{(1)}+c_{12}K_{\mathrm{II}}^{(1)}\quad(\mathrm{I}\,型:K_{\mathrm{I}}^{(2)}=1,K_{\mathrm{II}}^{(2)}=0) \tag{5.66}$$

$$I^{(1,\mathrm{II}\,型)}=c_{12}K_{\mathrm{I}}^{(1)}+2c_{22}K_{\mathrm{II}}^{(1)}\quad(\mathrm{II}\,型:K_{\mathrm{I}}^{(2)}=0,K_{\mathrm{II}}^{(2)}=1) \tag{5.67}$$

5.2.4　误差分析

基于 ZZ 后验误差估计方法[10]，建立分析正交各向异性弹性体断裂问题的光滑应力场，构造后验误差估计，实现网格的自动局部细化。正交各向异性弹性体

断裂分析的光滑应力场逼近为

$$\boldsymbol{\sigma}^s(\boldsymbol{\xi}) = \sum_{i\in\mathcal{N}^{\text{std}}} R_i(\boldsymbol{\xi})\boldsymbol{a}_i + \sum_{j\in\mathcal{N}^{\text{cf}}} R_j(\boldsymbol{\xi})H_j(\boldsymbol{\xi})\boldsymbol{e}_j + \sum_{k\in\mathcal{N}^{\text{ct}}} R_k(\boldsymbol{\xi})\sum_{\alpha=1}^{4} G_\alpha(\boldsymbol{\xi})\boldsymbol{g}_k^\alpha \tag{5.68}$$

式中，$R_i(\boldsymbol{\xi})$、$R_j(\boldsymbol{\xi})$、$R_k(\boldsymbol{\xi})$ 为 LR NURBS 样条基函数；$\boldsymbol{a}_i$ 为控制点处光滑应力；$\boldsymbol{e}_j$ 和 $\boldsymbol{g}_k^\alpha$ 分别为裂纹面和裂尖加强控制点处的光滑应力加强变量；光滑应力场裂尖加强函数 G_α $(\alpha=1,2,3,4)$ 从正交各向异性弹性体裂尖渐近应力场提取。

为了提取光滑应力场裂尖加强函数，式 (5.43) 和式 (5.45) 中主要项 $r^{-1/2}(\cos\theta+s_k\sin\theta)^{-1/2}$ 平方的极坐标形式为

$$Z_k^{\text{aux}} = rg_k(\theta)\mathrm{e}^{\mathrm{i}\theta_k} = r\left(\cos\theta+s_k\sin\theta\right) \tag{5.69}$$

式中，$g_k(\theta)$ 和 θ_k 已分别在式 (5.53) 和式 (5.54) 中定义。

正交各向异性弹性体裂尖渐近应力场的主要项 $r^{-1/2}\left(\cos\theta+s_k\sin\theta\right)^{-1/2}$ 的虚部和实部分别为

$$\operatorname{Im}\left(\frac{1}{\sqrt{Z_k^{\text{aux}}}}\right) = \frac{1}{\sqrt{r}}\frac{1}{\sqrt{g_k(\theta)}}\sin\left(-\frac{\theta_k}{2}\right), \quad k=1,2 \tag{5.70}$$

$$\operatorname{Re}\left(\frac{1}{\sqrt{Z_k^{\text{aux}}}}\right) = \frac{1}{\sqrt{r}}\frac{1}{\sqrt{g_k(\theta)}}\cos\left(-\frac{\theta_k}{2}\right), \quad k=1,2 \tag{5.71}$$

式中，Im 和 Re 分别表示取复数项的虚部和实部。

为了包含正交各向异性弹性体裂尖渐近应力场所有可能的情况，裂尖加强函数 G_α 表示如下[22]：

$$\begin{aligned} G_\alpha(r,\theta) &= [G_1, G_2, G_3, G_4] \\ &= \left[\frac{1}{\sqrt{r}}\frac{1}{\sqrt{g_1(\theta)}}\cos\frac{\theta_1}{2}, \frac{1}{\sqrt{r}}\frac{1}{\sqrt{g_2(\theta)}}\cos\frac{\theta_2}{2},\right. \\ &\qquad \left.\frac{1}{\sqrt{r}}\frac{1}{\sqrt{g_1(\theta)}}\sin\frac{\theta_1}{2}, \frac{1}{\sqrt{r}}\frac{1}{\sqrt{g_2(\theta)}}\sin\frac{\theta_2}{2}\right] \end{aligned} \tag{5.72}$$

为了获取光滑应力场 $\boldsymbol{\sigma}^s$，求出未知量 $\boldsymbol{\sigma}^* = [\boldsymbol{a} \quad \boldsymbol{e} \quad \boldsymbol{g}_1 \quad \boldsymbol{g}_2 \quad \boldsymbol{g}_3 \quad \boldsymbol{g}_4]^{\mathrm{T}}$。其中，$\boldsymbol{a}=[\boldsymbol{a}_i]$，$i\in\mathcal{N}^{\text{std}}$；$\boldsymbol{e}=[\boldsymbol{e}_j]$，$j\in\mathcal{N}^{\text{cf}}$；$\boldsymbol{g}_\alpha=[\boldsymbol{g}_k^\alpha]$ $(\alpha=1,2,3,4)$，$k\in\mathcal{N}^{\text{ct}}$。对扩展等几何分析计算的应力场 $\boldsymbol{\sigma}^h$ 和光滑应力场 $\boldsymbol{\sigma}^s$ 进行最小二乘拟合。令

$$\mathcal{J}(\boldsymbol{\sigma}^*) = \int_\Omega \left(\boldsymbol{\sigma}^s-\boldsymbol{\sigma}^h\right)^{\mathrm{T}}\left(\boldsymbol{\sigma}^s-\boldsymbol{\sigma}^h\right)\mathrm{d}\Omega \tag{5.73}$$

$\mathcal{J}(\boldsymbol{\sigma}^*)$ 关于 $\boldsymbol{\sigma}^*$ 的一阶导数等于零，可得

$$\boldsymbol{A}\boldsymbol{\sigma}^* = \boldsymbol{M} \tag{5.74}$$

式中，$\boldsymbol{A}$ 为整体系数矩阵；$\boldsymbol{M}$ 为整体系数向量。

整体系数矩阵 $\boldsymbol{A}$ 可通过单元系数矩阵组装获得，单元系数矩阵为

$$\boldsymbol{A}_{ij} = \begin{bmatrix} \boldsymbol{A}_{ij}^{aa} & \boldsymbol{A}_{ij}^{ae} & \boldsymbol{A}_{ij}^{ag} \\ \boldsymbol{A}_{ij}^{ea} & \boldsymbol{A}_{ij}^{ee} & \boldsymbol{A}_{ij}^{eg} \\ \boldsymbol{A}_{ij}^{ga} & \boldsymbol{A}_{ij}^{ge} & \boldsymbol{A}_{ij}^{gg} \end{bmatrix}, \quad i,j = 1,2,\cdots,N_d \tag{5.75}$$

且

$$\boldsymbol{A}_{ij}^{tl} = \int_{\Omega_e} \left(\boldsymbol{N}_i^t\right)^{\mathrm{T}} \boldsymbol{N}_j^l \mathrm{d}\Omega, \quad t,l = a,e,g \tag{5.76}$$

其中，$\boldsymbol{N}_i^a$、$\boldsymbol{N}_i^e$、$\boldsymbol{N}_i^g = [\boldsymbol{N}_i^{g_1} \quad \boldsymbol{N}_i^{g_2} \quad \boldsymbol{N}_i^{g_3} \quad \boldsymbol{N}_i^{g_4}]$ 分别定义如下：

$$\boldsymbol{N}_i^a = \begin{bmatrix} R_i & 0 & 0 \\ 0 & R_i & 0 \\ 0 & 0 & R_i \end{bmatrix} \tag{5.77}$$

$$\boldsymbol{N}_i^e = \begin{bmatrix} R_iH_i & 0 & 0 \\ 0 & R_iH_i & 0 \\ 0 & 0 & R_iH_i \end{bmatrix} \tag{5.78}$$

$$\boldsymbol{N}_i^{g_\alpha} = \begin{bmatrix} R_iG_\alpha & 0 & 0 \\ 0 & R_iG_\alpha & 0 \\ 0 & 0 & R_iG_\alpha \end{bmatrix}, \quad \alpha = 1,2,3,4 \tag{5.79}$$

整体系数向量可通过单元系数向量组装得到，单元系数向量为

$$\boldsymbol{M}_i = [\boldsymbol{M}_i^a \quad \boldsymbol{M}_i^e \quad \boldsymbol{M}_i^{g_1} \quad \boldsymbol{M}_i^{g_2} \quad \boldsymbol{M}_i^{g_3} \quad \boldsymbol{M}_i^{g_4}]^{\mathrm{T}} \tag{5.80}$$

其中，

$$\boldsymbol{M}_i^a = \int_{\Omega_e} (\boldsymbol{N}_i^a)^{\mathrm{T}} \boldsymbol{\sigma}^h \mathrm{d}\Omega \tag{5.81}$$

$$\boldsymbol{M}_i^e = \int_{\Omega_e} (\boldsymbol{N}_i^e)^{\mathrm{T}} \boldsymbol{\sigma}^h \mathrm{d}\Omega \tag{5.82}$$

$$\boldsymbol{M}_i^{g_\alpha} = \int_{\Omega_e} (\boldsymbol{N}_i^{g_\alpha})^{\mathrm{T}} \boldsymbol{\sigma}^h \mathrm{d}\Omega, \quad \alpha = 1,2,3,4 \tag{5.83}$$

根据 ZZ 后验误差估计方法[10]，用恢复应力 $\boldsymbol{\sigma}^s$ 代替真实应力 $\boldsymbol{\sigma}$ 可求得后验误差估计。估计能量范数误差和相对估计能量范数误差分别定义为

$$\|\boldsymbol{e}^s\|_E = \left[\frac{1}{2}\int_\Omega \left(\boldsymbol{\sigma}^s - \boldsymbol{\sigma}^h\right)^{\mathrm{T}} \boldsymbol{C}^{\mathrm{T}} \left(\boldsymbol{\sigma}^s - \boldsymbol{\sigma}^h\right) \mathrm{d}\Omega\right]^{\frac{1}{2}} \tag{5.84a}$$

$$\|\boldsymbol{e}_r^s\|_E = \frac{\left[\dfrac{1}{2}\displaystyle\int_\Omega \left(\boldsymbol{\sigma}^s - \boldsymbol{\sigma}^h\right)^{\mathrm{T}} \boldsymbol{C}^{\mathrm{T}} \left(\boldsymbol{\sigma}^s - \boldsymbol{\sigma}^h\right) \mathrm{d}\Omega\right]^{\frac{1}{2}}}{\left[\dfrac{1}{2}\displaystyle\int_\Omega \left(\boldsymbol{\sigma}^s\right)^{\mathrm{T}} \boldsymbol{C}^{\mathrm{T}} \left(\boldsymbol{\sigma}^s\right) \mathrm{d}\Omega\right]^{\frac{1}{2}}} \times 100\% \tag{5.84b}$$

式中，$\boldsymbol{\sigma}^h$ 为计算应力。

5.2.5 数值算例

在所有算例中，LR NUBRS 样条基函数两个参数方向的阶次均采用三阶，局部网格细化采用结构网格细化策略。对于单裂纹问题，自适应细化参数取为 $\beta = 10\%$；对于多裂纹问题，自适应细化参数取为 $\beta = 20\%$；误差收敛曲线在自然对数下绘制，自然对数用 $\lg(\cdot)$ 表示。

算例 5.5 圆盘中心裂纹

考虑一个含有中心倾斜裂纹的正交各向异性圆盘受两个集中荷载作用，如图 5.38 所示。圆盘的半径 $R = 10\mathrm{m}$，裂纹长度 $2a = 2\mathrm{m}$。材料参数如下：$E_1 = 0.1\mathrm{GPa}$，$E_2 = 1.0\mathrm{GPa}$，$G_{12} = 0.5\mathrm{GPa}$，$\nu_{12} = 0.03$。两个集中荷载 $P = 100\mathrm{N}$

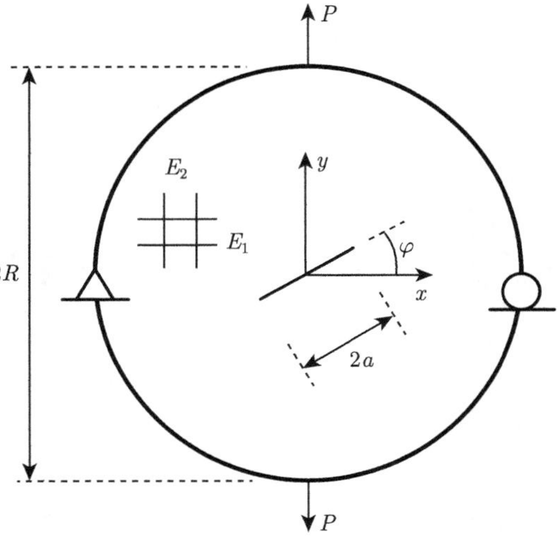

图 5.38 含中心倾斜裂纹的正交各向异性圆盘的几何模型和边界条件

分别施加在圆盘上下两个顶点上。材料坐标系 E_1 方向和全局坐标系 x 轴重合，该算例研究不同裂纹倾角 $\varphi \in [0°, 45°]$ 对应力强度因子的影响。

首先，进行自适应扩展等几何分析求解正交各向异性圆盘中心裂纹的收敛性分析。裂纹倾角设置为 $\varphi = 30°$，初始计算网格采用 16×16 个单元的网格。图 5.39 给出了前 4 次自适应局部细化网格。由图可以看出，第 1 次网格局部细化主要发生在圆盘上下两个顶点附近，这是由于施加的两个集中荷载产生了应力集中。应力集中不仅出现在圆盘上下两个顶点附近，还出现在裂尖附近。为了使网格局部细化发生在裂纹附近，从第 2 次自适应开始，自适应网格局部细化人为地设置不发生在上下两个顶点附近。由图 5.39 可以看出，第 2 次网格局部细化主要发生在裂纹面附近，且随着自适应次数的增加，裂纹面附近的网格单元尺寸越来越小。

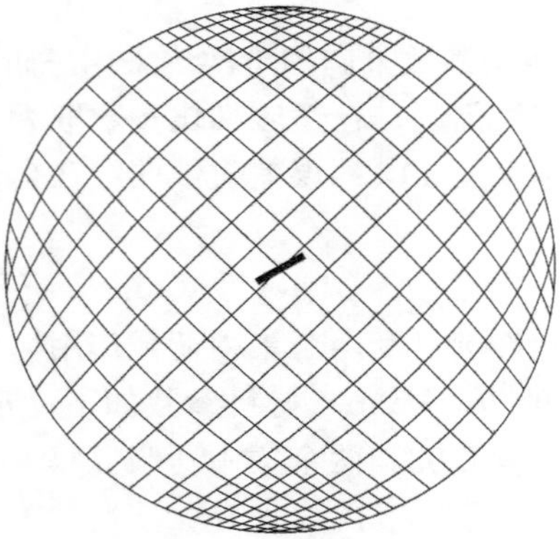

(a) 第 1 次细化

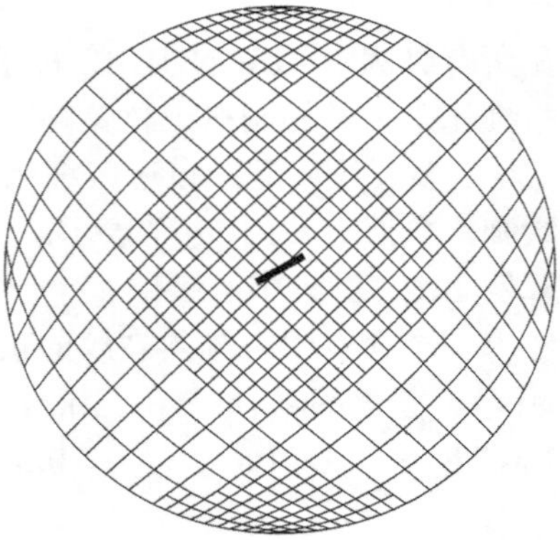

(b) 第 2 次细化

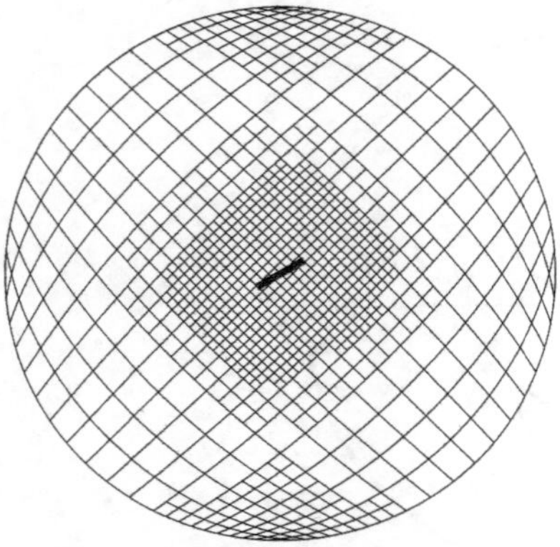

(c) 第 3 次细化

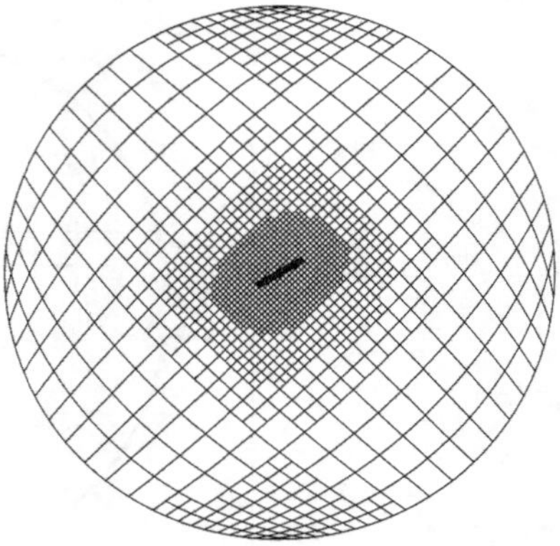

(d) 第 4 次细化

图 5.39　裂纹倾角 $\varphi = 30°$ 的圆盘自适应局部细化网格

当裂纹倾角 $\varphi = 30°$ 时，圆盘中心倾斜裂纹的复合型应力强度因子随自由度的变化如图 5.40 所示。由图可以看出，无论是采用自适应局部细化还是采用均匀全局细化，扩展等几何分析计算的复合型应力强度因子 K_{I} 和 K_{II} 都收敛于相同的数值，但是扩展等几何分析采用自适应局部细化比采用均匀全局细化计算的应力强度因子收敛速度快，说明自适应扩展等几何分析优于常规扩展等几何分析。

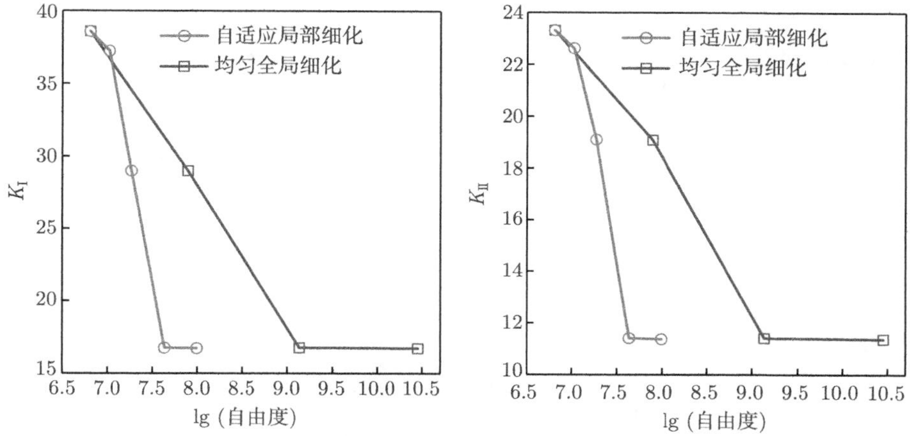

(a) K_{I}　　(b) K_{II}

图 5.40　裂纹倾角 $\varphi = 30°$ 的圆盘应力强度因子收敛曲线

然后，分析不同裂纹倾角对圆盘中心倾斜裂纹应力强度因子的影响。裂纹倾角取不同的角度，即 $\varphi = 0°, 15°, 30°, 45°$，采用 3 次局部细化的自适应扩展等几何分析计算的复合型应力强度因子在图 5.41 中给出。为了方便比较，图中还给出了 Asadpoure 和 Mohammadi[20]采用 XFEM、Ghorashi 等[26]采用基于 T 样条的 XIGA、扩展等几何分析采用 64×64 个单元的网格计算的复合型应力强度因子。由图可以看出，各种数值方法计算的应力强度因子都十分吻合，说明自适应扩展等几何分析求解含中心倾斜裂纹的正交各向异性圆盘问题具有正确性和有效性；I 型应力强度因子随裂纹倾角的增大而减小，而 II 型应力强度因子与裂纹倾角的变化呈现相反的趋势。

算例 5.6　多裂纹

考虑一个内部含两条共线裂纹的长板受单向均匀拉伸荷载 $\sigma = 1\mathrm{Pa}$ 作用，如图 5.42 所示。长板宽度 $2W = 2\mathrm{m}$，长度 $2H = 4\mathrm{m}$，两条共线裂纹长度都为 $2a = 0.4W$。材料参数如下：$E_1 = 21.37\mathrm{GPa}$，$E_2 = 66.88\mathrm{GPa}$，$G_{12} = 17.93\mathrm{GPa}$，$\nu_{12} = 0.2$。材料主轴方向和坐标系方向重合。该算例考察两条裂纹间距离 $2b$ 与长板宽度 $2W$ 的不同比例 b/W 下的 I 型应力强度因子。

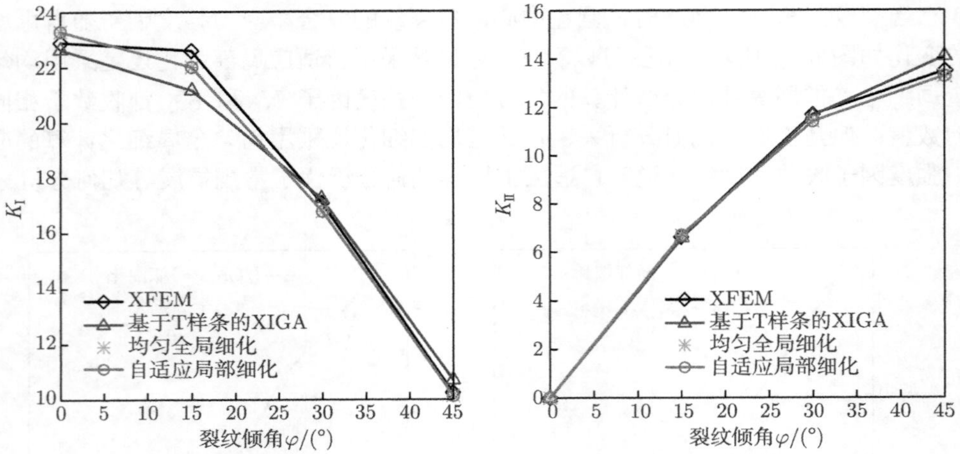

(a) K_{I}　　　　(b) K_{II}

图 5.41　不同裂纹倾角的应力强度因子的比较

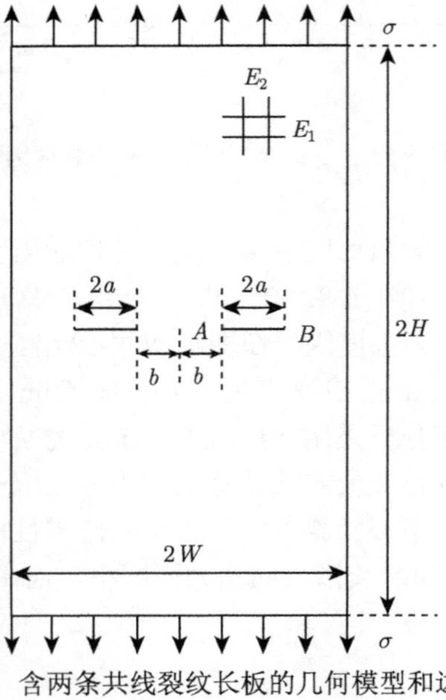

图 5.42　含两条共线裂纹长板的几何模型和边界条件

在计算时，长板左下角顶点固定，下边 y 方向的位移固定。初始计算网格采用 9×19 个单元的均匀网格。图 5.43 给出了当 $b/W=0.1$ 时含两条共线裂纹长板的前 3 次自适应局部细化网格。网格局部细化主要发生在两个裂纹面附近，随着自适应细化次数的增加，细化区域越来越小。

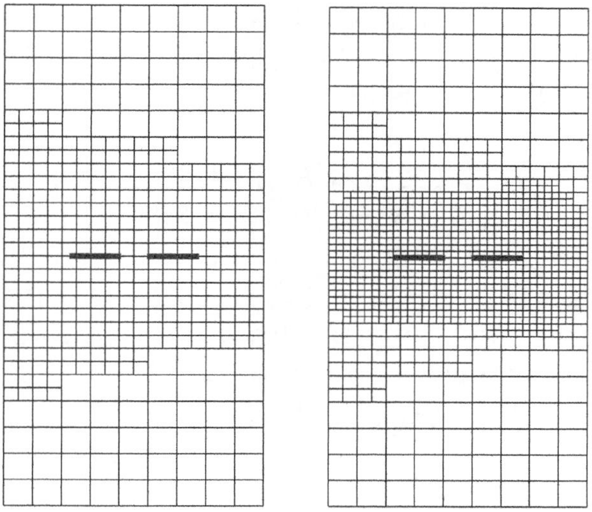

(a) 第 1 次细化　　(b) 第 2 次细化　　(c) 第 3 次细化

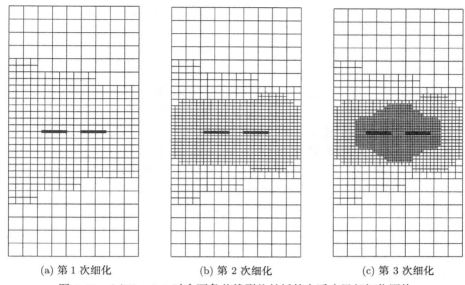

图 5.43　$b/W = 0.1$ 时含两条共线裂纹长板的自适应局部细化网格

当 $b/W = 0.1$ 时，采用自适应局部细化和均匀全局细化扩展等几何分析计算的相对估计能量范数误差随自由度的变化如图 5.44 所示。由图可以得出，当自由度增加时，扩展等几何分析采用均匀全局细化计算的误差逐渐减小，采用自适应

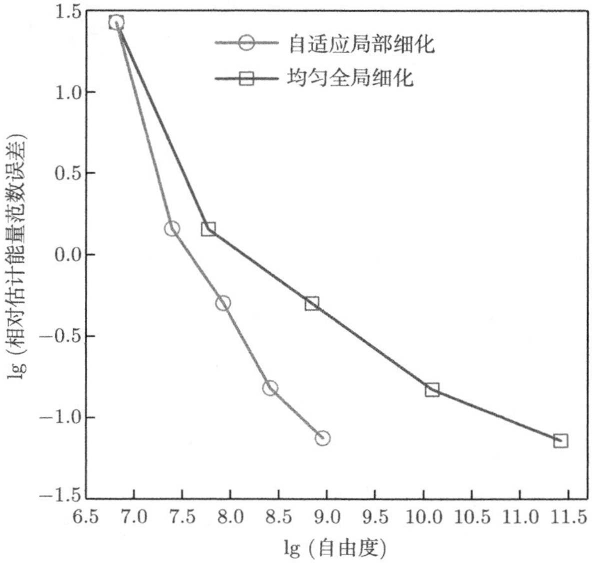

图 5.44　$b/W = 0.1$ 时含两条共线裂纹长板的相对估计能量范数误差收敛曲线

局部细化的误差迅速减小。因此，扩展等几何分析采用自适应局部细化比采用均匀全局细化计算的误差收敛率高。另外，自适应扩展等几何分析采用 4 次局部细化计算的相对估计能量范数误差为 0.32%，表明自适应扩展等几何分析求解正交各向异性多裂纹问题具有高精度。

最后，采用 4 次局部细化网格计算裂尖 A 和 B 的 I 型应力强度因子。图 5.45 给出了 $b/W=0.1$、0.2 和 0.4 时第 4 次自适应局部细化网格。对于不同的 b/W，第 4 次网格局部细化主要发生在裂尖附近。$b/W=0.1$、0.2 和 0.4 时的 von Mises 应力分布云图如图 5.46 所示。由图 5.46 可以看出，裂尖附近具有应力集中性。表 5.2 给出了裂尖 A 和 B 的归一化 I 型应力强度因子 $K_{\mathrm{I}}(A)/(\sigma\sqrt{\pi a})$ 和 $K_{\mathrm{I}}(B)/(\sigma\sqrt{\pi a})$ 的比较。由表 5.2 可以看出，自适应扩展等几何分析计算的应力强度因子和 Delale 和 Erdogan[27]得出的结果非常吻合。

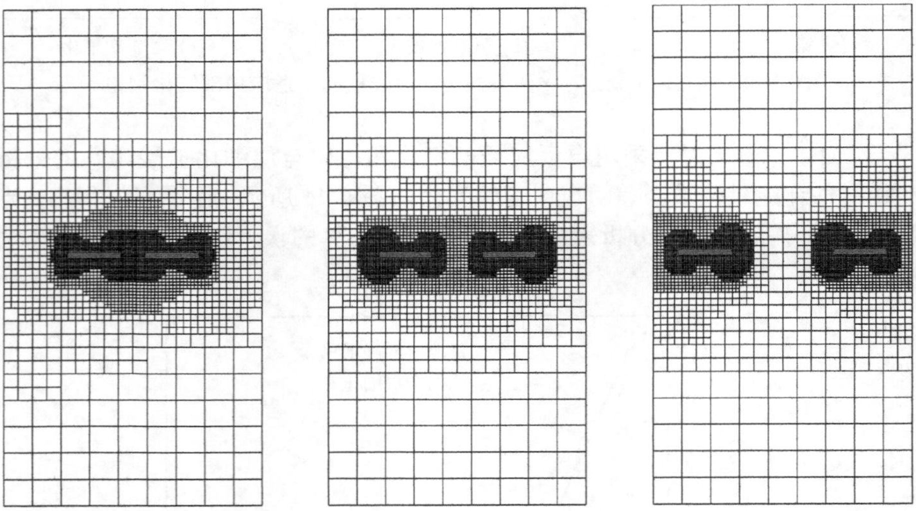

(a) $b/W=0.1$ (b) $b/W=0.2$ (c) $b/W=0.4$

图 5.45 含两条共线裂纹长板的第 4 次自适应局部细化网格

算例 5.7 边裂纹扩展

考虑一个准静态下正交各向异性矩形板的边裂纹扩展问题，如图 5.47 所示。材料参数为：$E_1=139\text{GPa}$，$E_2=10\text{GPa}$，$G_{12}=5.2\text{GPa}$，$\nu_{12}=0.3$。矩形板长度 $L=1\text{m}$，高度 $H=2\text{m}$，初始裂纹长度 $a=0.28\text{m}$。矩形板上边施加一个 y 方向的匀布荷载 $\sigma=1.0\times10^5\text{Pa}$，下边固定。研究不同材料方向角 α、裂纹扩展步长 Δa 和弹性模量比 $\lambda=E_1/E_2$ 对正交各向异性矩形板边裂纹扩展路径的影响。

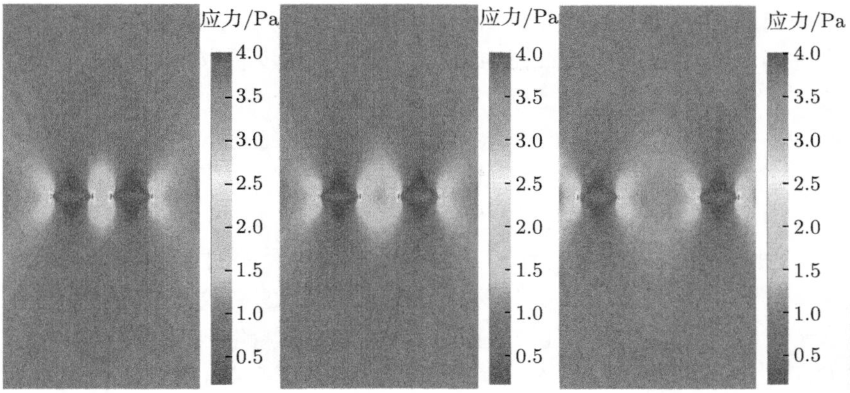

(a) $b/W=0.1$ (b) $b/W=0.2$ (c) $b/W=0.4$ （扫码获取彩图）

图 5.46 含两条共线裂纹长板的 von Mises 应力分布云图

表 5.2 含两条共线裂纹长板的裂尖 A 和 B 的归一化 I 型应力强度因子 $K_{\mathrm{I}}(A)/(\sigma\sqrt{\pi a})$ 和 $K_{\mathrm{I}}(B)/(\sigma\sqrt{\pi a})$ 的比较

b/W	$K_{\mathrm{I}}(A)/(\sigma\sqrt{\pi a})$		$K_{\mathrm{I}}(B)/(\sigma\sqrt{\pi a})$	
	文献 [27]	自适应扩展等几何分析	文献 [27]	自适应扩展等几何分析
0.1	1.179	1.1817	1.117	1.1192
0.2	1.111	1.1144	1.096	1.0972
0.4	1.099	1.1000	1.127	1.1283

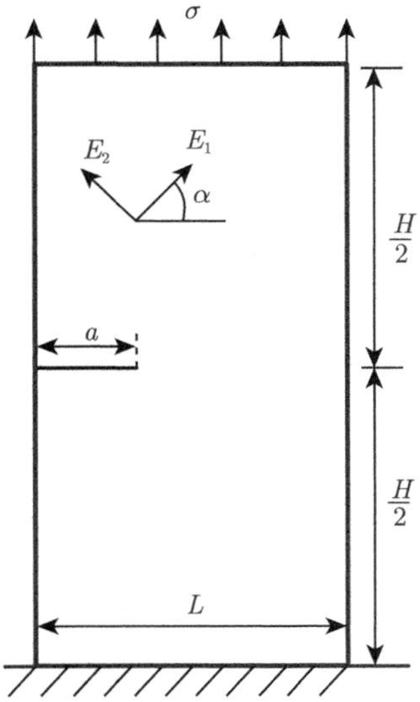

图 5.47 含边裂纹正交各向异性矩形板的几何模型和边界条件

首先，采用自适应扩展等几何分析研究不同材料方向角 $\alpha = 30°$、$45°$、$60°$ 对正交各向异性矩形板边裂纹扩展路径的影响。裂纹扩展步长取为 $\Delta a = 0.05\text{m}$，共进行 6 步裂纹扩展。在自适应扩展等几何分析中，初始计算网格采用 8×16 个单元的均匀网格，每步裂纹扩展进行 3 次自适应网格局部细化。当材料方向角为 $\alpha = 30°$ 时，不同裂纹扩展步的第 3 次自适应局部细化网格如图 5.48 所示。在任何一步裂纹扩展中，网格局部细化主要发生在裂纹面附近，尤其是裂尖附近。采用 3 次局部细化自适应扩展等几何分析计算的边裂纹扩展路径如图 5.49 所示。为了方便比较，图 5.49 还给出了 Cahill 等[24]采用 XFEM 计算的裂纹扩展路径和采用 61×123 个单元的均匀网格扩展等几何分析计算的裂纹扩展路径。由图 5.49 可以看出，不同方法计算的裂纹扩展路径一致，表明自适应扩展等几何分析可以有效地解决正交各向异性材料裂纹扩展问题。对于不同的材料方向角 $\alpha = 30°$、$45°$、$60°$，裂纹扩展路径方向均与材料主轴 E_1 方向一致。

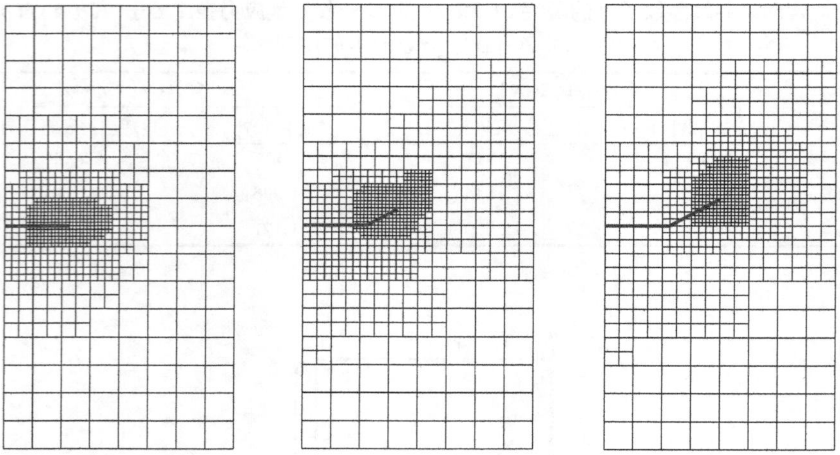

(a) 第 0 步　(b) 第 3 步　(c) 第 5 步

图 5.48　材料方向角 $\alpha = 30°$ 时裂纹扩展的第 3 次自适应局部细化网格

然后，采用自适应扩展等几何分析分析不同裂纹扩展步长 Δa 对边裂纹扩展路径的影响，材料方向角固定为 $\alpha = 30°$。不同的裂纹扩展步长取为 $\Delta a = 0.025\text{m}$、0.05m、0.1m、0.15m。图 5.50 给出了自适应扩展等几何分析采用 3 次自适应局部细化计算的不同裂纹扩展步长的边裂纹扩展路径。由图可以看出，裂纹扩展步长 Δa 对该正交各向异性材料边裂纹扩展路径没有产生任何影响，这点和各向同性弹性体裂纹扩展不同；无论裂纹扩展步长取多大，边裂纹扩展方向始终与材料主轴 E_1 方向一致。

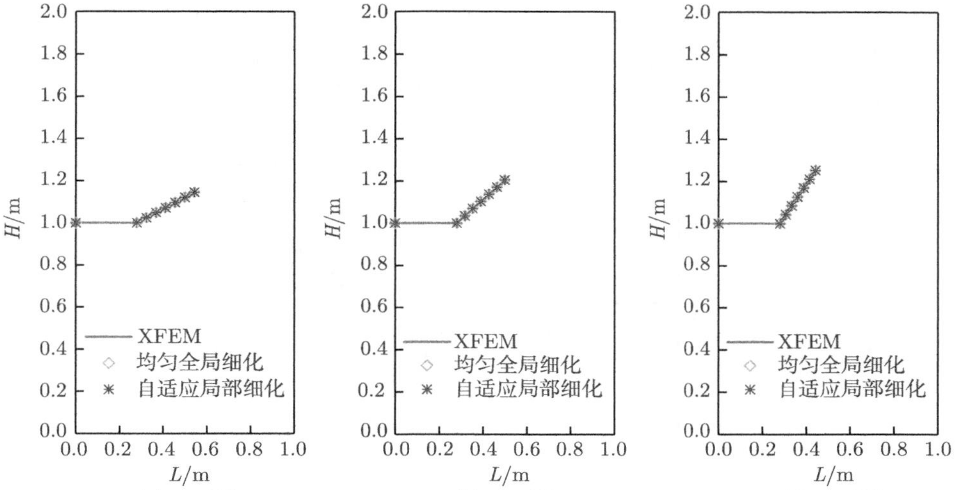

(a) $\alpha=30°$　　(b) $\alpha=45°$　　(c) $\alpha=60°$

图 5.49　正交各向异性矩形板边裂纹扩展路径的比较

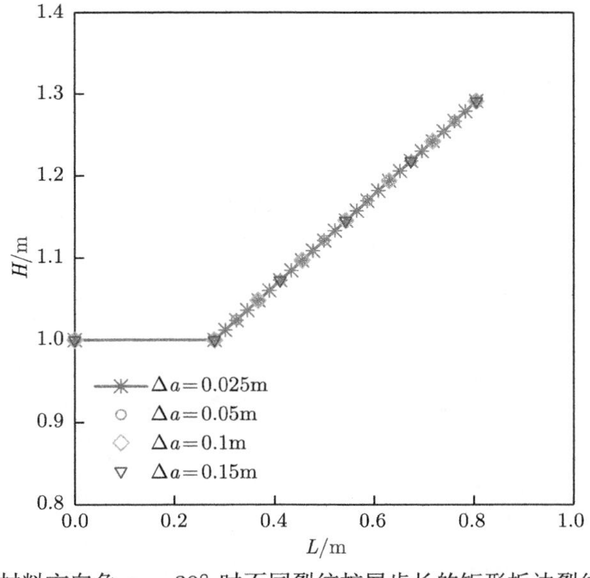

图 5.50　材料方向角 $\alpha = 30°$ 时不同裂纹扩展步长的矩形板边裂纹扩展路径

最后，研究不同材料参数对边裂纹扩展路径的影响。为此，材料方向角固定为 $\alpha = 30°$，裂纹扩展步长取为 $\Delta a = 0.05\text{m}$，共进行 12 步裂纹扩展。不同的弹性模量比取为 $\lambda = E_1/E_2 = 1.1$、2.0、4.0、8.0、10.0、15.0。图 5.51 给出了扩展等几何分析采用 3 次自适应局部细化计算的不同弹性模量比的边裂纹扩展路径。

由图可以看出，材料参数影响裂纹扩展路径，当材料主轴的弹性模量相差很大时，如 $E_1/E_2 \geqslant 8$，裂纹扩展方向与弹性模量大的主轴方向一致；当材料主轴的弹性模量相差不大时，裂纹扩展方向与荷载施加等因素有关。

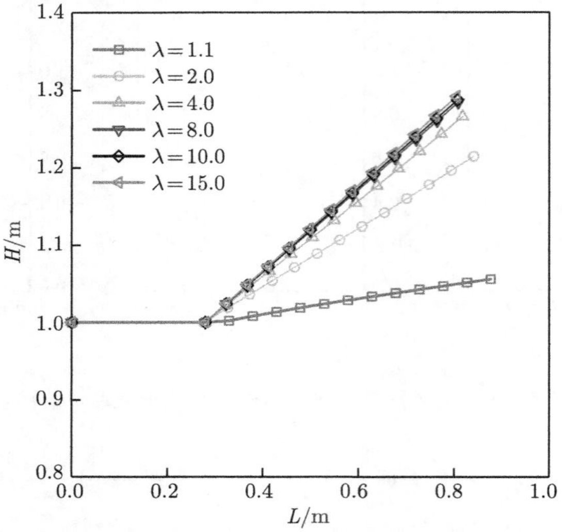

图 5.51　材料方向角 $\alpha = 30°$ 时不同弹性模量比的矩形板边裂纹扩展路径

算例 5.8　中心裂纹扩展

考虑一个准静态下正交各向异性矩形板的中心裂纹扩展问题，如图 5.52 所示。材料属性、几何参数、荷载施加与算例 5.7 相同。研究不同裂纹倾角 φ 和材料方向角 α 对中心裂纹扩展路径的影响。

固定裂纹倾角为 $\varphi = 0°$，研究不同材料方向角 α 对矩形板中心裂纹扩展路径的影响。不同材料方向角设为 $\alpha = 30°$、$45°$、$60°$。在自适应扩展等几何分析模拟中心裂纹扩展过程中，8×16 个单元的均匀网格作为初始计算网格，裂纹扩展步长取为 0.05m，共进行 6 步裂纹扩展。图 5.53 中给出了材料方向角 $\alpha = 45°$ 时不同裂纹扩展步的第 3 次自适应局部细化网格。与算例 5.7 相同，网格局部细化主要发生在裂纹面附近，尤其是裂尖附近。图 5.54 给出了 Cahill 等[24]采用 XFEM、采用 61×123 个单元的均匀网格扩展等几何分析、采用自适应扩展等几何分析计算的裂纹扩展路径。从裂纹扩展路径对比可以得出，不同方法得到的结果是一致的，从而表明自适应扩展等几何分析可以有效地模拟正交各向异性材料裂纹扩展。

固定材料方向角为 $\alpha = 45°$，采用自适应扩展等几何分析分析不同裂纹倾角 $\varphi = 0°$、$30°$、$45°$、$60°$ 对中心裂纹扩展路径的影响。不同裂纹倾角的矩形板中心裂纹扩展路径如图 5.55 所示。由图可以看出，无论裂纹倾角取多大，中心裂纹的两个裂尖扩展方向始终与材料主轴 E_1 方向一致。

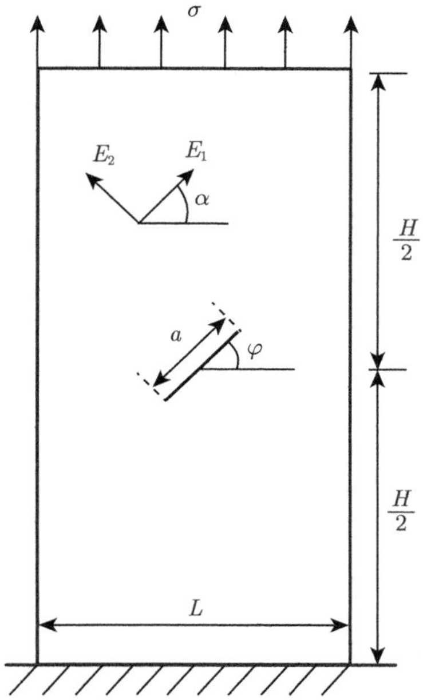

图 5.52 含中心倾斜裂纹的正交各向异性矩形板的几何模型和边界条件

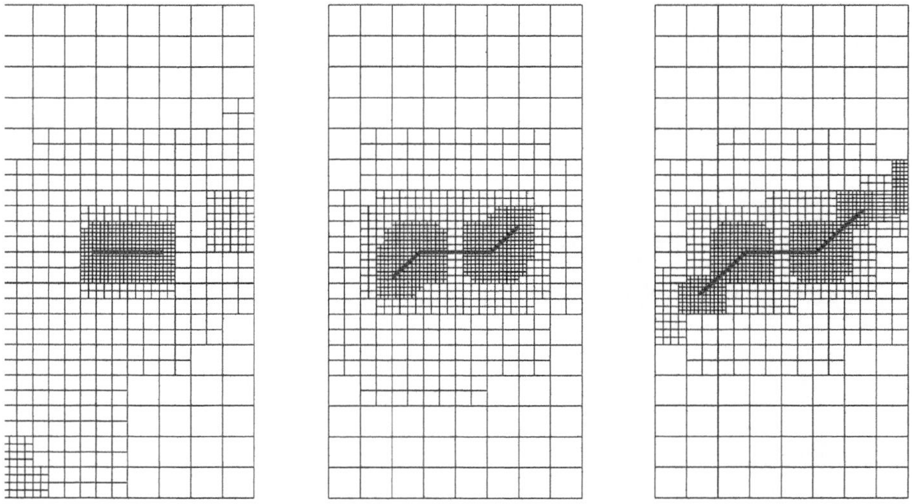

(a) 第 0 步 (b) 第 3 步 (c) 第 5 步

图 5.53 材料方向角 $\alpha = 45°$ 时裂纹扩展的第 3 次自适应局部细化网格

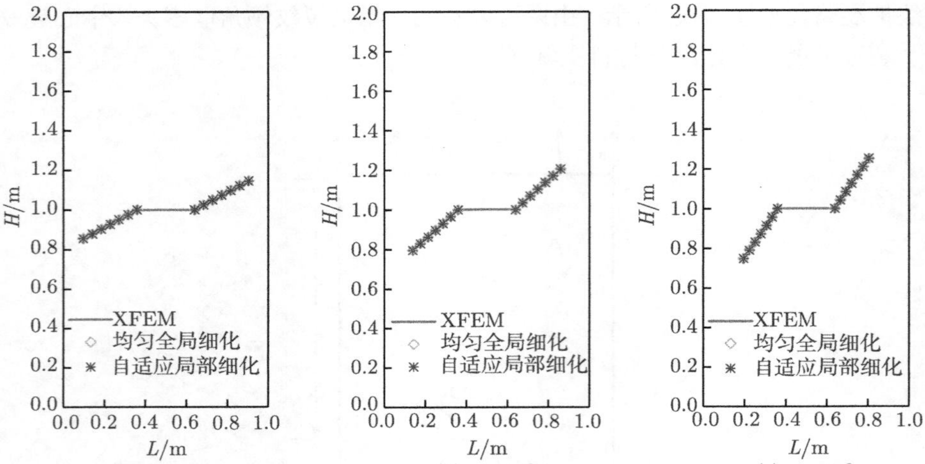

(a) $\alpha=30°$　　(b) $\alpha=45°$　　(c) $\alpha=60°$

图 5.54　正交各向异性矩形板中心裂纹扩展路径的比较

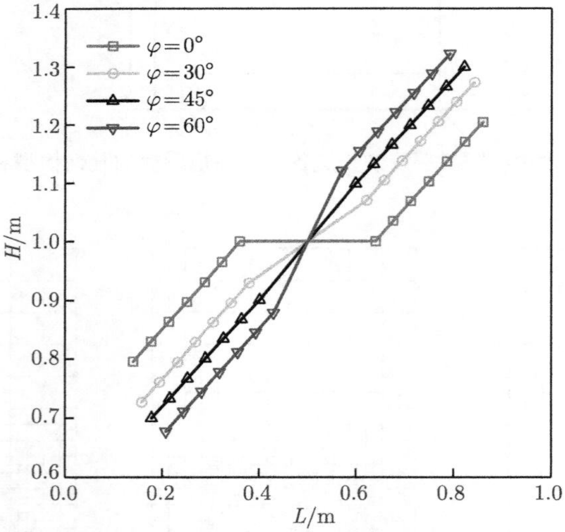

图 5.55　材料方向角 $\alpha = 45°$ 时不同裂纹倾角的矩形板中心裂纹扩展路径

5.3　Reissner-Mindlin 板断裂问题

5.3.1　问题描述

考虑一开裂板，如图 5.56 所示。基于 Reissner-Mindlin 板理论，板内任意一点的位移分量可表示为[28]

$$u(x, y, z) = z\phi_1(x, y) \tag{5.85a}$$

$$v(x, y, z) = z\phi_2(x, y) \tag{5.85b}$$

$$w(x, y, z) = w_0(x, y) \tag{5.85c}$$

式中，w_0 为板中面的挠度（沿 z 轴方向）；ϕ_1 和 ϕ_2 分别为绕 y 轴和 x 轴的转角。

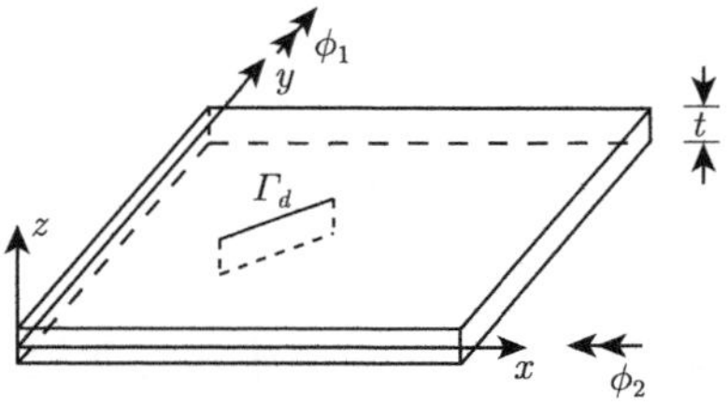

图 5.56　开裂板示意图

小变形条件下，板的弯曲应变 $\boldsymbol{\varepsilon}_b$ 和剪切应变 $\boldsymbol{\varepsilon}_s$ 分别为

$$\boldsymbol{\varepsilon}_b = \begin{bmatrix} \varepsilon_x \\ \varepsilon_y \\ \gamma_{xy} \end{bmatrix} = z \begin{bmatrix} \phi_{1,x} \\ \phi_{2,y} \\ \phi_{1,y} + \phi_{2,x} \end{bmatrix} = z\boldsymbol{\varepsilon}_0 \tag{5.86a}$$

$$\boldsymbol{\varepsilon}_s = \begin{bmatrix} \gamma_{zx} \\ \gamma_{zy} \end{bmatrix} = \begin{bmatrix} w_{0,x} + \phi_1 \\ w_{0,y} + \phi_2 \end{bmatrix} \tag{5.86b}$$

根据物理方程，板的应力可表示为

$$\boldsymbol{\sigma} = \begin{bmatrix} \sigma_x \\ \sigma_y \\ \tau_{xy} \end{bmatrix} = \frac{zE}{1-\nu^2} \begin{bmatrix} 1 & \nu & 0 \\ \nu & 1 & 0 \\ 0 & 0 & \dfrac{1-\nu}{2} \end{bmatrix} \boldsymbol{\varepsilon}_0 \tag{5.87a}$$

$$\boldsymbol{\tau} = \begin{bmatrix} \tau_{zx} \\ \tau_{zy} \end{bmatrix} = \frac{kE}{2(1+\nu)} \begin{bmatrix} 1 & 0 \\ 0 & 1 \end{bmatrix} \boldsymbol{\varepsilon}_s \tag{5.87b}$$

式中，E 和 ν 分别为材料的弹性模量和泊松比；k 为剪切修正因子，一般取 $k = 5/6$。

弯矩 $\boldsymbol{M}$ 和横向剪切力 $\boldsymbol{Q}$ 分别为

$$\boldsymbol{M} = \begin{bmatrix} M_x \\ M_y \\ M_{xy} \end{bmatrix} = \int_{-\frac{t}{2}}^{\frac{t}{2}} z\boldsymbol{\sigma}\mathrm{d}z = \boldsymbol{D}_b\boldsymbol{\varepsilon}_b \tag{5.88a}$$

$$\boldsymbol{Q} = \begin{bmatrix} Q_x \\ Q_y \end{bmatrix} = \int_{-\frac{t}{2}}^{\frac{t}{2}} \boldsymbol{\tau} \mathrm{d}z = \boldsymbol{D}_s \boldsymbol{\varepsilon}_s \tag{5.88b}$$

其中，

$$\boldsymbol{D}_b = \frac{Et^3}{12(1-\nu^2)} \begin{bmatrix} 1 & \nu & 0 \\ \nu & 1 & 0 \\ 0 & 0 & \dfrac{1-\nu}{2} \end{bmatrix} \tag{5.89a}$$

$$\boldsymbol{D}_s = \frac{kEt}{2(1+\nu)} \begin{bmatrix} 1 & 0 \\ 0 & 1 \end{bmatrix} \tag{5.89b}$$

对于含裂纹的复杂形状板，为了精确描述其几何模型，需要将复杂形状板区域 Ω 划分成 N_{patch} 个子区域 Ω^m $(m = 1, 2, \cdots, N_p)$ 进行等几何分析多片几何建模，图 5.57 为两片组成的板。对每个子区域 Ω^m 进行分析，多片之间采用 Nitsche 方法耦合。由多个子区域组成的开裂板的平衡方程和边界条件为

$$\nabla \boldsymbol{\sigma}^m + \boldsymbol{b}^m = \mathbf{0} \ (\text{在 } \Omega^m \text{ 内}) \tag{5.90a}$$

$$\boldsymbol{u}^m = \overline{\boldsymbol{u}}^m \ (\text{在 } \Gamma_u^m \text{ 上}) \tag{5.90b}$$

$$\boldsymbol{\sigma}^m \cdot \boldsymbol{n}^m = \overline{\boldsymbol{t}}^m \ (\text{在 } \Gamma_t^m \text{ 上}) \tag{5.90c}$$

$$\boldsymbol{u}^1 = \boldsymbol{u}^2 \ (\text{在 } \Gamma^* \text{ 上}) \tag{5.90d}$$

$$\boldsymbol{\sigma}^1 \cdot \boldsymbol{n}^1 = -\boldsymbol{\sigma}^2 \cdot \boldsymbol{n}^2 \ (\text{在 } \Gamma^* \text{ 上}) \tag{5.90e}$$

式中，∇ 为哈密顿算子；$\boldsymbol{\sigma}$ 和 $\boldsymbol{b}$ 为应力张量和体力；$\boldsymbol{u}$ 为位移；$\overline{\boldsymbol{u}}$ 和 $\overline{\boldsymbol{t}}$ 为位移边界 Γ_u 和应力边界 Γ_t 上已知的位移和外力；$\boldsymbol{n}^m$ 为边界 Γ^* 的单位外法向矢量。

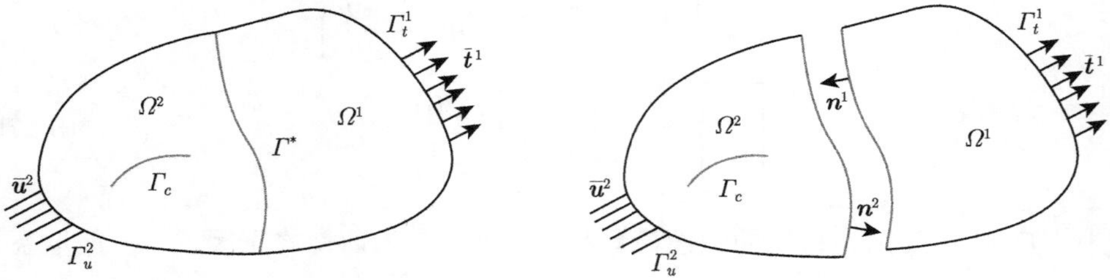

图 5.57　含裂纹板区域 Ω 划分成两个子区域 Ω^1 和 Ω^2

5.3.2　弱形式

设区域 $\boldsymbol{\Omega}^m$ 上的试探函数空间 $\boldsymbol{S}^m$ 和权函数空间 $\boldsymbol{V}^m$ 为

$$\boldsymbol{S}^m = \{\boldsymbol{u}^m | \boldsymbol{u}^m(x) \in \boldsymbol{H}^1(\Omega^m), \boldsymbol{u}^m = \overline{\boldsymbol{u}}^m \ \text{在 } \Gamma_u^m \text{ 上}\} \tag{5.91a}$$

$$\boldsymbol{V}^m = \{\boldsymbol{w}^m | \boldsymbol{w}^m(x) \in \boldsymbol{H}^1(\Omega^m), \boldsymbol{w}^m = \boldsymbol{0} \text{ 在 } \Gamma_u^m \text{ 上}\} \tag{5.91b}$$

基于 Nitsche 方法，求解两片耦合板静力弯曲的变分形式为：发现 $(\boldsymbol{u}^1, \boldsymbol{u}^2) \in \boldsymbol{S}^1 \times \boldsymbol{S}^2$，对于所有的 $(\boldsymbol{w}^1, \boldsymbol{w}^2) \in \boldsymbol{V}^1 \times \boldsymbol{V}^2$，有

$$\begin{aligned}
&\sum_{m=1}^{2} \int_{\Omega^m} ([\boldsymbol{\varepsilon}_b(\boldsymbol{w}^m)]^{\mathrm{T}} \boldsymbol{\sigma}_b^m + [\boldsymbol{\varepsilon}_s(\boldsymbol{w}^m)]^{\mathrm{T}} \boldsymbol{\sigma}_s^m)\mathrm{d}\Omega \\
&- \int_{\Gamma^*} ([\![\boldsymbol{w}]\!]^{\mathrm{T}} \boldsymbol{n}_b \{\boldsymbol{\sigma}_b\} + [\![\boldsymbol{w}]\!]^{\mathrm{T}} \boldsymbol{n}_s \{\boldsymbol{\sigma}_s\})\mathrm{d}\Gamma \\
&- \int_{\Gamma^*} (\{\boldsymbol{\sigma}_b(\boldsymbol{w})\}^{\mathrm{T}} \boldsymbol{n}_b^{\mathrm{T}} [\![\boldsymbol{u}]\!] + \{\boldsymbol{\sigma}_s(\boldsymbol{w})\}^{\mathrm{T}} \boldsymbol{n}_s^{\mathrm{T}} [\![\boldsymbol{u}]\!])\mathrm{d}\Gamma + \int_{\Gamma^*} \alpha [\![\boldsymbol{w}]\!]^{\mathrm{T}} [\![\boldsymbol{u}]\!] \mathrm{d}\Gamma \\
= &\sum_{m=1}^{2} \int_{\Omega^m} (\boldsymbol{w}^m)^{\mathrm{T}} \boldsymbol{b}^m \mathrm{d}\Gamma + \sum_{m=1}^{2} \int_{\Gamma_t^m} (\boldsymbol{w}^m)^{\mathrm{T}} \bar{\boldsymbol{t}}^m \mathrm{d}\Gamma
\end{aligned} \tag{5.92}$$

式中，上标 T 为转置；$\boldsymbol{n} = \begin{bmatrix} n_x & 0 & n_y \\ 0 & n_y & n_x \end{bmatrix}$，$n_x$、$n_y$ 为区域 Ω^1 在界面 Γ^* 的单位外法向矢量 $\boldsymbol{n}^1 = [n_x \quad n_y]^{\mathrm{T}}$ 的分量；参数 α 与材料系数、单元尺寸及基函数阶次有关[29]，其表达式参见式 (3.7)；跳跃算子 $[\![\cdot]\!]$ 和平均算子 $\{\cdot\}$ 分别定义为[29]

$$[\![\boldsymbol{u}]\!] = \boldsymbol{u}^1 - \boldsymbol{u}^2 \tag{5.93a}$$

$$\{\boldsymbol{\sigma}\} = \gamma \boldsymbol{\sigma}^1 + (1-\gamma)\boldsymbol{\sigma}^2 \tag{5.93b}$$

式中，$\gamma = \dfrac{E_1}{E_1 + E_2}$，$E_1$ 和 E_2 分别为 Ω^1 和 Ω^2 的材料弹性模量。

5.3.3 位移逼近

开裂 Reissner-Mindlin 板内任意一点 $\boldsymbol{\xi} = [\xi, \eta]$ 的扩展等几何分析位移逼近为[30]

$$w^h(\boldsymbol{\xi}) = \sum_{i \in \boldsymbol{\mathcal{N}}^{\mathrm{std}}} R_i(\boldsymbol{\xi}) w_i + \sum_{j \in \boldsymbol{\mathcal{N}}^{\mathrm{cf}}} R_j(\boldsymbol{\xi}) \widetilde{H}(\boldsymbol{\xi}) d_j^w + \sum_{k \in \boldsymbol{\mathcal{N}}^{\mathrm{ct}}} R_k(\boldsymbol{\xi}) \sum_{\alpha=1}^{5} \widetilde{G}_\alpha(\boldsymbol{\xi}) c_{k\alpha}^w \tag{5.94a}$$

$$\phi_1^h(\boldsymbol{\xi}) = \sum_{i \in \boldsymbol{\mathcal{N}}^{\mathrm{std}}} R_i(\boldsymbol{\xi}) \phi_{1i} + \sum_{j \in \boldsymbol{\mathcal{N}}^{\mathrm{cf}}} R_j(\boldsymbol{\xi}) \widetilde{H}(\boldsymbol{\xi}) d_j^{\phi_1} + \sum_{k \in \boldsymbol{\mathcal{N}}^{\mathrm{ct}}} R_k(\boldsymbol{\xi}) \sum_{\alpha=1}^{4} \widetilde{F}_\alpha(\boldsymbol{\xi}) c_{k\alpha}^{\phi_1} \tag{5.94b}$$

$$\phi_2^h(\boldsymbol{\xi}) = \sum_{i \in \boldsymbol{\mathcal{N}}^{\mathrm{std}}} R_i(\boldsymbol{\xi}) \phi_{2i} + \sum_{j \in \boldsymbol{\mathcal{N}}^{\mathrm{cf}}} R_j(\boldsymbol{\xi}) \widetilde{H}(\boldsymbol{\xi}) d_j^{\phi_2} + \sum_{k \in \boldsymbol{\mathcal{N}}^{\mathrm{ct}}} R_k(\boldsymbol{\xi}) \sum_{\alpha=1}^{4} \widetilde{F}_\alpha(\boldsymbol{\xi}) c_{k\alpha}^{\phi_2} \tag{5.94c}$$

且

$$\widetilde{H}(\boldsymbol{\xi}) = H(\boldsymbol{\xi}) - H(\boldsymbol{\xi}_j) \tag{5.95a}$$

$$\widetilde{G}_\alpha(\boldsymbol{\xi}) = G_\alpha(\boldsymbol{\xi}) - G_\alpha(\boldsymbol{\xi}_k) \tag{5.95b}$$

$$\widetilde{F}_\alpha(\boldsymbol{\xi}) = F_\alpha(\boldsymbol{\xi}) - F_\alpha(\boldsymbol{\xi}_k) \tag{5.95c}$$

式中，$R_i(\boldsymbol{\xi})$、$R_j(\boldsymbol{\xi})$ 和 $R_k(\boldsymbol{\xi})$ 为 LR NURBS 基函数；w_i、ϕ_{1i} 和 ϕ_{2i} 为控制点 i 的常规广义位移未知量；d_j 和 $c_{k\alpha}$ 为广义的 Heaviside 函数和裂尖分支函数加强的控制点的加强未知量；$\boldsymbol{\mathcal{N}}^{\mathrm{cf}}$ 、$\boldsymbol{\mathcal{N}}^{\mathrm{ct}}$ 和 $\boldsymbol{\mathcal{N}}^{\mathrm{std}}$ 分别为广义的 Heaviside 函数加强的控制点集、裂尖分支函数加强的控制点集和所有控制点集，与 $\boldsymbol{\mathcal{N}}^{\mathrm{cf}}$ 集合中控制点相关的基函数经过裂纹贯穿单元，与 $\boldsymbol{\mathcal{N}}^{\mathrm{ct}}$ 集合中控制点相关的基函数包含裂尖。广义的 Heaviside 加强函数在裂纹面一侧取 $+1$，在裂纹面另一侧取 -1。根据 Reissner-Mindlin 板裂尖渐近位移场[31]，裂尖分支加强函数 G_α 和 F_α 为

$$G_\alpha(r,\theta) = \left[\sqrt{r}\sin\frac{\theta}{2}, r^{\frac{3}{2}}\sin\frac{\theta}{2}, r^{\frac{3}{2}}\cos\frac{\theta}{2}, r^{\frac{3}{2}}\sin\frac{3\theta}{2}, r^{\frac{3}{2}}\cos\frac{3\theta}{2}\right] \tag{5.96a}$$

$$F_\alpha(r,\theta) = \left[\sqrt{r}\sin\frac{\theta}{2}, \sqrt{r}\cos\frac{\theta}{2}, \sqrt{r}\sin\frac{\theta}{2}\sin\theta, \sqrt{r}\cos\frac{\theta}{2}\sin\theta\right] \tag{5.96b}$$

式中，r 和 θ 为裂尖局部极坐标。

5.3.4　离散方程

将式 (5.94)、式 (5.86) 和式 (5.87) 代入式 (5.92)，可得[32]

$$[\boldsymbol{K}^b + \boldsymbol{K}^n + (\boldsymbol{K}^n)^{\mathrm{T}} + \boldsymbol{K}^s]\boldsymbol{u} = \boldsymbol{F} \tag{5.97}$$

式中，$\boldsymbol{u}$ 为控制点位移向量；$\boldsymbol{K}^b$ 为整体劲度矩阵，$\boldsymbol{K}^n$ 和 $\boldsymbol{K}^s$ 为整体界面耦合矩阵，表达式为

$$\boldsymbol{K}^b = \sum_{m=1}^{2}\int_{\Omega^m}[(\boldsymbol{B}^{mb})^{\mathrm{T}}\boldsymbol{D}_b^m\boldsymbol{B}^{mb} + (\boldsymbol{B}^{ms})^{\mathrm{T}}\boldsymbol{D}_s^m\boldsymbol{B}^{ms}]\mathrm{d}\Omega \tag{5.98a}$$

$$\boldsymbol{K}^n = \begin{bmatrix} k_{11} & k_{12} \\ k_{21} & k_{22} \end{bmatrix} \tag{5.98b}$$

$$\boldsymbol{K}^s = \begin{bmatrix} \displaystyle\int_{\Gamma^*}\alpha(\boldsymbol{R}^1)^{\mathrm{T}}\boldsymbol{R}^1\mathrm{d}\Gamma & \displaystyle -\int_{\Gamma^*}\alpha(\boldsymbol{R}^1)^{\mathrm{T}}\boldsymbol{R}^2\mathrm{d}\Gamma \\ \displaystyle -\int_{\Gamma^*}\alpha(\boldsymbol{R}^2)^{\mathrm{T}}\boldsymbol{R}^1\mathrm{d}\Gamma & \displaystyle\int_{\Gamma^*}\alpha(\boldsymbol{R}^1)^{\mathrm{T}}\boldsymbol{R}^2\mathrm{d}\Gamma \end{bmatrix} \tag{5.98c}$$

且

$$\boldsymbol{B}^{mb} = [\boldsymbol{B}_1^{mb}, \cdots, \boldsymbol{B}_i^{mb}, \cdots, \boldsymbol{B}_{np}^{mb}]$$

$$\boldsymbol{B}^{ms} = [\boldsymbol{B}_1^{ms}, \cdots, \boldsymbol{B}_i^{ms}, \cdots, \boldsymbol{B}_{np}^{ms}]$$

其中，np 为子区域内的控制点总数，

$$\boldsymbol{B}_i^{mb} = \begin{bmatrix} \boldsymbol{B}_i^{mb,u} & \boldsymbol{B}_i^{mb,d} & \boldsymbol{B}_i^{mb,c} \end{bmatrix} \tag{5.99a}$$

$$\boldsymbol{B}_i^{ms} = \begin{bmatrix} \boldsymbol{B}_i^{ms,u} & \boldsymbol{B}_i^{ms,d} & \boldsymbol{B}_i^{ms,c} \end{bmatrix} \tag{5.99b}$$

$$\boldsymbol{B}_i^{mb,u} = \begin{bmatrix} 0 & R_{i,x} & 0 \\ 0 & 0 & R_{i,y} \\ 0 & R_{i,y} & R_{i,x} \end{bmatrix} \tag{5.99c}$$

$$\boldsymbol{B}_i^{mb,d} = \widetilde{H} \begin{bmatrix} 0 & R_{i,x} & 0 \\ 0 & 0 & R_{i,y} \\ 0 & R_{i,y} & R_{i,x} \end{bmatrix} \tag{5.99d}$$

$$\boldsymbol{B}_i^{mb,c} = \begin{bmatrix} \boldsymbol{B}_i^{mb,c_1} & \boldsymbol{B}_i^{mb,c_2} & \boldsymbol{B}_i^{mb,c_3} & \boldsymbol{B}_i^{mb,c_4} \end{bmatrix} \tag{5.99e}$$

$$\boldsymbol{B}_i^{mb,c_\alpha} = \begin{bmatrix} 0 & (\widetilde{F}R_i)_{,x} & 0 \\ 0 & 0 & (\widetilde{F}R_i)_{,y} \\ 0 & (\widetilde{F}R_i)_{,y} & (\widetilde{F}R_i)_{,x} \end{bmatrix}, \quad \alpha = 1, 2, 3, 4 \tag{5.99f}$$

$$\boldsymbol{B}_i^{ms,u} = \begin{bmatrix} R_{i,x} & R_i & 0 \\ R_{i,y} & 0 & R_i \end{bmatrix} \tag{5.99g}$$

$$\boldsymbol{B}_i^{ms,d} = \widetilde{H} \begin{bmatrix} R_{i,x} & R_i & 0 \\ R_{i,y} & 0 & R_i \end{bmatrix} \tag{5.99h}$$

$$\boldsymbol{B}_i^{ms,c} = \begin{bmatrix} \boldsymbol{B}_i^{ms,c_1} & \boldsymbol{B}_i^{ms,c_2} & \boldsymbol{B}_i^{ms,c_3} & \boldsymbol{B}_i^{ms,c_4} & \boldsymbol{B}_i^{ms,c_5} \end{bmatrix} \tag{5.99i}$$

$$\boldsymbol{B}_i^{ms,c_\alpha} = \begin{bmatrix} (\widetilde{G}_\alpha R_i)_{,x} & R_i & 0 \\ (\widetilde{G}_\alpha R_i)_{,y} & 0 & R_i \end{bmatrix}, \quad \alpha = 1, 2, 3, 4 \tag{5.99j}$$

$$\boldsymbol{B}_i^{ms,c_5} = \begin{bmatrix} (\widetilde{G}_5 R_i)_{,x} & 0 & 0 \\ (\widetilde{G}_5 R_i)_{,y} & 0 & 0 \end{bmatrix} \tag{5.99k}$$

$$k_{11} = -\gamma \int_{\Gamma^*} [(\boldsymbol{R}^1)^{\mathrm{T}} \boldsymbol{n}_b \boldsymbol{D}_b^1 \boldsymbol{B}_b^1 + (\boldsymbol{R}^1)^{\mathrm{T}} \boldsymbol{n}_s \boldsymbol{D}_s^1 \boldsymbol{B}_s^1] \mathrm{d}\Gamma \tag{5.99l}$$

$$k_{12}=-(1-\gamma)\int_{\Gamma^*}[(\boldsymbol{R}^1)^{\mathrm{T}}\boldsymbol{n}_b\boldsymbol{D}_b^2\boldsymbol{B}_b^2+(\boldsymbol{R}^1)^{\mathrm{T}}\boldsymbol{n}_s\boldsymbol{D}_s^2\boldsymbol{B}_s^2]\mathrm{d}\Gamma \tag{5.99m}$$

$$k_{21}=\gamma\int_{\Gamma^*}[(\boldsymbol{R}^2)^{\mathrm{T}}\boldsymbol{n}_b\boldsymbol{D}_b^1\boldsymbol{B}_b^1+(\boldsymbol{R}^2)^{\mathrm{T}}\boldsymbol{n}_s\boldsymbol{D}_s^1\boldsymbol{B}_s^1]\mathrm{d}\Gamma \tag{5.99n}$$

$$k_{22}=(1-\gamma)\int_{\Gamma^*}[(\boldsymbol{R}^2)^{\mathrm{T}}\boldsymbol{n}_b\boldsymbol{D}_b^2\boldsymbol{B}_b^2+(\boldsymbol{R}^2)^{\mathrm{T}}\boldsymbol{n}_s\boldsymbol{D}_s^2\boldsymbol{B}_s^2]\mathrm{d}\Gamma \tag{5.99o}$$

$$\boldsymbol{n}_b=\begin{bmatrix}\boldsymbol{n}_x & 0 & \boldsymbol{n}_y\\ 0 & \boldsymbol{n}_y & \boldsymbol{n}_x\\ 0 & 0 & 0\end{bmatrix} \tag{5.99p}$$

$$\boldsymbol{n}_s=\begin{bmatrix}0 & 0\\ 0 & 0\\ \boldsymbol{n}_y & \boldsymbol{n}_x\end{bmatrix} \tag{5.99q}$$

$\boldsymbol{F}$ 为整体荷载列阵，可表示为

$$\boldsymbol{F}=\sum_{m=1}^{2}\int_{\Omega^m}(\boldsymbol{R}^m)^{\mathrm{T}}\boldsymbol{b}^m\mathrm{d}\Omega+\sum_{m=1}^{2}\int_{\Gamma_t^m}(\boldsymbol{R}^m)^{\mathrm{T}}\bar{\boldsymbol{t}}^m\mathrm{d}\Gamma \tag{5.100}$$

且

$$\boldsymbol{R}^m=[\boldsymbol{R}_1^m,\cdots,\boldsymbol{R}_i^m,\cdots,\boldsymbol{R}_{np}^m]$$

其中，

$$\boldsymbol{R}_i^m=\begin{bmatrix}\boldsymbol{R}_i^{mu} & \boldsymbol{R}_i^{mb} & \boldsymbol{R}_i^{mc}\end{bmatrix} \tag{5.101a}$$

$$\boldsymbol{R}_i^{mu}=\begin{bmatrix}R_i & 0 & 0\\ 0 & R_i & 0\\ 0 & 0 & R_i\end{bmatrix} \tag{5.101b}$$

$$\boldsymbol{R}_i^{mb}=\widetilde{H}\begin{bmatrix}R_i & 0 & 0\\ 0 & R_i & 0\\ 0 & 0 & R_i\end{bmatrix} \tag{5.101c}$$

$$\boldsymbol{R}_i^{mc}=\begin{bmatrix}\boldsymbol{R}_i^{c_1} & \boldsymbol{R}_i^{c_2} & \boldsymbol{R}_i^{c_3} & \boldsymbol{R}_i^{c_4} & \boldsymbol{R}_i^{c_5}\end{bmatrix} \tag{5.101d}$$

$$\boldsymbol{R}_i^{c_\alpha}=\begin{bmatrix}\widetilde{G}_\alpha R_i & 0 & 0\\ 0 & \widetilde{F}_\alpha R_i & 0\\ 0 & 0 & \widetilde{F}_\alpha R_i\end{bmatrix},\quad \alpha=1,2,3,4 \tag{5.101e}$$

$$
\boldsymbol{R}_i^{c_5} = \begin{bmatrix} \widetilde{G}_5 R_i & 0 & 0 \\ 0 & 0 & 0 \\ 0 & 0 & 0 \end{bmatrix} \tag{5.101f}
$$

采用高斯积分法进行单元积分。对于无加强节点的单元，采用 $(p+1)\times(q+1)$ 个积分点。对于裂纹完全劈裂的单元，将单元分裂成一些子三角形单元，被积函数在每个三角形单元上都是连续的，含裂尖分支函数加强的子三角形单元上采用 13 个积分点，否则采用 $2p+1$ 个积分点。含裂尖分支函数加强不被裂纹切割的单元，采用 10×10 个积分点。

5.3.5 自适应分析

基于 ZZ 后验误差估计方法[10]实施自适应细化，分别在每片内计算恢复应力。与位移场逼近类似，恢复应力场 $\boldsymbol{\sigma}_*^m$ 的逼近可以表示为[30]

$$
\begin{aligned}
\boldsymbol{\sigma}_*^m(\boldsymbol{\xi}) = & \sum_{i\in\mathcal{N}^{\text{std}}} R_i^m(\boldsymbol{\xi})\boldsymbol{a}_i^m + \sum_{j\in\mathcal{N}^{\text{cf}}} R_j^m(\boldsymbol{\xi})\widetilde{H}(\boldsymbol{\xi})\boldsymbol{b}_i^m \\
& + \sum_{k\in\mathcal{N}^{\text{ct}}} R_k^m(\boldsymbol{\xi}) \begin{bmatrix} \sum\limits_{\alpha=1}^{2}[g_{11,\alpha}(\boldsymbol{\xi}) - g_{11,\alpha}(\boldsymbol{\xi}_k)]c_{1,k\alpha}^m \\ \sum\limits_{\alpha=1}^{2}[g_{22,\alpha}(\boldsymbol{\xi}) - g_{22,\alpha}(\boldsymbol{\xi}_k)]c_{2,k\alpha}^m \\ \sum\limits_{\alpha=1}^{2}[g_{12,\alpha}(\boldsymbol{\xi}) - g_{12,\alpha}(\boldsymbol{\xi}_k)]c_{3,k\alpha}^m \\ [g_{31}(\boldsymbol{\xi}) - g_{31}(\boldsymbol{\xi}_k)]c_{4,k}^m \\ [g_{32}(\boldsymbol{\xi}) - g_{32}(\boldsymbol{\xi}_k)]c_{5,k}^m \end{bmatrix}
\end{aligned} \tag{5.102}
$$

式中，$\boldsymbol{a}_i^m$、$\boldsymbol{b}_j^m$ 和 $c_{p,k}^m$ $(p=1,2,\cdots,5)$ 为应力恢复场中未知的控制点变量。根据裂尖应力场，裂尖加强函数 $g_{pq,m}(\boldsymbol{\xi})$ 为[30]

$$
g_{11,1} = \frac{1}{\sqrt{r}}\cos\frac{\theta}{2}\left(1-\sin\frac{\theta}{2}\sin\frac{3\theta}{2}\right) \tag{5.103a}
$$

$$
g_{11,2} = -\frac{1}{\sqrt{r}}\sin\frac{\theta}{2}\left(2+\cos\frac{\theta}{2}\cos\frac{3\theta}{2}\right) \tag{5.103b}
$$

$$
g_{22,1} = \frac{1}{\sqrt{r}}\cos\frac{\theta}{2}\left(1+\sin\frac{\theta}{2}\sin\frac{3\theta}{2}\right) \tag{5.103c}
$$

$$
g_{22,2} = \frac{1}{\sqrt{r}}\sin\frac{\theta}{2}\cos\frac{\theta}{2}\cos\frac{3\theta}{2} \tag{5.103d}
$$

$$g_{12,1} = \frac{1}{\sqrt{r}} \cos\frac{\theta}{2} \sin\frac{\theta}{2} \cos\frac{3\theta}{2} \tag{5.103e}$$

$$g_{12,2} = \frac{1}{\sqrt{r}} \cos\frac{\theta}{2} \left(1 - \sin\frac{\theta}{2} \sin\frac{3\theta}{2}\right) \tag{5.103f}$$

$$g_{31} = -\frac{1}{\sqrt{r}} \sin\frac{\theta}{2} \tag{5.103g}$$

$$g_{32} = \frac{1}{\sqrt{r}} \cos\frac{\theta}{2} \tag{5.103h}$$

恢复应力场 $\boldsymbol{\sigma}_*$ 与计算应力场 $\boldsymbol{\sigma}_h$ 之差的全局 L_2 范数为

$$\mathcal{J}\left(\boldsymbol{\xi}^m\right) = \int_{\Omega} \left(\boldsymbol{\sigma}_*^m - \boldsymbol{\sigma}_h^m\right)^{\mathrm{T}} \cdot \left(\boldsymbol{\sigma}_*^m - \boldsymbol{\sigma}_h^m\right) \mathrm{d}\Omega \tag{5.104}$$

通过 $\mathcal{J}$ 对控制点未知变量最小化即可得到恢复应力场中的未知变量，从而求得恢复应力场。根据 ZZ 后验误差估计方法，用恢复应力 $\boldsymbol{\sigma}_s^m$ 代替精确应力 $\boldsymbol{\sigma}^m$ 构造后验估计误差。估计能量范数误差和相对估计能量范数误差定义如下：

$$\|\boldsymbol{e}^s\|_E = \left[\sum_{m=1}^{N_{\text{patch}}} \frac{1}{2} \int_{\Omega^m} \left(\boldsymbol{\sigma}_s^m - \boldsymbol{\sigma}_h^m\right)^{\mathrm{T}} \left(\boldsymbol{D}^m\right)^{-\mathrm{T}} \left(\boldsymbol{\sigma}_s^m - \boldsymbol{\sigma}_h^m\right) \mathrm{d}\Omega\right]^{\frac{1}{2}} \tag{5.105a}$$

$$\|\boldsymbol{u}^s\|_E = \left[\sum_{m=1}^{N_{\text{patch}}} \frac{1}{2} \int_{\Omega^m} \left(\boldsymbol{\sigma}_s^m\right)^{\mathrm{T}} \left(\boldsymbol{D}^m\right)^{-\mathrm{T}} \boldsymbol{\sigma}_s^m \mathrm{d}\Omega\right]^{\frac{1}{2}} \tag{5.105b}$$

$$\|\boldsymbol{e}_r^s\|_E = \frac{\|\boldsymbol{e}^s\|_E}{\|\boldsymbol{u}^s\|_E} \times 100\% \tag{5.105c}$$

式中，Ω^m 为片 m 所在的中面域；N_{patch} 为整个区域的片数。

5.3.6　裂纹扩展分析

采用互作用积分法计算开裂 Reissner-Mindlin 板的应力强度因子。选择两个独立的平衡状态，状态 1 $(\boldsymbol{M}, \boldsymbol{Q}, w, \phi_1, \phi_2)$ 为真实状态，状态 2 $(\boldsymbol{M}^{\text{aux}}, \boldsymbol{Q}^{\text{aux}}, w^{\text{aux}}, \phi_1^{\text{aux}}, \phi_2^{\text{aux}})$ 为辅助状态。状态 1 和状态 2 的互作用积分为[28]

$$\begin{aligned} I = &\int_A [(M_{ij}\phi_{i,1}^{\text{aux}} + M_{ij}^{\text{aux}}\phi_{i,1} + Q_j w_{,1}^{\text{aux}} + Q_j^{\text{aux}} w_{,1}) - W^{\text{int}}\delta_{1j}] q_{,j} \mathrm{d}A \\ &+ \int_A [(M_{ij,j}^{\text{aux}} - Q_i^{\text{aux}})\phi_{i,1} + Q_i(w_{,i1}^{\text{aux}} + \phi_{i,1}^{\text{aux}} - \epsilon_{si,1}^{\text{aux}})] q \mathrm{d}A \end{aligned} \tag{5.106}$$

式中，$W^{\text{int}} = \boldsymbol{M} : \boldsymbol{\epsilon}_b^{\text{aux}} + \boldsymbol{Q} \cdot \boldsymbol{\epsilon}_s^{\text{aux}} = \boldsymbol{M}^{\text{aux}} : \boldsymbol{\epsilon}_b + \boldsymbol{Q}^{\text{aux}} \cdot \boldsymbol{\epsilon}_s$ 为互作用应变能密度。

应力强度因子 (K_{I}、K_{II} 和 K_{III}) 与互作用积分 (I) 的关系为

$$I^{(1,2,3)} = \frac{24\pi}{Et^3}(K_{\text{I}}K_{\text{I}}^{\text{aux}} + K_{\text{II}}K_{\text{II}}^{\text{aux}}) + \frac{12\pi}{10t\mu}K_{\text{III}}K_{\text{III}}^{\text{aux}} \tag{5.107}$$

选取辅助场为纯 I 型的渐近场，令 $K_{\text{I}}^{\text{aux}} = 1$、$K_{\text{II}}^{\text{aux}} = K_{\text{III}}^{\text{aux}} = 0$，则

$$K_{\text{I}} = \frac{Et^3}{24\pi}I^{(1)} \tag{5.108}$$

选取辅助场为纯 II 型的渐近场，令 $K_{\text{II}}^{\text{aux}} = 1$、$K_{\text{I}}^{\text{aux}} = K_{\text{III}}^{\text{aux}} = 0$，则

$$K_{\text{II}} = \frac{Et^3}{24\pi}I^{(2)} \tag{5.109}$$

选取辅助场为纯 III 型的渐近场，令 $K_{\text{III}}^{\text{aux}} = 1$、$K_{\text{I}}^{\text{aux}} = K_{\text{II}}^{\text{aux}} = 0$，则

$$K_{\text{III}} = \frac{10\mu t}{12\pi}I^{(3)} \tag{5.110}$$

不考虑 III 型应力强度因子，用一个固定的裂纹长度增量模拟裂纹扩展，且采用最大周向应力理论[8]确定裂纹扩展角，即

$$\theta_c = 2\arctan\left\{\frac{1}{4}\left[\frac{K_{\text{I}}}{K_{\text{II}}} \pm \sqrt{\left(\frac{K_{\text{I}}}{K_{\text{II}}}\right)^2 + 8}\right]\right\} \tag{5.111}$$

5.3.7 数值算例

在所有算例中，LR NURBS 样条基函数两个参数方向的阶次均采用三阶。

算例 5.9 均匀弯曲荷载作用下的含中心裂纹无限大板

一无限大板，含一个中心裂纹，远端作用均匀弯矩 M_0。材料参数为：弹性模量 $E = 2 \times 10^{11}\text{Pa}$，泊松比 $\nu = 0.3$。数值模型中，考虑以裂纹为中心的一个边长 $L = 10\text{m}$ 的方板，如图 5.58 所示。为了近似无限大板的假设，裂纹半长设为 $a = 0.5\text{m}$。板厚为 t，自适应细化参数取为 $\beta = 10\%$。该问题应力强度因子的解析解为[33]：$K_{\text{I}} = 0.82M_0\sqrt{a}\cos^2\varphi$，$K_{\text{II}} = 0.68M_0\sqrt{a}\cos\varphi\sin\varphi$。

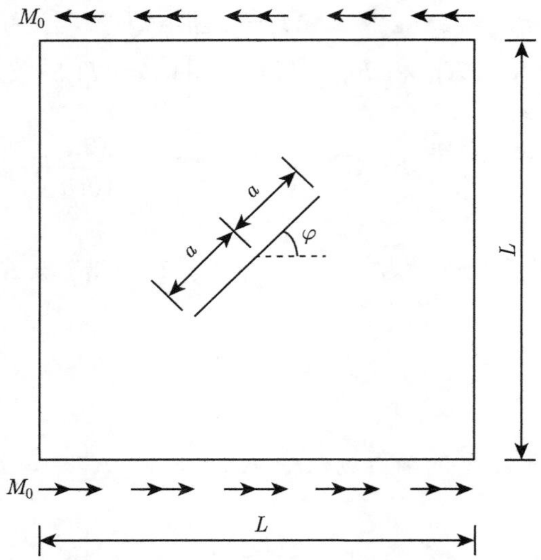

图 5.58　弯曲荷载 M_0 作用下的含中心裂纹无限大板

两片用于建立分析模型，如图 5.59 所示。图 5.60(a) 为初始计算网格，片 1 为

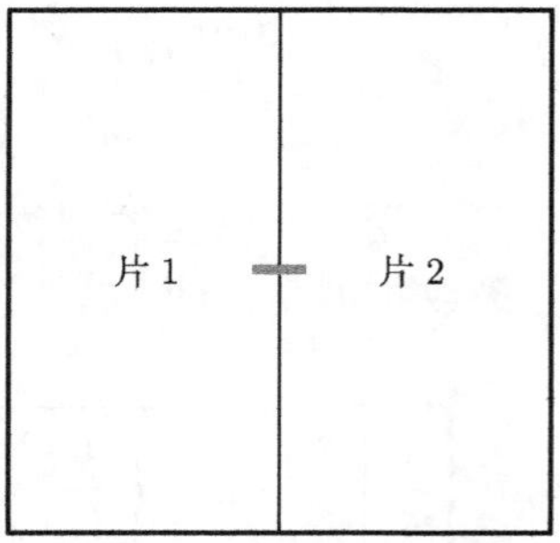

图 5.59　计算域分成两片

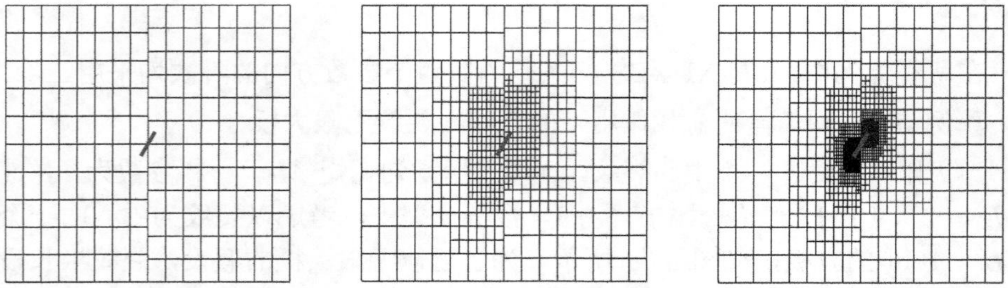

(a) 初始计算网格　(b) 自适应细化两次计算网格　(c) 自适应细化四次计算网格

图 5.60　含中心裂纹无限大板的计算网格

8×10 个单元，片 2 为 8×12 个单元。两片界面处存在不协调的网格。图 5.60(b) 和 (c) 分别为自适应细化两次和四次的计算网格。局部细化集中在裂纹附近区域，特别是裂尖附近。

图 5.61 和图 5.62 分别给出了不同裂纹倾角的正则化的应力强度因子 $K_{\mathrm{I}}/(M_0\sqrt{a})$ 和 $K_{\mathrm{II}}/(M_0\sqrt{a})$。自适应多片扩展等几何分析获得的应力强度因子与自

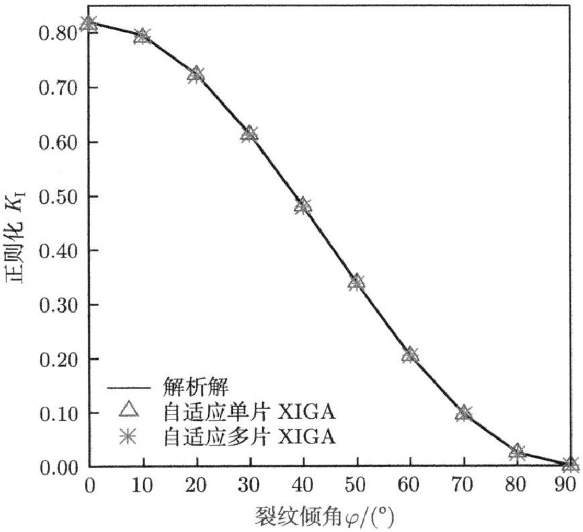

图 5.61 不同裂纹倾角的正则化 I 型应力强度因子 (含中心裂纹无限大板)

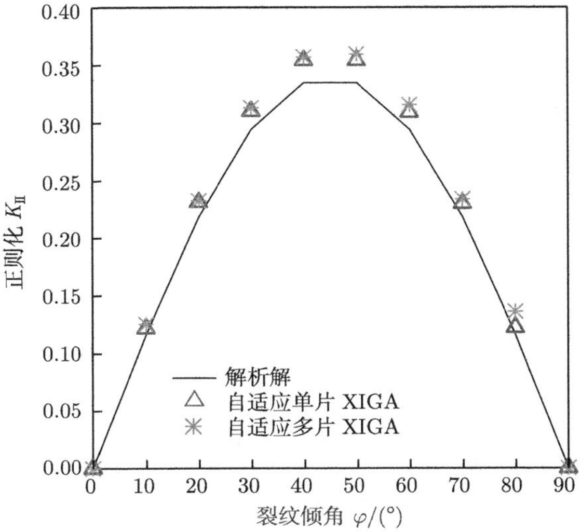

图 5.62 不同裂纹倾角的正则化 II 型应力强度因子 (含中心裂纹无限大板)

适应单片扩展等几何分析解[30]一致，且它们与解析解吻合较好，这验证了自适应多片扩展等几何分析的正确性。

取 20° 裂纹倾角研究裂纹扩展，裂纹扩展步长为 $\Delta a = 0.5\text{m}$。图 5.63 为裂纹扩展 2 步、4 步和 6 步的路径及相应的计算网格。裂纹扩展路径与文献结果[34]一致，裂纹扩展方向趋于水平。细化区域主要集中在裂尖附近。

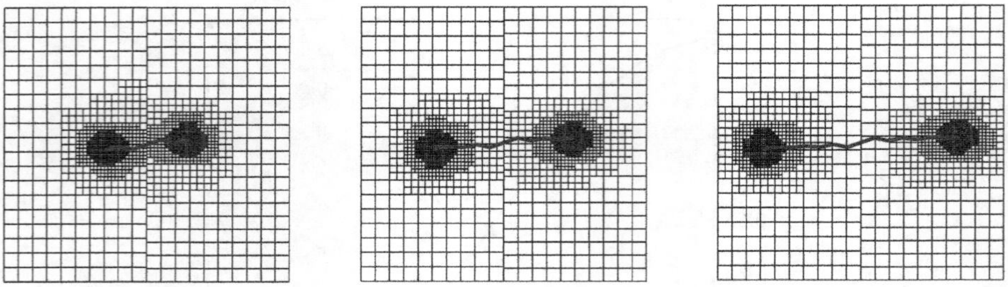

(a) 扩展1步　(b) 扩展4步　(c) 扩展6步

图 5.63　裂纹扩展路径及计算网格 (含中心裂纹无限大板)

算例 5.10　含一斜中心裂纹的十字架板

含一斜中心裂纹的十字架板，上下两端受均匀弯矩 M_0，如图 5.64 所示。板几何尺寸为：$2L = 330\text{m}$，$2S = 200\text{m}$，$2W = 100\text{m}$，$2H = 150\text{m}$，裂纹长度为 $2a = 80\text{m}$，板厚 $t = 20\text{m}$。板材料参数为：弹性模量 $E = 2 \times 10^6\text{Pa}$，泊松比 $\nu = 0.3$。自适应细化参数取为 $\beta = 20\%$。

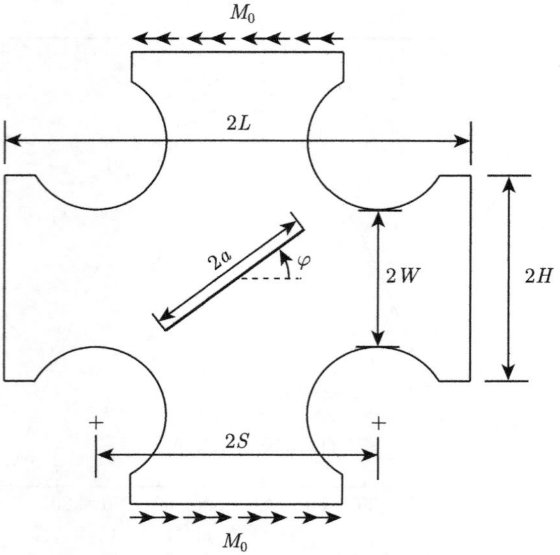

图 5.64　十字架开裂几何形状和边界条件

裂纹倾角 $\varphi = 0°$，采用五片描述十字架板几何形状，如图 5.65(a) 所示。图 5.65(b) 为初始计算网格。

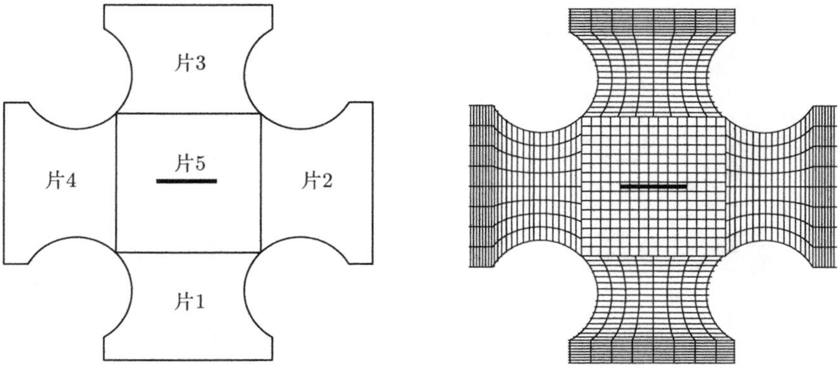

(a) 五片 (b) 初始计算网格

图 5.65 含一斜中心裂纹的十字架板计算模型

首先不考虑裂纹扩展。图 5.66 为前四次自适应细化网格，细化区域主要集中在裂纹附近，特别是裂尖附近。图 5.67 和图 5.68 分别为四次细化后不同裂纹倾角的正则化的 I 型和 II 型应力强度因子 ($K_{\mathrm{I}}/(M_0\sqrt{a})$ 和 $K_{\mathrm{II}}/(M_0\sqrt{a})$)。由图可以发现，$K_{\mathrm{I}}$ 随着裂纹倾角的增大而减小；K_{II} 随着裂纹倾角的增大先增大后减小，最大值发生在裂纹倾角为 45° 处。

设裂纹倾角 $\varphi = 45°$，模拟裂纹扩展过程。裂纹扩展 6 步，每步裂纹扩展增量为 5m，每步网格自适应细化 4 次。图 5.69 给出了裂纹扩展 1 步、2 步、4 步和 6 步的路径及相应的计算网格，可见裂纹路径符合裂纹扩展规律。

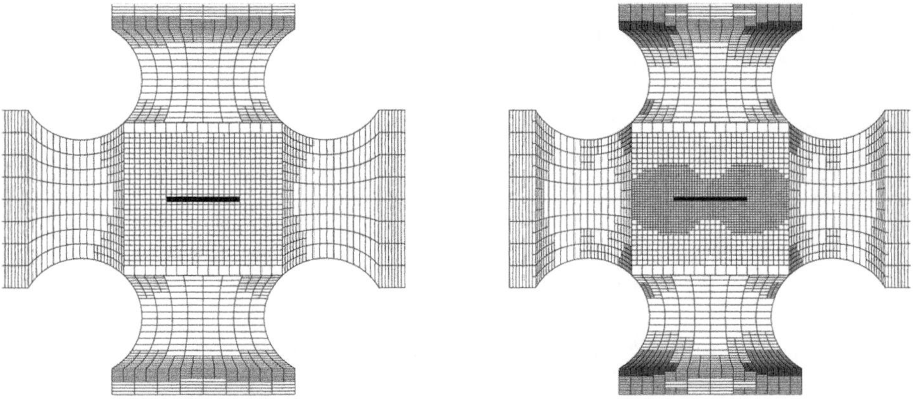

(a) 细化 1 次 (b) 细化 2 次

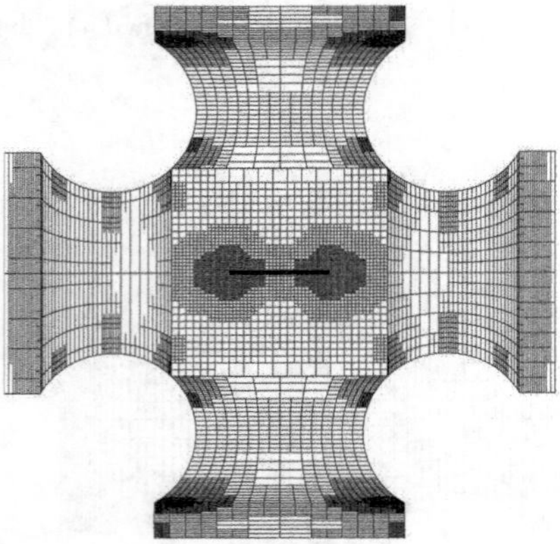

(c) 细化 3 次

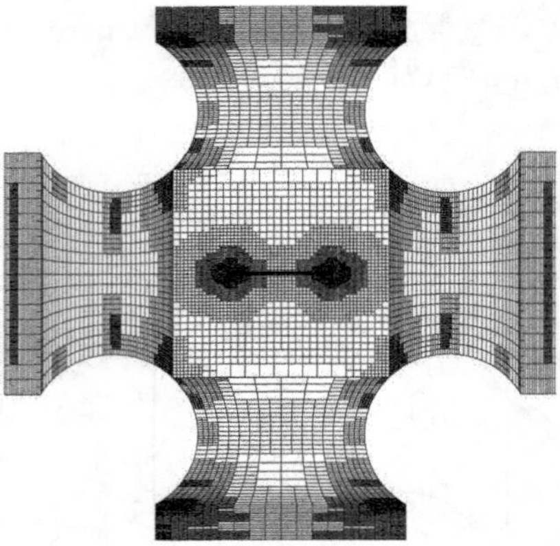

(d) 细化 4 次

图 5.66　含一斜中心裂纹的十字架板自适应细化网格

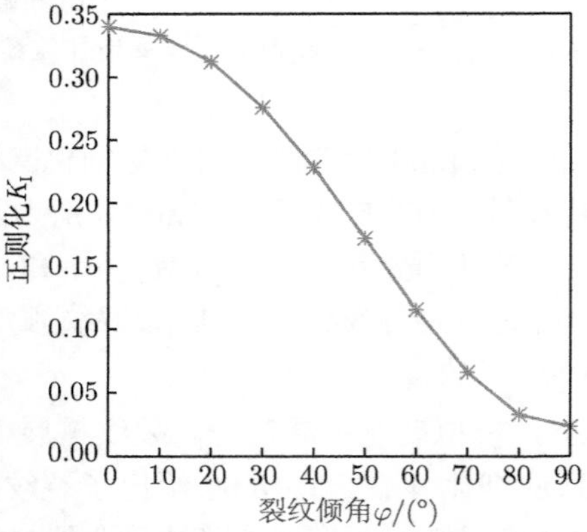

图 5.67　不同裂纹倾角的正则化 I 型应力强度因子 (含一斜中心裂纹的十字架板)

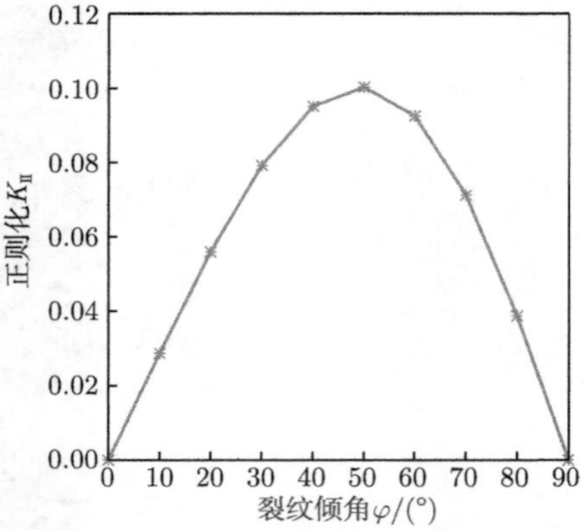

图 5.68　不同裂纹倾角的正则化 II 型应力强度因子 (含一斜中心裂纹的十字架板)

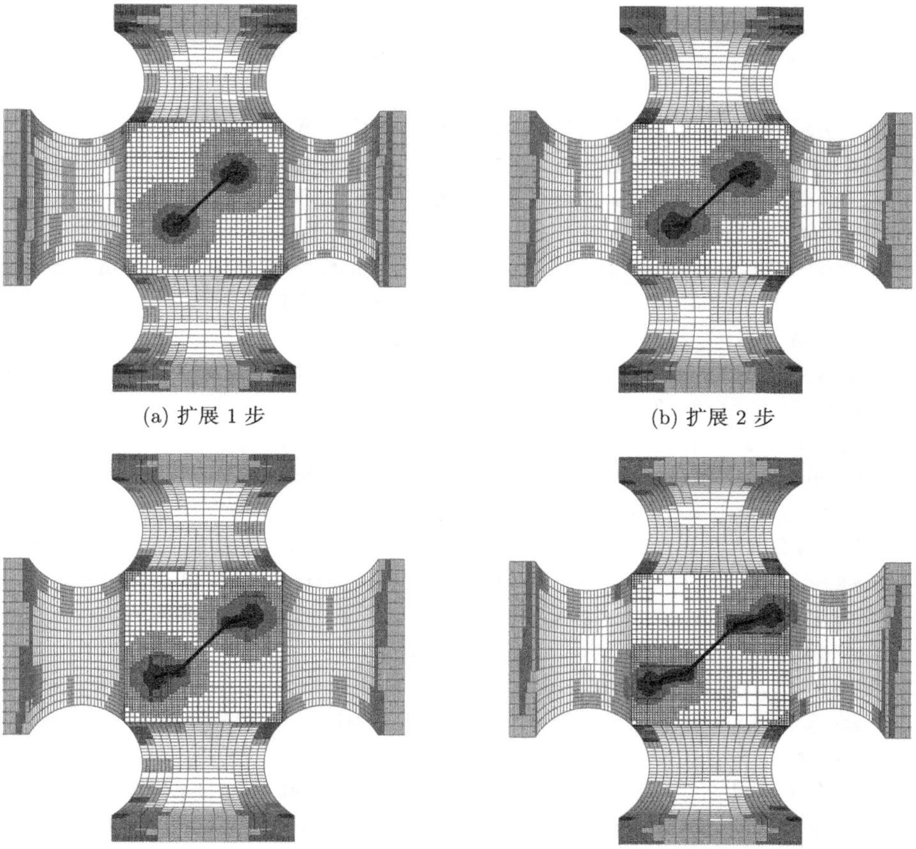

(a) 扩展 1 步　(b) 扩展 2 步

(c) 扩展 4 步　(d) 扩展 6 步

图 5.69　裂纹扩展路径和网格 (含一斜中心裂纹的十字架板)

参 考 文 献

[1] De Luycker E, Benson D J, Belytschko T, et al. X-FEM in isogeometric analysis for linear fracture mechanics[J]. International Journal for Numerical Methods in Engineering, 2011, 87(6): 541-565.

[2] Gu J M, Yu T T, Van Lich L, et al. Fracture modeling with the adaptive XIGA based on locally refined B-splines[J]. Computer Methods in Applied Mechanics and Engineering, 2019, 354: 527-567.

[3] 余天堂. 扩展有限单元法——理论、应用及程序[M]. 北京: 科学出版社, 2014.

[4] Ghorashi S S, Valizadeh N, Mohammadi S. Extended isogeometric analysis for simulation of stationary and propagating cracks[J]. International Journal for Numerical Methods in Engineering, 2012, 89(9): 1069-1101.

[5] Bui T Q, Hirose S, Zhang C Z, et al. Extended isogeometric analysis for dynamic fracture in multiphase piezoelectric/piezomagnetic composites[J]. Mechanics of Materials, 2016, 97: 135-163.

[6] 辜继明. 不连续问题的自适应扩展等几何分析研究[D]. 南京: 河海大学, 2020.

[7] Laborde P, Pommier J, Renard Y, et al. High-order extended finite element method for cracked domains[J]. International Journal for Numerical Methods in Engineering, 2005, 64(3): 354-381.

[8] Erdogan F, Sih G C. On the crack extension in plates under plane loading and transverse shear[J]. Journal of Basic Engineering, 1963, 85(4): 519-527.

[9] Duflot M, Bordas S. A posteriori error estimation for extended finite elements by an extended global recovery[J]. International Journal for Numerical Methods in Engineering, 2008, 76(8): 1123-1138.

[10] Zienkiewicz O C, Zhu J Z. A simple error estimator and adaptive procedure for practical engineering analysis[J]. International Journal for Numerical Methods in Engineering, 1987, 24(2): 337-357.

[11] Gdoutos E E. Fracture Mechanics[M]. Boston: Kluver Academics Publisher, 1993.

[12] Chessa J, Wang H, Belytschko T. On the construction of blending elements for local partition of unity enriched finite elements[J]. International Journal for Numerical Methods in Engineering, 2003, 57(7): 1015-1038.

[13] Kitagawa H, Yuuki R, Tohgo K. A fracture mechanics approach to high-cycle fatigue crack growth under in-plane biaxial loads[J]. Fatigue of Engineering Materials and Structures, 1979, 2(2): 195-206.

[14] Kang Z Y, Bui T Q, Nguyen D D, et al. An extended consecutive-interpolation quadrilateral element (XCQ4) applied to linear elastic fracture mechanics[J]. Acta Mechanica, 2015, 226(12): 3991-4015.

[15] Nguyen B H, Tran H D, Anitescu C, et al. An isogeometric symmetric Galerkin boundary element method for two-dimensional crack problems[J]. Computer Methods in Applied Mechanics and Engineering, 2016, 306: 252-275.

[16] Sumi Y, Yang C, Wang Z N. Morphological aspects of fatigue crack propagation part II—Effects of stress biaxiality and welding residual stress[J]. International Journal of Fracture, 1996, 82(3): 221-235.

[17] Nguyen V P. An Object-oriented approach to the extended finite element method with applications to fracture mechanics[D]. Ho Chi Minh City: Hochiminh City University of Technology, 2005.

[18] Lekhnitskii S G. Theory of an Anisotropic Elastic Body[M]. Moscow: MIR, 1963.

[19] Sih G C, Paris P C, Irwin G R. On cracks in rectilinearly anisotropic bodies[J]. International Journal of Fracture Mechanics, 1965, 1(3): 189-203.

[20] Asadpoure A, Mohammadi S. Developing new enrichment functions for crack simulation in orthotropic media by the extended finite element method[J]. International Journal for Numerical Methods in Engineering, 2007, 69(10): 2150-2172.

[21] Gu J M, Yu T T, Van Lich L, et al. Crack growth adaptive XIGA simulation in isotropic and orthotropic materials[J]. Computer Methods in Applied Mechanics and Engineering, 2020, 365: 113016.

[22] Gu J M, Yu T T, Van Lich L, et al. Adaptive orthotropic XIGA for fracture analysis of composites[J]. Composite Part B: Engineering, 2019, 176: 107259.

[23] Saouma V E, Ayari M L, Leavell D A. Mixed mode crack propagation in homogeneous anisotropic solids[J]. Engineering Fracture Mechanics, 1987, 27(2): 171-184.

[24] Cahill L M A, Natarajan S, Bordas S P A, et al. An experimental/numerical investigation into the main driving force for crack propagation in uni-directional fibre-reinforced composite laminae[J]. Composite Structures, 2014, 107: 119-130.

[25] Kim J H, Paulino G H. The interaction integral for fracture of orthotropic functionally graded materials: Evaluation of stress intensity factors[J]. International Journal of Solids and Structures, 2003, 40(15): 3967-4001.

[26] Ghorashi S S, Valizadeh N, Mohammadi S, et al. T-spline based XIGA for fracture analysis of orthotropic media[J]. Computers and Structures, 2015, 147: 138-146.

[27] Delale F, Erdogan F. The problem of internal and edge cracks in an orthotropic strip[J]. Journal of Applied Mechanics, 1977, 44(2): 237-242.

[28] Dolbow J, Moës N, Belytschko T. Modeling fracture in Reissner-Mindlin plates with the extended finite element method[J]. International Journal of Solids and Structures, 2000, 37(48-50): 7161-7183.

[29] Nguyen V P, Kerfriden P, Brino M, et al. Nitsche's method for two and three dimensional NURBS patch coupling[J]. Computational Mechanics, 2014, 53(6): 1163-1182.

[30] Yu T T, Yuan H T, Gu J M, et al. Error-controlled adaptive LRB-splines XIGA for assessment of fracture parameters in through-cracked Reissner-Mindlin plates[J]. Engineering Fracture Mechanics, 2020, 229: 106964.

[31] Sosa Horacio A, Eischen Jeffrey W. Computation of stress intensity factors for plate bending via a path-independent integral[J]. Engineering Fracture Mechanics, 1986, 25(4): 451-462.

[32] Yuan H T, Yu T T, Bui T Q. Multi-patch local mesh refinement XIGA based on LRNURBS and Nitsche's method for crack growth in complex cracked plates[J]. Engineering Fracture Mechanics, 2021, 250: 107780.

[33] Sih G C. Mechanics of Fracture 3: Plates and Shells with Cracks[M]. Netherlands: Springer, 1977.

[34] 王敏. 基于扩展有限元法的平板模型裂纹扩展研究[D]. 大连: 大连理工大学, 2011.

第 6 章　自适应扩展等几何分析在含缺陷功能梯度板分析中的应用

功能梯度板在实际应用中不可避免地存在孔洞、裂纹等缺陷，缺陷的存在会影响板的完整性和承载力，因此对含缺陷功能梯度板的力学行为 (如振动和屈曲) 进行分析是非常必要的。本章介绍自适应扩展等几何分析在含缺陷功能梯度板振动和屈曲分析中的应用。

6.1　含孔洞功能梯度板的振动和屈曲分析

6.1.1　问题描述

本章研究的功能梯度板由两种材料构成，上表面和下表面分别为纯陶瓷和纯金属，如图 6.1 所示。x 轴和 y 轴所在平面为功能梯度板的中面，z 轴沿板的厚度方向。泊松比 ν 为恒定值。材料弹性模量、密度和导热系数沿板厚度方向呈指数变化，即

$$E(z) = E_m + (E_c - E_m)\left(\frac{1}{2} + \frac{z}{t}\right)^n \tag{6.1a}$$

$$\rho(z) = \rho_m + (\rho_c - \rho_m)\left(\frac{1}{2} + \frac{z}{t}\right)^n \tag{6.1b}$$

$$\alpha(z) = \alpha_m + (\alpha_c - \alpha_m)\left(\frac{1}{2} + \frac{z}{t}\right)^n \tag{6.1c}$$

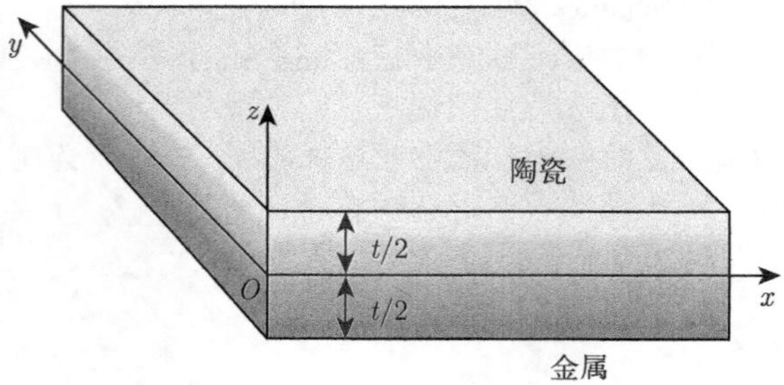

图 6.1　功能梯度板示意图

式中，E_c 和 E_m 分别为纯陶瓷材料和纯金属材料的弹性模量；ρ_c 和 ρ_m 分别为纯陶瓷材料和纯金属材料的密度；α_c 和 α_m 分别为纯陶瓷材料和纯金属材料的导热系数；n 为梯度指数；t 为板厚度。

高阶剪切变形理论能准确地描述剪切变形，避免使用剪切修正系数，且能考虑厚板的拉伸效应。简化的准三维板理论属于高阶剪切变形理论的一种，且未知量少。在简化的准三维板理论中，中面上的剪切位移由弯曲分量和剪切分量两部分构成，板内任一点的位移可表示为[1]

$$\begin{aligned} u(x,y,z) &= u_0(x,y) - z\frac{\partial w_b(x,y)}{\partial x} - f(z)\frac{\partial w_s(x,y)}{\partial x} \\ u(x,y,z) &= v_0(x,y) - z\frac{\partial w_b(x,y)}{\partial y} - f(z)\frac{\partial w_s(x,y)}{\partial y} \\ w(x,y,z) &= w_b(x,y) + w_s(x,y) + g(z)\phi_z \end{aligned} \tag{6.2}$$

且

$$\begin{aligned} f(z) &= z - \left(t\sinh\frac{z}{t} - z\cosh\frac{1}{2}\right) \\ g(z) &= \cosh\frac{z}{t} - \cosh\frac{1}{2} \end{aligned} \tag{6.3}$$

式中，u_0、v_0、w_b、w_s 和 ϕ_z 为中面五个未知位移量。

根据几何方程，位移–应变关系可以表示为

$$\boldsymbol{\varepsilon} = \boldsymbol{\varepsilon}_0 - z\boldsymbol{\varepsilon}_1 - f(z)\boldsymbol{\varepsilon}_2 + \frac{\mathrm{d}g(z)}{\mathrm{d}z}\boldsymbol{\varepsilon}_3 + g(z)\boldsymbol{\varepsilon}_4 \tag{6.4}$$

其中，

$$\begin{aligned} &\boldsymbol{\varepsilon} = \begin{bmatrix} \varepsilon_x \\ \varepsilon_y \\ \varepsilon_z \\ \gamma_{xy} \\ \gamma_{xz} \\ \gamma_{yz} \end{bmatrix}, \quad \boldsymbol{\varepsilon}_0 = \begin{bmatrix} u_{0,x} \\ v_{0,y} \\ 0 \\ u_{0,y} + v_{0,x} \\ 0 \\ 0 \end{bmatrix}, \quad \boldsymbol{\varepsilon}_1 = \begin{bmatrix} w_{b,xx} \\ w_{b,yy} \\ 0 \\ 2w_{b,xy} \\ 0 \\ 0 \end{bmatrix} \\ &\boldsymbol{\varepsilon}_2 = \begin{bmatrix} w_{s,xx} \\ w_{s,yy} \\ 0 \\ 2w_{s,xy} \\ 0 \\ 0 \end{bmatrix}, \quad \boldsymbol{\varepsilon}_3 = \begin{bmatrix} 0 \\ 0 \\ \phi_z \\ 0 \\ 0 \\ 0 \end{bmatrix}, \quad \boldsymbol{\varepsilon}_4 = \begin{bmatrix} 0 \\ 0 \\ 0 \\ 0 \\ w_{s,x} + \phi_{z,x} \\ w_{s,y} + \phi_{z,y} \end{bmatrix} \end{aligned} \tag{6.5}$$

当 $z=\pm\frac{t}{2}$ 时，γ_{xz} 和 γ_{yz} 为零，因此不需要剪切修正因子。

本构方程为

$$\boldsymbol{\sigma}=\boldsymbol{D}_0\boldsymbol{\varepsilon} \tag{6.6}$$

其中，

$$\boldsymbol{\sigma}=[\sigma_x\ \ \sigma_y\ \ \sigma_z\ \ \sigma_{xy}\ \ \sigma_{xz}\ \ \sigma_{yz}]^{\mathrm{T}} \tag{6.7a}$$

$$\boldsymbol{D}_0=\frac{E(z)}{2(1-2\nu)(1+\nu)}\begin{bmatrix}2(1-\nu) & 2\nu & 2\nu & 0 & 0 & 0\\ 2\nu & 2(1-\nu) & 2\nu & 0 & 0 & 0\\ 2\nu & 2\nu & 2(1-\nu) & 0 & 0 & 0\\ 0 & 0 & 0 & 1-2\nu & 0 & 0\\ 0 & 0 & 0 & 0 & 1-2\nu & 0\\ 0 & 0 & 0 & 0 & 0 & 1-2\nu\end{bmatrix} \tag{6.7b}$$

对于功能梯度板的屈曲分析，其弱形式为

$$\begin{aligned}&\int_\Omega\int_{-t/2}^{t/2}\delta\boldsymbol{\varepsilon}^{\mathrm{T}}\boldsymbol{\sigma}\mathrm{d}z\mathrm{d}\Omega\\&+\int_\Omega\int_{-t/2}^{t/2}\nabla^{\mathrm{T}}\delta(w_b+w_s+g(z)\phi_z)\hat{\boldsymbol{\sigma}}_0\nabla(w_b+w_s+g(z)\phi_z)\mathrm{d}z\mathrm{d}\Omega=0\end{aligned} \tag{6.8}$$

式中，$\hat{\boldsymbol{\sigma}}_0=\begin{bmatrix}\sigma_x^0 & \tau_{xy}^0\\ \tau_{xy}^0 & \sigma_y^0\end{bmatrix}$ 为平面内的预应力张量；$\nabla^{\mathrm{T}}=\left[\frac{\partial}{\partial x}\ \ \frac{\partial}{\partial y}\right]^{\mathrm{T}}$ 为梯度算子。

对于功能梯度板的振动分析，其弱形式为

$$\int_\Omega\int_{-t/2}^{t/2}\delta\boldsymbol{\varepsilon}^{\mathrm{T}}\boldsymbol{\sigma}\mathrm{d}z\mathrm{d}\Omega=\int_\Omega\int_{-t/2}^{t/2}\delta\boldsymbol{u}^{\mathrm{T}}\boldsymbol{m}\mathrm{d}z\mathrm{d}\Omega \tag{6.9}$$

且

$$\boldsymbol{u}=\boldsymbol{u}^0-z\boldsymbol{u}^1-f(z)\boldsymbol{u}^2+g(z)\boldsymbol{u}^3 \tag{6.10}$$

其中，$\boldsymbol{u}^0$、$\boldsymbol{u}^1$、$\boldsymbol{u}^2$ 和 $\boldsymbol{u}^3$ 分别为

$$\boldsymbol{u}^0=\begin{bmatrix}u_0\\ v_0\\ w_b+w_s\end{bmatrix},\quad \boldsymbol{u}^1=\begin{bmatrix}\dfrac{\partial w_b}{\partial x}\\ \dfrac{\partial w_b}{\partial y}\\ 0\end{bmatrix},\quad \boldsymbol{u}^2=\begin{bmatrix}\dfrac{\partial w_s}{\partial x}\\ \dfrac{\partial w_s}{\partial y}\\ 0\end{bmatrix},\quad \boldsymbol{u}^3=\begin{bmatrix}0\\ 0\\ \varphi_z\end{bmatrix} \tag{6.11}$$

式 (6.9) 可改写为

$$\int_{\Omega}\int_{-t/2}^{t/2}\delta\boldsymbol{\varepsilon}^{\mathrm{T}}\boldsymbol{\sigma}\mathrm{d}z\mathrm{d}\Omega=\int_{\Omega}\delta\left[\boldsymbol{u}_0\quad\boldsymbol{u}_1\quad\boldsymbol{u}_2\quad\boldsymbol{u}_3\right]\boldsymbol{m}\left[\ddot{\boldsymbol{u}}_0\quad\ddot{\boldsymbol{u}}_1\quad\ddot{\boldsymbol{u}}_2\quad\ddot{\boldsymbol{u}}_3\right]^{\mathrm{T}}\mathrm{d}\Omega \tag{6.12}$$

其中，

$$\boldsymbol{m}=\begin{bmatrix} m_0 & -m_1 & -m_2 & m_3 \\ m_1 & m_4 & m_5 & -m_6 \\ -m_2 & m_5 & m_7 & -m_8 \\ m_3 & -m_6 & -m_8 & m_9 \end{bmatrix} \tag{6.13}$$

且

$$\begin{aligned}&(m_0,m_1,m_2,m_3,m_4,m_5,m_6,m_7,m_8,m_9)\\=&\int_{-t/2}^{t/2}\rho(z)\left(1,z,f,g,z^2,zf,zg,f^2,fg,g^2\right)\mathrm{d}z\end{aligned} \tag{6.14}$$

6.1.2 离散方程

对于含有孔洞的功能梯度板，位移逼近方程可表示为

$$\boldsymbol{u}_0^h=\sum_{i=1}^{\mathrm{NP}}R_i(\boldsymbol{x})H(\boldsymbol{x})\boldsymbol{u}_i \tag{6.15}$$

式中，$R_i(\boldsymbol{x})$ 为 LR NURBS 基函数；NP 为控制点个数；$\boldsymbol{u}_i=[u_{0i}\ v_{0i}\ w_{bi}\ w_{si}\ \phi_{zi}]^{\mathrm{T}}$ 为控制点 i 的位移；$H(\boldsymbol{x})$ 为阶跃函数，可以表示为

$$H(\boldsymbol{x})=\begin{cases}0, & \boldsymbol{x}\notin\Omega\\ 1, & \boldsymbol{x}\in\Omega\end{cases} \tag{6.16}$$

将位移逼近式 (6.15) 代入式 (6.5)，各应变分量可表示为

$$\begin{aligned}&\boldsymbol{\varepsilon}_0=\sum_{i=1}^{\mathrm{NP}}\boldsymbol{B}_i^0\boldsymbol{u}_i,\quad\boldsymbol{\varepsilon}_1=\sum_{i=1}^{\mathrm{NP}}\boldsymbol{B}_i^1\boldsymbol{u}_i,\quad\boldsymbol{\varepsilon}_2=\sum_{i=1}^{\mathrm{NP}}\boldsymbol{B}_i^2\boldsymbol{u}_i,\\&\boldsymbol{\varepsilon}_3=\sum_{i=1}^{\mathrm{NP}}\boldsymbol{B}_i^3\boldsymbol{u}_i,\quad\boldsymbol{\varepsilon}_4=\sum_{i=1}^{\mathrm{NP}}\boldsymbol{B}_i^4\boldsymbol{u}_i\end{aligned} \tag{6.17}$$

其中，

$$\boldsymbol{B}_i^0 = H(\boldsymbol{x})\begin{bmatrix} R_{i,x} & 0 & 0 & 0 & 0 \\ 0 & R_{i,x} & 0 & 0 & 0 \\ 0 & 0 & 0 & 0 & 0 \\ R_{i,y} & R_{i,x} & 0 & 0 & 0 \\ 0 & 0 & 0 & 0 & 0 \\ 0 & 0 & 0 & 0 & 0 \end{bmatrix}, \quad \boldsymbol{B}_i^1 = H(\boldsymbol{x})\begin{bmatrix} 0 & 0 & R_{i,xx} & 0 & 0 \\ 0 & 0 & R_{i,yy} & 0 & 0 \\ 0 & 0 & 0 & 0 & 0 \\ 0 & 0 & 2R_{i,xy} & 0 & 0 \\ 0 & 0 & 0 & 0 & 0 \\ 0 & 0 & 0 & 0 & 0 \end{bmatrix}$$

$$\boldsymbol{B}_i^2 = H(\boldsymbol{x})\begin{bmatrix} 0 & 0 & 0 & R_{i,xx} & 0 \\ 0 & 0 & 0 & R_{i,yy} & 0 \\ 0 & 0 & 0 & 0 & 0 \\ 0 & 0 & 0 & 2R_{i,xy} & 0 \\ 0 & 0 & 0 & 0 & 0 \\ 0 & 0 & 0 & 0 & 0 \end{bmatrix}, \quad \boldsymbol{B}_i^3 = H(\boldsymbol{x})\begin{bmatrix} 0 & 0 & 0 & 0 & 0 \\ 0 & 0 & 0 & 0 & 0 \\ 0 & 0 & 0 & 0 & R_i \\ 0 & 0 & 0 & 0 & 0 \\ 0 & 0 & 0 & 0 & 0 \\ 0 & 0 & 0 & 0 & 0 \end{bmatrix}$$

$$\boldsymbol{B}_i^4 = H(\boldsymbol{x})\begin{bmatrix} 0 & 0 & 0 & 0 & 0 \\ 0 & 0 & 0 & 0 & 0 \\ 0 & 0 & 0 & 0 & 0 \\ 0 & 0 & 0 & 0 & 0 \\ 0 & 0 & 0 & R_{i,x} & R_{i,x} \\ 0 & 0 & 0 & R_{i,y} & R_{i,y} \end{bmatrix} \tag{6.18}$$

将式 (6.4)、式 (6.6) 和式 (6.15) 代入式 (6.8)，可得到功能梯度板屈曲问题的控制方程为

$$(\boldsymbol{K} - \lambda_{\mathrm{cr}}\boldsymbol{K}_g)\,\boldsymbol{d} = 0 \tag{6.19}$$

式中，λ_{cr} 为临界屈曲荷载；$\boldsymbol{d}$ 为临界屈曲荷载相对应的屈曲模态；$\boldsymbol{K}$ 为整体劲度矩阵；$\boldsymbol{K}_g$ 为几何劲度矩阵。表达式如下：

$$\boldsymbol{K} = \int_{\Omega} \boldsymbol{B}^{\mathrm{T}}\boldsymbol{D}\boldsymbol{B}\mathrm{d}\Omega \tag{6.20}$$

$$\boldsymbol{K}_g = \int_{\Omega} \begin{bmatrix} (B_g^1)^{\mathrm{T}} & (B_g^2)^{\mathrm{T}} \end{bmatrix} \begin{bmatrix} \boldsymbol{A} & \boldsymbol{C} \\ \boldsymbol{C} & \boldsymbol{E} \end{bmatrix} \begin{bmatrix} \boldsymbol{B}_g^1 \\ \boldsymbol{B}_g^2 \end{bmatrix} \mathrm{d}\Omega \tag{6.21}$$

其中，

$$\boldsymbol{B} = \begin{bmatrix} \boldsymbol{B}^0 & \boldsymbol{B}^1 & \boldsymbol{B}^2 & \boldsymbol{B}^3 & \boldsymbol{B}^4 \end{bmatrix}^{\mathrm{T}} \tag{6.22a}$$

$$(\boldsymbol{A},\boldsymbol{C},\boldsymbol{E})=\int_{-t/2}^{t/2}\hat{\boldsymbol{\sigma}}_0(1,g(z),(g(z))^2)\mathrm{d}z \tag{6.22b}$$

$$\boldsymbol{B}_{gI}^1=H(\boldsymbol{x})\begin{bmatrix}0 & 0 & R_{I,x} & R_{I,x} & 0\\ 0 & 0 & R_{I,y} & R_{I,y} & 0\end{bmatrix} \tag{6.22c}$$

$$\boldsymbol{B}_{gI}^2=H(\boldsymbol{x})\begin{bmatrix}0 & 0 & 0 & 0 & R_{I,x}\\ 0 & 0 & 0 & 0 & R_{I,y}\end{bmatrix} \tag{6.22d}$$

$$\boldsymbol{D}=\begin{bmatrix}\boldsymbol{D}^0 & -\boldsymbol{D}^1 & -\boldsymbol{D}^4 & \boldsymbol{D}^6 & \boldsymbol{D}^5\\ -\boldsymbol{D}^1 & \boldsymbol{D}^2 & \boldsymbol{D}^3 & -\boldsymbol{D}^7 & -\boldsymbol{D}^8\\ -\boldsymbol{D}^4 & \boldsymbol{D}^3 & \boldsymbol{D}^9 & -\boldsymbol{D}^{11} & -\boldsymbol{D}^{10}\\ \boldsymbol{D}^6 & -\boldsymbol{D}^7 & -\boldsymbol{D}^{11} & \boldsymbol{D}^{12} & \boldsymbol{D}^{13}\\ \boldsymbol{D}^5 & -\boldsymbol{D}^8 & -\boldsymbol{D}^{10} & \boldsymbol{D}^{13} & \boldsymbol{D}^{14}\end{bmatrix} \tag{6.22e}$$

且

$$\begin{aligned}&(\boldsymbol{D}^0,\boldsymbol{D}^1,\boldsymbol{D}^2,\boldsymbol{D}^3,\boldsymbol{D}^4,\boldsymbol{D}^5,\boldsymbol{D}^6,\boldsymbol{D}^7,\boldsymbol{D}^8,\boldsymbol{D}^9,\boldsymbol{D}^{10},\boldsymbol{D}^{11},\boldsymbol{D}^{12},\boldsymbol{D}^{13},\boldsymbol{D}^{14})\\ &=\int_{-t/2}^{t/2}\boldsymbol{D}_0(1,z,z^2,zf,f,g,g_{,z},zg_{,z},zg,f^2,gf,fg_{,z},(g_{,z})^2,gg_{,z},g^2)\mathrm{d}z\end{aligned} \tag{6.23}$$

将式 (6.15) 代入式 (6.11)，可得到

$$\boldsymbol{u}^0=\sum_{i=1}^{\mathrm{NP}}\boldsymbol{N}_i^0\boldsymbol{u}_i,\quad \boldsymbol{u}^1=\sum_{i=1}^{\mathrm{NP}}\boldsymbol{N}_i^1\boldsymbol{u}_i,\quad \boldsymbol{u}^2=\sum_{i=1}^{\mathrm{NP}}\boldsymbol{N}_i^2\boldsymbol{u}_i,\quad \boldsymbol{u}^3=\sum_{i=1}^{\mathrm{NP}}\boldsymbol{N}_i^3\boldsymbol{u}_i \tag{6.24}$$

其中，

$$\begin{aligned}&\boldsymbol{N}_i^0=H(\boldsymbol{x})\begin{bmatrix}R_i & 0 & 0 & 0 & 0\\ 0 & R_i & 0 & 0 & 0\\ 0 & 0 & R_i & R_i & 0\end{bmatrix},\quad \boldsymbol{N}_i^1=H(\boldsymbol{x})\begin{bmatrix}0 & 0 & R_{i,x} & 0 & 0\\ 0 & 0 & R_{i,y} & 0 & 0\\ 0 & 0 & 0 & 0 & 0\end{bmatrix}\\ &\boldsymbol{N}_i^2=H(\boldsymbol{x})\begin{bmatrix}0 & 0 & 0 & R_{i,x} & 0\\ 0 & 0 & 0 & R_{i,y} & 0\\ 0 & 0 & 0 & 0 & 0\end{bmatrix},\quad \boldsymbol{N}_i^3=H(\boldsymbol{x})\begin{bmatrix}0 & 0 & 0 & 0 & 0\\ 0 & 0 & 0 & 0 & 0\\ 0 & 0 & 0 & 0 & R_i\end{bmatrix}\end{aligned} \tag{6.25}$$

将式 (6.4)、式 (6.6) 和式 (6.15) 代入式 (6.12)，可得到功能梯度板自由振动问题的控制方程为

$$\left(\boldsymbol{K}-\omega^2\boldsymbol{M}\right)\boldsymbol{d}=0 \tag{6.26}$$

式中，ω 为自振频率；$\boldsymbol{M}$ 为整体质量矩阵，表达式如下：

$$\boldsymbol{M}=\int_{\Omega}\begin{bmatrix}\boldsymbol{N}^0\\\boldsymbol{N}^1\\\boldsymbol{N}^2\\\boldsymbol{N}^3\end{bmatrix}^{\mathrm{T}}\begin{bmatrix}m_0 & -m_1 & -m_2 & m_3\\-m_1 & m_4 & m_5 & -m_6\\-m_2 & m_5 & m_7 & -m_8\\m_3 & -m_6 & -m_8 & m_9\end{bmatrix}\begin{bmatrix}\boldsymbol{N}^0\\\boldsymbol{N}^1\\\boldsymbol{N}^2\\\boldsymbol{N}^3\end{bmatrix}\mathrm{d}\Omega \tag{6.27}$$

对于含孔洞功能梯度板的分析，实际操作时仍采用与常规等几何分析相同的位移逼近，并不采用式 (6.15)，积分时只对板上的高斯点积分，对孔洞内的高斯点不积分。采用这种方法分析含孔洞结构的优势在于建模时无须描述孔洞，避免了使用复杂的裁剪表面。采用水平集描述孔洞形状时，为了提高精度，在孔洞附近需要使用小尺度单元，自适应的优势即可体现。积分方案在第 4 章中已给出，此处不再赘述。

6.1.3 误差估计

基于 ZZ 后验误差估计方法[2]和第一阶模态中面上的应变，建立自振和屈曲分析的后验误差估计。根据每个单元的后验误差估计，结合结构网格细化策略，细化误差大的基函数，从而实现局部网格的自适应细化。

第一阶模态中面上的光滑应变场或恢复应变场可表示为[3]

$$\boldsymbol{\varepsilon}^*=H(\boldsymbol{x})\boldsymbol{R}^*\hat{\boldsymbol{c}}_\varepsilon \tag{6.28}$$

式中，$\hat{\boldsymbol{c}}_\varepsilon$ 为中面上控制点处的光滑应变；$\boldsymbol{R}^*$ 为形函数矩阵，表达式如下：

$$\boldsymbol{R}^*=\begin{bmatrix}R_1 & 0 & 0 & 0 & 0 & 0 & R_2 & 0 & \cdots\\0 & R_1 & 0 & 0 & 0 & 0 & 0 & R_2 & \cdots\\0 & 0 & R_1 & 0 & 0 & 0 & 0 & 0 & \cdots\\0 & 0 & 0 & R_1 & 0 & 0 & 0 & 0 & \cdots\\0 & 0 & 0 & 0 & R_1 & 0 & 0 & 0 & \cdots\\0 & 0 & 0 & 0 & 0 & R_1 & 0 & 0 & \cdots\end{bmatrix} \tag{6.29}$$

式中，R_i 为 LR NURBS 基函数。

通过最小二乘法拟合求解中面光滑应变场的未知矢量 $\hat{\boldsymbol{c}}_\varepsilon$，设

$$\mathcal{J}(\hat{\boldsymbol{c}}_\varepsilon)=\int_{\Omega_0}(\boldsymbol{\varepsilon}^*-\boldsymbol{\varepsilon}^h)^{\mathrm{T}}\cdot(\boldsymbol{\varepsilon}^*-\boldsymbol{\varepsilon}^h)\mathrm{d}\Omega \tag{6.30}$$

式中，Ω_0 为功能梯度板中面的物理域；$\boldsymbol{\varepsilon}^h$ 为计算应变；$\boldsymbol{\varepsilon}^*$ 为光滑应变。

为了求解 $\mathcal{J}(\hat{\boldsymbol{c}}_\varepsilon)$ 的最小值，对式 (6.30) 求导并令其等于零，可得

$$\int_{\Omega_0}(\boldsymbol{R}^*)^{\mathrm{T}}\boldsymbol{R}^*\mathrm{d}\Omega\cdot\hat{\boldsymbol{c}}_\varepsilon=\int_{\Omega_0}(\boldsymbol{R}^*)^{\mathrm{T}}\boldsymbol{\varepsilon}^h\mathrm{d}\Omega \tag{6.31}$$

求解式 (6.31) 可得到中面光滑应变场未知量 $\hat{\boldsymbol{c}}_\varepsilon$，然后由式 (6.28) 可得到光滑应变场。

根据 ZZ 后验误差估计方法[2]，将通过最小二乘法计算所得的光滑解作为精确解的近似解来求解后验误差估计。定义单元 i 的后验误差为

$$\|\boldsymbol{e}\|_{E(\Omega_0^i)}=\left[\frac{1}{2}\int_{\Omega_0^i}\left(\boldsymbol{\varepsilon}^*-\boldsymbol{\varepsilon}^h\right)^{\mathrm{T}}\boldsymbol{D}_0\left(\boldsymbol{\varepsilon}^*-\boldsymbol{\varepsilon}^h\right)\mathrm{d}\Omega\right]^{\frac{1}{2}} \tag{6.32}$$

式中，Ω_0^i 为单元 i 的面积。

板中面物理域 Ω_0 能量范数相对误差为

$$\|\boldsymbol{e}_r\|_{E(\Omega_0)}=\frac{\left[\frac{1}{2}\int_{\Omega_0}\left(\boldsymbol{\varepsilon}^*-\boldsymbol{\varepsilon}^h\right)^{\mathrm{T}}\boldsymbol{D}_0\left(\boldsymbol{\varepsilon}^*-\boldsymbol{\varepsilon}^h\right)\mathrm{d}\Omega\right]^{\frac{1}{2}}}{\left[\frac{1}{2}\int_{\Omega_0}(\boldsymbol{\varepsilon}^*)^{\mathrm{T}}\boldsymbol{D}_0\boldsymbol{\varepsilon}^*\mathrm{d}\Omega\right]^{\frac{1}{2}}}\times 100\% \tag{6.33}$$

样条的误差为样条所支撑单元的误差和，即

$$\boldsymbol{L}_j=\sum_{i\in\boldsymbol{e}^s}\|\boldsymbol{e}\|_{E\left(\Omega_0^i\right)} \tag{6.34}$$

式中，$\boldsymbol{e}^s$ 为第 j 个 LR NURBS 所支撑单元的编号集。

6.1.4 数值算例

所有算例中，采用三阶 LR NURBS 基函数，即 $p=q=3$。使用的功能梯度材料参数如表 6.1 所示。

表 6.1 功能梯度材料的属性参数

材料	弹性模量 E/GPa	密度 $\rho/(\mathrm{kg/m^3})$	泊松比 ν
Al	70	2707	0.3
ZrO_2	151	—	0.3
Si	420	—	0.3
Al_2O_3	380	3800	0.3

简支边界条件和固支边界条件的施加如下[4]。

(1) 简支 (S)：

$$v_0 = w_b = w_s = \phi_z = 0, \quad x = 0\ ,\ a \tag{6.35a}$$

$$u_0 = w_b = w_s = \phi_z = 0, \quad y = 0\ ,\ b \tag{6.35b}$$

(2) 固支 (C)：

$$u_0 = v_0 = w_b = w_s = \phi_z = \frac{\partial w_b}{\partial x} = \frac{\partial w_b}{\partial y} = \frac{\partial w_s}{\partial x} = \frac{\partial w_s}{\partial y} = \frac{\partial \phi_z}{\partial x} = \frac{\partial \phi_z}{\partial y} = 0 \tag{6.36}$$

在对边界条件进行程序化时，简支边界条件直接对其所对应的边界上控制点的自由度进行限制，对于固支边界条件，则需要在其对应边界控制点及相邻控制点进行约束以满足式 (6.36)。为了方便表达，除非特殊形状，板的边界条件描述以左边边界条件开始，逆时针排列。例如，SCFS 意味左边简支，下边固支，右边自由 (F)，上边简支。

算例 6.1　含中心圆孔方板的振动

考虑含一中心圆孔的四边固支的 Al/Al_2O_3 方板。板的边长 $a = 1\text{m}$，板的厚宽比 $t/a = 0.01$。归一化的自振频率 $\tilde{\omega} = \left[\dfrac{\rho_c t \omega^2 a^4}{D(1-v^2)}\right]^{1/4}$，$D = \dfrac{E_c t^3}{12(1-v^2)}$，$\omega$ 为板的振动频率，ρ_c 和 E_c 分别为 Al_2O_3 的密度和弹性模量。

在不同功能梯度指数和不同孔半径下的归一化频率如表 6.2 和表 6.3 所示。可以发现，孔洞半径和梯度指数对板的振动频率影响都比较大，随着梯度指数的增大，振动频率逐渐减小；随着孔洞半径的增大，振动频率逐渐增大。目前得到的数值结果与参考解吻合较好。

表 6.2　四周固支含圆孔功能梯度板的无量纲振动频率对比 (n = 0, 0.2, 1)

r/a	模态	$n=0$		$n=0.2$		$n=1$	
		参考解[5]	目前方法	参考解[5]	目前方法	参考解[5]	目前方法
0.1	1	6.1834	6.1894	5.9571	5.9704	5.4028	5.4399
	2	8.6581	8.6689	8.3422	8.3607	7.5676	7.6245
	3	8.6581	8.6689	8.3422	8.3607	7.5676	7.6245
	4	10.5024	10.5273	10.1185	10.1548	9.1776	9.2655
	5	11.5466	11.5658	11.1247	11.1586	10.0906	10.1848
0.2	1	6.8938	6.9103	6.6415	6.6603	6.0234	6.0669
	2	8.3677	8.4093	8.0623	8.1046	7.3136	7.3818
	3	8.3677	8.4118	8.0623	8.1070	7.3136	7.3823
	4	10.1923	10.2282	9.8200	10.8595	8.9075	8.9991

续表

r/a	模态	$n=0$		$n=0.2$		$n=1$	
		参考解[5]	目前方法	参考解[5]	目前方法	参考解[5]	目前方法
0.2	5	11.1559	11.1988	10.7488	11.7946	9.7506	9.8366
0.3	1	8.8640	8.9097	8.5398	8.5992	7.7452	7.8245
	2	9.4519	9.5035	9.1067	9.1711	8.2604	8.3377
	3	9.4519	9.5035	9.1067	9.1719	8.2604	8.3377
	4	10.3434	10.3893	9.9661	10.0290	9.0408	9.1107
	5	11.7957	11.8877	11.3658	11.4601	10.3112	10.4214

表 6.3 四周固支含圆孔功能梯度板的无量纲振动频率对比 (n = 2, 5, 10)

r/a	模态	$n=0$		$n=5$		$n=10$	
		参考解[5]	目前方法	参考解[5]	目前方法	参考解[5]	目前方法
0.1	1	5.1519	5.2019	5.0164	5.0597	4.9363	4.9648
	2	7.2160	7.2946	7.0236	7.0929	6.9097	6.9575
	3	7.2160	7.2947	7.0236	7.0929	6.9097	6.9575
	4	8.7513	8.8703	8.5199	8.6226	8.3830	8.4530
	5	9.6218	9.7467	9.3668	9.4570	9.2159	9.2877
0.2	1	5.7437	5.8021	5.5927	5.6440	5.5034	5.5400
	2	6.9739	7.0523	6.7881	6.8618	6.6780	6.7373
	3	6.9739	7.0546	6.7881	6.8635	6.6780	6.7390
	4	8.4937	8.6045	8.2682	8.3684	8.1347	8.2090
	5	9.2976	9.4055	9.0497	9.1466	8.9029	8.9741
0.3	1	7.3855	7.4803	7.1909	7.2756	7.0758	7.1390
	2	7.8767	7.9669	7.6676	7.7495	7.5438	7.6082
	3	7.8767	7.9669	7.6676	7.7498	7.5438	7.6082
	4	8.6207	8.7031	8.3905	8.4662	8.2541	8.3135
	5	9.8319	9.9532	9.5683	9.6820	9.4121	9.5088

当边界条件为四周简支，在孔洞半径与边长之比 $r/a=0.3$ 和功能梯度指数 $n=1$ 时，设初始单元数为 16×16，含圆孔功能梯度板的自适应细化图如图 6.2 所示。细化区域主要集中在孔洞附近，这是由于孔洞附近存在应力集中。

在不同边界条件和功能梯度指数下，无量纲振动频率与参考解的对比如图 6.3 所示。由图可见，在四周固支的情况下，自适应扩展等几何分析得到的解比扩展等几何分析参考解[5]略高。在边界条件为 CSCS 和 SSSS 的情况下，自适应扩展等几何分析得到的解与扩展等几何分析参考解[5]非常相近。由图可以发现，随着梯度指数的增大，无量纲振动频率减小，表明边界约束对板的振动频率具有非常大的影响。

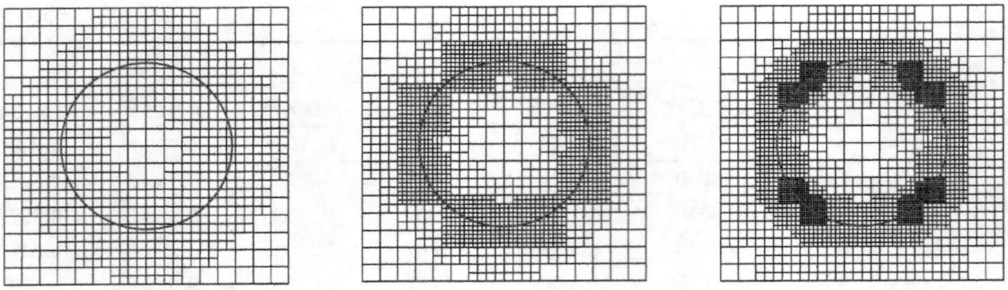

(a) 第一次细化　　(b) 第二次细化　　(c) 第三次细化

图 6.2　含圆孔功能梯度板的自适应局部细化过程

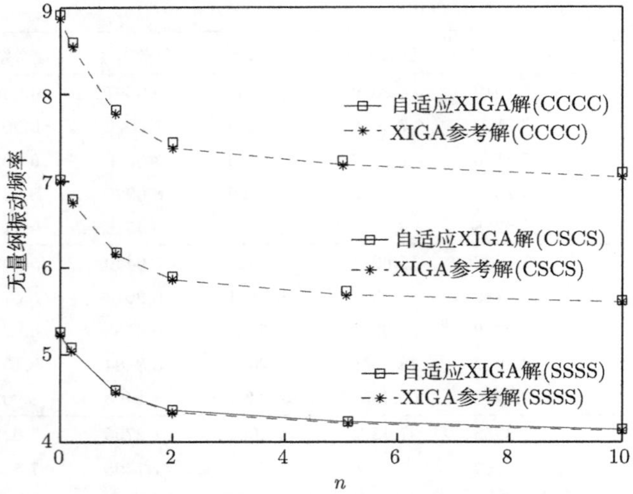

图 6.3　不同边界条件和梯度指数下的无量纲振动频率对比曲线

算例 6.2　含星形孔方板的振动

图 6.4 为含一星形孔洞且四边简支的 Al/Al_2O_3 方板，板的功能梯度指数 $n=1$。归一化频率为 $\tilde{\omega}=\left[\dfrac{\rho_c\omega^2a^4}{D(1-v^2)}\right]^{1/4}$，$D=\dfrac{E_c}{12(1-v^2)}$，$\omega$ 为板的振动频率，ρ_c 和 E_c 分别为 Al_2O_3 的密度和弹性模量。星形孔洞上点的坐标为 (x,y)，$x=5+r\cos\alpha$，$y=5+r\sin\alpha$，其中，$r=0.3+0.8(1+\sin 5\alpha)$，$\alpha\in[0,2\pi)$。板的边长 $a=10\text{m}$。

当 $t/a=0.1$ 时，含有星形孔洞的功能梯度板的前三次细化图如 6.5 所示。由图可见，在简支条件下自适应的细化位置主要出现在孔洞的边缘附近，随着细化步的增加，网格加密的位置向着星形孔洞的五个尖角位置靠拢，可见尖角处的误差相对于板的其他位置误差更大，这是由尖角位置应力集中造成的。

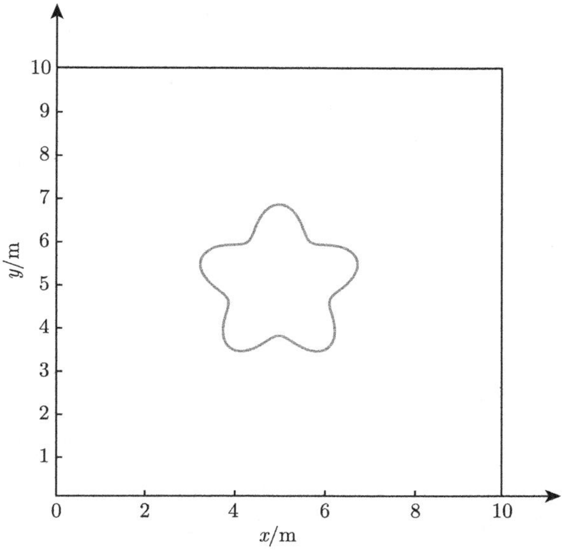

图 6.4 星孔板模型

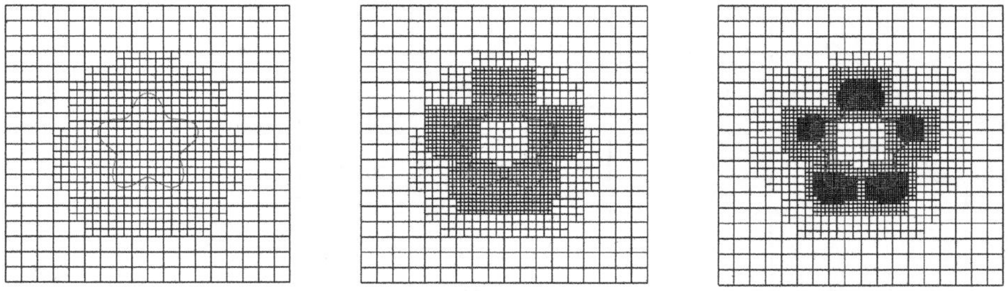

(a) 第一次细化 (b) 第二次细化 (c) 第三次细化

图 6.5 含星形孔洞功能梯度板的自适应局部细化过程

图 6.6 给出了在 $t/a = 0.01$、$t/a = 0.05$ 和 $t/a = 0.1$ 的情况下无量纲振动频率的收敛曲线。由图可见，含星形孔洞功能梯度板的无量纲振动频率均收敛于一个稳定值，并且板厚越大，振动频率越小。

算例 6.3 含方形孔方板的屈曲

考虑四周简支并受到 x 方向均匀作用力的 Al/ZrO_2 方板，如图 6.7 所示。方板的边长 $a = 1\text{m}$，方形孔洞的边长为 c，板的厚宽比 $t/a = 100$。板的临界屈曲荷载通过公式 $\hat{N}_{\text{cr}} = N_{\text{cr}}a^2/(\pi^2 D)$ 进行归一化处理，其中 N_{cr} 为临界屈曲荷载，$D = E_m h^3/[12(1-\nu)]$，E_m 为铝的弹性模量。

图 6.8 为前三次自适应细化图。由细化的过程可以发现，网格细化的位置主要集中在方形孔洞周围及其四个角点附近，并且随着细化步的增加，角点处的网

格变得越来越密集，这是因为角点处的应力集中更严重。

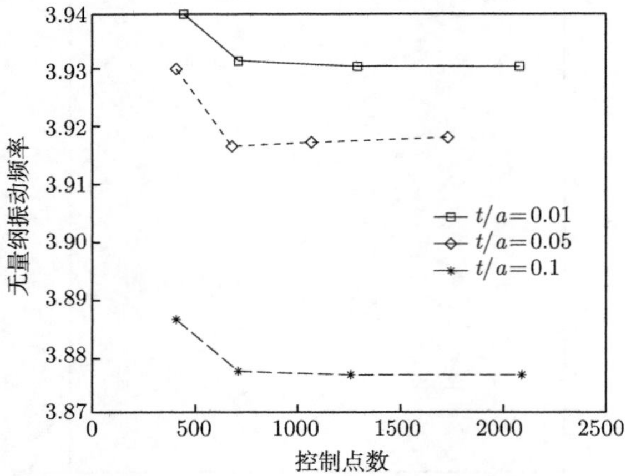

图 6.6 不同 t/a 下的无量纲振动频率的收敛曲线

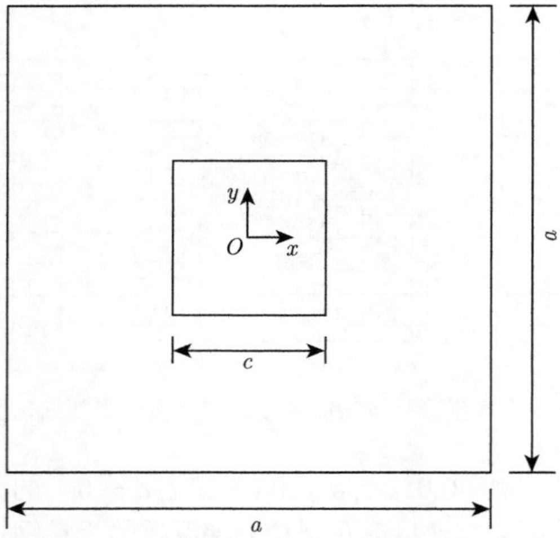

图 6.7 含方形孔的功能梯度板示意图

图 6.9 和图 6.10 分别给出了不同 c/a 下功能梯度板的归一化临界屈曲荷载和能量范数相对误差的收敛曲线。由归一化临界屈曲荷载的收敛曲线可以看出，自适应局部细化的收敛速度快于均匀全局细化。由能量范数相对误差的收敛曲线可以发现，两者的误差均逐渐减小，并且自适应局部细化的收敛速度更快，自适应局部细化使用较少的控制点数就能获得较小的误差。

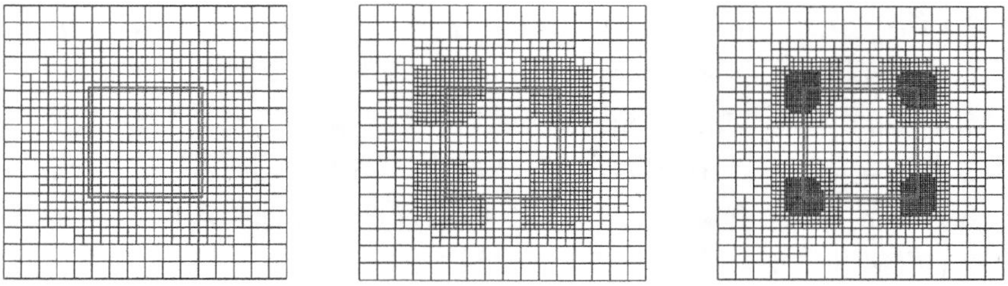

(a) 第一次细化　　(b) 第二次细化　　(c) 第三次细化

图 6.8 含方形孔洞的功能梯度板 ($n=1$、$c/a=0.4$) 的前三次自适应局部细化

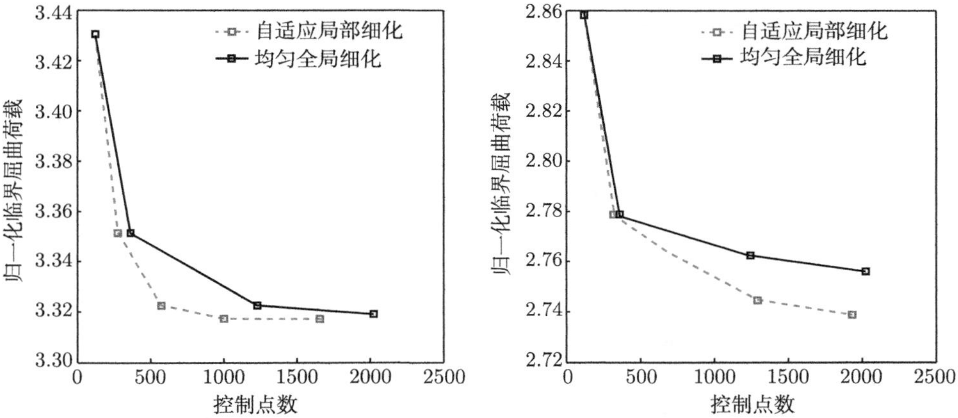

(a) $c/a=0.4$, $n=1$　　(b) $c/a=0.6$, $n=1$

图 6.9 不同 c/a 下归一化临界屈曲荷载的收敛曲线

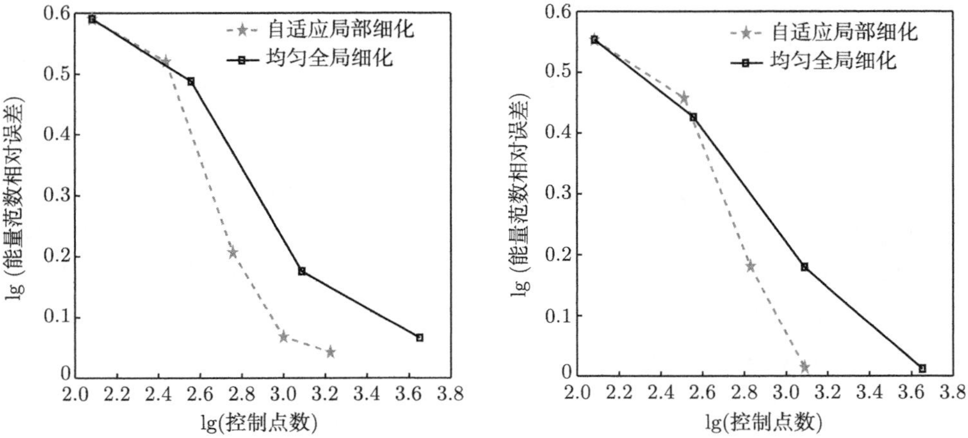

(a) $c/a=0.4$, $n=1$　　(b) $c/a=0.6$, $n=1$

图 6.10 不同 c/a 下能量范数相对误差的收敛曲线

表 6.4 给出了当 $c/a = 0.4$ 和 $c/a = 0.6$ 和 $n = 1$、$n = 2$ 和 $n = 5$ 时板的归一化临界屈曲荷载。可以发现，本文方法得到的结果与无网格法（文献 [6]）得到的结果吻合较好；随着功能梯度指数的增大，归一化临界屈曲荷载逐渐减小；随着孔洞边长的增大，归一化临界屈曲荷载减小。图 6.11 和图 6.12 分别给出了简支功能梯度板在 $c/a = 0.4$ 和 $c/a = 0.6$ 时的前四阶屈曲模态图，前三阶屈曲模态两者非常相似，但第四阶屈曲模态出现很大的不同。

表 6.4 不同 c/a 和梯度指数的归一化临界屈曲荷载对比

c/a	模态	方法	梯度指数		
			$n=1$	$n=2$	$n=5$
0.4	1	Element-free kp-Ritz [6]	3.3344	3.0533	2.8329
		本文方法	3.3173	3.0424	2.8209
	2	Element-free kp-Ritz [6]	7.7186	7.0664	6.5629
		本文方法	7.7657	7.1235	6.6016
	3	Element-free kp-Ritz [6]	16.8712	15.4523	14.3511
		本文方法	17.3152	15.8804	14.7203
	4	Element-free kp-Ritz [6]	18.7371	17.1685	15.9291
		本文方法	19.3372	17.7530	16.4180
0.6	1	Element-free kp-Ritz [6]	2.7895	2.5528	2.3658
		本文方法	2.7448	2.5167	2.3349
	2	Element-free kp-Ritz [6]	4.0323	3.6903	3.4238
		本文方法	4.0706	3.7323	3.4625
	3	Element-free kp-Ritz [6]	12.8208	11.7349	10.8869
		本文方法	12.9471	11.8719	11.0081
	4	Element-free kp-Ritz [6]	15.5077	14.1922	13.1745
		本文方法	15.7677	14.4602	13.4032

算例 6.4 含星形孔复杂板的屈曲

该算例用来验证本文方法对于复杂形板的适用性。Al/Al_2O_3 板的几何模型和初始网格如图 6.13 所示，控制点的坐标和权重在表 6.5 中给出。功能梯度指数为 1，板厚 0.1m。板的四周为简支约束，并在左右两边受到 x 方向的均匀荷载作用。归一化临界屈曲荷载为 $\hat{N}_{\rm cr} = N_{\rm cr}/(\pi^2 D)$，$D = E_m h^3/[12(1-\nu)]$，$E_m$ 为 Al 的弹性模量。星形孔洞的表达式如下：

$$x = [0.3 + 0.08(1 + \sin 5\theta)] \cos\theta \tag{6.37a}$$

$$y = 2.2 + [0.3 + 0.08(1 + \sin 5\theta)] \sin\theta \tag{6.37b}$$

式中，$\theta \in [0, 2\pi]$；x、y 为孔洞上点的横纵坐标，单位为米 (m)。

(a) 第一阶

(b) 第二阶

(c) 第三阶

(d) 第四阶

图 6.11　$c/a = 0.4$ 和 $n = 1$ 时前四阶屈曲模态图

(a) 第一阶

(b) 第二阶

(c) 第三阶

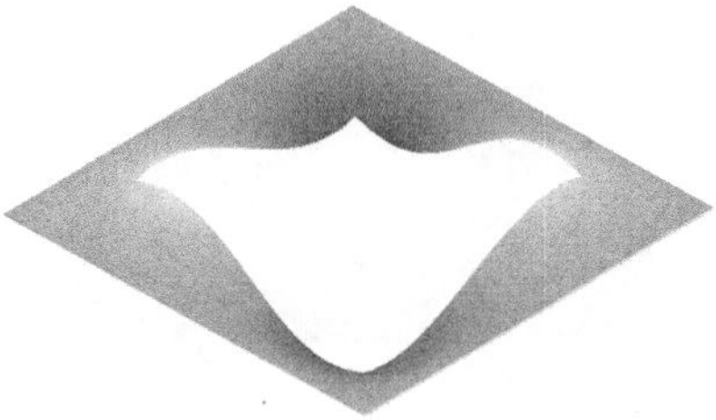

(d) 第四阶

图 6.12　$c/a = 0.6$ 和 $n = 1$ 时前四阶屈曲模态图

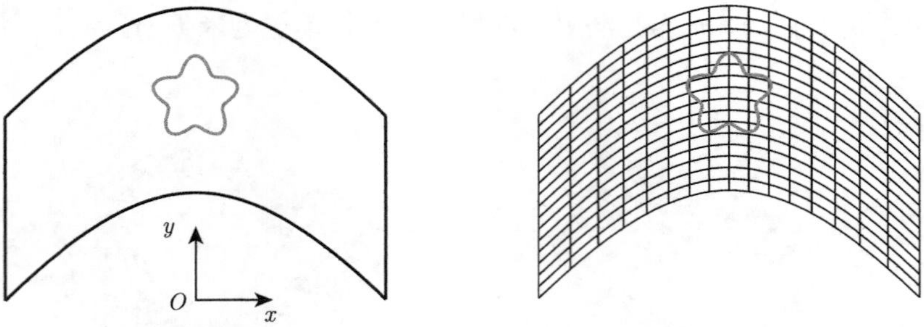

(a) 几何模型　　(b) 初始网格

图 6.13　含有星形孔洞的平板模型

表 6.5　板的控制点坐标和权重信息

控制点	P_1	P_2	P_3	P_4	P_5	P_6	P_7	P_8	P_9
坐标	(−2,0)	(0, 2)	(2, 0)	(−2, 1)	(0, 3)	(2, 1)	(−2, 2)	(0, 4)	(2, 2)
权重	1	$\sqrt{2}$	1	1	$\sqrt{2}$	1	1	$\sqrt{2}$	1

图 6.14 为前三次自适应细化图，细化区域主要出现在孔洞附近，同时在板的上下边缘处也有分布。初始网格下的归一化临界屈曲荷载为 1.9754，前四次细化网格得到的结果分别为 1.9154、1.9110、1.9107 和 1.9101，可见从第二次之后结果逐渐稳定。图 6.15 为板的前四阶屈曲模态，位移大的区域集中在孔洞附近。

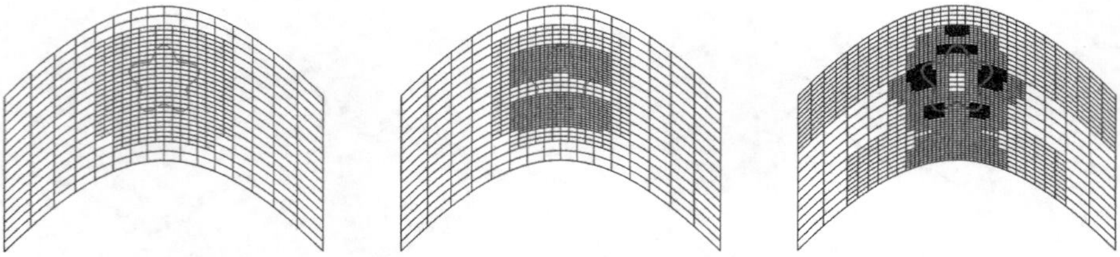

(a) 第一次细化　　(b) 第二次细化　　(c) 第三次细化

图 6.14　含星形孔洞功能梯度板的自适应细化网格

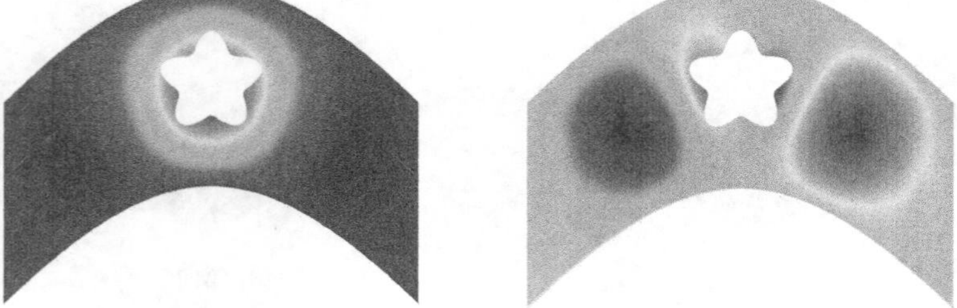

(a) 第一阶　　(b) 第二阶

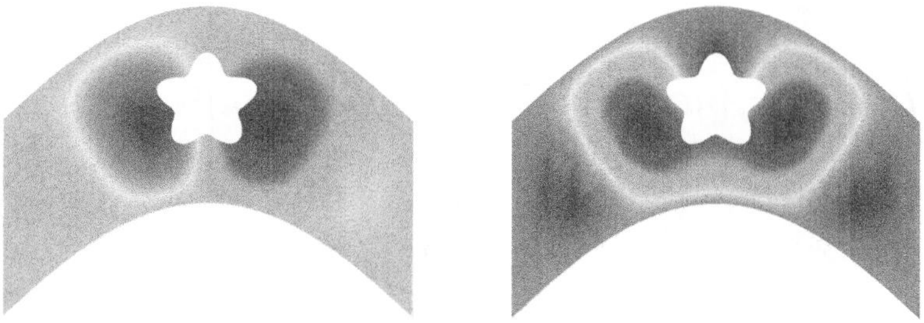

(c) 第三阶　　(d) 第四阶

图 6.15　含星形孔洞功能梯度板的前四阶屈曲模态

6.2　含裂纹功能梯度板的振动和屈曲分析

6.2.1　问题描述

图 6.16 为含裂纹的功能梯度板，板的厚度为 t，x 轴和 y 轴所在平面为板的中面，z 轴垂直于板的中面，裂纹完全贯穿板。板的下表面和上表面分别为金属和陶瓷。材料的弹性模量、密度沿板厚度方向呈指数变化，见式 (6.1)。

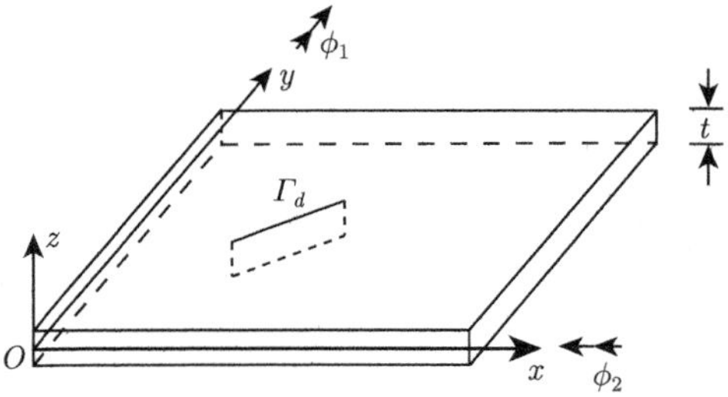

图 6.16　含裂纹功能梯度板示意图

根据 Reissner-Mindlin 板理论[7]，板内任意一点在 x、y 和 z 方向的位移为

$$u(x,y,z) = z\phi_1(x,y) \tag{6.38a}$$

$$v(x,y,z) = z\phi_2(x,y) \tag{6.38b}$$

$$w(x,y,z) = w_0(x,y) \tag{6.38c}$$

式中，$\phi_1(x,y)$ 和 $\phi_2(x,y)$ 分别为板绕 y 轴和 x 轴的转角；w 为板中面的挠度（沿 z 轴方向）。

在小变形条件下，板的弯曲应变 $\boldsymbol{\varepsilon}_b$ 和剪切应变 $\boldsymbol{\varepsilon}_s$ 的表达式见式 (5.86)，截面上弯矩 $\boldsymbol{M}$ 和剪力 $\boldsymbol{Q}$ 的表达式见式 (5.88)。

对于功能梯度板的自由振动分析，其弱形式如下：

$$\int_{\Omega}(\delta\boldsymbol{\varepsilon}_0)^{\mathrm{T}}\boldsymbol{D}_b\boldsymbol{\varepsilon}_0\mathrm{d}\Omega+\int_{\Omega}(\delta\boldsymbol{\varepsilon}_s)^{\mathrm{T}}\boldsymbol{D}_s\boldsymbol{\varepsilon}_s\mathrm{d}\Omega=\int_{\Omega}(\delta\boldsymbol{u})^{\mathrm{T}}\boldsymbol{m}\ddot{\boldsymbol{u}}\mathrm{d}\Omega \tag{6.39}$$

式中，$\ddot{\boldsymbol{u}}$ 为位移对时间的二阶导数；Ω 为功能梯度板的中面域；$\boldsymbol{\varepsilon}_0$、$\boldsymbol{D}_b$ 和 $\boldsymbol{D}_s$ 的表达式见式 (5.86) 和式 (5.89)，质量矩阵 $\boldsymbol{m}$ 可表示为

$$\boldsymbol{m}=\begin{bmatrix} m_1 & 0 & 0 \\ 0 & m_2 & 0 \\ 0 & 0 & m_3 \end{bmatrix} \tag{6.40}$$

且

$$(m_1,m_2,m_3)=\int_{-t/2}^{t/2}\rho(z)(1,z^2,z^2)\mathrm{d}z \tag{6.41}$$

对于功能梯度板的屈曲分析，其弱形式为

$$\begin{aligned}&\int_{\Omega}(\delta\boldsymbol{\varepsilon}_0)^{\mathrm{T}}\boldsymbol{D}_b\boldsymbol{\varepsilon}_0\mathrm{d}\Omega+\int_{\Omega}(\delta\boldsymbol{\varepsilon}_s)^{\mathrm{T}}\boldsymbol{D}_s\boldsymbol{\varepsilon}_s\mathrm{d}\Omega+t\int_{\Omega}\boldsymbol{\nabla}^{\mathrm{T}}\delta w\hat{\boldsymbol{\sigma}}_0\boldsymbol{\nabla}w\mathrm{d}\Omega\\&+\frac{t^3}{12}\int_{\Omega}\begin{bmatrix}\boldsymbol{\nabla}^{\mathrm{T}}\delta\phi_1 & \boldsymbol{\nabla}^{\mathrm{T}}\delta\phi_2\end{bmatrix}\begin{bmatrix}\hat{\boldsymbol{\sigma}}_0 & 0\\ 0 & \hat{\boldsymbol{\sigma}}_0\end{bmatrix}\begin{bmatrix}\boldsymbol{\nabla}^{\mathrm{T}}\delta\phi_1\\ \boldsymbol{\nabla}^{\mathrm{T}}\delta\phi_2\end{bmatrix}\mathrm{d}\Omega=0\end{aligned} \tag{6.42}$$

式中，$\boldsymbol{\sigma}_0=\begin{bmatrix}\sigma_x^0 & \tau_{xy}^0\\ \tau_{xy}^0 & \sigma_y^0\end{bmatrix}$ 为预屈曲应力；$\boldsymbol{\nabla}^{\mathrm{T}}=\begin{bmatrix}\dfrac{\partial}{\partial x} & \dfrac{\partial}{\partial y}\end{bmatrix}$ 为梯度因子。

6.2.2 控制方程

根据 Reissner-Mindlin 板理论，开裂板扩展等几何分析位移模式可表示为式 (5.94)。结合几何方程和物理方程，由式 (6.39) 和式 (6.42) 可得功能梯度板振动和屈曲问题的控制方程分别为

$$(\boldsymbol{K}-\omega^2\boldsymbol{M})\boldsymbol{\delta}=0 \tag{6.43a}$$

$$(\boldsymbol{K}-\lambda_{\mathrm{cr}}\boldsymbol{K}_g)\boldsymbol{\delta}=0 \tag{6.43b}$$

式中，ω 和 λ_{cr} 分别为振动频率和屈曲荷载；$\boldsymbol{\delta}$ 为整体的控制点未知量向量；$\boldsymbol{K}$、$\boldsymbol{M}$ 和 $\boldsymbol{K}_g$ 分别为整体劲度矩阵、质量矩阵和几何劲度矩阵。$\boldsymbol{K}$ 的表达式在 5.3 节中已给出，$\boldsymbol{M}$ 和 $\boldsymbol{K}_g$ 的表达式如下：

$$\boldsymbol{M}=\int_{\Omega}\boldsymbol{N}^{\mathrm{T}}\boldsymbol{m}\boldsymbol{N}\mathrm{d}\Omega \tag{6.44a}$$

$$\boldsymbol{K}_g = t\int_{\Omega} \boldsymbol{G}_b^{\mathrm{T}} \hat{\boldsymbol{\sigma}}_0 \boldsymbol{G}_b \mathrm{d}\Omega + \frac{t^3}{12}\int_{\Omega} \boldsymbol{G}_{s1}^{\mathrm{T}} \hat{\boldsymbol{\sigma}}_0 \boldsymbol{G}_{s1} \mathrm{d}\Omega + \frac{t^3}{12}\int_{\Omega} \boldsymbol{G}_{s2}^{\mathrm{T}} \hat{\boldsymbol{\sigma}}_0 \boldsymbol{G}_{s2} \mathrm{d}\Omega \tag{6.44b}$$

其中，

$$\boldsymbol{N} = [\boldsymbol{N}^u \mid \boldsymbol{N}^d \mid \boldsymbol{N}^{c\alpha}], \quad \boldsymbol{G}_b = [\boldsymbol{G}_b^u \mid \boldsymbol{G}_b^d \mid \boldsymbol{G}_b^{c\alpha}]$$

$$\boldsymbol{G}_{s1} = [\boldsymbol{G}_{s1}^u \mid \boldsymbol{G}_{s1}^d \mid \boldsymbol{G}_{s1}^{c\alpha}], \quad \boldsymbol{G}_{s2} = [\boldsymbol{G}_{s2}^u \mid \boldsymbol{G}_{s2}^d \mid \boldsymbol{G}_{s2}^{c\alpha}]$$

相应的子矩阵可以表示为

$$\boldsymbol{N}^u = \begin{bmatrix} 0 & R_i & 0 \\ 0 & 0 & R_i \\ R_i & 0 & 0 \end{bmatrix} \tag{6.45a}$$

$$\boldsymbol{N}^d = \begin{bmatrix} 0 & \widetilde{H}R_i & 0 \\ 0 & 0 & \widetilde{H}R_i \\ \widetilde{H}R_i & 0 & 0 \end{bmatrix} \tag{6.45b}$$

$$\boldsymbol{N}^{c\alpha} = \begin{bmatrix} 0 & \widetilde{F}_\alpha R_i & 0 \\ 0 & 0 & \widetilde{F}_\alpha R_i \\ \widetilde{G}_\alpha R_i & 0 & 0 \end{bmatrix}, \quad \alpha = 1,2,3,4 \tag{6.45c}$$

$$\boldsymbol{N}^{c5} = \begin{bmatrix} 0 & 0 & 0 \\ 0 & 0 & 0 \\ \widetilde{G}_5 R_i & 0 & 0 \end{bmatrix} \tag{6.45d}$$

$$\boldsymbol{G}_b^u = \begin{bmatrix} R_{i,x} & 0 & 0 \\ R_{i,y} & 0 & 0 \end{bmatrix} \tag{6.46a}$$

$$\boldsymbol{G}_b^d = \begin{bmatrix} \widetilde{H}R_{i,x} & 0 & 0 \\ \widetilde{H}R_{i,y} & 0 & 0 \end{bmatrix} \tag{6.46b}$$

$$\boldsymbol{G}_b^{c\alpha} = \begin{bmatrix} \widetilde{G}_\alpha R_{i,x} & 0 & 0 \\ \widetilde{G}_\alpha R_{i,y} & 0 & 0 \end{bmatrix}, \quad \alpha = 1,2,3,4,5 \tag{6.46c}$$

$$\boldsymbol{G}_{s1}^u = \begin{bmatrix} 0 & R_{i,x} & 0 \\ 0 & R_{i,y} & 0 \end{bmatrix} \tag{6.47a}$$

$$\boldsymbol{G}_{s1}^d = \begin{bmatrix} 0 & \widetilde{H}R_{i,x} & 0 \\ 0 & \widetilde{H}R_{i,y} & 0 \end{bmatrix} \tag{6.47b}$$

$$\boldsymbol{G}_{s1}^{c\alpha} = \begin{bmatrix} 0 & \widetilde{F}_\alpha R_{i,x} & 0 \\ 0 & \widetilde{F}_\alpha R_{i,y} & 0 \end{bmatrix}, \quad \alpha = 1,2,3,4 \tag{6.47c}$$

$$\boldsymbol{G}_{s1}^{c5} = \begin{bmatrix} 0 & 0 & 0 \\ 0 & 0 & 0 \end{bmatrix} \tag{6.47d}$$

$$\boldsymbol{G}_{s2}^{u} = \begin{bmatrix} 0 & 0 & R_{i,x} \\ 0 & 0 & R_{i,y} \end{bmatrix} \tag{6.48a}$$

$$\boldsymbol{G}_{s2}^{d} = \begin{bmatrix} 0 & 0 & \widetilde{H} R_{i,x} \\ 0 & 0 & \widetilde{H} R_{i,y} \end{bmatrix} \tag{6.48b}$$

$$\boldsymbol{G}_{s2}^{c\alpha} = \begin{bmatrix} 0 & 0 & \widetilde{F}_\alpha R_{i,x} \\ 0 & 0 & \widetilde{F}_\alpha R_{i,y} \end{bmatrix}, \quad \alpha = 1,2,3,4 \tag{6.48c}$$

$$\boldsymbol{G}_{s2}^{c5} = \begin{bmatrix} 0 & 0 & 0 \\ 0 & 0 & 0 \end{bmatrix} \tag{6.48d}$$

式中，R_i 为 LR NURBS 基函数；$\widetilde{H}$、$\widetilde{G}_\alpha$ 和 $\widetilde{F}_\alpha$ 的表达式分别见式 (5.95a)、式 (5.95b) 和式 (5.95c)。

第 5 章已详细介绍了断裂问题的扩展等几何分析积分方案，该积分方案也可用于含裂纹功能梯度板振动和屈曲分析，此处不再叙述。

6.2.3 误差估计

含裂纹功能梯度板的自适应过程与含孔洞功能梯度板的自适应过程类似，通过使用扩展等几何分析计算出的振动频率和临界屈曲荷载所对应的第一阶模态进行应力场恢复，使用最小二乘法计算恢复应力场，计算单元的相对 L_2 范数误差求得 LR NURNS 基函数误差，针对误差值大的基函数进行细化。第 5 章已详细介绍了 Reissner-Mindlin 板断裂问题的恢复应力场的计算，此处不再叙述。

通过对 LR NURBS 基函数的处理实现网格细化。基函数对单元起着支撑作用，因此要实现局部单元的细化，只需要找到支撑其所对应的基函数即可。为了确定需要被细化的单元，需要求得单元的误差。单元的误差定义如下：

$$\|E\|_e = \sqrt{\frac{1}{\Omega_e} \int_{\Omega_e} (\boldsymbol{\sigma}^s - \boldsymbol{\sigma}^h)^{\mathrm{T}} (\boldsymbol{\sigma}^s - \boldsymbol{\sigma}^h) \, \mathrm{d}\Omega} \tag{6.49}$$

式中，Ω_e 为单元 e 所在的中面域；$\boldsymbol{\sigma}^s$ 和 $\boldsymbol{\sigma}^h$ 分别为恢复应力和计算应力。

每个 LR NURBS 基函数的误差等于 LR NURBS 基函数所支持的各单元误差的总和。对所有基函数的误差进行排序，并选择最优的 $\beta\%$ 进行细化。数值模拟结果表明，对于裂纹体，选取误差值最大的 10% (单裂纹) 或者 15% (多裂纹) 进行细化较为合适。若该值很小，则细化范围很小，精度不高；若该值较大，则细化范围较大，计算成本较高。对于一个具体的问题，可以用试算的方法确定合适的值。

全域 Ω 的 L_2 范数相对误差估计定义为

$$\|E\|_r = \frac{\sqrt{\int_\Omega \left(\boldsymbol{\sigma}^s - \boldsymbol{\sigma}^h\right)^{\mathrm{T}} \left(\boldsymbol{\sigma}^s - \boldsymbol{\sigma}^h\right) \mathrm{d}\Omega}}{\sqrt{\int_\Omega (\boldsymbol{\sigma}^s)^{\mathrm{T}} \boldsymbol{\sigma}^s \mathrm{d}\Omega}} \times 100\% \tag{6.50}$$

6.2.4 数值算例

所有算例均采用三阶 LR NURBS 基函数，即 $p = q = 3$。一阶剪切变形理论涉及剪切修正因子 k，采用如下剪切修正因子[8-10]：

$$k(n,\eta) = 5/6 + C_1(\mathrm{e}^{-C_2 n} - \mathrm{e}^{-C_3 n})(10\eta - 2) - C_4(\mathrm{e}^{-C_5 n} - \mathrm{e}^{-C_6 n})(10\eta - 1) \tag{6.51}$$

式中，n 为功能梯度指数；η 为板厚度和长度的比值；C_i 为常数，如表 6.6 所示。

表 6.6 功能梯度板剪切修正因子中 C_i 的取值

材料类型	C_1	C_2	C_3	C_4	C_5	C_6
Al/ZrO_2	0.75	0.025	2.000	0.640	0.060	1.000
Al/Al_2O_3	0.560	0.001	5.450	0.420	0.095	1.175

在一阶剪切变形理论中，对边界条件的处理如下。

简支边界条件：

$$w = \varphi_2 = 0, \quad x = 0 \text{ 和 } x = a \text{ 时} \tag{6.52a}$$

$$w = \varphi_1 = 0, \quad y = 0 \text{ 和 } y = b \text{ 时} \tag{6.52b}$$

固支边界条件：

$$w = \varphi_1 = \varphi_2 = 0, \quad x = 0, \ x = a, \ y = 0 \text{ 和 } y = b \text{ 时} \tag{6.53}$$

算例 6.5 边裂纹板的振动

四周简支并含边裂纹的 Al/Al_2O_3 板，如图 6.17 所示。板的几何参数为：$b = 1\mathrm{m}$，$a/b = 1$，$t/b = 0.1$，$\alpha = 0°$，$c_y/b = 0.5$ 和 $c/b = 0.5$。计算的振动频率通过 $\omega^* = \omega(b^2/t)\sqrt{(\rho_c/E_c)}$ 进行无量纲化处理，ρ_c 和 E_c 分别为 Al_2O_3 材料的密度和弹性模量。

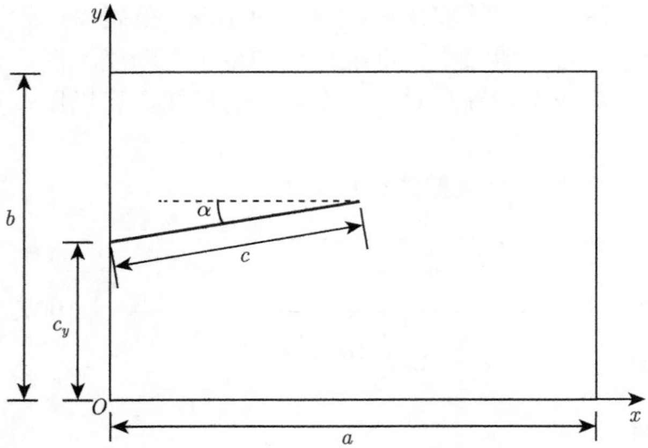

图 6.17 含有边裂纹的功能梯度板示意图

图 6.18 为功能梯度指数为 1 时的第一次、第二次和第四次自适应局部细化网格，细化位置主要集中在裂纹两端裂尖位置，这是由在振动时裂尖位置应力集中造成的。

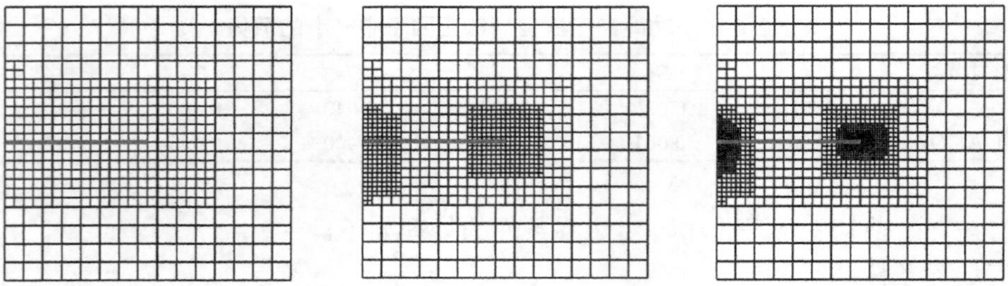

(a) 第一次细化 (b) 第二次细化 (c) 第四次细化

图 6.18 含边裂纹功能梯度板 ($n = 1$) 的自适应局部细化图

图 6.19 为含边裂纹功能梯度板 L_2 范数相对误差和无量纲振动频率的自适应局部细化和均匀全局细化的收敛对比曲线。随着单元数的增加，两种细化方式的 L_2 范数相对误差都逐渐减小，在相同单元数的情况下，自适应局部细化的误差更小，自适应局部细化相对于均匀全局细化的收敛速度更快。

表 6.7 为不同功能梯度指数下第一阶自振频率的对比。本文方法得到的结果和参考解具有高度一致性，功能梯度指数越大，振动频率越小。当功能梯度指数为 1 时，通过本文方法得到的前四阶振动模态如图 6.20 所示。第二阶振动模态 (图 6.20(b)) 和第四阶振动模态 (图 6.20(d)) 在裂纹处呈张开状，第一阶振动模态呈半正弦波状，第三阶振动模态呈完整的正弦波状。

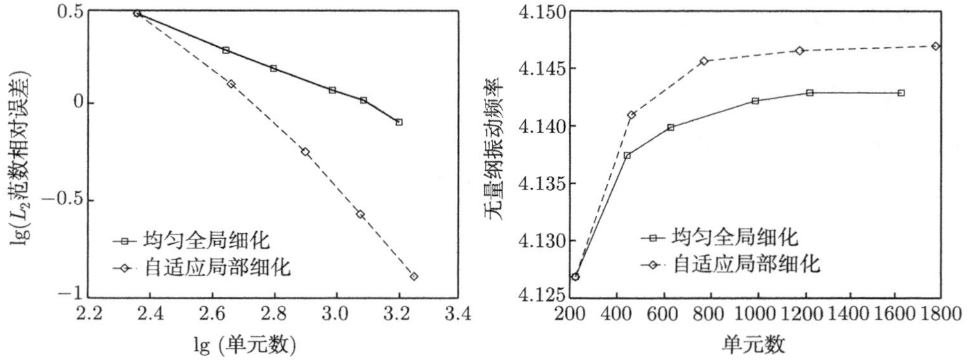

(a) L_2范数相对误差 (b) 无量纲振动频率

图 6.19 含边裂纹功能梯度板 ($n=1$) 的均匀全局细化和自适应局部细化 L_2 范数相对误差和无量纲振动频率的收敛曲线

表 6.7 四周简支含边裂纹功能梯度板的无量纲振动频率的比较

方法	$n=0$	$n=0.2$	$n=1$	$n=5$	$n=10$
Ritz method [11]	5.379	5.001	4.122	3.511	3.388
XFEM [12]	5.387	5.028	4.122	3.626	3.409
XIGA [5]	5.366	4.987	4.112	3.522	3.400
本文方法	5.377	4.980	4.147	3.529	3.376

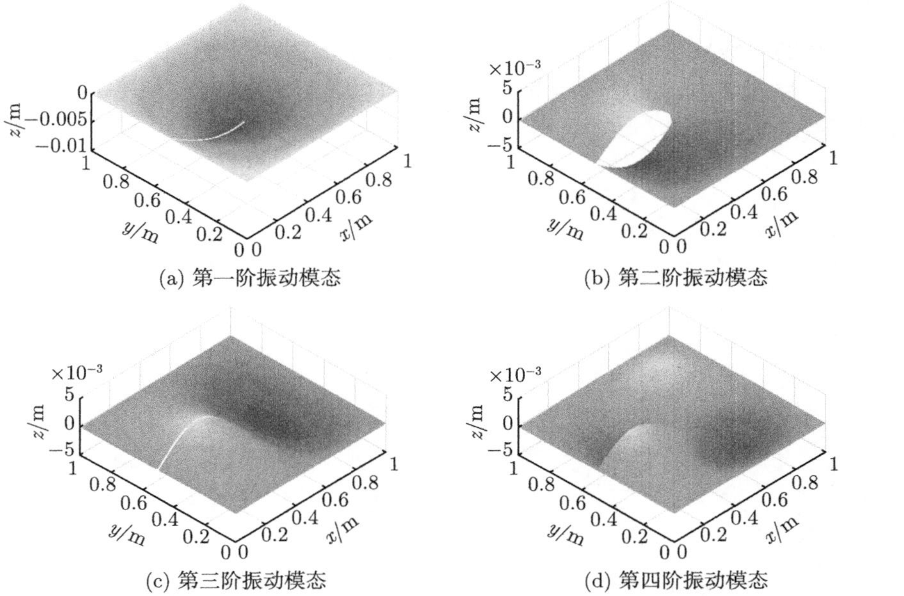

(a) 第一阶振动模态 (b) 第二阶振动模态

(c) 第三阶振动模态 (d) 第四阶振动模态

图 6.20 四周简支含有边裂纹的功能梯度板 ($n=1$) 前四阶振动模态

算例 6.6 中心裂纹环形板的振动

含有中心裂纹的环形 Al/ZrO_2 板，如图 6.21 所示。$a = 1\text{m}$，$R_1 = 6\text{m}$，$R_2 = 4\text{m}$，板厚 0.1m，板的两边固定。板的振动频率通过 $\omega^* = \omega(4/t)\sqrt{(\rho_c/E_c)}$ 进行无量纲处理，ρ_c 和 E_c 为 ZrO_2 材料的密度和弹性模量。

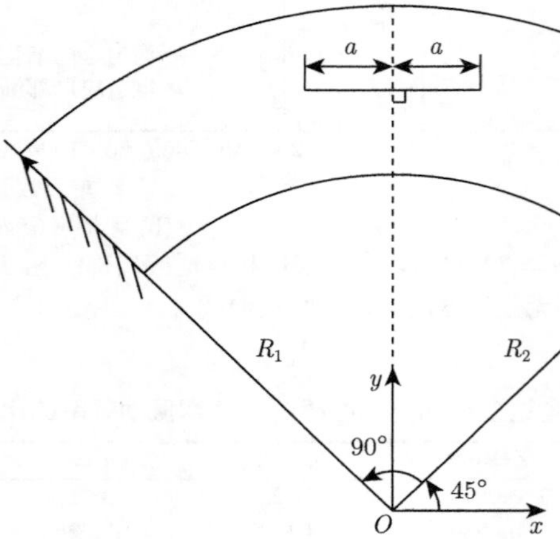

图 6.21 含中心裂纹的环形板

图 6.22 为环形板的自适应局部细化过程，单元细化的位置主要出现在固定边界和裂纹附近。图 6.23 为均匀全局细化和自适应局部细化的无量纲振动频率随单元数变化的折线图。随着单元数的增加，板的无量纲振动频率逐渐减小并趋于稳定，且两种细化方案的收敛值相差很小，但自适应局部细化与均匀全局细化相比具有更快的收敛速度。

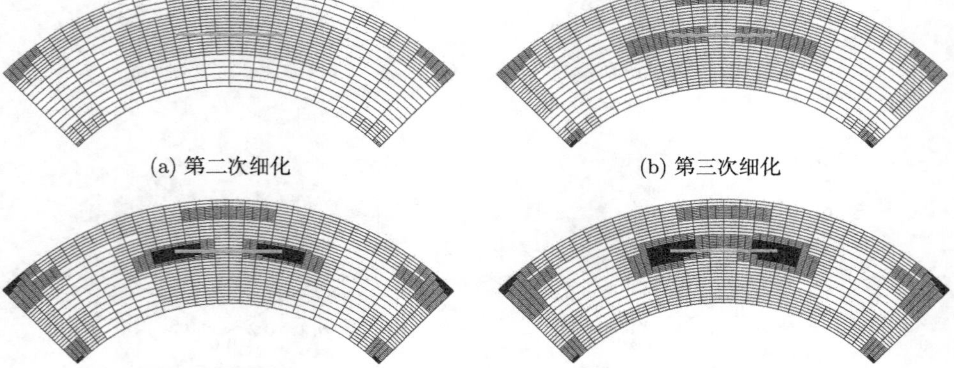

(a) 第二次细化　(b) 第三次细化

(c) 第四次细化　(d) 第六次细化

图 6.22 含中心裂纹功能梯度环形板的自适应细化过程

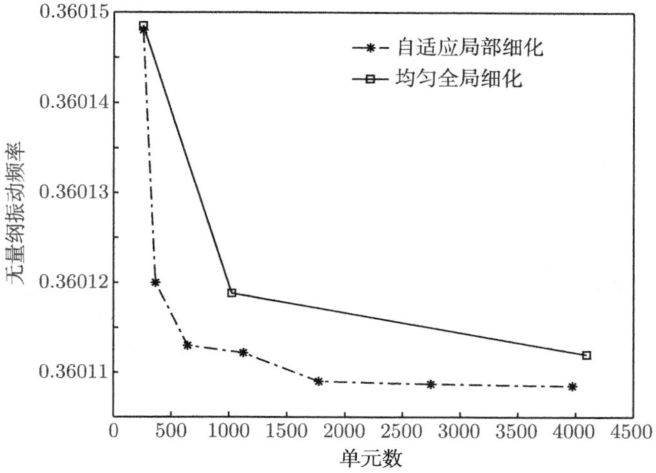

图 6.23 含中心裂纹功能梯度环形板自适应局部细化和整体细化收敛曲线对比

算例 6.7 裂纹板的屈曲

四边简支的含中心裂纹 Al/ZrO_2 板，如图 6.24 所示。为了和文献结果进行对比，ZrO_2 的弹性模量 $E_c = 151 \times 10^9\text{Pa}$，剪切修正因子为 5/6。板的几何参数为：$b/a = 1$，$t/a = 0.01$，$\alpha = 0°$，$a = 1\text{m}$。板的临界屈曲荷载通过 $N_{\text{cr}} = \sigma_x^0 \lambda_{\text{cr}} b^2 12\left(1-\nu^2\right)/\left(\pi^2 t^3 E_c\right)$ 进行归一化处理。

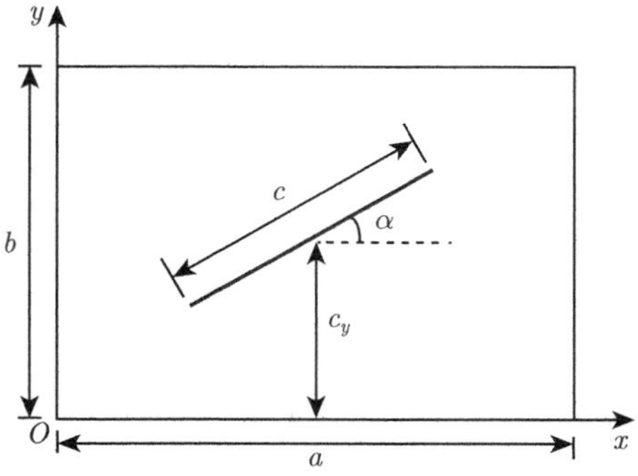

图 6.24 含中心裂纹功能梯度板几何模型

图 6.25 为前三次自适应局部细化网格，细化位置出现在裂纹附近。表 6.8 比较了不同梯度指数和裂纹长度下的屈曲荷载，本文方法和参考解吻合较好，梯度指数的增大和裂纹长度的增大均会降低屈曲荷载。

算例 6.8 双中心裂纹板的屈曲

含双中心裂纹的 Al/Al_2O_3 板，如图 6.26 所示。板的四边为简支约束，板的几何参数为：$a = 1\text{m}$，$a/b = 1$，$t/a = 0.1$，$c_1 = c_2 = 0.25a$，$c_x/a = 0.5$ 和 $c_y/b = 1/6$。临界屈曲荷载通过 $N_{\text{cr}} = \sigma^0\lambda_{\text{cr}}b^2 12(1-\nu^2)/(\pi^2 t^2 E_c)$ 进行归一化处理，$\sigma_x^0 = 1/t$，E_c 为 Al_2O_3 的弹性模量。

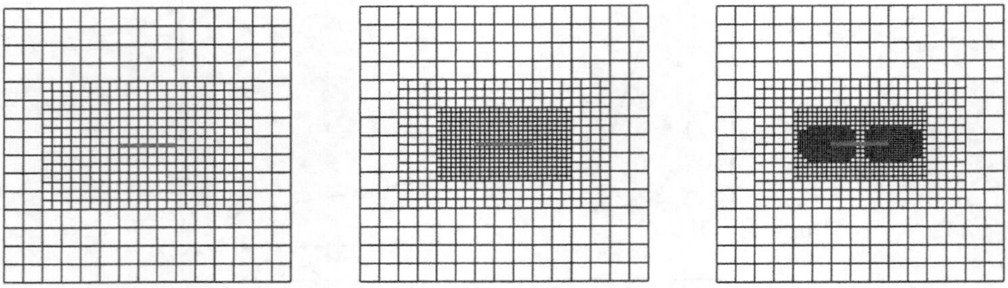

(a) 第一次细化 (b) 第二次细化 (c) 第三次细化

图 6.25 含中心裂纹功能梯度板的自适应细化过程

表 6.8 不同 n 和 c/a 下归一化临界屈曲荷载的对比

n	方法	c/a		
		0.2	0.4	0.6
0.5	DQM [13]	2.9937	2.6635	2.3470
	本文方法	3.0461	2.7193	2.3980
1	DQM [13]	2.6757	2.3806	2.0977
	本文方法	2.7831	2.4852	2.1913
5	DQM [13]	2.2742	2.0227	1.7825
	本文方法	2.3452	2.0832	1.8413
10	DQM [13]	2.1372	1.9007	1.6751
	本文方法	2.2411	1.9202	1.7012

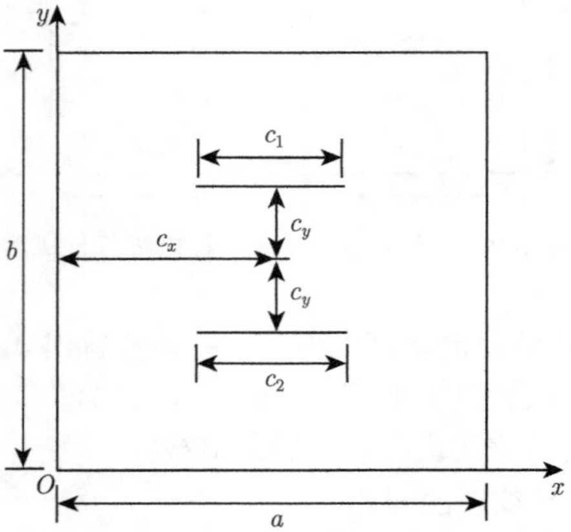

图 6.26 含双中心裂纹功能梯度板

图 6.27 为在 x 方向荷载下自适应局部细化过程，细化主要出现在裂纹附近，尤其是裂尖附近。

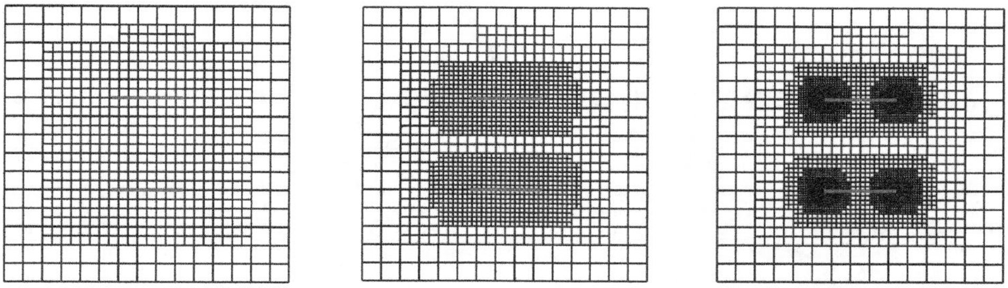

(a) 第一次细化 (b) 第二次细化 (c) 第四次细化

图 6.27 含双中心裂纹板自适应细化网格

图 6.28 为在不同荷载下功能梯度板的屈曲荷载随梯度指数的变化情况。可以发现，双轴加载下的屈曲荷载比单轴加载下的屈曲荷载小得多；板在 x 方向的荷载承受能力略大于 y 方向的荷载承受能力；随着梯度指数的增加，板的屈曲荷载逐渐减小。含双中心裂纹板在不同荷载下的前四阶屈曲模态如图 6.29 所示。在 x 方向施加荷载，屈曲模态沿 x 方向呈正弦波状；在 y 方向施加荷载，屈曲模态沿 y 方向呈正弦波状。

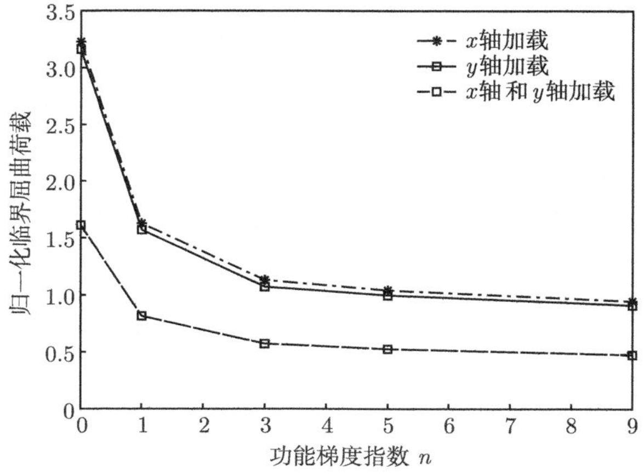

图 6.28 不同荷载下功能梯度板的临界屈曲荷载

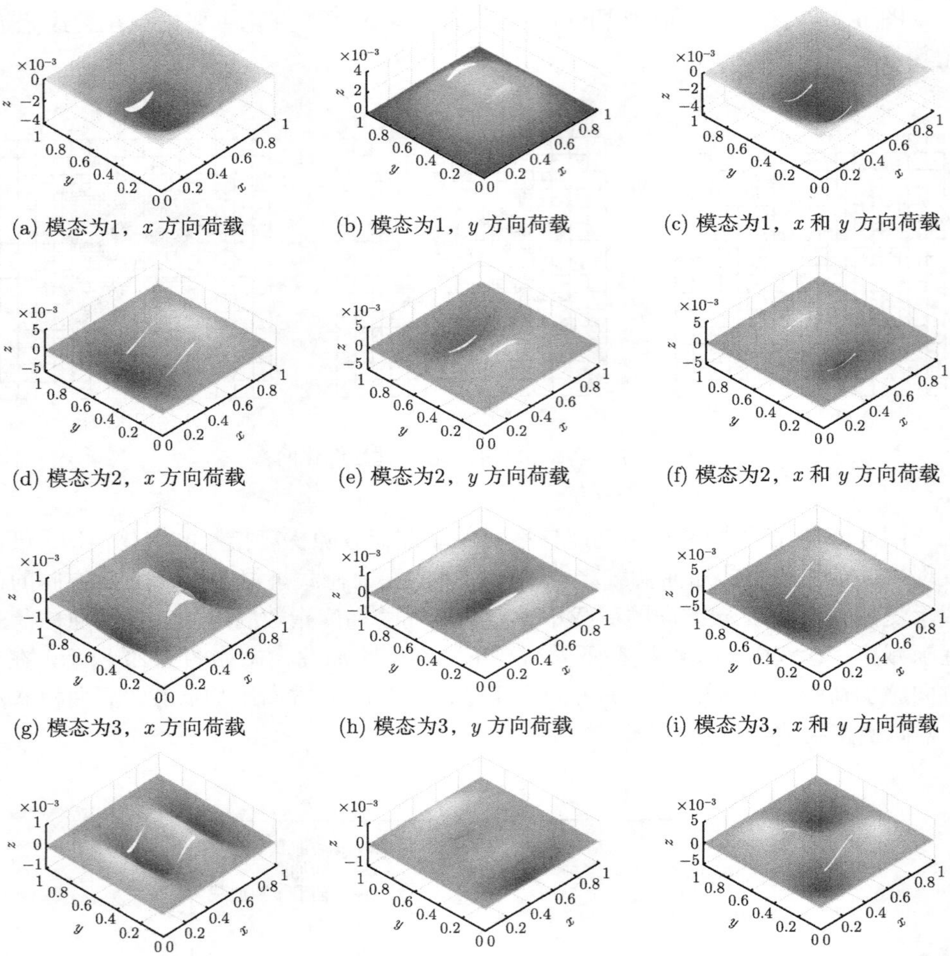

(a) 模态为1，x 方向荷载　(b) 模态为1，y 方向荷载　(c) 模态为1，x 和 y 方向荷载

(d) 模态为2，x 方向荷载　(e) 模态为2，y 方向荷载　(f) 模态为2，x 和 y 方向荷载

(g) 模态为3，x 方向荷载　(h) 模态为3，y 方向荷载　(i) 模态为3，x 和 y 方向荷载

(j) 模态为4，x 方向荷载　(k) 模态为4，y 方向荷载　(l) 模态为4，x 和 y 方向荷载

图 6.29　不同荷载下功能梯度板的前四阶屈曲模态图

6.3　含缺陷功能梯度板的热屈曲分析

（扫码获取彩图）

6.3.1　问题描述

考虑含缺陷（孔洞、裂纹）功能梯度板的热屈曲。xOy 坐标系位于板中面，z 轴沿板厚度方向，向上为正。设 u_0、v_0 和 w_0 分别为中面上的点在 x、y 和 z 方向的位移，β_x 和 β_y 分别为中面法线变形后在 yOz 和 xOz 面上的转角。材料的弹性模量和导热系数沿板厚度方向呈指数变化，具体表达式见式 (6.1)。根据一阶

剪切变形理论[14]，其位移场可表示为

$$\begin{aligned} u(x,y,z) &= u_0(x,y) + z\beta_x(x,y) \\ v(x,y,z) &= v_0(x,y) + z\beta_y(x,y) \\ w(x,y,z) &= w_0(x,y) \end{aligned} \tag{6.54}$$

根据小变形假设，应变–位移关系可表示为

$$\begin{Bmatrix} \varepsilon_x \\ \varepsilon_y \\ \varepsilon_{xy} \\ \gamma_{xz} \\ \gamma_{yz} \end{Bmatrix} = \begin{Bmatrix} \dfrac{\partial u_0}{\partial x} + z\dfrac{\partial \beta_x}{\partial x} \\ \dfrac{\partial v_0}{\partial y} + z\dfrac{\partial \beta_y}{\partial y} \\ \dfrac{\partial u_0}{\partial y} + \dfrac{\partial v_0}{\partial x} + z\left(\dfrac{\partial \beta_x}{\partial y} + \dfrac{\partial \beta_y}{\partial x}\right) \\ \beta_x + w_{0,x} \\ \beta_y + w_{0,y} \end{Bmatrix} \tag{6.55}$$

式 (6.55) 的矩阵形式为

$$\boldsymbol{\varepsilon} = \begin{Bmatrix} \boldsymbol{\varepsilon}_p \\ \mathbf{0} \end{Bmatrix} + \begin{Bmatrix} z\boldsymbol{\varepsilon}_b \\ \boldsymbol{\gamma}_s \end{Bmatrix} \tag{6.56}$$

根据胡克定律，板上的应力为

$$\boldsymbol{\sigma} = \boldsymbol{D}_m(z)\left(\boldsymbol{\varepsilon}_p + z\boldsymbol{\varepsilon}_b - \boldsymbol{\varepsilon}_T\right), \quad \boldsymbol{\tau} = \boldsymbol{D}_s(z)\boldsymbol{\gamma} \tag{6.57}$$

其中，

$$\boldsymbol{\tau} = [\tau_{xz} \quad \tau_{yz}]^{\mathrm{T}} \tag{6.58a}$$

$$\boldsymbol{\gamma} = [\gamma_{xz} \quad \gamma_{yz}]^{\mathrm{T}} \tag{6.58b}$$

$$\boldsymbol{\sigma} = [\sigma_x \quad \sigma_y \quad \tau_{xy}]^{\mathrm{T}} \tag{6.58c}$$

$$\boldsymbol{\varepsilon}_T = \alpha(z)\Delta T\,[1 \quad 1 \quad 0]^{\mathrm{T}} \tag{6.58d}$$

$$\boldsymbol{D}_s(z) = \frac{kE(z)}{2(1+v)}\begin{bmatrix} 1 & 0 \\ 0 & 1 \end{bmatrix} \tag{6.58e}$$

$$\boldsymbol{D}_m(z) = \frac{E(z)}{1-v^2}\begin{bmatrix} 1 & v & 0 \\ v & 1 & 0 \\ 0 & 0 & (1-v)/2 \end{bmatrix} \tag{6.58f}$$

式中，$\boldsymbol{\varepsilon}_T$ 为由温度改变引起的应变；ΔT 为温升；k 为剪切修正因子，取值 5/6。

对于功能梯度板的热屈曲分析，其弱形式可表示为

$$\int_\Omega \delta\boldsymbol{\varepsilon}^{\mathrm{T}}\boldsymbol{D}\boldsymbol{\varepsilon}\mathrm{d}\Omega + \int_\Omega \delta\boldsymbol{\gamma}^{\mathrm{T}}\boldsymbol{D}^s\boldsymbol{\gamma}\mathrm{d}\Omega - \int_\Omega \delta\boldsymbol{\varepsilon}^{\mathrm{T}}\bar{\boldsymbol{D}}\boldsymbol{\varepsilon}_T\mathrm{d}\Omega + \int_\Omega \nabla^{\mathrm{T}}\delta w\boldsymbol{N}_0\nabla w\mathrm{d}\Omega = 0 \tag{6.59}$$

其中，

$$\boldsymbol{\varepsilon} = \begin{bmatrix} \boldsymbol{\varepsilon}_p \\ \boldsymbol{\varepsilon}_b \end{bmatrix} \tag{6.60a}$$

$$\boldsymbol{D} = \begin{bmatrix} \boldsymbol{D}^m & \overline{\boldsymbol{B}} \\ \overline{\boldsymbol{B}} & \boldsymbol{D}^b \end{bmatrix}, \quad \overline{\boldsymbol{D}} = \begin{bmatrix} \boldsymbol{D}^m \\ \overline{\boldsymbol{B}} \end{bmatrix} \tag{6.60b}$$

$$(\boldsymbol{D}^m, \overline{\boldsymbol{B}}, \boldsymbol{D}^b) = \int_{-t/2}^{t/2} (1, z, z^2)\boldsymbol{D}_m(z)\mathrm{d}z \tag{6.60c}$$

$$\boldsymbol{D}^s = \int_{-t/2}^{t/2} \boldsymbol{D}_s(z)\mathrm{d}z \tag{6.60d}$$

式中，$\nabla^{\mathrm{T}} = [\partial/\partial x \quad \partial/\partial y]^{\mathrm{T}}$ 为梯度算子；$\boldsymbol{N}_0 = \begin{bmatrix} N_x^0 & N_{xy}^0 \\ N_{xy}^0 & N_y^0 \end{bmatrix}$ 为温度改变下产生的面内应力。

6.3.2 离散方程

对于含有裂纹和孔洞的功能梯度板，位移和转角的扩展等几何分析逼近可表示为[15]

$$\begin{aligned}
\left(u_i^h, v_i^h, w_i^h\right)(\boldsymbol{x}) = & \sum_{i\in \boldsymbol{N}^s} \overline{H}(\boldsymbol{x})R_i(\boldsymbol{x})\left(u_i, v_i, w_i\right) \\
& + \sum_{j\in \boldsymbol{N}^{\mathrm{cut}}} R_j(\boldsymbol{x})\left[H(\boldsymbol{x}) - H\left(\boldsymbol{x}_j\right)\right]\left(b_j^u, b_j^v, b_j^w\right) \\
& + \sum_{k\in \boldsymbol{N}^{\mathrm{tip}}} R_k(\boldsymbol{x})\left[\sum_{l=1}^{4}\left(c_{kl}^u, c_{kl}^v, c_{kl}^w\right)\left(G_l(r,\theta) - G_l\left(r_k, \theta_k\right)\right)\right] \\
\left(\beta_x^h, \beta_y^h\right)(\boldsymbol{x}) = & \sum_{i\in \boldsymbol{N}^s} \overline{H}(\boldsymbol{x})R_i(\boldsymbol{x})\left(\beta_{xi}, \beta_{yi}\right) \\
& + \sum_{j\in \boldsymbol{N}^{\mathrm{cut}}} R_j(\boldsymbol{x})\left[H(\boldsymbol{x}) - H\left(\boldsymbol{x}_j\right)\right]\left(b_j^{\beta_x}, b_j^{\beta_y}\right)
\end{aligned}$$

$$+\sum_{k\in\boldsymbol{N}^{\mathrm{tip}}}R_k(\boldsymbol{x})\left[\sum_{l=1}^{4}\left(c_{kl}^{\beta_x},c_{kl}^{\beta_y}\right)\left(F_l(r,\theta)-F_l\left(r_k,\theta_k\right)\right)\right] \tag{6.61}$$

式中，$R_i(\boldsymbol{x})$、$R_j(\boldsymbol{x})$ 和 $R_k(\boldsymbol{x})$ 为 LR NURBS 基函数；$\boldsymbol{N}^s$、$\boldsymbol{N}^{\mathrm{cut}}$ 和 $\boldsymbol{N}^{\mathrm{tip}}$ 分别为离散域内控制点集合、裂纹贯穿单元的控制点集合和裂尖单元的控制点集合；$H(\boldsymbol{x})$ 为广义的 Heaviside 函数，在裂纹的一侧取值为 1，在裂纹的另一侧取值为 -1。裂尖加强函数 $G_l(r,\theta)$ 和 $F_l(r,\theta)$ 见式 (5.96a) 和式 (5.96b)[15]；$\overline{H}(\boldsymbol{x})$ 为阶跃函数，位于板上时，$\overline{H}(\boldsymbol{x})=1$，位于孔洞内时，$\overline{H}(\boldsymbol{x})=0$。

将式 (6.61) 代入式 (6.55)，$\boldsymbol{\varepsilon}_p$、$\boldsymbol{\varepsilon}_b$ 和 $\boldsymbol{\gamma}_s$ 可改写为

$$\begin{bmatrix}\boldsymbol{\varepsilon}_p^{\mathrm{T}} & \boldsymbol{\varepsilon}_b^{\mathrm{T}} & \boldsymbol{\gamma}_s^{\mathrm{T}}\end{bmatrix}^{\mathrm{T}}=\sum_{i=1}^{N_{\mathrm{cp}}}\begin{bmatrix}(\boldsymbol{B}_i^p)^{\mathrm{T}} & (\boldsymbol{B}_i^b)^{\mathrm{T}} & (\boldsymbol{B}_i^s)^{\mathrm{T}}\end{bmatrix}^{\mathrm{T}}\boldsymbol{\delta}_i \tag{6.62}$$

且

$$\boldsymbol{\delta}=\left[\boldsymbol{\delta}^{\mathrm{std}}\mid\boldsymbol{\delta}^{\mathrm{enr}}\right],\quad \boldsymbol{B}=\left[\boldsymbol{B}^{\mathrm{std}}\mid\boldsymbol{B}^{\mathrm{enr}}\right] \tag{6.63}$$

式中，N_{cp} 为离散域控制点数；$\boldsymbol{\delta}^{\mathrm{std}}$ 和 $\boldsymbol{\delta}^{\mathrm{enr}}$ 分别为控制点的常规位移和加强位移；$\boldsymbol{B}^{\mathrm{std}}$ 和 $\boldsymbol{B}^{\mathrm{enr}}$ 分别为应变的常规矩阵和加强矩阵。其中，

$$\boldsymbol{B}_i^p=\begin{bmatrix}\overline{N}_{i,x} & 0 & 0 & 0 & 0\\ 0 & \overline{N}_{i,y} & 0 & 0 & 0\\ \overline{N}_{i,y} & \overline{N}_{i,x} & 0 & 0 & 0\end{bmatrix} \tag{6.64a}$$

$$\boldsymbol{B}_i^b=\begin{bmatrix}0 & 0 & 0 & \overline{N}_{i,x} & 0\\ 0 & 0 & 0 & 0 & \overline{N}_{i,y}\\ 0 & 0 & 0 & \overline{N}_{i,y} & \overline{N}_{i,x}\end{bmatrix} \tag{6.64b}$$

$$\boldsymbol{B}_i^s=\begin{bmatrix}0 & 0 & \overline{N}_{i,x} & \overline{N}_i & 0\\ 0 & 0 & \overline{N}_{i,y} & 0 & \overline{N}_i\end{bmatrix} \tag{6.64c}$$

其中，$\overline{N}$ 可以表示为

$$\overline{N}=\begin{cases}\overline{H}(\boldsymbol{x})R_i(\boldsymbol{x})\\ R_j(\boldsymbol{x})\left[\boldsymbol{H}(\boldsymbol{x})-\boldsymbol{H}\left(\boldsymbol{x}_j\right)\right]\\ R_k(\boldsymbol{x})\left[\displaystyle\sum_{l=1}^{4}\left(\boldsymbol{G}_l(r,\theta)-\boldsymbol{G}_l\left(r_k,\theta_k\right)\right)\right]\\ R_k(\boldsymbol{x})\left[\displaystyle\sum_{l=1}^{4}\left(\boldsymbol{F}_l(r,\theta)-\boldsymbol{F}_l\left(r_k,\theta_k\right)\right)\right]\end{cases} \tag{6.65}$$

将式 (6.62) 代入式 (6.59)，功能梯度板的热屈曲问题可转换为求解如下特征值方程：

$$(\boldsymbol{K}+\lambda_{\mathrm{cr}}\boldsymbol{K}_g)\,\boldsymbol{\delta}=0 \tag{6.66}$$

式中，λ_{cr} 为临界屈曲温升；$\boldsymbol{K}$ 和 $\boldsymbol{K}_g$ 分别为整体劲度矩阵和几何劲度矩阵，其表达式为

$$\boldsymbol{K}=\int_{\Omega}\left\{\boldsymbol{B}^p\quad \boldsymbol{B}^b\right\}\boldsymbol{D}\left\{\boldsymbol{B}^p\quad \boldsymbol{B}^b\right\}^{\mathrm{T}}\mathrm{d}\Omega+\int_{\Omega}\boldsymbol{B}^{s\mathrm{T}}\boldsymbol{D}^s\boldsymbol{B}^s\mathrm{d}\Omega \tag{6.67a}$$

$$\boldsymbol{K}_g=\int_{\Omega}\boldsymbol{G}_b^{\mathrm{T}}\boldsymbol{N}_0\boldsymbol{G}_b\mathrm{d}\Omega \tag{6.67b}$$

且

$$\boldsymbol{G}_{bi}=\begin{bmatrix}0 & 0 & \overline{N}_{i,x} & 0 & 0\\ 0 & 0 & \overline{N}_{i,y} & 0 & 0\end{bmatrix} \tag{6.68}$$

6.3.3 自适应分析

含裂纹和孔洞缺陷的功能梯度板热屈曲分析的后验误差估计和前述含裂纹或孔洞的后验误差估计方法类似，关键问题是构造恢复场。对于含裂纹和孔洞的功能梯度板，基于热屈曲第一阶模态的应力进行应力恢复，应力恢复场的扩展等几何分析逼近可表示为[15]

$$\begin{aligned}\boldsymbol{\sigma}^*=\begin{bmatrix}\sigma_x^s(\boldsymbol{\xi})\\ \sigma_y^s(\boldsymbol{\xi})\\ \tau_{xy}^s(\boldsymbol{\xi})\\ \tau_{zx}^s(\boldsymbol{\xi})\\ \tau_{zy}^s(\boldsymbol{\xi})\end{bmatrix}&=\sum_{i\in\boldsymbol{N}^{\mathrm{std}}}\overline{H}(\boldsymbol{\xi})R_i(\boldsymbol{\xi})\begin{bmatrix}a_{1,i}^s\\ a_{2,i}^s\\ a_{3,i}^s\\ a_{4,i}^s\\ a_{5,i}^s\end{bmatrix}+\sum_{j\in\boldsymbol{N}^{\mathrm{cf}}}R_j(\boldsymbol{\xi})H(\boldsymbol{\xi})\begin{bmatrix}b_{1,j}^s\\ b_{2,j}^s\\ b_{3,j}^s\\ b_{4,j}^s\\ b_{5,j}^s\end{bmatrix}\\ &\quad+\sum_{k\in\boldsymbol{N}^{\mathrm{ct}}}R_k(\boldsymbol{\xi})\begin{bmatrix}\sum\limits_{m=1}^{2}\widetilde{g}_{11,m}(\boldsymbol{\xi})c_{1,km}^s\\ \sum\limits_{m=1}^{2}\widetilde{g}_{22,m}(\boldsymbol{\xi})c_{2,km}^s\\ \sum\limits_{m=1}^{2}\widetilde{g}_{12,m}(\boldsymbol{\xi})c_{3,km}^s\\ \widetilde{g}_{31}(\boldsymbol{\xi})c_{4,k}^s\\ \widetilde{g}_{32}(\boldsymbol{\xi})c_{5,k}^s\end{bmatrix}\end{aligned} \tag{6.69}$$

式中，$a_{p,i}^s$、$b_{p,j}^s$ 和 $c_{p,i}^s(p=1,2,\cdots,5)$ 为应力恢复场控制点处的未知量；加强函数 $\widetilde{g}_{pq,m}(\boldsymbol{\xi})$ 表达式见式 (5.103)。

构造含缺陷功能梯度板热屈曲问题的应力恢复场后，就可以采取与前面章节相同的方法计算后验误差和进行自适应分析，这些内容此处不再阐述。

6.3.4 数值算例

在算例分析中，样条函数的阶次为 $p = q = 3$。在使用一阶剪切变形理论时，对边界条件的处理如下。

(1) 简支 (S)：

$$v_0 = w_0 = \beta_y = 0, \quad x = 0\ ,\ a \tag{6.70a}$$

$$u_0 = w_0 = \beta_x = 0, \quad y = 0\ ,\ b \tag{6.70b}$$

(2) 固支 (C)：

$$u_0 = v_0 = w_0 = \beta_x = \beta_y = 0 \tag{6.71}$$

算例 6.9 盾形含孔板的热屈曲

图 6.30 为含孔盾形 Al/ZrO_2 板，$L = 20\text{m}$，$r = 4\text{m}$，$H = 6\text{m}$，$t = 0.5\text{m}$ 和 $R = 10\text{m}$。星形孔洞上点的坐标为 (x, y)，$x = 4[0.3 + 0.08(1 + \sin 5\alpha)]\cos\alpha$，$y = 4[0.3 + 0.08(1 + \sin 5\alpha)]\sin\alpha$，$\alpha \in [0, 2\pi)$。板的边界条件为固支，功能梯度指数 $n = 1$。

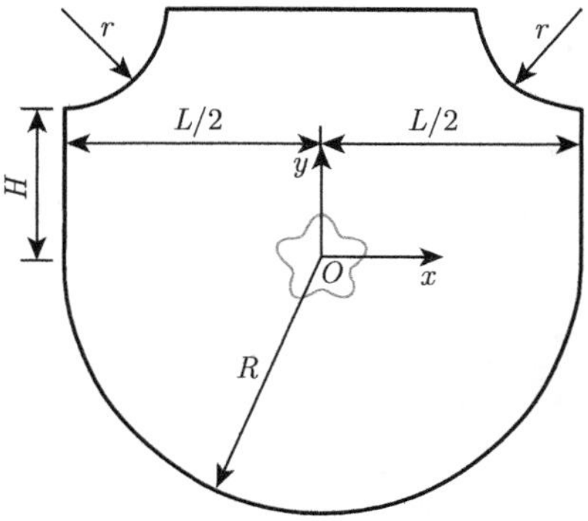

图 6.30 盾形含孔板示意图

功能梯度板的自适应网格如图 6.31 所示，细化位置主要出现在孔洞附近。随着细化步的增加，孔洞附近的网格逐渐加密，这是由孔洞附近的应力集中引起的。图 6.32 为盾形含孔板自适应局部细化和均匀全局细化的对比曲线，可以看出自适应局部细化的收敛速度更快。图 6.33 为盾形含孔板的前四阶热屈曲模态。

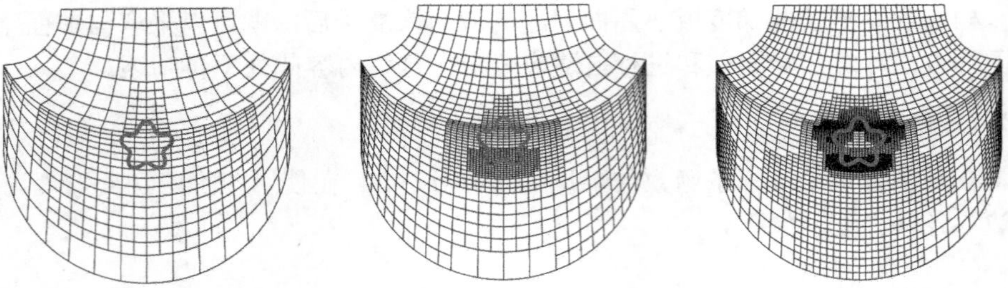

(a) 第一次细化 (b) 第三次细化 (c) 第五次细化

图 6.31 盾形含孔板的自适应细化网格

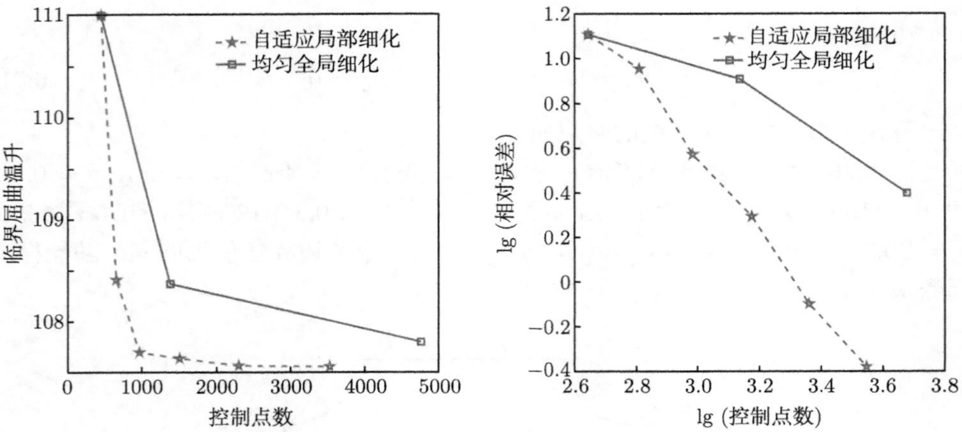

(a) 临界屈曲温升 (b) 相对误差

图 6.32 盾形含孔板自适应局部细化和均匀全局细化对比曲线

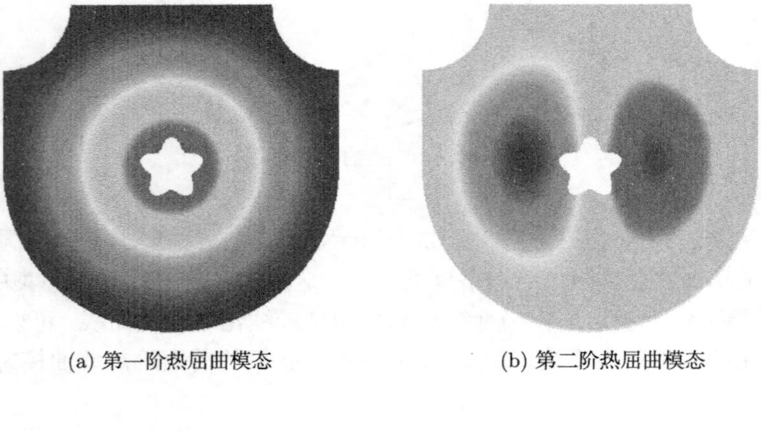

(a) 第一阶热屈曲模态 (b) 第二阶热屈曲模态

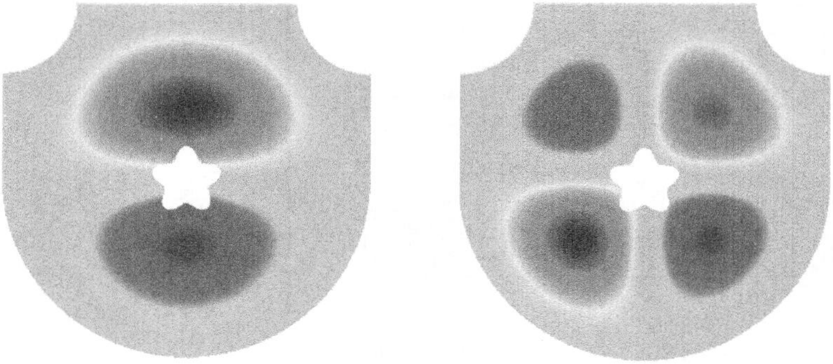

(c) 第三阶热屈曲模态　　(d) 第四阶热屈曲模态　　（扫码获取彩图）

图 6.33　盾形含孔板的前四阶热屈曲模态

算例 6.10　多孔方板的热屈曲

含四个圆孔的 Al/Al_2O_3 板，如图 6.34 所示。$L = 10\text{m}$，$t = 0.5\text{m}$，$r = 0.5\text{m}$ 和 $R = 1\text{m}$，功能梯度指数 $n = 1$。边界条件为四周简支。

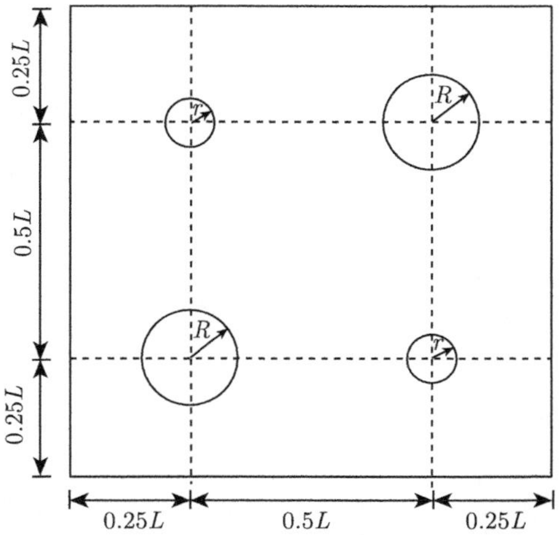

图 6.34　多孔方板示意图

多孔方板的自适应局部细化过程如图 6.35 所示。第一次细化的位置在四个孔洞附近，第二次细化的位置在两个相对较小的孔洞处，紧接着细化的是大孔洞位置。由此可见，较小孔洞处的应力更集中，因此误差更大。

图 6.36 为自适应局部细化和均匀全局细化的收敛曲线对比。无论是临界屈曲温升还是相对误差，自适应局部细化的收敛情况都比均匀全局细化好。图 6.37 为前四阶屈曲模态，以小孔圆心连线为轴线或者以大孔圆心连线为轴线呈对称状。

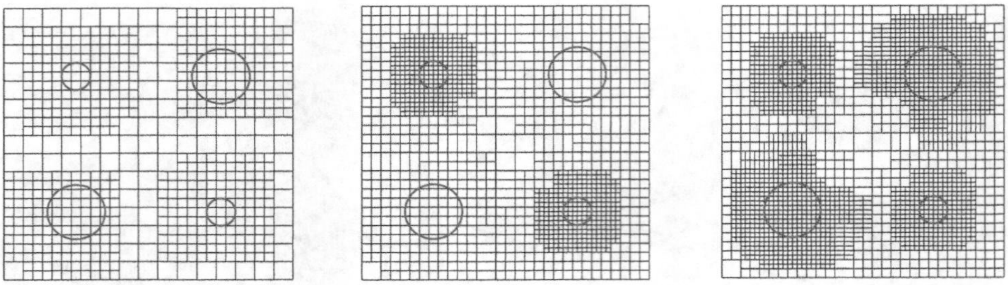

(a) 第一次细化　　(b) 第二次细化　　(c) 第三次细化

图 6.35　多孔方板的自适应细化网格

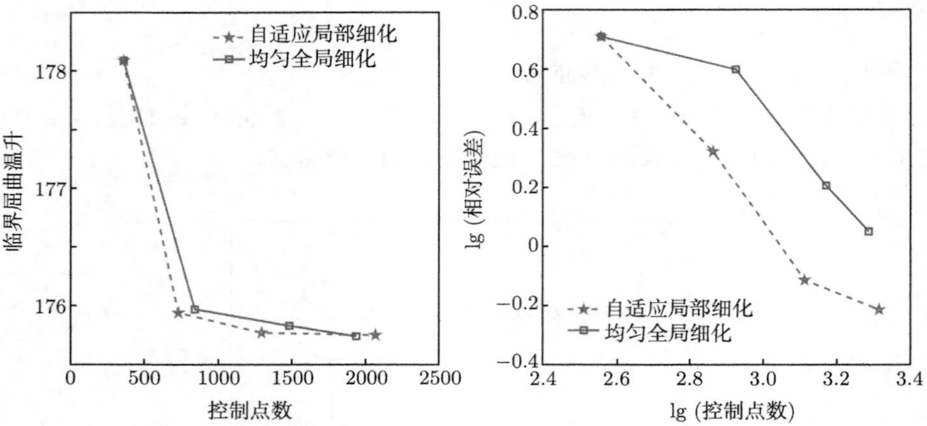

(a) 临界屈曲温升　　(b) 相对误差

图 6.36　多孔方板的自适应局部细化和均匀全局细化的收敛曲线对比

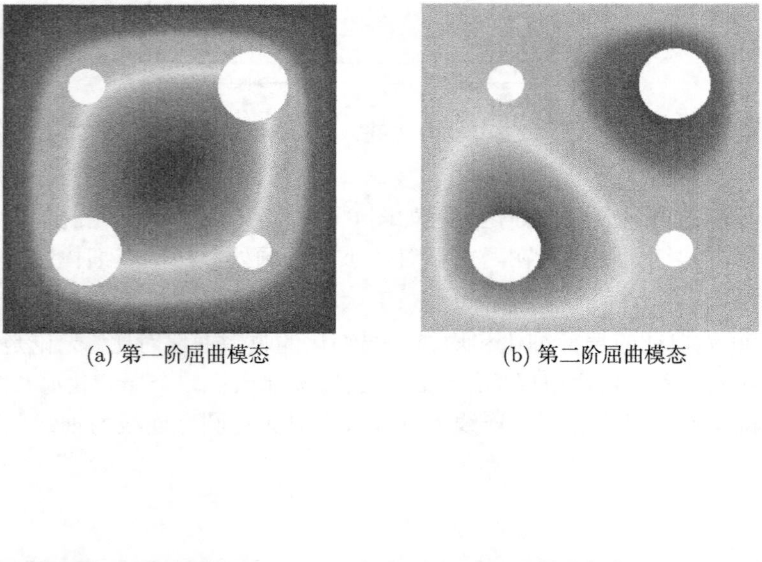

(a) 第一阶屈曲模态　　(b) 第二阶屈曲模态

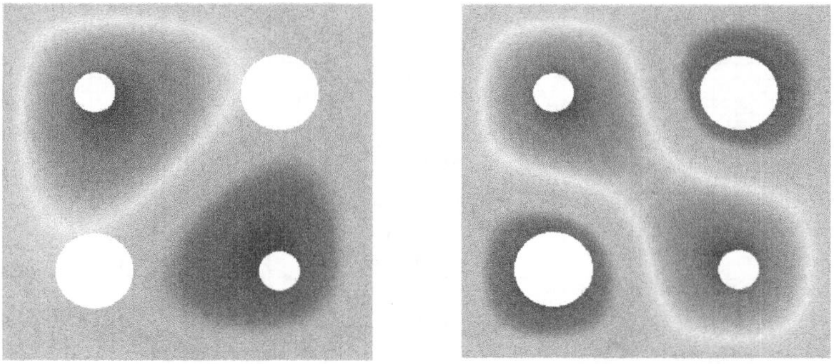

(c) 第三阶屈曲模态　　(d) 第四阶屈曲模态

图 6.37　多孔方板的前四阶屈曲模态

算例 6.11　中心带裂纹方板的热屈曲

含中心倾斜裂纹的 Al/ZrO_2 方板，如图 6.38 所示。$a/b = 1$，$c/a = 0.6$，$t/a = 0.01$，$c_y/a = 0.5$，边长 $a = 1\text{m}$。边界条件为四周简支。

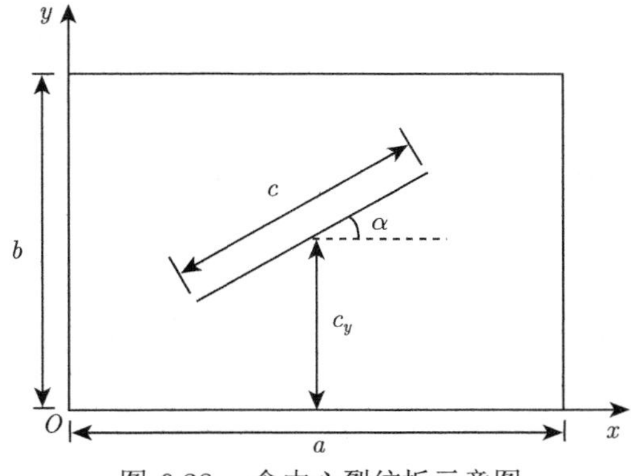

图 6.38　含中心裂纹板示意图

图 6.39 为裂纹倾角为 45° 和功能梯度指数为 1 时含中心裂纹板的自适应细化网格。由图可见，裂尖处的网格逐渐加密，这是由于裂尖处存在应力集中。当裂纹倾角为 45° 时，在不同功能梯度指数下的临界屈曲温升收敛曲线如图 6.40 所示，可以看出第三次细化就达到了稳定。图 6.41 给出了不同梯度指数和不同裂纹倾角的临界屈曲温升变化情况。由图可见，不同梯度指数下临界屈曲温升随裂纹倾角的变化规律一致，临界屈曲温升随着梯度指数的增大而减小。裂纹倾角从 0° 增大到 45° 时，临界屈曲温升逐渐降低；裂纹倾角从 45° 增大到 90° 时，临界屈曲温升逐渐升高；以 45° 为界，临界屈曲温升左右呈对称状，且在 45° 时临界屈曲温升最低。图中实线为参考解[14]，总体而言二者吻合较好。

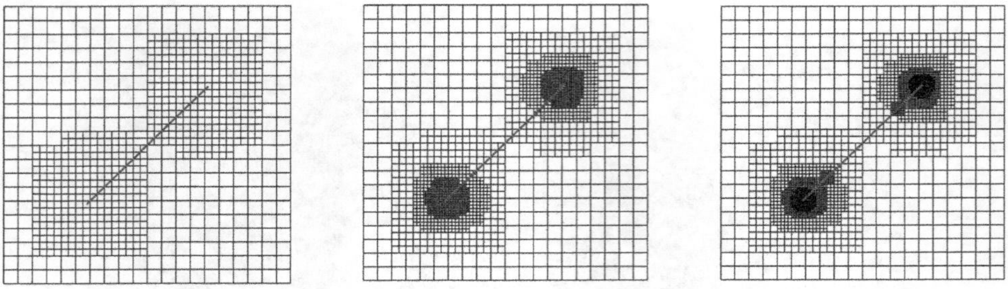

(a) 第一次细化 (b) 第三次细化 (c) 第六次细化

图 6.39 裂纹倾角为 45° 时功能梯度板的自适应细化网格

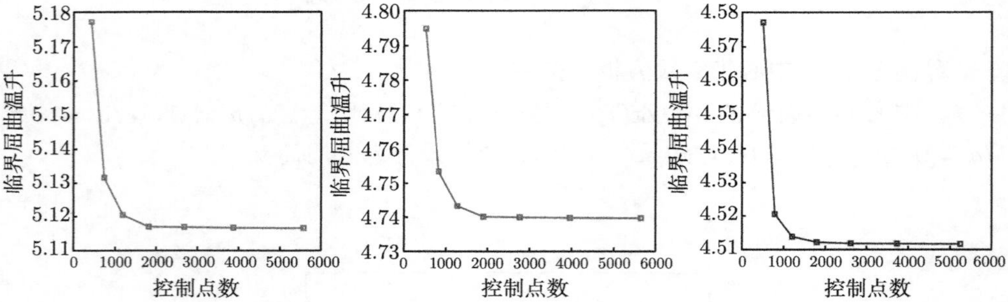

(a) $n=1$ (b) $n=2$ (c) $n=5$

图 6.40 裂纹倾角为 45° 时不同梯度指数下功能梯度板的临界屈曲温升收敛曲线

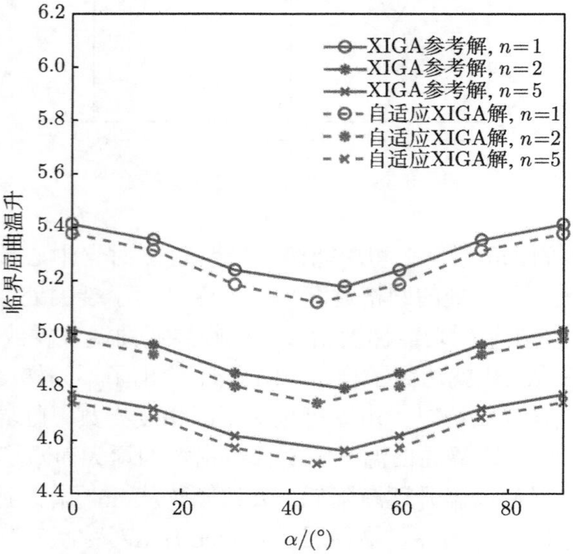

图 6.41 不同裂纹倾角下的临界屈曲温升变化

算例 6.12 含裂纹和孔洞的圆板的热屈曲

含裂纹和孔洞的 Al/ZrO_2 圆板，如图 6.42 所示。$R = 1m$，$t/R = 0.01$，$c/R = 0.3$，$h/R = 0.6$，$r/R = 0.18$。板边固定，功能梯度指数为 2。

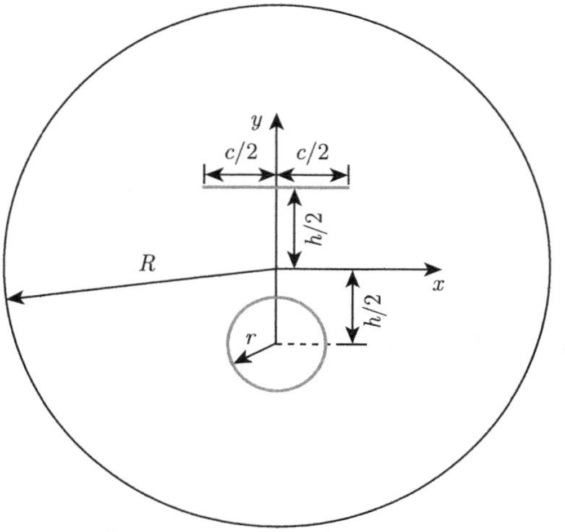

图 6.42 含裂纹和孔洞的圆板示意图

图 6.43 为含裂纹和孔洞的圆板第一次、第三次、第六次自适应细化网格。由于裂纹和孔洞附近存在应力集中现象，第一次自适应细化位置出现在孔洞和裂纹附近；之后由于裂纹处的应力集中高于孔洞处，裂纹附近的网格优先细化；在第六次细化时，裂纹和孔洞附近的网格都被细化。

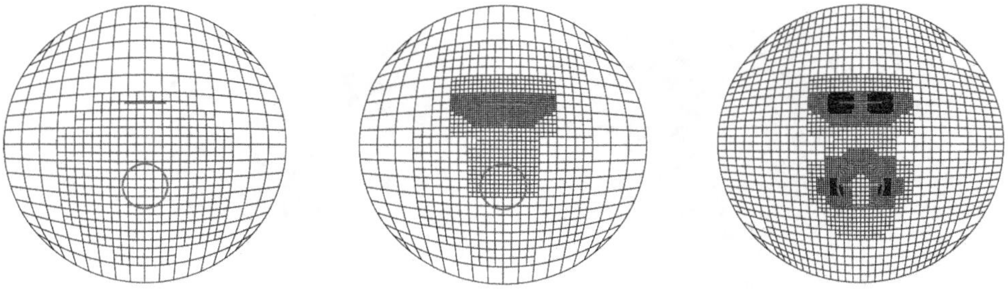

(a) 第一次细化 (b) 第三次细化 (c) 第六次细化

图 6.43 含裂纹和孔洞的圆板自适应细化网格

含有裂纹和孔洞的功能梯度圆板的临界温升收敛情况如表 6.9 所示。随着细化步的增加，临界温升逐渐收敛，相对误差逐渐减小。含有裂纹和孔洞的功能梯度圆板的前四阶模态如图 6.44 所示。在第一阶模态中最大位移出现在圆孔附近，第二阶模态中孔洞和裂纹附近均出现较大位移，第三阶模态和第四阶模态呈左右对称状。

表 6.9 含有裂纹和孔洞的功能梯度圆板的临界温升收敛表

细化步	控制点数	临界温升	相对误差/%
0	361	4.7814	22.605
1	517	4.6744	6.9601
2	920	4.6716	3.9809
3	1386	4.6708	2.8691
4	2180	4.6701	2.0126
5	3193	4.6699	1.0884
6	4807	4.6690	0.6264

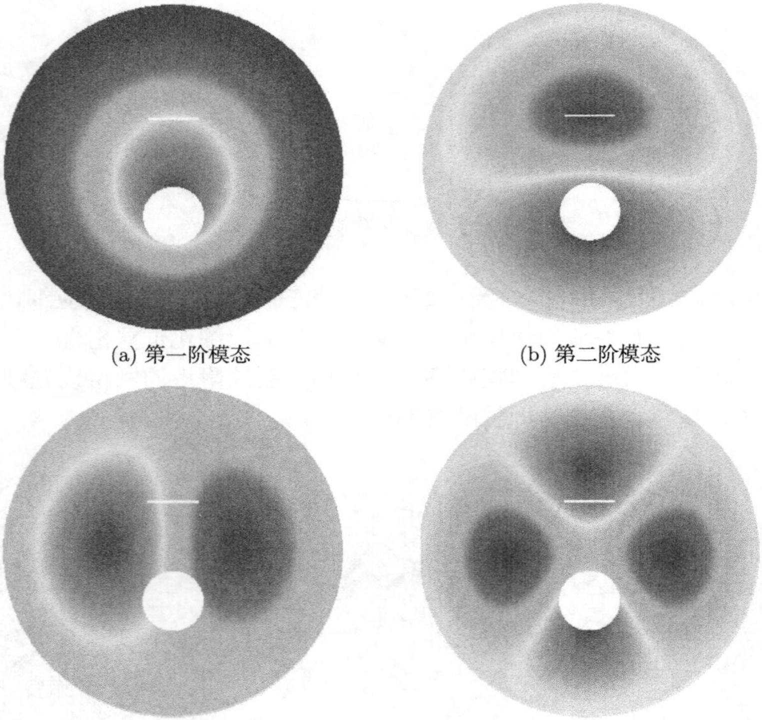

(a) 第一阶模态　(b) 第二阶模态

(c) 第三阶模态　(d) 第四阶模态

图 6.44 含有裂纹和孔洞的功能梯度圆板的前四阶模态

参考文献

[1] Liu S, Yu T, Bui T Q, et al. Analysis of functionally graded plates by a simple locking-free quasi-3D hyperbolic plate isogeometric method[J]. Composites Part B: Engineer-

ing, 2017, 120: 182-196.

[2] Zienkiewicz O C, Zhu J Z. A simple error estimator and adaptive procedure for practical engineering analysis[J]. International Journal for Numerical Methods in Engineering, 1987, 24(2): 337-357.

[3] Zhang J K, Yu T T, Bui T Q. Composite FG plates with different internal cutouts: Adaptive IGA buckling analysis without trimmed surfaces[J]. Composite Structures, 2021, 259: 113392.

[4] 张建康. 基于自适应扩展等几何分析的含缺陷功能梯度板力学行为研究[D]. 南京: 河海大学, 2021.

[5] Yin S, Yu T, Bui T Q, et al. Buckling and vibration extended isogeometric analysis of imperfect graded Reissner-Mindlin plates with internal defects using NURBS and level sets[J]. Computers and Structures, 2016, 177: 23-38.

[6] Zhao X, Lee Y Y, Liew K M. Mechanical and thermal buckling analysis of functionally graded plates[J]. Composite Structures, 2009, 90(2): 161-171.

[7] Dolbow J, Moës N, Belytschko T. Modeling fracture in Reissner-Mindlin plates with the extended finite element method[J]. International Journal of Solids and Structures, 2000, 37(48-50): 7161-7183.

[8] Timoshenko S P. On the transverse vibrations of bars of uniform cross-section[J]. Philosophical Magazine Series, 1922, 43(253): 125-131.

[9] Efraim E, Eisenberger M. Exact vibration analysis of variable thickness thick annular isotropic and FGM plates[J]. Journal of Sound and Vibration, 2007, 299(45): 720-738.

[10] Hosseinihashemi S, Taher H R D, Akhavan H, et al. Free vibration of functionally graded rectangular plates using first-order shear deformation plate theory[J]. Applied Mathematical Modelling, 2010, 34(5): 1276-1291.

[11] Huang C S, McGee III O G, Chang M J. Vibrations of cracked rectangular FGM thicplates[J]. Composite Structures, 2011, 93: 1747-1764.

[12] Natarajan S, Baiz P M, Bordas S, et al. Natural frequencies of cracked functionally graded material plates by the extended finite element method[J]. Composite Structures, 2011, 93: 3082-3092.

[13] Liu P, Bui T Q, Zhu D, et al. Buckling failure analysis of cracked functionally graded plates by a stabilized discrete shear gap extended 3-node triangular plate element[J]. Composites Part B: Engineering, 2015, 77: 179-193.

[14] Yu T T, Bui T Q, Yin S H, et al. On the thermal buckling analysis of functionally graded plates with internal defects using extended isogeometric analysis[J]. Composite Structures, 2016, 136: 684-695.

[15] Fang W H, Zhang J K, Yu T T, et al. Analysis of thermal effect on buckling of imperfect FG composite plates by adaptive XIGA[J]. Composite Structures, 2021, 275: 114450.

第 7 章　自适应扩展等几何分析在含缺陷结构极限上限分析中的应用

塑性极限分析是确定结构极限承载能力的有效方法之一，准确地确定结构极限荷载可为工程设计和安全评估提供理论依据。数值分析方法结合数学规划理论可开发出结构极限分析的高效求解算法，这一直是结构极限分析的重要研究方向。本章介绍含缺陷结构极限上限分析的自适应扩展等几何分析。

7.1　极限上限分析理论

考虑一个含缺陷的理想刚塑性体。平面刚塑性体的区域为 $\Omega \in \mathbb{R}^2$，边界 Γ 由 Dirichlet 边界 Γ_u 和 Neumann 边界 Γ_t 组成，满足 $\Gamma = \Gamma_u \cup \Gamma_t$ 和 $\Gamma_u \cap \Gamma_t = \varnothing$。在区域 Ω 上受到体力 $\boldsymbol{f}$，在边界 Γ_t 上受到面力 $\boldsymbol{g}$ 作用，在约束边界 Γ_u 上位移已知。设 $\dot{\boldsymbol{u}} = [\dot{u} \quad \dot{v}]^{\mathrm{T}}$ 为运动学容许速度场空间 $\boldsymbol{V}$ 的塑性速度场或流场，$\dot{u}$ 和 $\dot{v}$ 分别为在 x 和 y 方向上的速度分量。在极限分析中不会产生位移和应变 (仅有相对应的率或速度)，因此采用在相应物理量上面加点号的方式来表示对应量的率或速度。

与虚位移速度 $\dot{\boldsymbol{u}}$ 相关的外功率采用线性形式表示[1]，即

$$F(\dot{\boldsymbol{u}}) = \int_{\Omega} \boldsymbol{f}^{\mathrm{T}} \dot{\boldsymbol{u}} \mathrm{d}\Omega + \int_{\Gamma_t} \boldsymbol{g}^{\mathrm{T}} \dot{\boldsymbol{u}} \mathrm{d}\Gamma \tag{7.1}$$

采用光滑应力 $\boldsymbol{\sigma}$ 和位移速度 $\dot{\boldsymbol{u}}$ 表示的内功率为

$$a(\boldsymbol{\sigma}, \dot{\boldsymbol{u}}) = \int_{\Omega} \boldsymbol{\sigma}^{\mathrm{T}} \boldsymbol{\varepsilon}(\dot{\boldsymbol{u}}) \mathrm{d}\Omega \tag{7.2}$$

式中，$\boldsymbol{\varepsilon}(\dot{\boldsymbol{u}})$ 为塑性应变率。

以虚功率形式描述的平衡方程为

$$F(\dot{\boldsymbol{u}}) = a(\boldsymbol{\sigma}, \dot{\boldsymbol{u}}), \quad \forall \dot{\boldsymbol{u}} \in \boldsymbol{V} \tag{7.3}$$

式中，$\boldsymbol{V}$ 为运动学容许速度场的空间，可定义为

$$\boldsymbol{V} = \left\{ \dot{\boldsymbol{u}} \in (H^1(\Omega))^2,\ \dot{\boldsymbol{u}} = \dot{\bar{\boldsymbol{u}}} \right\} \tag{7.4}$$

式中，$H^1(\Omega)$ 为 Hilbert 空间。

应力 $\boldsymbol{\sigma}$ 必须满足材料屈服条件。这个应力场属于一个凸集 $\boldsymbol{B}^*$，从所使用的场条件中获得。对于 von Mises 屈服准则，$\boldsymbol{B}^*$ 可以表示为

$$\boldsymbol{B}^* = \{\boldsymbol{\sigma} \in \Sigma; | \Psi(\boldsymbol{\sigma}) \leqslant 0\} \tag{7.5}$$

式中，Σ 表示一个对称的应力张量空间；$\Psi(\boldsymbol{\sigma})$ 表示凸的屈服函数。对于二维平面问题，在平面应力条件下 von Mises 屈服函数可表示为

$$\Psi(\boldsymbol{\sigma}) = \sqrt{\sigma_{xx}^2 + \sigma_{yy}^2 - \sigma_{xx}\sigma_{yy} + 3\sigma_{xy}^2} - \sigma_s \tag{7.6}$$

式中，σ_s 为材料的屈服应力。

定义 $L = \{\dot{\boldsymbol{u}} \in \boldsymbol{V} | F(\dot{\boldsymbol{u}}) = 1\}$，通过求解下列任意一个优化问题可以确定精确的极限荷载因子[2]。

$$\lambda_{\text{exact}} = \max\{\lambda | \exists \boldsymbol{\sigma} \in \boldsymbol{B}^* : a(\boldsymbol{\sigma}, \dot{\boldsymbol{u}}) = \lambda F(\dot{\boldsymbol{u}}), \forall \dot{\boldsymbol{u}} \in \boldsymbol{V}\} \tag{7.7}$$

$$= \max_{\boldsymbol{\sigma} \in B} \min_{\dot{\boldsymbol{u}} \in L} a(\boldsymbol{\sigma}, \dot{\boldsymbol{u}}) \tag{7.8}$$

$$= \min_{\dot{\boldsymbol{u}} \in L} \max_{\boldsymbol{\sigma} \in B} a(\boldsymbol{\sigma}, \dot{\boldsymbol{u}}) \tag{7.9}$$

$$= \min_{\dot{\boldsymbol{u}} \in L} D(\dot{\boldsymbol{u}}) \tag{7.10}$$

其中，

$$D(\dot{\boldsymbol{u}}) = \max_{\boldsymbol{\sigma} \in B} a(\boldsymbol{\sigma}, \dot{\boldsymbol{u}}) \tag{7.11}$$

式(7.7)和式(7.10)分别称为极限分析的静态原理和运动学原理。这两种方法的极限荷载都收敛于精确解。在极限分析中，存在一个鞍点 $(\sigma^*, \dot{\boldsymbol{u}}^*)$ 使所有下限 λ^- 的最大值和所有上限 λ^+ 的最小值一致且等于精确值 λ_{exact}。此处主要研究运动学极限分析，极限上限分析对应的数学格式可表示为

$$\begin{aligned} &\lambda^+ = \min D(\dot{\boldsymbol{\varepsilon}}) \\ &\text{s.t.} \begin{cases} \displaystyle\int_\Omega \boldsymbol{f}^{\mathrm{T}} \dot{\boldsymbol{u}} \mathrm{d}\Omega + \int_{\Gamma_t} \boldsymbol{g}^{\mathrm{T}} \dot{\boldsymbol{u}} \mathrm{d}\Gamma = 1 \\ \dot{\boldsymbol{u}} = \dot{\bar{\boldsymbol{u}}}, \quad \text{在}\Gamma_u\text{上} \end{cases} \end{aligned} \tag{7.12}$$

式中，λ^+ 为极限荷载因子的上限；$D(\dot{\boldsymbol{\varepsilon}}) = \displaystyle\int_\Omega \sigma_{ij}\dot{\varepsilon}_{ij} \mathrm{d}\Omega$ 为与运动学容许的应变率 $\dot{\varepsilon}_{ij}$ 对应的塑性耗散。

塑性应变率 $\dot{\boldsymbol{\varepsilon}}$ 采用关联的流动法则且由 $\Psi(\boldsymbol{\sigma})$ 确定，即

$$\dot{\boldsymbol{\varepsilon}} = \dot{\mu}\frac{\partial \Psi(\boldsymbol{\sigma})}{\partial \boldsymbol{\sigma}} \tag{7.13}$$

式中，$\dot{\mu}$ 为非负的塑性乘子。

材料服从 von Mises 屈服准则，则结构的塑性耗散函数 $d(\dot{\boldsymbol{\varepsilon}})$ 可表示为[3]

$$d(\dot{\boldsymbol{\varepsilon}}) = \sigma_{ij}\dot{\varepsilon}_{ij} = \sigma_y\sqrt{\frac{2}{3}\dot{\varepsilon}_{ij}\dot{\varepsilon}_{ij}} \tag{7.14}$$

对于平面问题，式(7.14)中的 $\dot{\varepsilon}_{ij}\dot{\varepsilon}_{ij}$ 可改写成如下矩阵的形式：

$$\dot{\varepsilon}_{ij}\dot{\varepsilon}_{ij} = \dot{\boldsymbol{\varepsilon}}^{\mathrm{T}}\boldsymbol{D}\dot{\boldsymbol{\varepsilon}} = \dot{\boldsymbol{U}}^{\mathrm{T}}\boldsymbol{B}^{\mathrm{T}}\boldsymbol{D}\boldsymbol{B}\dot{\boldsymbol{U}} = \dot{\boldsymbol{U}}^{\mathrm{T}}\boldsymbol{K}\dot{\boldsymbol{U}} \tag{7.15}$$

式中，$\boldsymbol{K} = \boldsymbol{B}^{\mathrm{T}}\boldsymbol{D}\boldsymbol{B}$；$\dot{\boldsymbol{\varepsilon}} = [\dot{\varepsilon}_{xx} \quad \dot{\varepsilon}_{yy} \quad 2\dot{\varepsilon}_{xy}]^{\mathrm{T}}$；$\dot{\boldsymbol{U}}$ 为位移速度矢量；$\boldsymbol{B}$ 为应变-位移矩阵；$\boldsymbol{D}$ 为常数矩阵。

式(7.13)作为一个强制执行容许应变率的运动学约束，仅考虑平面应力条件下的 von Mises 屈服准则。对于平面应力问题，$\sigma_{zz} = \sigma_{xz} = \sigma_{yz} = 0$，$\dot{\varepsilon}_{xz} = \dot{\varepsilon}_{yz} = 0$ 和 $\dot{\varepsilon}_{zz} \neq 0$。塑性不可压缩条件可以写为 $\dot{\varepsilon}_{zz} = -(\dot{\varepsilon}_{xx} + \dot{\varepsilon}_{yy})$，则式(7.14)中的 $\dot{\varepsilon}_{ij}\dot{\varepsilon}_{ij}$ 可以展开为

$$\begin{aligned}\dot{\varepsilon}_{ij}\dot{\varepsilon}_{ij} &= \dot{\varepsilon}_{xx}^2 + \dot{\varepsilon}_{yy}^2 + \dot{\varepsilon}_{zz}^2 + 2\dot{\varepsilon}_{xy}^2 + 2\dot{\varepsilon}_{yz}^2 + 2\dot{\varepsilon}_{zx}^2 \\ &= 2(\dot{\varepsilon}_{xx}^2 + \dot{\varepsilon}_{yy}^2 + \dot{\varepsilon}_{xx}\dot{\varepsilon}_{yy} + \dot{\varepsilon}_{xy}^2) \\ &= \dot{\boldsymbol{\varepsilon}}^{\mathrm{T}}\boldsymbol{D}\dot{\boldsymbol{\varepsilon}}\end{aligned} \tag{7.16}$$

其中，

$$\boldsymbol{D} = \begin{bmatrix} 2 & 1 & 0 \\ 1 & 2 & 0 \\ 0 & 0 & \dfrac{1}{2} \end{bmatrix} \tag{7.17}$$

将式(7.16)代入式(7.14)并积分，则塑性耗散可以表示为应变率的函数，即

$$D(\dot{\boldsymbol{\varepsilon}}) = \sigma_y \int_{\Omega} \sqrt{\dot{\boldsymbol{\varepsilon}}^{\mathrm{T}}\boldsymbol{\Theta}\dot{\boldsymbol{\varepsilon}}}\,\mathrm{d}\Omega \tag{7.18}$$

其中，

$$\boldsymbol{\Theta} = \frac{1}{3}\begin{bmatrix} 4 & 2 & 0 \\ 2 & 4 & 0 \\ 0 & 0 & 1 \end{bmatrix} \tag{7.19}$$

$$\dot{\boldsymbol{\varepsilon}} = \begin{bmatrix} \dot{\varepsilon}_{xx} \\ \dot{\varepsilon}_{yy} \\ \dot{\gamma}_{xy} \end{bmatrix} = \begin{bmatrix} \dfrac{\partial}{\partial x} & 0 \\ 0 & \dfrac{\partial}{\partial y} \\ \dfrac{\partial}{\partial y} & \dfrac{\partial}{\partial x} \end{bmatrix} \dot{\boldsymbol{u}} \tag{7.20}$$

7.2 裂 纹 问 题

7.2.1 位移速度模式

对于裂纹问题，扩展等几何分析的位移速度逼近可表示为[4, 5]

$$\dot{\boldsymbol{u}}^h(\boldsymbol{\xi}) = \sum_{i\in\boldsymbol{\mathcal{N}}^{\mathrm{std}}} R_i(\boldsymbol{\xi})\dot{\boldsymbol{u}}_i + \sum_{j\in\boldsymbol{\mathcal{N}}^{\mathrm{cf}}} R_j(\boldsymbol{\xi})H_j(\boldsymbol{\xi})\dot{\boldsymbol{d}}_j + \sum_{k\in\boldsymbol{\mathcal{N}}^{\mathrm{ct}}} R_k(\boldsymbol{\xi})\sum_{\alpha=1}^{4} Q_k^{\alpha}(\boldsymbol{\xi})\dot{\boldsymbol{c}}_k^{\alpha} \tag{7.21}$$

且

$$H_j(\boldsymbol{\xi}) = H(\boldsymbol{\xi}) - H(\boldsymbol{\xi}_j) \tag{7.22}$$

$$Q_k^{\alpha}(\boldsymbol{\xi}) = Q_{\alpha}(\boldsymbol{\xi}) - Q_{\alpha}(\boldsymbol{\xi}_k) \tag{7.23}$$

式中，$R_i(\boldsymbol{\xi})$、$R_j(\boldsymbol{\xi})$ 和 $R_k(\boldsymbol{\xi})$ 为 LR NURBS 基函数；$\dot{\boldsymbol{u}}_i = [\dot{u}_{ix} \quad \dot{u}_{iy}]^{\mathrm{T}}$ 为控制点的位移速度；$\dot{\boldsymbol{d}}_j$ 和 $\dot{\boldsymbol{c}}_k^{\alpha}$ 为控制点的加强变量；$\boldsymbol{\mathcal{N}}^{\mathrm{std}}$ 为所有控制点集合；$\boldsymbol{\mathcal{N}}^{\mathrm{cf}}$ 为支撑域被裂纹完全切割的控制点集合；$\boldsymbol{\mathcal{N}}^{\mathrm{ct}}$ 为支撑域包含裂尖的控制点集合；$H(\boldsymbol{\xi})$ 和 $Q_k^{\alpha}(\boldsymbol{\xi})$ 为加强函数。

$H(\boldsymbol{\xi})$加强函数为广义的 Heaviside 函数，在裂纹面的一侧等于 $+1$，在裂纹面的另一侧等于 -1，即

$$H(\boldsymbol{\xi}) = \begin{cases} +1, & (\boldsymbol{\xi} - \boldsymbol{\xi}^*) \cdot \boldsymbol{n} > 0 \\ -1, & \text{其他} \end{cases} \tag{7.24}$$

式中，$\boldsymbol{\xi}$ 为高斯积分点坐标；$\boldsymbol{\xi}^*$ 为点 $\boldsymbol{\xi}$ 在裂纹上的投影；$\boldsymbol{n}$ 为裂纹面外法向矢量。

$Q_k^{\alpha}(\boldsymbol{\xi})$ 为裂尖分支加强函数，一般根据裂尖位移场确定。对于各向同性弹性体，裂尖分支加强函数可表示为

$$Q_k^{\alpha}(r,\theta) = \left\{\sqrt{r}\sin\frac{\theta}{2},\ \sqrt{r}\cos\frac{\theta}{2},\ \sqrt{r}\sin\frac{\theta}{2}\sin\theta,\ \sqrt{r}\cos\frac{\theta}{2}\sin\theta\right\} \tag{7.25}$$

式中，r 和 θ 表示裂尖局部极坐标。

7.2.2 离散方程

根据裂纹问题的扩展等几何分析位移速度逼近式(7.21)，相容应变率 $\dot{\boldsymbol{\varepsilon}}^h$ 可表示为

$$\dot{\boldsymbol{\varepsilon}}^h = \boldsymbol{B}\dot{\boldsymbol{U}} \tag{7.26}$$

式中，$\dot{\boldsymbol{U}} = \begin{bmatrix}\dot{\boldsymbol{u}} & \dot{\boldsymbol{d}} & \dot{\boldsymbol{c}}_1 & \dot{\boldsymbol{c}}_2 & \dot{\boldsymbol{c}}_3 & \dot{\boldsymbol{c}}_4\end{bmatrix}^{\mathrm{T}}$ 为控制点位移速度，$\dot{\boldsymbol{u}} = [\dot{u}_i]$ $(i \in \mathcal{N}^{\mathrm{std}})$，$\dot{\boldsymbol{d}} = [\dot{d}_j]$ $(j \in \mathcal{N}^{\mathrm{cf}})$，$\dot{\boldsymbol{c}}_\alpha = [\dot{c}_k^\alpha]$ $(\alpha = 1,2,3,4，k \in \mathcal{N}^{\mathrm{ct}})$。应变矩阵 $\boldsymbol{B}$ 可以表示为

$$\boldsymbol{B} = \left[\boldsymbol{B}^{\mathrm{std}} \mid \boldsymbol{B}^{\mathrm{cf}} \mid \boldsymbol{B}_1^{\mathrm{ct}}\ \boldsymbol{B}_2^{\mathrm{ct}}\ \boldsymbol{B}_3^{\mathrm{ct}}\ \boldsymbol{B}_4^{\mathrm{ct}}\right] \tag{7.27}$$

式中，$\boldsymbol{B}^{\mathrm{std}}$ 为常规的应变矩阵；$\boldsymbol{B}^{\mathrm{cf}}$ 和 $\boldsymbol{B}_\alpha^{\mathrm{ct}}(\alpha = 1,2,3,4)$ 为加强的应变矩阵，表达式为

$$\boldsymbol{B}^{\mathrm{std}} = \begin{bmatrix} R_{1,x} & 0 & R_{2,x} & 0 & \cdots \\ 0 & R_{1,y} & 0 & R_{2,y} & \cdots \\ R_{1,y} & R_{1,x} & R_{2,y} & R_{2,x} & \cdots \end{bmatrix} \tag{7.28a}$$

$$\boldsymbol{B}^{\mathrm{cf}} = \begin{bmatrix} (R_1H_1)_{,x} & 0 & (R_2H_2)_{,x} & 0 & \cdots \\ 0 & (R_1H_1)_{,y} & 0 & (R_2H_2)_{,y} & \cdots \\ (R_1H_1)_{,y} & (R_1H_1)_{,x} & (R_2H_2)_{,y} & (R_2H_2)_{,x} & \cdots \end{bmatrix} \tag{7.28b}$$

$$\boldsymbol{B}_\alpha^{\mathrm{ct}} = \begin{bmatrix} (R_1Q_1^\alpha)_{,x} & 0 & (R_2Q_2^\alpha)_{,x} & 0 & \cdots \\ 0 & (R_1Q_1^\alpha)_{,y} & 0 & (R_2Q_2^\alpha)_{,y} & \cdots \\ (R_1Q_1^\alpha)_{,y} & (R_1Q_1^\alpha)_{,x} & (R_2{Q_2}^\alpha)_{,y} & (R_2Q_2^\alpha)_{,x} & \cdots \end{bmatrix} \tag{7.28c}$$

其中，$R_{i,x}$ 和 $R_{i,y}$ 分别表示 LR NURBS 基函数 R_i 对 x 和 y 的偏导数。

理想刚塑性结构的塑性耗散可表示为

$$D^h\left(\dot{\boldsymbol{u}}^h\right) = \int_\Omega \sigma_y \sqrt{\dot{\boldsymbol{\varepsilon}}^{\mathrm{T}}\boldsymbol{\Theta}\dot{\boldsymbol{\varepsilon}}}\mathrm{d}\Omega = \sigma_y \sum_{e=1}^{\mathrm{nel}} \int_{\Omega^e} \sqrt{(\dot{\boldsymbol{\varepsilon}})^{\mathrm{T}}\boldsymbol{\Theta}\dot{\boldsymbol{\varepsilon}}}\mathrm{d}\Omega \tag{7.29}$$

式中，nel 为结构离散后的单元数。

在区域 Ω^e 的高斯积分点上计算应变率 $\dot{\boldsymbol{\varepsilon}}$，式(7.29)可以改写为

$$D^h\left(\dot{\boldsymbol{u}}^h\right) \simeq \sigma_y \sum_{i=1}^{\mathrm{NG}} w_i|\boldsymbol{J}_i|\sqrt{(\dot{\boldsymbol{\varepsilon}}_i)^{\mathrm{T}}\boldsymbol{\Theta}\dot{\boldsymbol{\varepsilon}}_i} \tag{7.30}$$

式中，$\mathrm{NG} = \mathrm{nel} \times \mathrm{nG}$ 为所求问题的高斯积分点总数，nG 为每个单元的高斯点数；w_i 为第 i 个高斯积分点上的权重；$|\boldsymbol{J}_i|$ 为在第 i 个高斯积分点上的雅可比矩阵的行列式。

与扩展等几何分析相关的优化问题式(7.10)可以重新写为

$$\lambda^+ = \min \sum_{i=1}^{\text{NG}} \sigma_y w_i |\boldsymbol{J}_i| \sqrt{(\dot{\boldsymbol{\varepsilon}}_i)^{\text{T}} \boldsymbol{\Theta} \dot{\boldsymbol{\varepsilon}}_i}$$
$$\text{s.t.} \begin{cases} \dot{\boldsymbol{u}} = \dot{\bar{\boldsymbol{u}}}, & \text{在 } \Gamma_u \text{上} \\ F(\dot{\boldsymbol{u}}) = 1 \end{cases} \tag{7.31}$$

由于扩展等几何分析使用了相容应变率，当采用足够多的高斯积分点时，由式(7.31)可得到连续问题极限荷载因子的上限解。

7.2.3 积分方案

扩展等几何分析在模拟裂纹问题时存在三种类型的单元，即不含裂纹的普通单元、裂纹面加强单元和裂尖加强单元。图 7.1 给出了三种类型单元的积分方案和高斯积分点的分布。对于含有裂纹面的单元，裂纹将单元分为 2 个子域；根据每个子域内节点、裂纹面与单元边交点和裂纹拐点形成 Delaunay 三角形，采用子三角形积分技术[6]，每个子三角形内采用 7 个积分点[4]。对于含裂尖的单元，采用类似极坐标积分方案，每个子三角形内使用 $(2p) \times (2q)$ 个积分点[7]。对于不含裂纹的普通单元，采用 $(p+1) \times (q+1)$ 个高斯积分点。对于不含裂纹但含裂尖加强控制点的单元，采用 $(p+2) \times (q+2)$ 个高斯积分点。

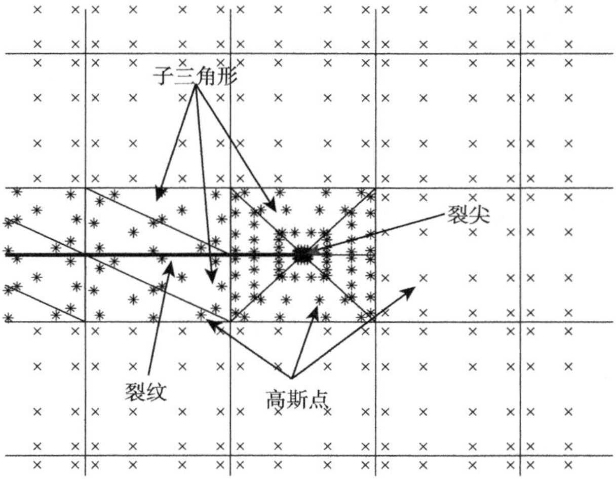

图 7.1 裂纹问题的积分方案 (二阶基函数)

7.2.4 求解过程

极限分析问题是一个带有等式约束的非线性优化问题，可以使用一般的非线性优化求解器进行求解，如序列二次规划算法 (牛顿无约束优化方法的推广) 或直接迭代算法[8]。由于采用 von Mises 屈服准则，这类优化问题可以被改写成一个二阶锥规划问题[9]，然后采用基于原始-对偶内点算法进行求解。含有 NG 个约束的二阶锥规划问题的一般形式可表示为

$$\begin{aligned} &\min \sum_{i=1}^{\mathrm{NG}} f_i x_i \\ &\text{s.t. } \|\boldsymbol{A}_i \boldsymbol{x} + \boldsymbol{b}_i\| \leqslant \boldsymbol{c}_i^{\mathrm{T}} \boldsymbol{x} + d_i, \quad i = 1, 2, \cdots, \mathrm{NG} \end{aligned} \tag{7.32}$$

式中，$x_i \in \mathbb{R}(i = 1, 2, \cdots, \mathrm{NG})$ 或者 $\boldsymbol{x} \in \mathbb{R}^{\mathrm{NG}}$ 为优化变量；$f_i \in \mathbb{R}$、$\boldsymbol{A}_i \in \mathbb{R}^{k \times \mathrm{NG}}$、$\boldsymbol{b}_i \in \mathbb{R}^k$、$\boldsymbol{c}_i \in \mathbb{R}^{\mathrm{NG}}$ 和 $d_i \in \mathbb{R}$ 为系数。对于二维或三维欧几里得空间中的优化问题，$k = 2$ 或 $k = 3$。当 $k = 1$ 时，二阶锥规划问题可以简化为一个线性规划问题。在极限分析问题中，二阶锥是二次锥，其表达式为

$$\boldsymbol{K} = \left\{ \boldsymbol{x} = (x_0; \bar{\boldsymbol{x}}) \in \mathbb{R}^{\mathrm{NG}} : x_0 \geqslant \sqrt{\sum_{i=1}^{\mathrm{NG}-1} \bar{x}_i^2} = \|\bar{\boldsymbol{x}}\| \right\} \tag{7.33}$$

在平面应力问题中，由于 $\boldsymbol{\Theta}$ 是一个正定矩阵，塑性耗散式(7.30)可以重写为范数之和的形式，即

$$D^h(\dot{\boldsymbol{u}}^h) \simeq \sigma_y \sum_{i=1}^{\mathrm{NG}} w_i |\boldsymbol{J}_i| \|\boldsymbol{C}^{\mathrm{T}} \dot{\boldsymbol{\varepsilon}}_i\| \tag{7.34}$$

式中，$\|\cdot\|$ 表示在塑性耗散函数中的 Euclid 范数，如 $\| \boldsymbol{v} \| = (\boldsymbol{v}^{\mathrm{T}} \boldsymbol{v})^{\frac{1}{2}}$；$\boldsymbol{C}$ 为矩阵 $\boldsymbol{\Theta}$ 的 Cholesky 因子，其表达式为

$$\boldsymbol{C} = \frac{1}{\sqrt{3}} \begin{bmatrix} 2 & 0 & 0 \\ 1 & \sqrt{3} & 0 \\ 0 & 0 & 1 \end{bmatrix} \tag{7.35}$$

引入一个辅助变量 $\boldsymbol{\rho}_i (i = 1, 2, \cdots, \mathrm{NG})$ 向量，即

$$\boldsymbol{\rho}_i = \begin{bmatrix} \rho_1 \\ \rho_2 \\ \rho_3 \end{bmatrix}_i = \boldsymbol{C}^{\mathrm{T}} \dot{\boldsymbol{\varepsilon}}_i = \frac{1}{\sqrt{3}} \begin{bmatrix} 2 & 1 & 0 \\ 0 & \sqrt{3} & 0 \\ 0 & 0 & 1 \end{bmatrix} \boldsymbol{B}_i \dot{\boldsymbol{U}} \tag{7.36}$$

引入辅助变量 $t_i(i=1,2,\cdots,\mathrm{NG})$，优化问题式(7.31)可以写为二阶规划问题的形式，即

$$\lambda^+ = \min\sum_{i=1}^{\mathrm{NG}}\sigma_y w_i|\boldsymbol{J}_i|t_i$$
$$\text{s.t.}\begin{cases}\|\boldsymbol{\rho}_i\| \leqslant t_i, \quad \forall i=\overline{1,\mathrm{NG}}\\ \dot{\boldsymbol{u}}^h = \dot{\bar{\boldsymbol{u}}}, \quad 在\ \Gamma_u 上\\ F(\dot{\boldsymbol{u}}^h)=1\end{cases} \tag{7.37}$$

式(7.37)等价于下列格式：

$$\lambda^+ = \min\sum_{i=1}^{\mathrm{NG}}\sigma_y w_i|\boldsymbol{J}_i|t_i$$
$$\text{s.t.}\begin{cases}\|\boldsymbol{\rho}_i\| \leqslant t_i, \quad \forall i=\overline{1,\mathrm{NG}}\\ \boldsymbol{C}\boldsymbol{B}_i\dot{\boldsymbol{U}}-\boldsymbol{\rho}_i=0\\ \dot{\boldsymbol{u}}^h = \dot{\bar{\boldsymbol{u}}}, \quad 在\ \Gamma_u 上\\ F(\dot{\boldsymbol{u}}^h)=1\end{cases} \tag{7.38}$$

式中，第一个约束代表二次锥不等式；$\dot{\boldsymbol{U}}$、t_i 和 $\boldsymbol{\rho}_i$ 为未知的优化变量，且 t_i 和 $\boldsymbol{\rho}_i$ 的数量分别等于 NG 和 3NG。因此，极限分析问题的优化变量总数 $N_{\mathrm{var}} = \mathrm{NoDofs} + 4\times\mathrm{NG}$，NoDofs 为所求问题的自由度数。

由式(7.38)定义的优化问题可以通过一些优化求解器来求解，如 Gurobi、IPOPT、SeDuMi、Mosek 等。Mosek 是一个功能强大的软件包，能够求解线性规划、圆锥规划、凸二次规划及整数规划等大规模的优化问题。Mosek 使用了特殊的原始-对偶内点算法来求解二阶锥规划问题，是目前最快的二阶锥规划求解器之一[10]。

7.2.5 自适应细化策略

塑性极限荷载解中存在很大比例的计算域和塑性区，因此在整个计算域上采用均匀的网格是不必要且不经济的。更有效的策略是从相对粗的计算网格开始，然后根据需要仅在某些特定的区域内进行自适应细化。在理想情况下，网格应该在以高塑性应变率为特征的区域内自适应局部细化，使近似的应变率以最小的计算量达到所需的求解精度。因此，使用塑性应变率的 L_2 范数作为细化指标，用于极限分析问题的自适应网格细化。对于二维单元 e，塑性应变率的 L_2 范数可

定义为

$$\eta^e = \|\dot{\varepsilon}\|_{L_2(\Omega_e)} = \sqrt{\int_{\Omega_e} \dot{\varepsilon} : \dot{\varepsilon} \mathrm{d}\Omega} \tag{7.39}$$

式中，Ω_e 表示单元的面积。

一个 LR NURBS 塑性应变率的 L_2 范数定义为该 LR NURBS 所支撑单元上的塑性应变率的 L_2 范数之和。对于第 i 个 LR NURBS，塑性应变率的 L_2 范数可表示为

$$\eta_i = \sqrt{\sum_{e=1}^{n_e} \eta^e / \sum_{e=1}^{n_e} \Omega_e} \tag{7.40}$$

式中，n_e 为第 i 个 LR NURBS 所支撑单元的个数。

只要得到 LR NURBS 的塑性应变率 L_2 范数，就可以用该细化指标来指导网格细化。采用结构网格细化策略，细化 LR NURBS 而不是细化单元。细化 LR NURBS 实际上是细化 LR NURBS 上所支撑的单元。通过在每次细化过程中插入两条线段，一个单元被细化为四个新的子单元。细化参数 β 用来控制 LR NURBS 的增长率。对于含裂纹结构极限上限分析，细化参数建议取值范围为 $15\% \leqslant \beta \leqslant 25\%$[5]。

7.2.6 数值算例

假设在平面应力情况下，材料服从 von Mises 屈服准则和理想刚性塑性模型；LR NURBS 基函数在两个方向上的阶次均取两阶，即 $p = q = 2$；采用结构网格细化策略进行网格局部细化；采用基于原始-对偶内点算法的 Mosek 优化求解器。对于单裂纹问题，取 $\beta = 15\%$；对于多裂纹问题，取 $\beta = 25\%$。误差收敛曲线是在以 10 为底的对数下绘制的，并用 $\lg(\cdot)$ 表示。执行计算的计算机配置为：Intel Core i5，主频 3.4GHz。

算例 7.1 含边裂纹矩形板

考虑一个受单向均匀拉力 $\sigma = 1\text{MPa}$ 作用的含边裂纹矩形板，几何尺寸和荷载分布如图 7.2(a) 所示，矩形板的长度和宽度分别为 $H = 2\text{m}$ 和 $b = 1\text{m}$，裂纹位于 $H/2$ 处。图 7.2(b) 为 9×19 个单元的初始计算网格。

当 $x = a/b \leqslant 0.146$ 时，极限荷载因子的精确解为[11]

$$\lambda_{\text{exact}} = 1 - x - x^2 \tag{7.41}$$

当 $x=a/b>0.146$ 时，极限荷载因子的精确解为[11]

$$\lambda_{\text{exact}}=\sqrt{\left[-\frac{2}{\sqrt{3}}x+\frac{1}{2}\left(\frac{2}{\sqrt{3}}-1\right)\right]^2+\frac{2}{\sqrt{3}}(1-x)^2}-\left[\frac{2}{\sqrt{3}}x-\frac{1}{2}\left(\frac{2}{\sqrt{3}}-1\right)\right] \tag{7.42}$$

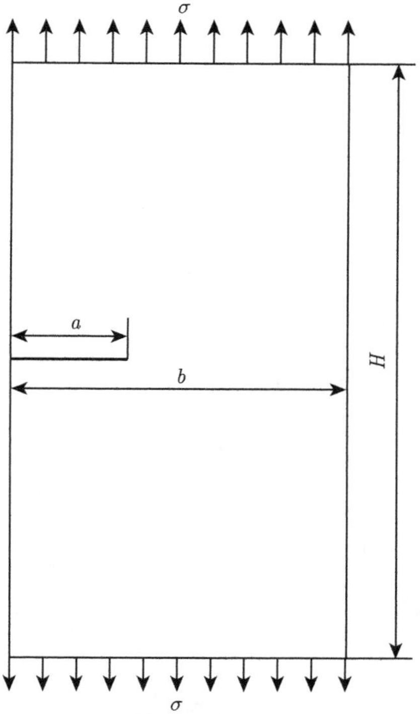

(a) 几何尺寸和荷载分布

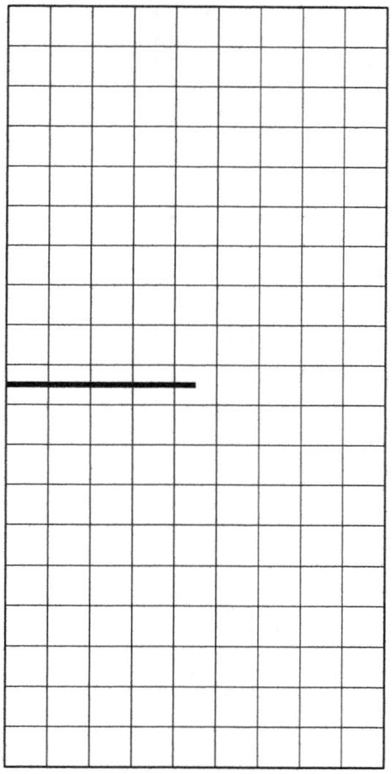
(b) 初始计算网格

图 7.2 含边裂纹矩形板的几何尺寸和初始计算网格

首先选取裂纹长度 $a=0.5\text{m}$ 进行自适应分析。图 7.3 为 $a/b=0.5$ 时第 2 次、第 3 次和第 4 次的自适应细化网格。由图可以看出，网格细化主要发生在裂尖及裂尖前缘附近，随着细化次数的增加，局部细化的区域逐渐缩小，且具有较高塑性应变率的区域被不断地自动细化。图 7.3 给出了自适应细化次数的优化变量数 N_{var} 和对应的极限荷载因子 λ^+。为了分析和计算结果的完整性，选择短裂纹 $a=0.138\text{m}$ 进行自适应模拟。图 7.4 给出了 $a/b=0.138$ 时第 2 次、第 3 次和第 4 次的自适应细化网格。当 $a/b<0.146$ 时，局部网格细化主要出现在裂尖附近和以裂纹为对称轴从裂尖开始分别沿两个方向延伸到无荷载板边所形成的带状区域。由图 7.3 和图 7.4 可以看出，裂纹的长度显著影响自适应局部细化网格的分布。

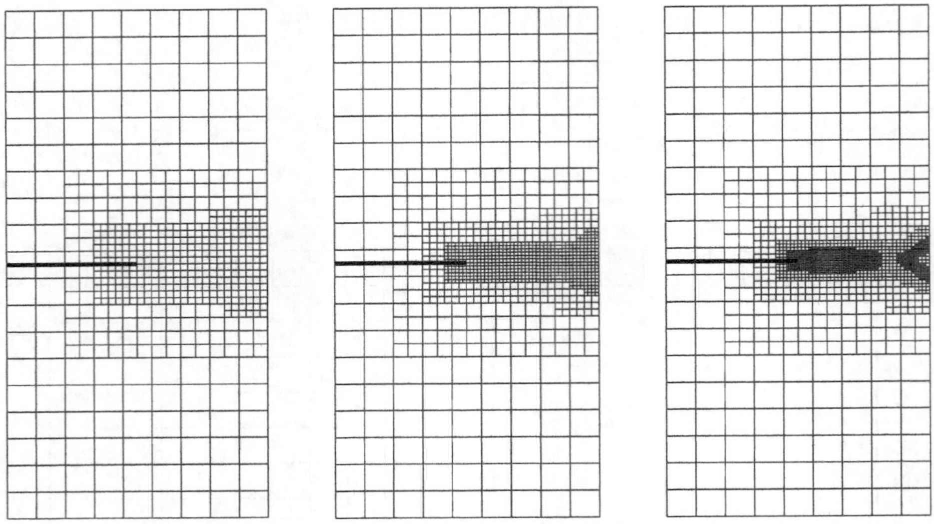

(a) 第 2 次 (N_{var}=22466, λ^+=0.241)　(b) 第 3 次 (N_{var}=37860, λ^+=0.238)　(c) 第 4 次 (N_{var}=65830, λ^+=0.236)

图 7.3　含边裂纹矩形板的自适应细化网格 ($a/b = 0.5$)

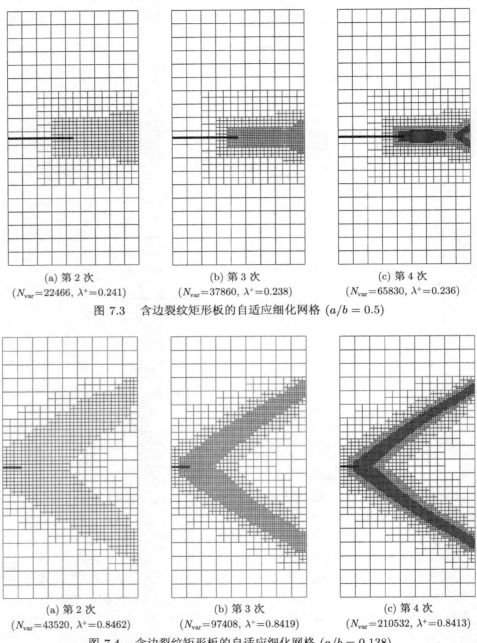

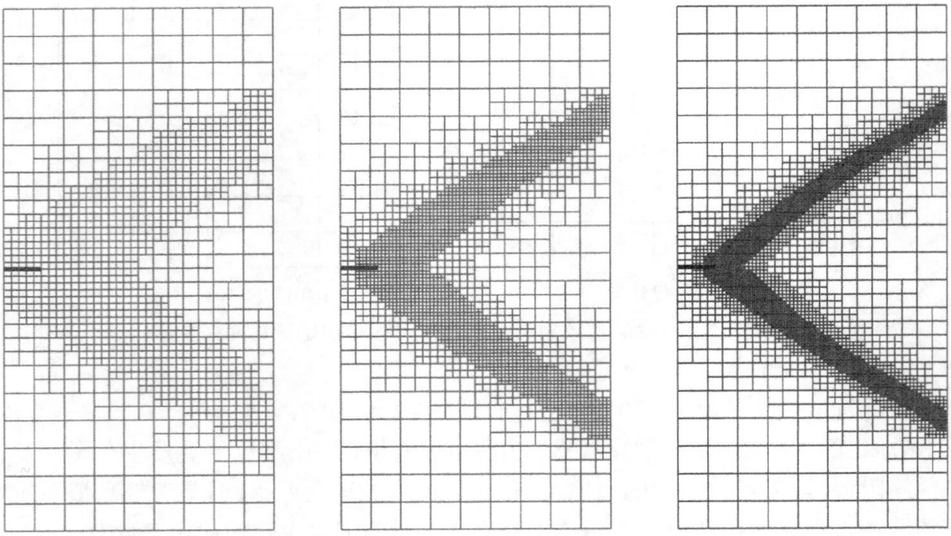

(a) 第 2 次 (N_{var}=43520, λ^+=0.8462)　(b) 第 3 次 (N_{var}=97408, λ^+=0.8419)　(c) 第 4 次 (N_{var}=210532, λ^+=0.8413)

图 7.4　含边裂纹矩形板的自适应细化网格 ($a/b = 0.138$)

图 7.5 为自适应局部细化和均匀全局细化两种细化策略的极限荷载因子的相对误差和优化变量的关系。随着细化次数的增加，优化变量数不断增大，这两种

细化策略得到的极限荷载因子相对误差都在减小，表明自适应扩展等几何分析在求解含裂纹结构极限分析问题时具有稳定性和收敛性。自适应局部细化的误差收敛率快于均匀全局细化的误差收敛率，这体现了自适应局部细化策略的优势。

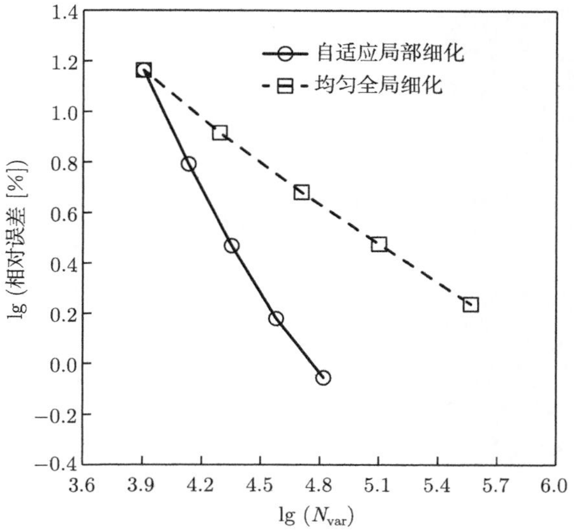

图 7.5 含边裂纹矩形板的极限荷载因子相对误差收敛曲线

表 7.1 给出了自适应局部细化和均匀全局细化求解含边裂纹板极限分析问题时每次细化对应的 Mosek 时间 (仅在迭代求解时所消耗的时间)。由表中的数据可知，自适应局部细化策略每次细化所需的 Mosek 时间均小于均匀全局细化策略所用的 Mosek 时间，在第 4 次细化时，自适应局部细化所用的 Mosek 时间是均匀全局细化所用的 Mosek 时间的 6%，这说明自适应扩展等几何分析不仅可以减少优化变量，还能够节省求解时间。

表 7.1 $a/b = 0.5$ 时含边裂纹矩形板两种细化策略的 Mosek 时间比较

细化策略	初始网格	第 1 次细化	第 2 次细化	第 3 次细化	第 4 次细化
自适应局部细化	0.46s	0.83s	1.54s	3.02s	8.03s
均匀全局细化	0.46s	1.21s	9.29s	37.24s	134.63s

图 7.6 绘制出了第 4 次自适应细化在极限状态下塑性应变率模的分布情况，塑性应变率模大的区域主要出现在裂尖附近。因此，自适应策略能够准确地识别塑性变形区域。通过对不同 a/b 下的结构进行极限分析，进一步研究裂纹几何形状对极限荷载因子的影响。图 7.7 给出了不同裂纹长宽比 a/b 下自适应扩展等几何分析的极限荷载因子数值解和精确解。自适应扩展等几何分析在第 4 次局部细化时得到的极限

荷载因子与精确解吻合得很好，这表明自适应扩展等几何分析具有较高的计算精度。此外，随着裂纹长宽比 a/b 的不断增大，极限荷载因子逐渐减小，当 $a/b = 0.8$ 时，极限荷载因子 $\lambda^+ = 0.0274$，表明长裂纹显著降低了结构的承载能力。

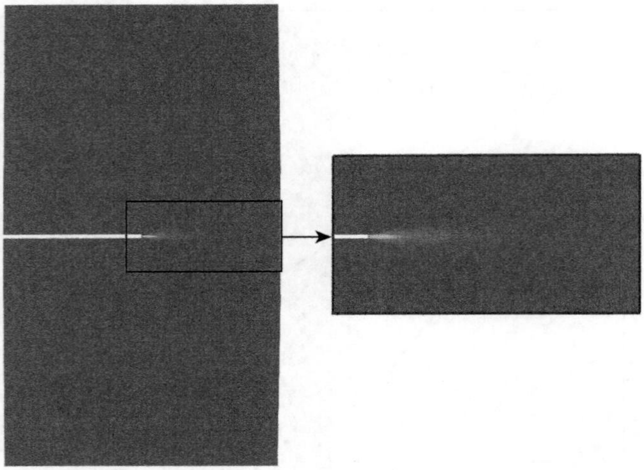

（扫码获取彩图）

图 7.6　极限状态下含边裂纹矩形板的塑性应变率模分布图

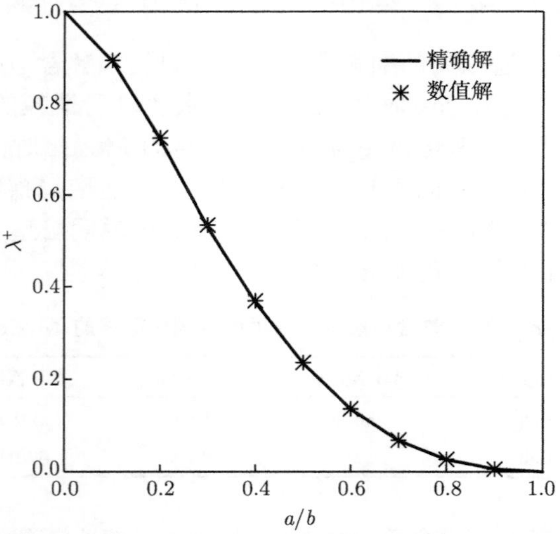

图 7.7　不同 a/b 下含边裂纹矩形板的极限荷载因子

算例 7.2　含中心裂纹矩形板

考虑受到一个均匀拉力 $\sigma = 1\text{MPa}$ 作用的含中心裂纹矩形板，几何参数和荷载分布如图 7.8(a) 所示。板的长度和宽度分别为 $H = 2\text{m}$ 和 $b = 1\text{m}$，裂纹位于

$H/2$ 处，裂纹长度为 $a = 0.5\text{m}$。图 7.8(b) 为 9×19 个单元的初始计算网格。该问题的极限荷载因子精确解为[12]

$$\lambda_{\text{exact}} = 1 - \frac{a}{b} \tag{7.43}$$

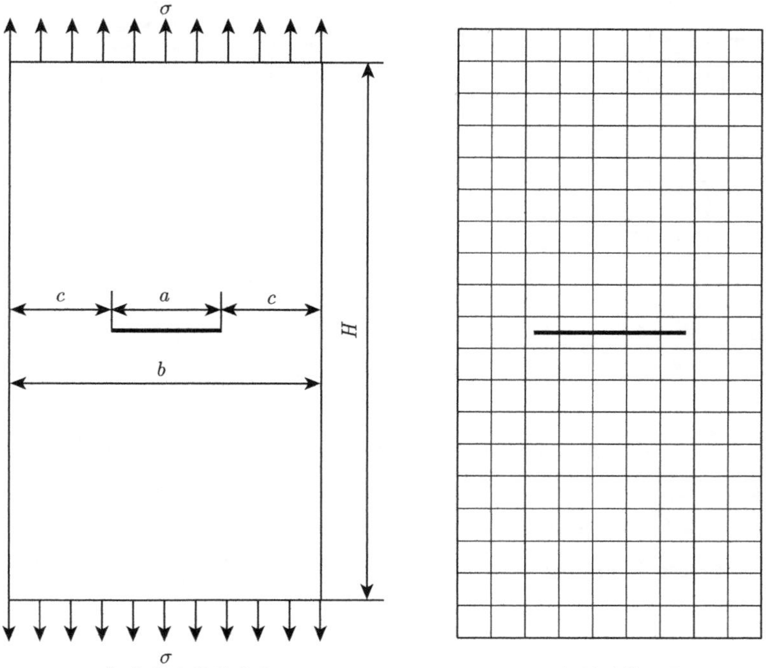

(a) 几何参数和荷载分布　　(b) 初始计算网格

图 7.8 含中心裂纹矩形板的几何尺寸和初始计算网格

图 7.9 给出了第 2 次、第 3 次和第 4 次的自适应扩展等几何分析的局部细化网格。由图可以看出，在经过 4 次网格局部细化后，自适应网格主要出现在裂尖附近区域，以及从裂尖开始与裂纹面成一定夹角对称地向无荷载边扩展形成的区域。自适应扩展等几何分析能够自动地识别含高塑性应变率的单元，自适应局部网格细化展现出很好的性能。图 7.9 也给出了自适应细化次数对应的优化变量数 N_{var} 和极限荷载因子 λ^+，随着自适应细化次数的增加，优化变量数不断增加，极限荷载因子逐渐减小，这符合极限分析的变化规律。随着细化次数的增加，优化变量数显著增大，但 Mosek 时间仅需要几秒，这表明 Mosek 优化包求解大规模 SOCP 问题时具有鲁棒性和有效性。

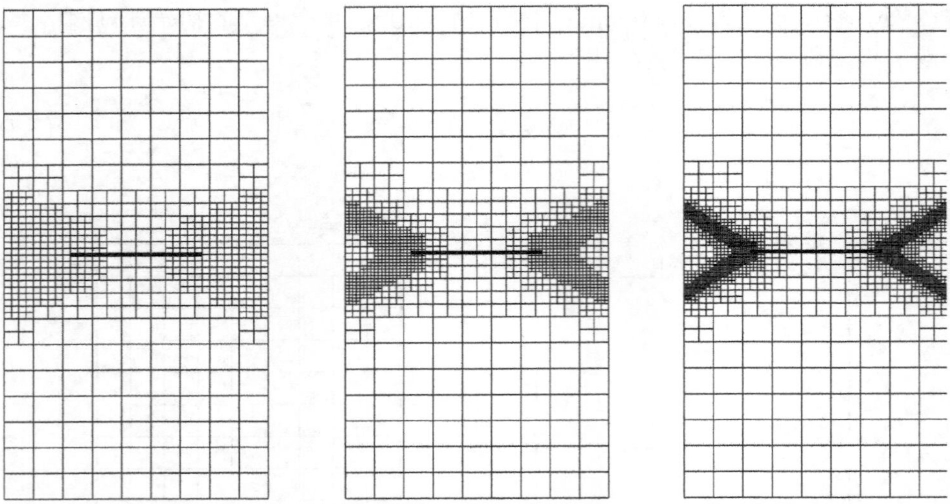

(a) 第 2 次 (N_{var}=26414, λ^+=0.515)　(b) 第 3 次 (N_{var}=49400, λ^+=0.508)　(c) 第 4 次 (N_{var}=95618, λ^+=0.504)

图 7.9　含中心裂纹矩形板的自适应细化网格 ($a/b = 0.5$)

图 7.10 绘制出了极限荷载因子的相对误差与优化变量数的关系。随着细化次数的增加，优化变量数不断增大，自适应局部细化和均匀全局细化策略得到的极限荷载因子相对误差都在逐渐减小，自适应局部细化策略的误差收敛速度快于均匀全局细化策略的误差收敛速度。例如，当 $a/b = 0.5$ 时，极限荷载因子的精确解

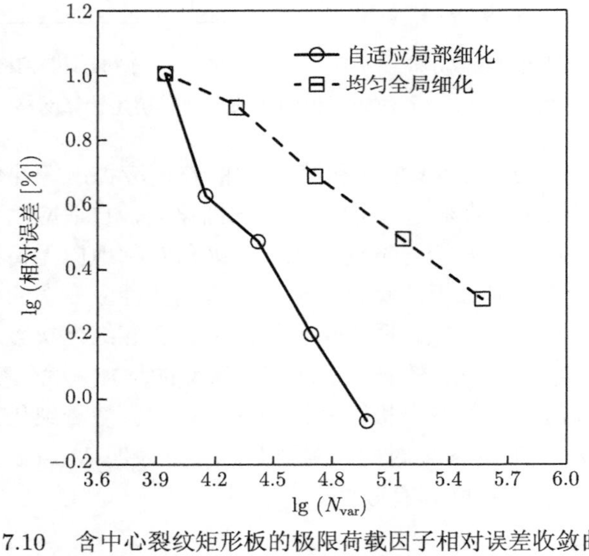

图 7.10　含中心裂纹矩形板的极限荷载因子相对误差收敛曲线

为 0.5。在经过 4 次细化后，自适应扩展等几何分析在 95618 个优化变量下获得的极限荷载因子为 $\lambda^+ = 0.5042$，极限荷载因子的相对误差为 0.840%。然而，对于均匀全局细化策略，在 370064 个优化变量条件下，极限荷载因子的相对误差为 2.04%。

图 7.11 绘制了第 4 次自适应细化后极限状态下塑性应变率模的分布图，目前的结果与文献中的塑性变形一致[13]。由图可以发现，塑性应变率模大的区域主要集中在两个裂尖附近，且由裂尖分叉向无荷载板的边缘扩展。这再一次证明了自适应局部细化策略可以准确地识别局部塑性变形区域。图 7.12 比较了不同裂纹长宽比 a/b 下自适应扩展等几何分析的极限荷载因子与精确值，目前方法获得的数值解基本落在精确解的曲线上。随着 a/b 逐渐增大，极限荷载因子不断减小。结果表明，极限荷载因子极大地取决于裂纹长宽比 a/b。

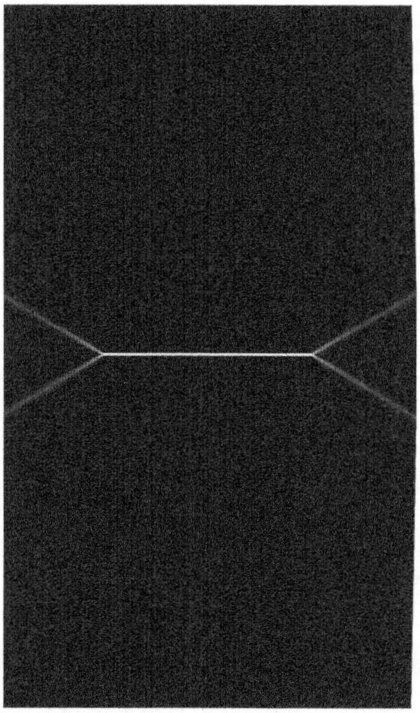

图 7.11　极限状态下含中心裂纹矩形板的塑性应变率模分布图

算例 7.3　含双边裂纹方板

考虑一个受到均匀拉力作用的含两个对称边裂纹的方板，几何模型和荷载分布如图 7.13(a) 所示。板的宽度 $2b = 1\text{m}$，裂纹长度 $a = 0.15\text{m}$，裂纹位于 $2b/2$ 处，均匀拉力 $\sigma = 1\text{MPa}$。图 7.13(b) 为 9×9 个单元的初始计算网格。

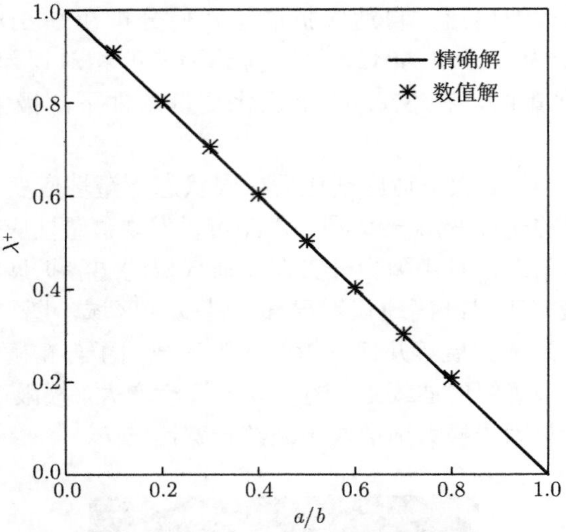

图 7.12 不同 a/b 下含中心裂纹矩形板的极限荷载因子

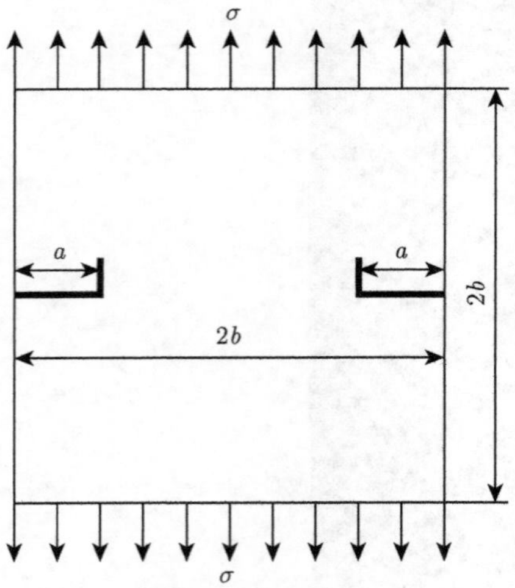

(a) 几何尺寸和荷载分布

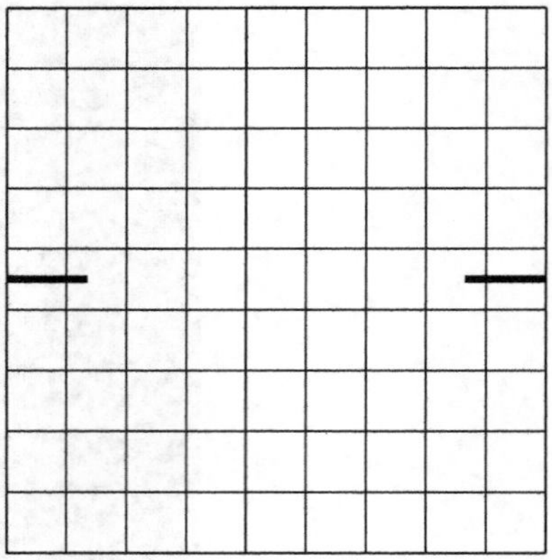

(b) 初始计算网格

图 7.13 含双边裂纹方板的几何尺寸和初始计算网格

图 7.14 为 $a/b = 0.3$ 时第 2 次、第 3 次和第 4 次的自适应网格细化图，网格主要在塑性应变率高的区域进行细化。由图可以看出，随着细化次数的增加，细化的区域不断减小，最后自适应局部细化生成了四条明显的细化带，细化带的路径是从裂尖出发，与裂纹成一定夹角对称地向无荷载板的边缘延伸。这一结果再次证明，自适应局部细化可以有效地捕获塑性应变区域。

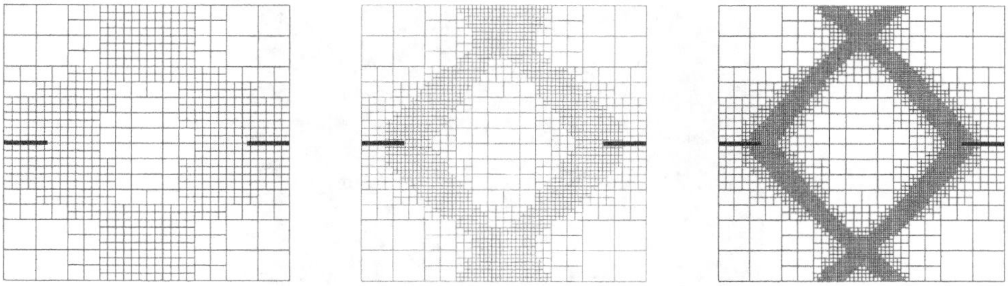

(a) 第 2 次 (N_{var}=31190, λ^+=0.7719)　(b) 第 3 次 (N_{var}=78384, λ^+=0.7675)　(c) 第 4 次 (N_{var}=190926, λ^+=0.7658)

图 7.14　含双边裂纹方板的自适应网格 ($a/b = 0.3$)

含双边裂纹方板的极限荷载因子收敛曲线如图 7.15 所示。由图 7.15 可知，随着细化次数的增加，优化变量数不断增大，自适应局部细化策略和均匀全局细化策略得到的极限荷载因子均单调递减。与均匀全局细化策略相比，自适应局部细化策略能够显著地减少优化变量数且收敛到一个稳定精确的极限荷载因子值。

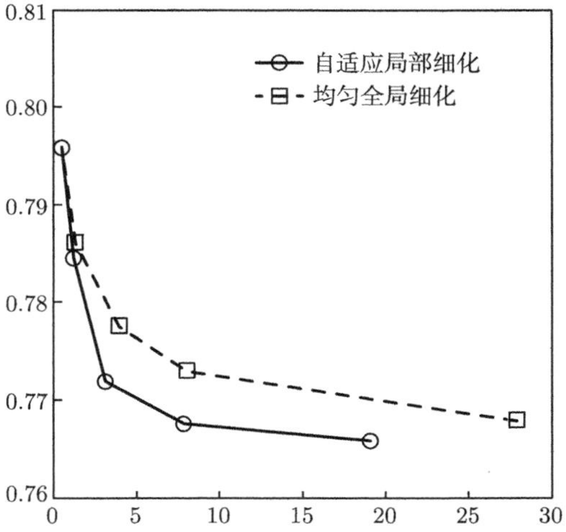

图 7.15　含双边裂纹方板的极限荷载因子收敛曲线

图 7.16 为 $a/b = 0.3$ 时极限状态下塑性应变率模的分布情况。塑性应变率模高度集中在裂尖附近区域且由裂尖开始向无荷载边逐渐减小，该云图与最终的自适应细化网格分布是一致的。图 7.17 为不同裂纹长宽比 a/b 下的极限荷载因子，随着裂纹长宽比 a/b 增大，极限荷载因子不断减小。当 $a/b = 0.3$ 时，本文方法的数值结果略小于 XFEM 的数值解[14]；当 $0.3 < a/b \leqslant 0.8$ 时，本文方法的数值结果非常吻合 XFEM 的数值解[14]。

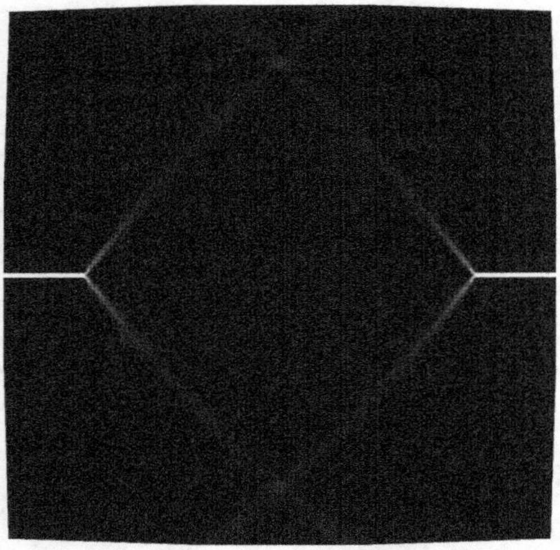

图 7.16　极限状态下含双边裂纹方板的塑性应变率模分布图

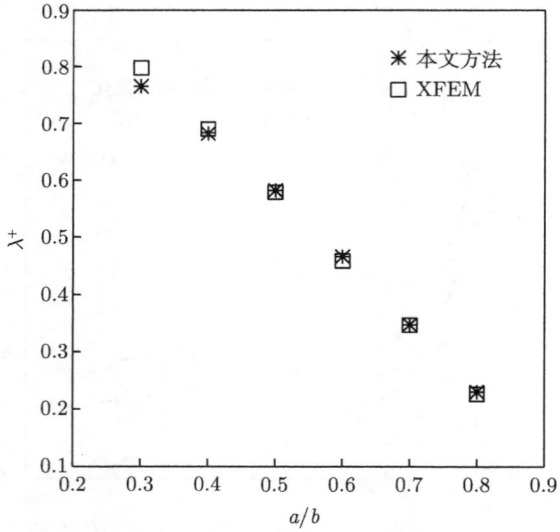

图 7.17　不同 a/b 下含双边裂纹方板的极限荷载因子

算例 7.4　含边裂纹开槽板

为了说明自适应扩展等几何分析在计算含裂纹复杂结构极限荷载的适用性，考虑一个受到平面拉力荷载 $\sigma = 1\text{MPa}$ 作用的含单边裂纹的开槽板，如图 7.18(a) 所示，开槽板宽度 $L = 4\text{m}$，开槽圆半径 $R = 1\text{m}$，裂纹长度 $a = 0.6\text{m}$。初始计算网格由 8×32 个单元组成，如图 7.18(b) 所示。描述几何模型的节点向量为 $\boldsymbol{\Xi} = \{0,0,0,0.25,0.25,0.5,0.5,0.75,0.75,1,1,1\}$ 和 $\boldsymbol{\mathcal{H}} = \{0,0,0,1,1,1\}$。表 7.2

和表 7.3 分别给出了该模型的控制点及其对应的权重。

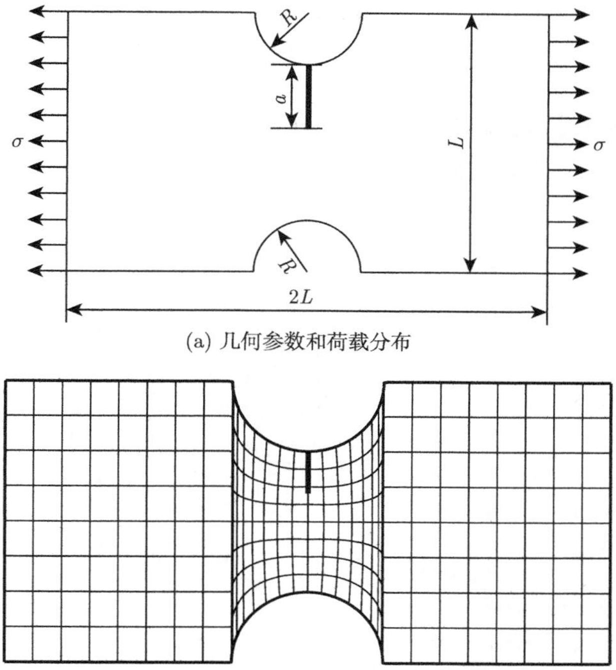

(a) 几何参数和荷载分布

(b) 初始计算网格

图 7.18 含边裂纹开槽板

表 7.2 含边裂纹开槽板的控制点

I	$P_{\mathrm{I},1}$	$P_{\mathrm{I},2}$	$P_{\mathrm{I},3}$	$P_{\mathrm{I},4}$	$P_{\mathrm{I},5}$	$P_{\mathrm{I},6}$	$P_{\mathrm{I},7}$	$P_{\mathrm{I},8}$	$P_{\mathrm{I},9}$
1	(−4,2)	(−2.5,2)	(−1,2)	(−1,1)	(0,1)	(1,1)	(1,2)	(2.5,2)	(4,2)
2	(−4,0)	(−2.5,0)	(−1,0)	(−1,0)	(0,0)	(1,0)	(1,0)	(2.5,0)	(4,0)
3	(−4,−2)	(−2.5,−2)	(−1,−2)	(−1,−1)	(0,−1)	(1,−1)	(1,−2)	(2.5,−2)	(4,−2)

表 7.3 含边裂纹开槽板的权重

I	$P_{\mathrm{I},1}$	$P_{\mathrm{I},2}$	$P_{\mathrm{I},3}$	$P_{\mathrm{I},4}$	$P_{\mathrm{I},5}$	$P_{\mathrm{I},6}$	$P_{\mathrm{I},7}$	$P_{\mathrm{I},8}$	$P_{\mathrm{I},9}$
1	1	1	1	$\sqrt{2}/2$	1	$\sqrt{2}/2$	1	1	1
2	1	1	1	1	1	1	1	1	1
3	1	1	1	$\sqrt{2}/2$	1	$\sqrt{2}/2$	1	1	1

图 7.19 为 $a/(L-2R)=0.3$ 时第 2 次、第 3 次和第 4 次自适应细化网格。与期望结果相同，网格细化主要集中在裂纹尖端附近和裂纹尖端之前的区域，且随着自适应细化次数的增加，网格细化的区域逐渐减小，符合裂尖周围存在较高的塑性应变率这一规律。由第 4 次细化图可以看出，细化区域主要出现在塑性区

域。这个算例没有精确解，Nguyen-Xuan 等[4]采用常规的扩展等几何分析计算了不同阶次的极限荷载因子，选用阶次 $p=4$ 的计算结果 $\lambda^+=0.2693$ 作为该算例的参考解。在经过 4 次细化后，自适应扩展等几何分析计算得到的极限荷载因子为 $\lambda^+=0.2657$，这个数值结果与参考解十分吻合。图 7.20 为自适应局部细化策略和均匀全局细化策略的极限荷载因子收敛曲线，随着细化次数的增加，自适应局部细化和均匀全局细化得到的极限荷载因子都收敛到稳定值，自适应局部细化的收敛率明显快于均匀全局细化的收敛率。

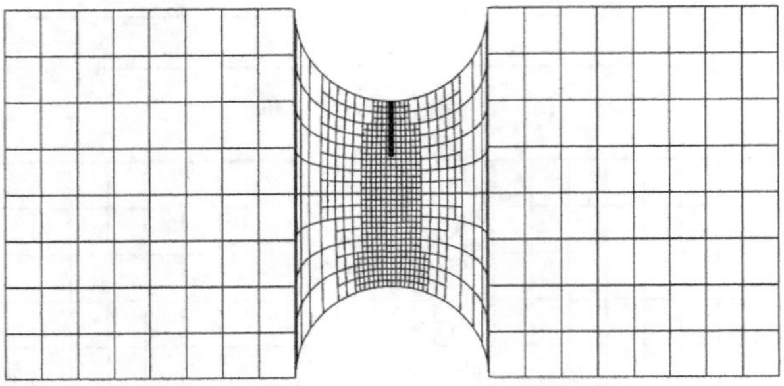

(a) 第 2 次 ($N_{\text{var}}=28710$, $\lambda^+=0.2691$)

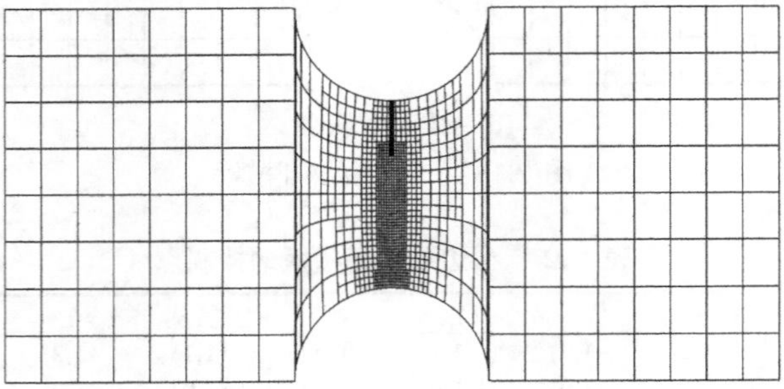

(b) 第 3 次 ($N_{\text{var}}=46450$, $\lambda^+=0.2668$)

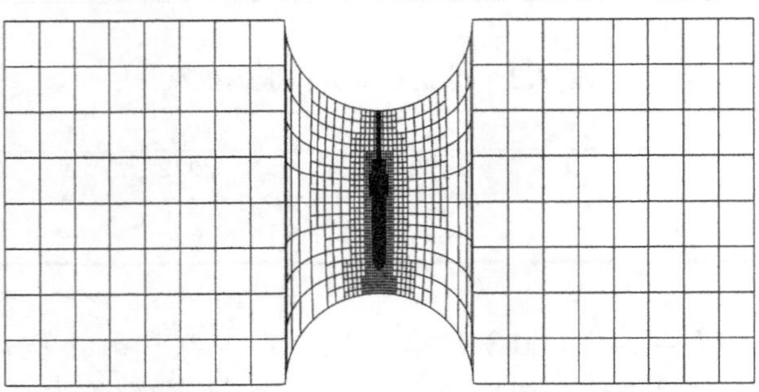

(c) 第 4 次 ($N_{\text{var}}=74388$, $\lambda^+=0.2657$)

图 7.19 含边裂纹开槽板的自适应细化网格 ($a/(L-2R)=0.3$)

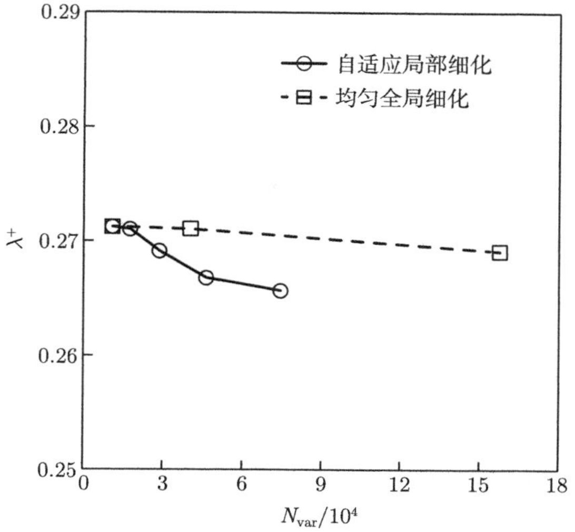

图 7.20 含边裂纹开槽板的极限荷载因子收敛曲线

图 7.21 给出了自适应扩展等几何分析获得的塑性应变率模分布情况。在极限状态下，塑性应变率模分布主要集中在沿裂纹路径方向，特别是在裂尖附近塑性应变率模较大的区域。图 7.22 将本文方法获得的数值解与参考解进行了比较，目前的数值结果与参考解基本是一致的，随着裂纹长度的增加，极限荷载因子不断减小。当 $a/(L-2R)=0.5$ 时，含裂纹结构的极限荷载因子比无裂纹结构的极限荷载因子降低了 78.74%，表明长裂纹极大地降低了开槽板的极限承载能力。

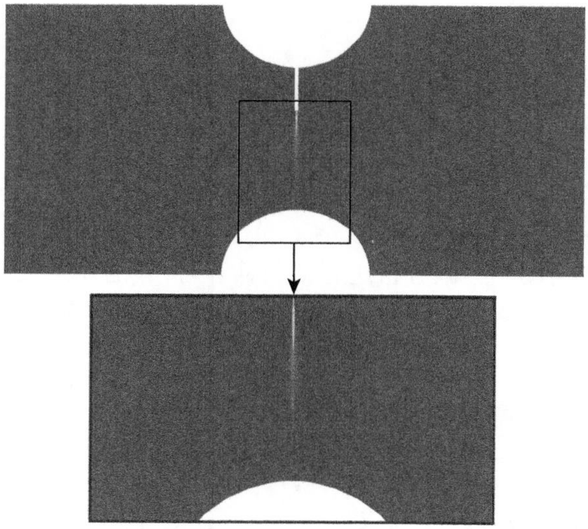

（扫码获取彩图）

图 7.21 极限状态下含边裂纹开槽板的塑性应变率模分布图

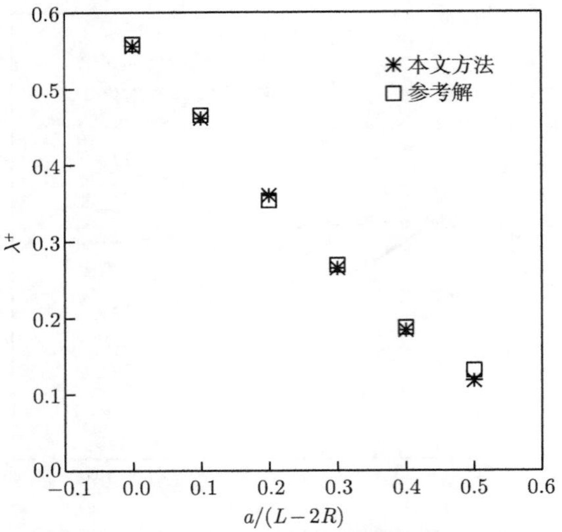

图 7.22 不同 $a/(L-2R)$ 下含边裂纹开槽板的极限荷载因子

7.3 孔 洞 问 题

7.3.1 位移速度模式

孔洞问题的扩展等几何分析位移速度逼近可表示为[15]

$$\dot{\boldsymbol{u}}^h(\boldsymbol{x}) = \sum_{i=1}^{N_{\mathrm{bf}}} R_i(\boldsymbol{x}) H(\boldsymbol{x}) \dot{\boldsymbol{u}}_i \tag{7.44}$$

式中，$R_i(\boldsymbol{x})$ 为 LR NURBS 基函数；$\dot{\boldsymbol{u}}_i = [\dot{u}_{ix} \quad \dot{u}_{iy}]^{\mathrm{T}}$ 为控制点的位移速度；N_{bf} 为控制点的个数；$H(\boldsymbol{x})$ 为加强函数。若点 $\boldsymbol{x}$ 位于孔洞内部，则 $H(\boldsymbol{x}) = 0$；否则，$H(\boldsymbol{x}) = 1$。

7.3.2 问题离散化

采用扩展等几何分析对运动学极限分析进行数值计算时，在运动学公式中，塑性应变率需要采用离散化的方法来近似。塑性应变率逼近可以表示为[16]

$$\dot{\boldsymbol{\varepsilon}}^h = \boldsymbol{B}_e \dot{\boldsymbol{u}} \tag{7.45}$$

对于二维单元 e，应变-位移矩阵 $\boldsymbol{B}_e$ 为

$$\boldsymbol{B}_e = \begin{bmatrix} (R_1 H(\boldsymbol{x}))_{,x} & 0 & (R_2 H(\boldsymbol{x}))_{,x} & 0 & \cdots \\ 0 & (R_1 H(\boldsymbol{x}))_{,y} & 0 & (R_2 H(\boldsymbol{x}))_{,y} & \cdots \\ (R_1 H(\boldsymbol{x}))_{,y} & (R_1 H(\boldsymbol{x}))_{,x} & (R_2 H(\boldsymbol{x}))_{,y} & (R_2 H(\boldsymbol{x}))_{,x} & \cdots \end{bmatrix} \tag{7.46}$$

对于孔洞问题，忽略孔洞内单元积分，孔洞外单元的应变-位移矩阵 $\boldsymbol{B}_e$ 可以直接写为

$$\boldsymbol{B}_e = \begin{bmatrix} R_{1,x} & 0 & R_{2,x} & 0 & \cdots \\ 0 & R_{1,y} & 0 & R_{2,y} & \cdots \\ R_{1,y} & R_{1,x} & R_{2,y} & R_{2,x} & \cdots \end{bmatrix} \tag{7.47}$$

通过位移速度场的离散化和高斯积分技术，塑性耗散可以表示为

$$D^h\left(\dot{\boldsymbol{u}}^h\right) = \int_{\Omega} \sigma_y \sqrt{\dot{\boldsymbol{\varepsilon}}^{\mathrm{T}} \boldsymbol{\Theta} \dot{\boldsymbol{\varepsilon}}} \mathrm{d}\Omega \simeq \sum_{i=1}^{\mathrm{NG}} \sigma_y w_i |\boldsymbol{J}_i| \sqrt{(\dot{\boldsymbol{\varepsilon}}_i)^{\mathrm{T}} \boldsymbol{\Theta} \dot{\boldsymbol{\varepsilon}}_i} \tag{7.48}$$

式中，NG 为高斯积分点总数；w_i 和 $|\boldsymbol{J}_i|$ 分别为第 i 个高斯积分点的权重和雅可比矩阵的行列式。

极限分析可以转化为下列形式[16]：

$$\begin{gathered} \lambda^+ = \min \sum_{i=1}^{\mathrm{NG}} \sigma_y w_i |\boldsymbol{J}_i| \sqrt{(\dot{\boldsymbol{\varepsilon}}_i)^{\mathrm{T}} \boldsymbol{\Theta} \dot{\boldsymbol{\varepsilon}}_i} \\ \text{s.t.} \begin{cases} \dot{\boldsymbol{u}} = \dot{\bar{\boldsymbol{u}}}, & \text{在 } \Gamma_u \text{上} \\ W_{\mathrm{ext}}(\dot{\boldsymbol{u}}) = \int_{\Omega} \boldsymbol{f}^{\mathrm{T}} \dot{\boldsymbol{u}} \mathrm{d}\Omega + \int_{\Gamma_t} \boldsymbol{g}^{\mathrm{T}} \dot{\boldsymbol{u}} \mathrm{d}\Gamma = 1 \end{cases} \end{gathered} \tag{7.49}$$

式中，$\boldsymbol{f}$ 和 $\boldsymbol{g}$ 分别为体力和面力。

孔洞问题极限上限分析的积分方案与第 4 章中孔洞问题的积分方案相同，此处不再赘述。

7.3.3 优化问题的求解

式 (7.49) 是一个带有等式约束的非线性优化问题。在平面应力条件下，优化问题中塑性耗散可以直接写成一个范数之和的格式，即

$$D^h\left(\dot{\boldsymbol{u}}^h\right) \simeq \sigma_y \sum_{i=1}^{\mathrm{NG}} w_i |\boldsymbol{J}_i| \left\| \boldsymbol{Q}^{\mathrm{T}} \dot{\boldsymbol{\varepsilon}}_i \right\| \tag{7.50}$$

式中，$\boldsymbol{Q}$ 为 $\boldsymbol{\Theta}$ 的 Cholesky 因子，表达式为

$$\boldsymbol{Q} = \frac{1}{\sqrt{3}} \begin{bmatrix} 2 & 0 & 0 \\ 1 & \sqrt{3} & 0 \\ 0 & 0 & 1 \end{bmatrix} \tag{7.51}$$

引入附加变量 $\boldsymbol{\rho}_i = \boldsymbol{Q}^{\mathrm{T}} \dot{\boldsymbol{\varepsilon}}_i$ 和辅助变量 $t_i (i = 1, 2, \cdots, \mathrm{NG})$，将式 (7.49) 中的优化问题转化为二次锥约束的二阶锥规划的形式，即

$$\lambda^{+}=\min\sum_{i=1}^{\mathrm{NG}}\sigma_s^i w_i|\boldsymbol{J}_i|t_i$$
$$\text{s.t.}\begin{cases}\|\boldsymbol{\rho}_i\|\leqslant t_i, & \forall i=\overline{1,\mathrm{NG}}\\ \boldsymbol{QB}_i\dot{\boldsymbol{u}}-\boldsymbol{\rho}_i=0\\ \dot{\boldsymbol{u}}^h=\dot{\bar{\boldsymbol{u}}}, & 在\ \Gamma_u 上\\ W_{\mathrm{ext}}(\dot{\boldsymbol{u}}^h)=1\end{cases} \tag{7.52}$$

式中，σ_s^i 为第 i 个高斯点上材料的屈服应力。

将式 (7.49) 中的优化问题转化为二次锥约束的二阶锥规划。优化问题的变量数为 $N_{\mathrm{var}}=\mathrm{NoDofs}+4\mathrm{NG}$，NoDofs 为离散问题的自由度总数。可以使用 Mosek 优化包快速地求解这个极限分析问题。

7.3.4 数值算例

假设平面应力条件和理想刚塑性材料。采用结构化网格进行自适应局部细化。对于受单向荷载的结构，细化参数选取为 $\beta=25\%$；对于受双向荷载的复杂结构，细化参数选取为 $\beta=40\%$。LR NURBS 基函数在两个参数方向的阶次均为二阶，即 $p=q=2$。此外，误差收敛曲线是在以 10 为底的对数下绘制的，并用 $\lg(\cdot)$ 表示。执行计算的计算机配置为：Intel Core i5，主频 3.4GHz。

算例 7.5 含中心圆孔方形板

考虑含一个中心圆孔的正方形板，受到双向均匀拉力 p_1 和 p_2 的作用，如图 7.23 所示。这是一个经典的基准问题，有助于验证本文方法的正确性和有效

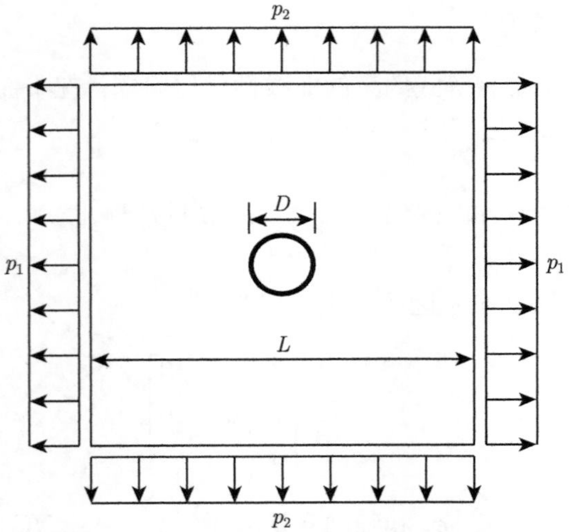

图 7.23 含中心圆孔方形板的几何模型和边界条件

性。方板的长度和孔洞的直径分别为 $L = 2\text{m}$ 和 $D = 0.4\text{m}$，$p_1 = p_2 = 1\text{MPa}$。初始计算网格为 8×8 个单元。

当 $0.483 < D/L \leqslant 1$ 时，极限荷载因子的精确解为[17,18]

$$\lambda_{\text{exact}} = \frac{2}{\sqrt{3}}\sin\left(\alpha - \frac{\pi}{6}\right), \quad \frac{1}{(D/L)^2} = \frac{\sqrt{3}}{2\cos\alpha}\mathrm{e}^{\sqrt{3}(\alpha - \frac{\pi}{6})} \tag{7.53}$$

图 7.24 给出了 $D/L = 0.5$ 时第 2 次、第 3 次和第 4 次自适应网格细化过程。细化网格主要出现在圆孔界面与方形板内切圆所形成的圆环内，特别是集中发生在方形板的水平和竖直对称轴附近，表明这些位置存在较高的塑性应变率。

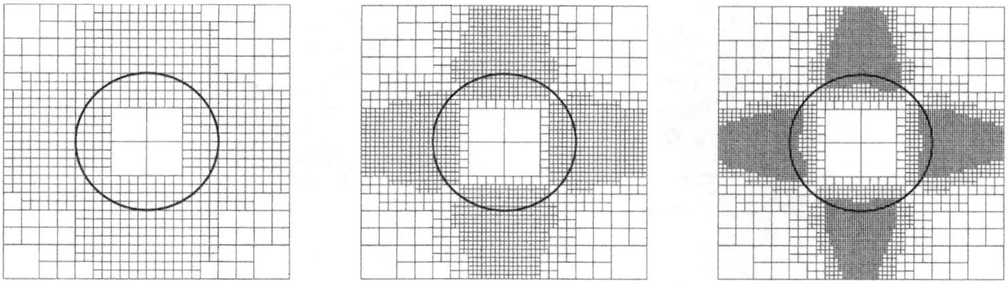

(a) 第 2 次 (N_{var}=24980, λ^+=0.55817)　(b) 第 3 次 (N_{var}=66724, λ^+=0.55745)　(c) 第 4 次 (N_{var}=170384, λ^+=0.55722)

图 7.24 含中心圆孔方形板的自适应细化网格 ($D/L = 0.5$)

图 7.25 为 $D/L = 0.5$ 时两种细化策略计算得到的极限荷载因子误差收敛曲线。随着优化变量数的不断增加，两种细化方法得到的极限荷载因子相对误差

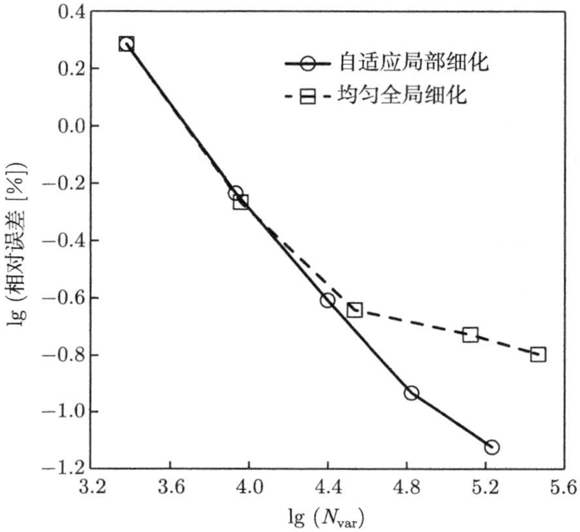

图 7.25 $D/L = 0.5$ 时含中心圆孔方形板的极限荷载因子误差收敛曲线

都呈下降趋势；自适应局部细化的误差收敛率大于均匀全局细化的误差收敛率。在经过 4 次自适应细化后，自适应扩展等几何分析计算得到的极限荷载因子相对误差小于 0.1%。图 7.26 为 $D/L = 0.5$ 时极限状态下塑性应变率模的分布，此结果与参考文献 [17] 中的精确解云图是一致的。高塑性应变率模主要集中在方形板四条边的中点处，以及从该中点出发以一个小角度分叉延伸至孔洞界面而形成的塑性带状区域。

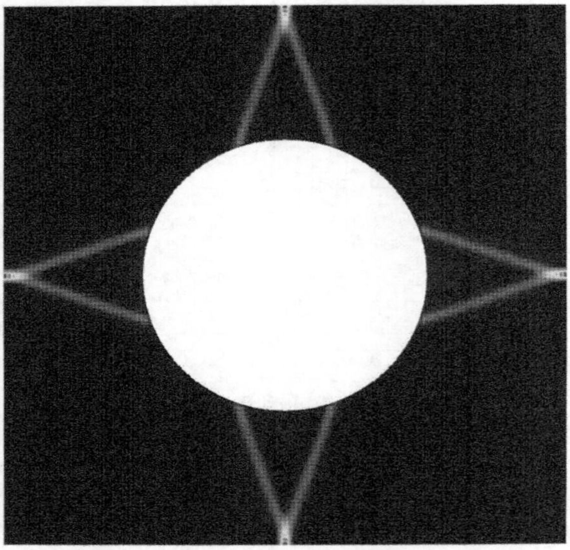

图 7.26 $D/L = 0.5$ 时含中心圆孔方形板塑性应变率模的分布图

表 7.4 统计了经过 4 次自适应细化后不同 D/L 下自适应扩展等几何分析获得的数值结果，同时也给出了精确解[17]、ES-FEM 解[19]和 FEM 解[20]。由表可以看出，随着 D/L 的增大，极限荷载因子逐渐减小。自适应扩展等几何分析计算的数值结果与精确解和参考解基本是一致的。

表 7.4 $p_1 = p_2$ 时不同 D/L 下极限荷载因子的比较

D/L	精确解[17]	ES-FEM 解[19]	FEM 解[20]	自适应 XIGA
0.5	0.55682	0.55690	0.56133	0.55722
0.6	0.43801	0.43828	0.44109	0.43830
0.7	0.32195	0.32207	0.32504	0.32227
0.8	0.20991	0.21008	0.21285	0.21020
0.9	0.10249	0.10254	0.10457	0.10278

算例 7.6 含两个圆孔矩形板

受到均匀拉力 $p = 1\text{MPa}$ 作用的含两个半径相同的小孔的矩形板，如图 7.27 所示。板的宽度和长度分别为 $H = 0.05\text{m}$ 和 $L = 0.1\text{m}$。两个小圆孔的半径均为

$r = 0.002\text{m}$。圆心到纵轴和横轴的距离为 $a = 0.0055\text{m}$ 和 $b = 0.0025\text{m}$。初始计算网格为 15×29 个单元。此算例的精确上限解是未知的，为了进行比较，选择下限值 $\lambda^- = 0.912$ 作为极限荷载因子的参考解进行相对误差计算[21,22]。

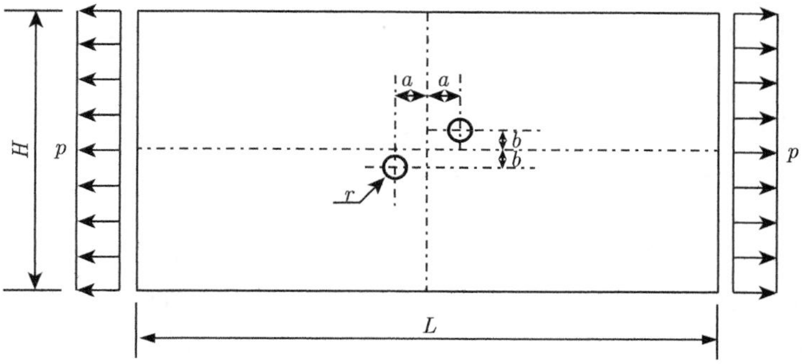

图 7.27　含两个圆孔矩形板的几何模型和边界条件

图 7.28 为自适应局部细化的 4 次 h-细化网格，第 4 次局部细化网格形成了与板水平方向成 45° 倾角的两条网格细化带。细化网格的主要特征是该区域内具有较大的塑性应变率。图 7.28 给出了与细化次数相对应的优化变量数 N_{var} 和极限荷载因子 λ^+；随着细化次数的增加，极限荷载因子逐渐收敛到稳定的参考解。

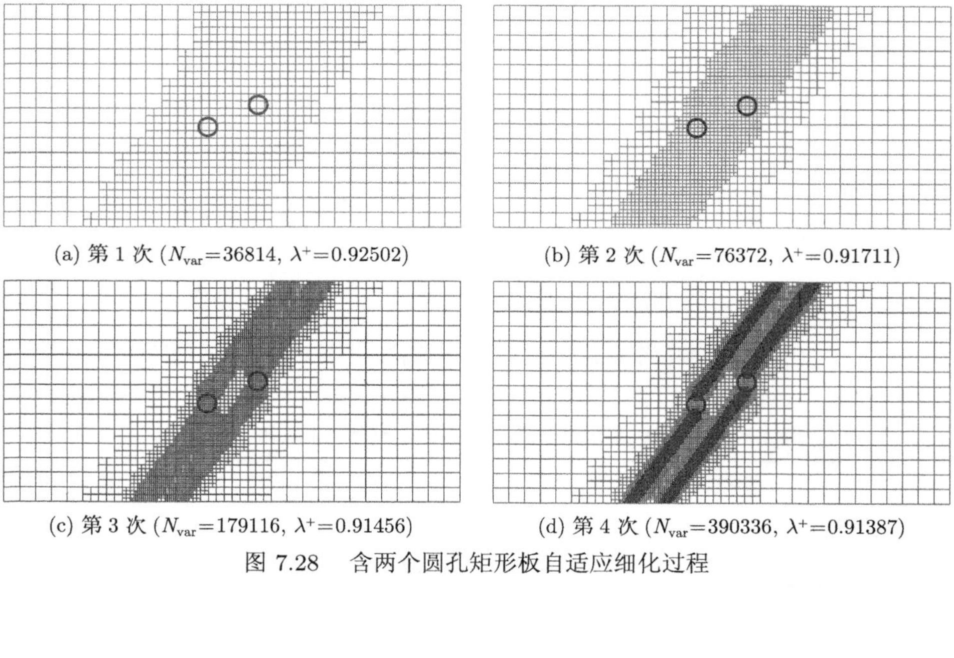

(a) 第 1 次 (N_{var}=36814, λ^+=0.92502)　(b) 第 2 次 (N_{var}=76372, λ^+=0.91711)

(c) 第 3 次 (N_{var}=179116, λ^+=0.91456)　(d) 第 4 次 (N_{var}=390336, λ^+=0.91387)

图 7.28　含两个圆孔矩形板自适应细化过程

图 7.29 为自适应局部细化策略和均匀全局细化策略计算的极限荷载因子相对误差收敛曲线。结果表明，随着细化次数的增加，优化变量数也不断增加，自适应局部细化和均匀全局细化得到的极限荷载因子相对误差都呈下降趋势，这说明自适应扩展等几何分析求解近距离孔洞极限分析问题具有稳定性和收敛性。自适应局部网格的误差收敛速度高于均匀全局细化的误差收敛速度，且自适应网格显著提高了数值结果的求解精度。表 7.5 统计了两种细化方法 4 次细化所对应的 Mosek 时间，自适应局部细化策略能够以较低的变量数和较短的求解时间达到较高的计算精度，这体现了自适应扩展等几何分析求解孔洞结构极限分析的优势。表 7.6 比较了两种细化方法的数值结果，自适应局部细化计算的数值结果优于均匀全局细化获得的数值解。由表 7.5 和表 7.6 可以看出，当达到几乎相同的计算精度时，采用自适应扩展等几何分析求解优化问题的规模 (用优化变量数来衡量) 比均匀全局细化减小了约 19%，导致 Mosek 时间减少了约 74%，这表明自适应扩展等几何分析能够以较少的优化变量数快速地收敛到真实的极限荷载因子。

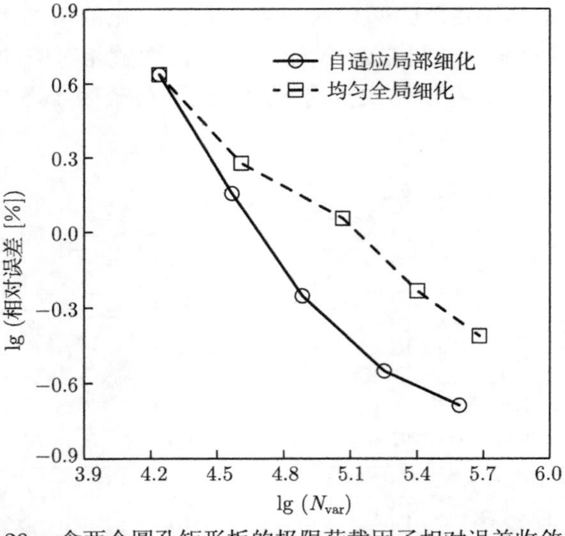

图 7.29 含两个圆孔矩形板的极限荷载因子相对误差收敛曲线

表 7.5 含两个圆孔矩形板两种细化策略的 Mosek 时间比较

细化策略	初始网格	第 1 次细化	第 2 次细化	第 3 次细化	第 4 次细化
自适应局部细化	1.10s	2.96s	9.74s	52.71s	313.52s
均匀全局细化	1.10s	3.61s	29.48s	153.38s	885.43s

表 7.6 含两个圆孔矩形板极限荷载因子的相对误差比较

序号	均匀全局细化			自适应局部细化		
	N_{var}	λ^+	相对误差/%	N_{var}	λ^+	相对误差/%
1	17322	0.95150	4.332	17322	0.95150	4.332
2	40522	0.92993	1.894	36814	0.92502	1.428
3	116410	0.92232	1.132	76372	0.91711	0.560
4	252522	0.91733	0.584	179116	0.91456	0.281
5	481926	0.91553	0.388	390336	0.91387	0.205

图 7.30 为经过 4 次自适应细化后在极限状态下含两个圆孔矩形板的塑性应变率模的分布图。该结果大体上与文献[13]中的结果是一致的。由图可以看出，塑性应变率模大的区域主要集中在与板长度方向成 45° 倾角的两条塑性带附近，证实了自适应策略能够精确地探测到孔洞结构的失效模式。

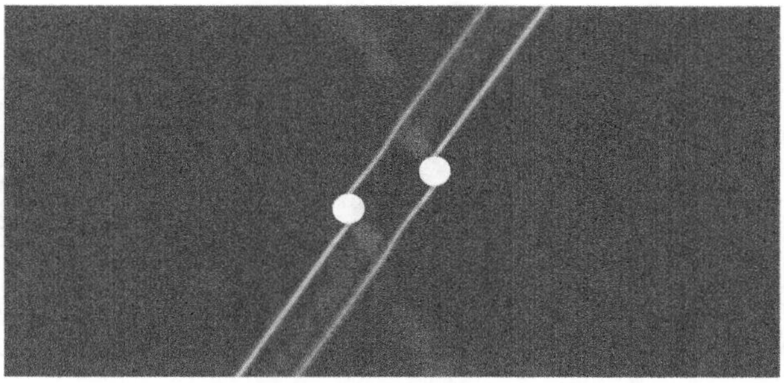

（扫码获取彩图）

图 7.30 极限状态下含两个圆孔矩形板的塑性应变率模分布图

算例 7.7 含复杂孔洞板

为了说明自适应扩展等几何分析求解复杂形状结构极限荷载的能力，考虑一个受到均匀拉力作用的复杂孔洞板，如图 7.31(a) 所示。复杂孔洞由三个半径相同的圆弧构造而成，三个圆的圆心分别是 (0,−2)、($\sqrt{3}$,1) 和 ($-\sqrt{3}$,1)。本算例的几何参数为：$L = 20\text{m}$，$H = 6\text{m}$，$R_1 = 10\text{m}$，$R_2 = 4\text{m}$，$R_3 = 2\text{m}$。在结构顶部施加均匀拉力 $p = 1\text{MPa}$，底部边缘固定。图 7.31(b) 为 16×16 个单元的初始计算网格，其中粗黑线代表复杂孔洞的界面。

图 7.32 为第 2 次、第 3 次和第 4 次自适应细化网格，在第 4 次自适应细化后出现了四个局部细化带。细化网格主要集中在与 x 轴成 60° 和 15° 斜线附近较薄的带状区域。由图可以看出，大约 80% 的小尺度单元位于局部塑性区域，塑性应变率较大的相关单元被自动地识别和细化，说明自适应扩展等几何分析可以准确地识别塑性区域。与此同时，图 7.32 还给出了每次细化的优化变量数和极限荷载因子，随着细化次数的增加，极限荷载因子逐渐减小。

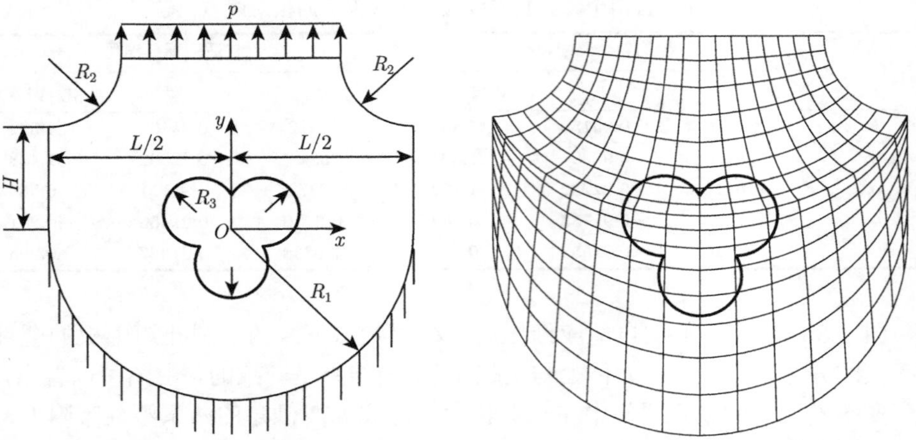

(a) 几何模型和荷载分布　　(b) 初始计算网格

图 7.31　含复杂孔洞板的几何模型和初始计算网格

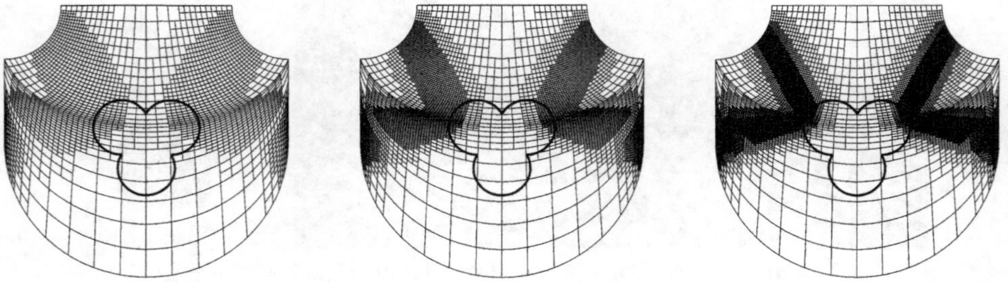

(a) 第 2 次 ($N_{\rm var}$=83072, λ^+=0.80919)　　(b) 第 3 次 ($N_{\rm var}$=218850, λ^+=0.80408)　　(c) 第 4 次 ($N_{\rm var}$=547558, λ^+=0.80175)

图 7.32　含复杂孔洞板的自适应细化网格

图 7.33 给出了自适应局部细化和均匀全局细化的极限荷载因子收敛曲线。由图可以看出，随着细化次数的不断增加，优化变量数不断增大，这两种细化策略得到的极限荷载因子逐渐收敛于一个稳定的值。与均匀全局细化相比，自适应局部细化得到的极限荷载因子具有较高的收敛率。例如，在经过 4 次细化后，自适应局部细化策略在 $N_{\rm var} = 547558$ 个优化变量下计算得到的极限荷载因子为 $\lambda^+ = 0.80175$；然而，均匀全局细化策略在 $N_{\rm var} = 572898$ 个优化变量下计算得到的极限荷载因子为 $\lambda^+ = 0.80404$。

图 7.34 为极限状态下含复杂孔洞板的塑性应变率模分布图，塑性应变率模主要集中在与 x 轴成 60° 和 15° 斜线较薄的塑性带附近。塑性应变率模的分布图与自适应网格细化的区域是一致的，说明自适应扩展等几何分析求解复杂孔洞问题具有高效性。

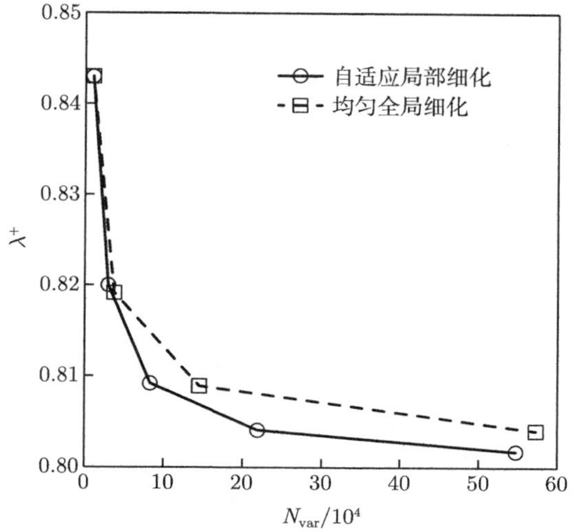

图 7.33 含复杂孔洞板的极限荷载因子收敛曲线

（扫码获取彩图）

图 7.34 极限状态下含复杂孔洞板的塑性应变率模分布图

算例 7.8 含多个圆孔方板

考虑一个含 16 个等半径圆孔的方板，受到单轴拉伸荷载 $p = 1\text{MPa}$ 的作用，边界条件如图 7.35 所示。方板的几何参数如下：板的边长 $L = 10\text{m}$，在 x 轴和 y 轴两个方向上孔洞之间圆心的距离 $a = 2\text{m}$，圆孔的半径 $r = 0.5\text{m}$。由于圆孔的直径较小，初始计算网格选取为 16×16 个单元。

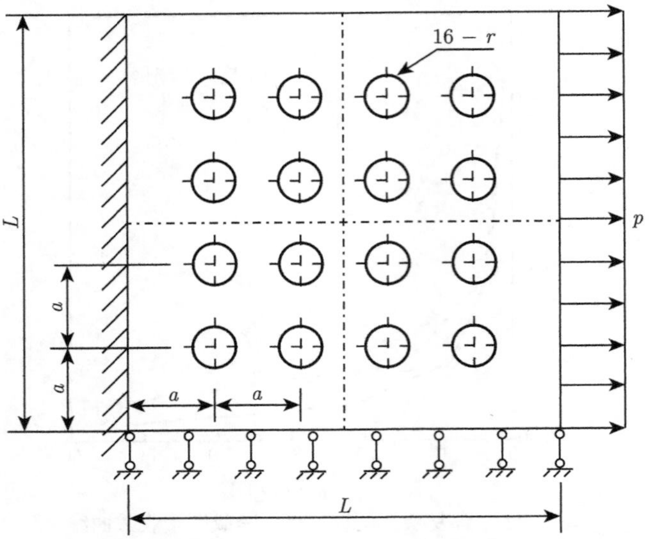

图 7.35 含多个圆孔方板的几何模型和边界条件

图 7.36 为采用自适应局部细化策略检测结构失效机制的网格。自适应网格局部细化主要发生在右侧的四个圆孔附近，随着细化次数的增加，细化区域逐渐减小，高塑性应变率的单元形成了一条网格细化带。表 7.7 给出了自适应局部细化策略和均匀全局细化策略得到的计算结果。由表可以看出，随着优化变量数的不断增加，自适应局部细化策略和均匀全局细化策略计算得到的极限荷载因子都收敛到一个稳定值；与均匀细化网格相比，自适应细化网格产生了较高的收敛性。图 7.37 给出了极限状态下塑性应变率模的分布，塑性应变率大的区域主要集中在最右侧一列孔洞之间的位置并形成了一条很窄的塑性带。由此可见，自适应扩展等几何分析能够准确地预测多孔结构的失效机理。

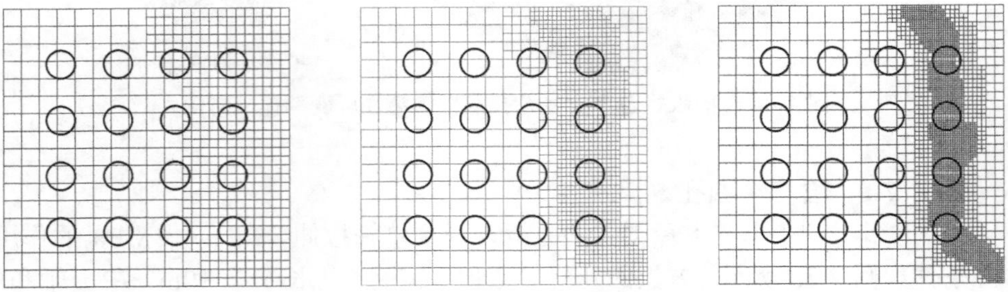

(a) 第 1 次
(N_{var}=31430, λ^{+}=0.65716)

(b) 第 2 次
(N_{var}=61744, λ^{+}=0.63420)

(c) 第 3 次
(N_{var}=126508, λ^{+}=0.62969)

图 7.36 含多个圆孔方板的自适应细化网格

表 7.7 含多个圆孔方板的极限荷载因子的比较

序号	均匀全局细化		自适应局部细化	
	N_{var}	λ^+	N_{var}	λ^+
1	17160	0.73543	17160	0.73543
2	53768	0.65680	31430	0.65716
3	185352	0.63388	61744	0.63420
4	274312	0.63010	126508	0.62969

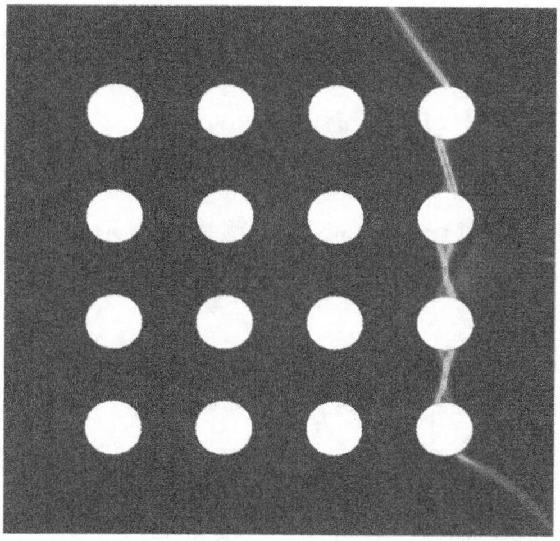

图 7.37 极限状态下含多个圆孔方板塑性应变率模分布图

7.4 夹 杂 问 题

7.4.1 位移速度模式

对于夹杂问题，扩展等几何分析的位移速度逼近可表示为[23]

$$\dot{\boldsymbol{u}}^h(\boldsymbol{x}) = \sum_{i=1}^{N_{\text{bf}}} R_i(\boldsymbol{x})\dot{\boldsymbol{u}}_i + \sum_{j=1}^{N_{\text{int}}} R_j(\boldsymbol{x})\Psi(\boldsymbol{x})\dot{\boldsymbol{a}}_j \tag{7.54}$$

式中，N_{bf} 为离散域控制点数；$\dot{\boldsymbol{a}}_j$ 为控制点的加强变量；N_{int} 为支撑域包含夹杂界面的控制点个数；$\Psi(\boldsymbol{x})$ 为夹杂问题的加强函数。夹杂问题控制点的位移速度 $\dot{\boldsymbol{d}} = [\dot{\boldsymbol{u}} \quad \dot{\boldsymbol{a}}]^{\mathrm{T}}$ 由常规位移速度 $\dot{\boldsymbol{u}} = [\dot{\boldsymbol{u}}_i]$ 和加强变量 $\dot{\boldsymbol{a}} = [\dot{\boldsymbol{a}}_i]$ 组成。

材料界面处位移速度连续且其导数不连续，因此在材料界面处加强函数应连续且其导数不连续。夹杂问题的加强函数可表示为[24]

$$\Psi(\boldsymbol{x}) = \sum_j |\varphi_j| R_j(\boldsymbol{x}) - |\sum_j \varphi_j R_j(\boldsymbol{x})| \tag{7.55}$$

式中，φ_j 为控制点 j 处的水平集函数值。

7.4.2 问题离散化

采用扩展等几何分析对极限分析公式进行数值计算时，在运动学公式中，塑性应变率需要采用离散化的方法来近似。塑性应变率逼近可以表示为

$$\dot{\boldsymbol{\varepsilon}}^h = \boldsymbol{B}_e \dot{\boldsymbol{u}}$$

对于二维单元 e，应变-位移矩阵 $\boldsymbol{B}_e$ 为

$$\boldsymbol{B}_e = \begin{bmatrix} (R_1 H(\boldsymbol{x}))_{,x} & 0 & (R_2 H(\boldsymbol{x}))_{,x} & 0 & \cdots \\ 0 & (R_1 H(\boldsymbol{x}))_{,y} & 0 & (R_2 H(\boldsymbol{x}))_{,y} & \cdots \\ (R_1 H(\boldsymbol{x}))_{,y} & (R_1 H(\boldsymbol{x}))_{,x} & (R_2 H(\boldsymbol{x}))_{,y} & (R_2 H(\boldsymbol{x}))_{,x} & \cdots \end{bmatrix}$$

对于夹杂问题，二维单元 e 的应变-位移矩阵表示为

$$\boldsymbol{B}_e = \left[\boldsymbol{B}_e^{\text{std}} \mid \boldsymbol{B}_e^{\text{int}} \right] \tag{7.56}$$

$$\boldsymbol{B}_e^{\text{std}} = \begin{bmatrix} R_{1,x} & 0 & R_{2,x} & 0 & \cdots \\ 0 & R_{1,y} & 0 & R_{2,y} & \cdots \\ R_{1,y} & R_{1,x} & R_{2,y} & R_{2,x} & \cdots \end{bmatrix} \tag{7.57}$$

$$\boldsymbol{B}_e^{\text{int}} = \begin{bmatrix} (R_1 \Psi)_{,x} & 0 & (R_2 \Psi)_{,x} & 0 & \cdots \\ 0 & (R_1 \Psi)_{,y} & 0 & (R_2 \Psi)_{,y} & \cdots \\ (R_1 \Psi)_{,y} & (R_1 \Psi)_{,x} & (R_2 \Psi)_{,y} & (R_2 \Psi)_{,x} & \cdots \end{bmatrix} \tag{7.58}$$

式中，$R_{i,x}$ 和 $R_{i,y}$ 分别为 LR NURBS 基函数 R_i 对 x 和 y 的偏导数。

通过位移速度场的离散化和高斯积分技术，塑性耗散可以表示为

$$D^h\left(\dot{\boldsymbol{u}}^h\right) = \int_\Omega \sigma_y \sqrt{\dot{\boldsymbol{\varepsilon}}^{\mathrm{T}} \boldsymbol{\Theta} \dot{\boldsymbol{\varepsilon}}} \mathrm{d}\Omega \simeq \sum_{i=1}^{\mathrm{NG}} \sigma_y w_i |\boldsymbol{J}_i| \sqrt{(\dot{\boldsymbol{\varepsilon}}_i)^{\mathrm{T}} \boldsymbol{\Theta} \dot{\boldsymbol{\varepsilon}}_i}$$

式中，NG 为高斯积分点总数；w_i 和 $|\boldsymbol{J}_i|$ 分别为第 i 个高斯积分点的权重和雅可比矩阵的行列式。

极限分析运动学公式可以转化为下列形式：

$$\begin{aligned} &\lambda^+ = \min \sum_{i=1}^{\mathrm{NG}} \sigma_y w_i |\boldsymbol{J}_i| \sqrt{(\dot{\boldsymbol{\varepsilon}}_i)^{\mathrm{T}} \boldsymbol{\Theta} \dot{\boldsymbol{\varepsilon}}_i} \\ &\text{s.t.} \begin{cases} W_{\text{ext}}(\dot{\boldsymbol{u}}) = 1 \\ \dot{\boldsymbol{u}} = \dot{\bar{\boldsymbol{u}}}, \quad 在\ \Gamma_u 上 \end{cases} \end{aligned} \tag{7.59}$$

7.4.3 优化问题的求解

运动学公式(7.59)是一个带有等式约束的非线性规划问题，在平面应力条件下，运动学公式中塑性耗散可以直接写成一个范数之和的格式，即

$$D^h\left(\dot{\boldsymbol{u}}^h\right) \simeq \sigma_y \sum_{i=1}^{\mathrm{NG}} w_i |\boldsymbol{J}_i| \left\|\boldsymbol{Q}^{\mathrm{T}} \dot{\boldsymbol{\varepsilon}}_i\right\|$$

式中，$\boldsymbol{Q}$ 为 $\boldsymbol{\Theta}$ 的 Cholesky 因子，表达式为

$$\boldsymbol{Q} = \frac{1}{\sqrt{3}} \begin{bmatrix} 2 & 0 & 0 \\ 1 & \sqrt{3} & 0 \\ 0 & 0 & 1 \end{bmatrix}$$

引入附加变量 $\boldsymbol{\rho}_i = \boldsymbol{Q}^{\mathrm{T}} \dot{\boldsymbol{\varepsilon}}_i$ 和辅助变量 $t_i(i = 1, 2, \cdots, \mathrm{NG})$，式(7.59)可以转化为二阶锥规划的形式，即

$$\begin{aligned} &\lambda^+ = \min \sum_{i=1}^{\mathrm{NG}} \sigma_y^i w_i |\boldsymbol{J}_i| t_i \\ &\text{s.t.} \begin{cases} \|\boldsymbol{\rho}_i\| \leqslant t_i, \quad i = 1, 2, \cdots, \mathrm{NG} \\ \boldsymbol{Q}\boldsymbol{B}_i \dot{\boldsymbol{u}} - \boldsymbol{\rho}_i = 0 \\ W_{\mathrm{ext}}(\dot{\boldsymbol{u}}^h) = 1 \\ \dot{\boldsymbol{u}}^h = \dot{\bar{\boldsymbol{u}}}, \quad \text{在 } \Gamma_u \text{上} \end{cases} \end{aligned} \tag{7.60}$$

式中，σ_y^i 为第 i 个高斯点上材料的屈服应力。

将式(7.59)中的优化问题转化为含二次锥约束的二阶锥规划问题。极限分析问题的优化变量数为 $N_{\mathrm{var}} = \mathrm{NoDofs} + 4\mathrm{NG}$，NoDofs 为离散问题的自由度总数。因此，由式(7.60)定义的优化问题可以通过学术版 Mosek 优化包快速有效地求解。

当采用扩展等几何分析模拟夹杂问题时，存在两种类型的单元，即常规单元和含夹杂界面的单元。对于常规单元，采用 $(p+1) \times (q+1)$ 个高斯积分点；对于含夹杂界面的单元，采用子三角形积分技术，每个子三角形采用 7 个积分点。

7.4.4 数值算例

考虑一个含圆形夹杂的方形板，受到双向均匀拉力 $p_1 = 1\mathrm{MPa}$ 和 $p_2 = 1\mathrm{MPa}$ 的作用，如图 7.38 所示。方板的边长 $L = 2\mathrm{m}$，圆形夹杂的直径 $D = 1.01\mathrm{m}$。初

始计算网格选择为 16 × 16 个单元。假设夹杂和基体都是各向同性均匀材料，两种材料均服从 von Mises 屈服准则，且夹杂与基体间的界面是理想黏结。在数值模拟中，夹杂的屈服应力选择为 $\sigma_{\mathrm{f}} = 20\sigma_{\mathrm{m}}$，$\sigma_{\mathrm{m}}$ 为基体的屈服应力。

图 7.39 给出了夹杂体的前 3 次自适应细化网格，具有高塑性应变率的单元能够被自动地识别和细化，局部细化网格主要出现在方形板的四个角和夹杂界面附近。此外，由第 3 次细化网格可以看出，具有高塑性应变率的区域主要出现在基体中。表 7.8 总结了均匀全局细化策略和自适应局部细化策略计算的极限荷载因子。由表中的计算结果可知，自适应分析能够以较少的变量数达到相同的计算精度。

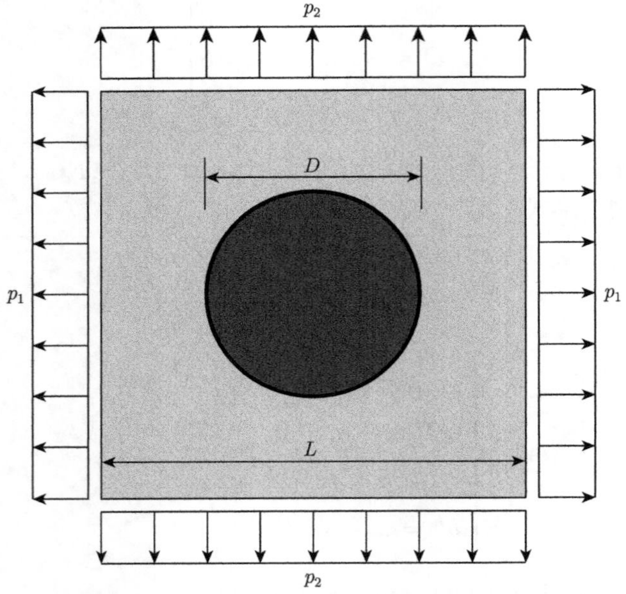

图 7.38 含中心圆形夹杂方形板的几何模型和边界条件

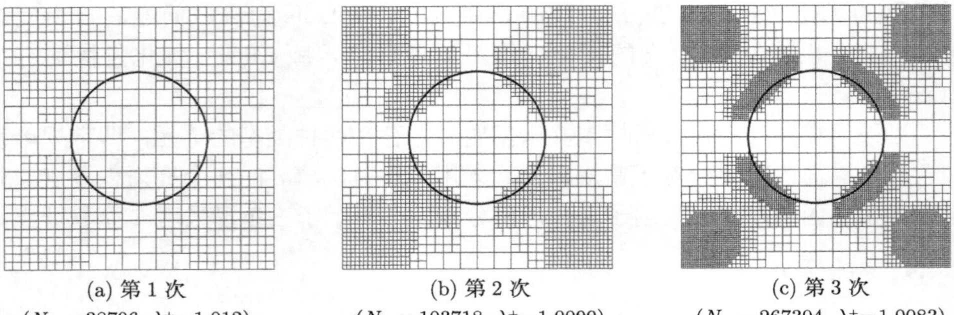

(a) 第 1 次 (N_{var}=38796, λ^+=1.012)

(b) 第 2 次 (N_{var}=103718, λ^+=1.0099)

(c) 第 3 次 (N_{var}=267304, λ^+=1.0083)

图 7.39 含中心圆形夹杂方形板的自适应细化网格

表 7.8 含中心圆形夹杂方形板的极限荷载因子比较

序号	均匀全局细化		自适应局部细化	
	N_{var}	λ^+	N_{var}	λ^+
1	15680	1.0166	15680	1.0166
2	48959	1.0119	38796	1.0120
3	155438	1.0096	103718	1.0099
4	280414	1.0084	267304	1.0083

图 7.40 绘制出了含中心圆形夹杂方板的极限荷载域，自适应扩展等几何分析计算得到的极限荷载域与文献[25]中的 FEM 计算结果吻合得很好。数值结果表明，同时受到拉力和压力作用夹杂体的极限荷载因子小于同时受到两个拉力或两个压力作用得到的极限荷载因子，也就是说，受到两个拉力或两个压力作用不会降低夹杂体的极限荷载，同时受到拉力和压力作用不会提高夹杂体的极限荷载。图 7.41 为受到双向拉力作用时极限状态下夹杂体的塑性应变率模分布图，较大的塑性应变率模主要出现在方板的四角处。

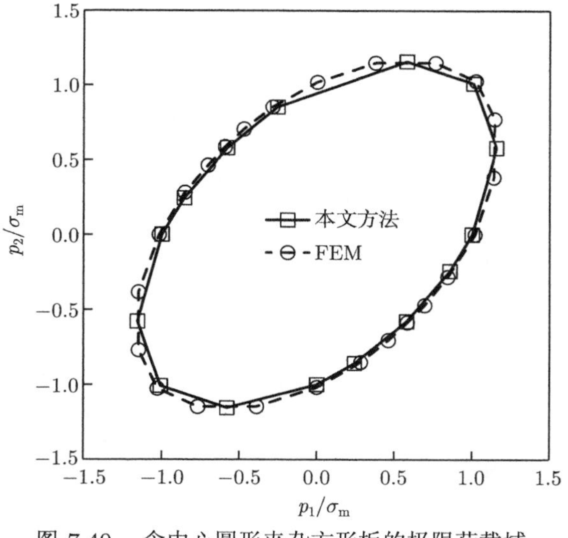

图 7.40 含中心圆形夹杂方形板的极限荷载域

图 7.42 给出了不同屈服应力比 σ_f/σ_m 下夹杂体的极限荷载因子。采用商业有限元分析软件 ABAQUS 验证自适应扩展等几何分析数值结果的准确性，ABAQUS 是通过弹塑性增量法得到极限荷载因子，采用 CPS3 单元和完全积分方案。自适应扩展等几何分析计算的数值解与 ABAQUS 模拟的结果非常接近。由图可以看出，当 $\lg(\sigma_f/\sigma_m) < -2$ 或 $\lg(\sigma_f/\sigma_m) > 0.699$ 时，屈服应力比 σ_f/σ_m 对极限荷载因子几乎没有影响。当 $-2 \leqslant \lg(\sigma_f/\sigma_m) \leqslant 0.699$ 时，随着屈服应力比 σ_f/σ_m 不断

增大，夹杂体的极限荷载因子逐渐增大。

图 7.41 含中心圆形夹杂方形板的塑性应变率模分布图

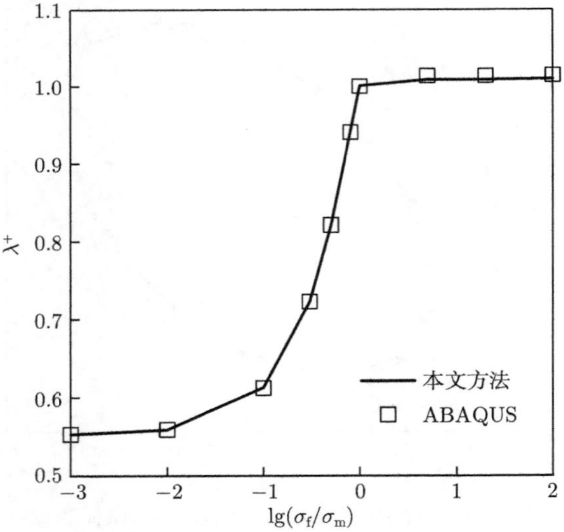

图 7.42 夹杂/基体屈服应力比 σ_f/σ_m 对极限荷载因子的影响

最后，研究夹杂的尺寸对夹杂体极限荷载因子的影响。考虑屈服应力 $\sigma_f = 20\sigma_m$ 和 $\sigma_f = 0.3\sigma_m$ 两种情况，图 7.43 给出了不同 D/L 下两种屈服应力比计算的极限荷载因子。当 $\sigma_f = 20\sigma_m$ 时，随着 D/L 的不断增加，极限荷载因子略有增加，但增加的幅度不大，几乎可以忽略尺寸对极限荷载的影响。当 $\sigma_f = 0.3\sigma_m$ 时，随着 D/L 的不断增加，极限荷载因子不断减小。这就意味着夹杂体的极限荷载主要由较小屈服应力的材料决定。

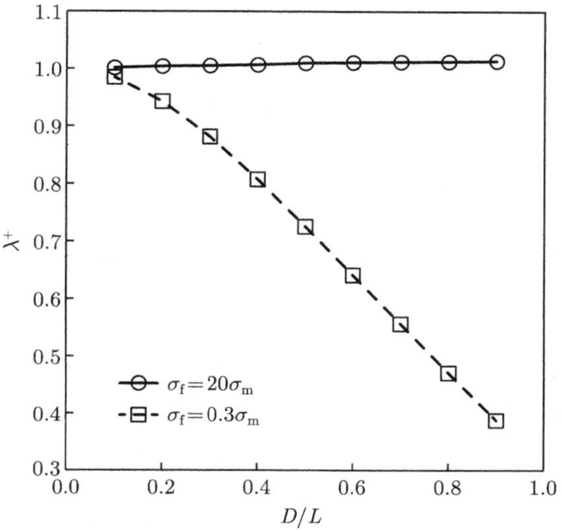

图 7.43 不同 D/L 对极限荷载因子的影响

参 考 文 献

[1] Christiansen E, Andersen K D. Computation of collapse states with von Mises type yield condition[J]. International Journal for Numerical Methods in Engineering, 1999, 46(8): 1185-1202.

[2] Christiansen E. Limit analysis of collapse states[J]. Handbook of Numerical Analysis, 1996, 4: 193-312.

[3] 周书涛. 基于自然单元法的极限与安定上限分析[D]. 北京: 清华大学, 2012.

[4] Nguyen-Xuan H, Tran L V, Thai C H, et al. Plastic collapse analysis of cracked structures using extended isogeometric elements and second-order cone programming[J]. Theoretical and Applied Fracture Mechanics, 2014, 72: 13-27.

[5] Li K K, Yu T T, Bui T Q. Adaptive extended isogeometric upper-bound limit analysis of cracked structures[J]. Engineering Fracture Mechanics, 2020, 235: 107131.

[6] Ghorashi S S, Valizadeh N, Mohammadi S. Extended isogeometric analysis for simulation of stationary and propagating cracks[J]. International Journal for Numerical Methods in Engineering, 2012, 89(9): 1069-1101.

[7] De Luycker E, Benson D J, Belytschko T, et al. X-FEM in isogeometric analysis for linear fracture mechanics[J]. International Journal for Numerical Methods in Engineering, 2011, 87(6): 541-565.

[8] Capsoni A, Corradi L. A finite element formulation of the rigid-plastic limit analysis problem[J]. International Journal for Numerical Methods in Engineering, 1997, 40(11): 2063-2086.

[9] 曾友芳. 二阶锥规划的理论与算法研究[D]. 上海: 上海大学, 2011.

[10] Mittelmann H D. An independent benchmarking of SDP and SOCP solvers[J]. Mathematical Programming, 2003, 95(2): 407-430.

[11] Ewing D J F, Richards C E. The yield-point loads of singly-notched pin-loaded tensile strips[J]. Journal of the Mechanics and Physics of Solids, 1974, 22(1): 27-36.

[12] Miller A G. Review of limit loads of structures containing defects[J]. International Journal of Pressure Vessels and Piping, 1988, 32(1-4): 197-327.

[13] Borges L, Zouain N, Costa C, et al. An adaptive approach to limit analysis[J]. International Journal of Solids and Structures, 2001, 38(10-13): 1707-1720.

[14] Tran T D, Le C V. Extended finite element method for plastic limit load computation of cracked structures[J]. International Journal for Numerical Methods in Engineering, 2015, 104(1): 2-17.

[15] Sukumar N, Chopp D L, Moës N, et al. Modeling holes and inclusions by level sets in the extended finite-element method[J]. Computer Methods in Applied Mechanics and Engineering, 2001, 190(46/47): 6183-6200.

[16] Li K K, Yu T T, Bui T Q. Efficient kinematic upper-bound limit analysis for hole/inclusion problems by adaptive XIGA with locally refined NURBS[J]. Engineering Analysis with Boundary Elements, 2021, 133: 138-152.

[17] Gaydon F A, McCrum A W. A theoretical investigation of the yield point loading of a square plate with a central circular hole[J]. Journal of the Mechanics and Physics of Solids, 1954, 2(3): 156-169.

[18] Vicente da Silva M, Antão A N. A non-linear programming method approach for upper bound limit analysis[J]. International Journal for Numerical Methods in Engineering, 2007, 72(10): 1192-1218.

[19] Tran T N, Liu G R, Nguyen-Xuan H, et al. An edge-based smoothed finite element method for primal-dual shakedown analysis of structures[J]. International Journal for Numerical Methods in Engineering, 2010, 82(7): 917-938.

[20] Tran T N. Limit and shakedown analysis of plates and shells including uncertainties[D]. Chemnitz: Technischen Universität Chemnitz, 2008.

[21] Mellati A, Tangaramvong S, Tin-Loi F, et al. An iterative elastic SBFE approach for collapse load analysis of inelastic structures[J]. Applied Mathematical Modelling, 2020, 81: 320-341.

[22] Zouain N, Borges L, Luís Silveira J. An algorithm for shakedown analysis with nonlinear yield functions[J]. Computer Methods in Applied Mechanics and Engineering, 2002, 191(23/24): 2463-2481.

[23] 李可可. 基于扩展等几何分析的含缺陷结构极限和安定上限分析究[D]. 南京: 河海大学, 2022.

[24] Moës N, Cloirec M, Cartraud P, et al. A computational approach to handle complex microstructure geometries[J]. Computer Methods in Applied Mechanics and Engineering, 2003, 192(28-30): 3163-3177.

[25] Le C V, Nguyen P H, Askes H, et al. A computational homogenization approach for limit analysis of heterogeneous materials[J]. International Journal for Numerical Methods in Engineering, 2017, 112(10): 1381-1401.

第 8 章　自适应扩展等几何分析在孔洞问题安定上限分析中的应用

孔洞的存在会降低结构的承载能力，工程结构常受到交变荷载的作用。因此，研究孔洞结构在交变荷载作用下的安全性非常必要。安定分析提供了一种确定受交变荷载作用下结构极限荷载的直接方法，已广泛用于评估工程实践的安全荷载。本章将自适应扩展等几何分析应用于孔洞问题安定上限分析中。

8.1　安定上限分析理论

考虑一个含孔洞的理想弹塑性体 $\varOmega \in \mathbb{R}^2$，边界 $\varGamma$ 由位移边界 $\varGamma_u$、应力边界 $\varGamma_t$ 和孔洞边界 $\varGamma_h^i$ 组成，且满足 $\varGamma = \varGamma_u \cup \varGamma_t \cup \varGamma_h^i$ 和 $\varGamma_u \cap \varGamma_t \cap \varGamma_h^i = \varnothing$。结构在应力边界 $\varGamma_t$ 上受到交变的面荷载 $\boldsymbol{P}(\boldsymbol{x}, t)$，假设 $\boldsymbol{P}(\boldsymbol{x}, t)$ 在一个有界的荷载域 $\boldsymbol{L}$ 内具有可能的任意值，$\boldsymbol{P}(\boldsymbol{x}, t) \in \boldsymbol{L}$ 为荷载路径，t 表示现象的演化过程。孔洞界面 $\varGamma_h^i$ 不受外力作用。

结构的安定上限荷载因子可由 Koiter 运动安定理论确定。安定上限定理可以表述为：若对于所有容许的塑性应变率循环和荷载域内所有的荷载路径，能使每一个循环荷载上其塑性耗散功率不小于外荷载功率，则结构安定。安定上限分析的数学规划格式可表示为[1]

$$
\alpha^+ = \min_{\dot{\boldsymbol{\varepsilon}}^p} \int_0^{\mathrm{T}} \mathrm{d}t \int_{\varOmega} d(\dot{\boldsymbol{\varepsilon}}^p) \mathrm{d}\varOmega
$$

$$
\text{s.t.} \begin{cases} \displaystyle\int_0^{\mathrm{T}} \mathrm{d}t \int_{\varOmega} (\boldsymbol{\sigma}^e)^{\mathrm{T}} \dot{\boldsymbol{\varepsilon}}^p \mathrm{d}\varOmega = 1 \\ \Delta \boldsymbol{\varepsilon}^p = \displaystyle\int_0^{\mathrm{T}} \dot{\boldsymbol{\varepsilon}}^p \mathrm{d}t, \quad \text{在 } \varOmega \text{内} \\ \Delta \boldsymbol{u} = \displaystyle\int_0^{\mathrm{T}} \dot{\boldsymbol{u}} \mathrm{d}t, \quad \text{在 } \varOmega \text{内} \\ \Delta \boldsymbol{u} = 0, \quad \text{在 } \varGamma_u \text{上} \end{cases} \tag{8.1}
$$

式中，α^+ 为安定荷载因子的上限；$\dot{\boldsymbol{u}}$ 和 $\dot{\boldsymbol{\varepsilon}}^p$ 分别为位移速度和塑性应变率；$\Delta \boldsymbol{u}$ 和 $\Delta \boldsymbol{\varepsilon}^p$ 分别为在一个循环周期内 ($t \in [0, T]$) 累积位移和累积塑性应变；$\boldsymbol{\sigma}^e$ 为交

变荷载产生的虚弹性应力；$d(\dot{\boldsymbol{\varepsilon}}^p)$ 为塑性耗散函数。在时间周期 ($t \in [0,T]$) 内的每一个时刻，塑性应变率 $\dot{\boldsymbol{\varepsilon}}^p$ 可能并不相容，但在循环过程中累积塑性应变 $\Delta\boldsymbol{\varepsilon}^p$ 必须相容。

在平面应力条件下，等效应力 σ_{equiv} 和等效塑性应变率 $\dot{\varepsilon}^p_{\text{equiv}}$ 分别定义为

$$\sigma_{\text{equiv}} = \sqrt{\sigma_{xx}^2 + \sigma_{yy}^2 - \sigma_{xx}\sigma_{yy} + 3\sigma_{xy}^2} = \sqrt{\varPhi(\boldsymbol{\sigma})} \tag{8.2}$$

$$\dot{\varepsilon}^p_{\text{equiv}} = \frac{2}{\sqrt{3}}\sqrt{(\dot{\varepsilon}^p_{xx})^2 + (\dot{\varepsilon}^p_{yy})^2 + \dot{\varepsilon}^p_{xx}\dot{\varepsilon}^p_{yy} + \frac{1}{4}(2\dot{\varepsilon}^p_{xy})^2} \tag{8.3}$$

其中，$\varPhi(\boldsymbol{\sigma})$ 的矩阵形式为

$$\varPhi(\boldsymbol{\sigma}) = \boldsymbol{\sigma}^{\mathrm{T}}\boldsymbol{M}\boldsymbol{\sigma}, \quad \boldsymbol{M} = \begin{bmatrix} 1 & -\frac{1}{2} & 0 \\ -\frac{1}{2} & 1 & 0 \\ 0 & 0 & 3 \end{bmatrix} \tag{8.4}$$

经典的 von Mises 塑性屈服函数的表达式为

$$F(\boldsymbol{\sigma}) = \sigma_{\text{equiv}} = \sqrt{\varPhi(\boldsymbol{\sigma})} \tag{8.5}$$

对应的 von Mises 屈服准则可表示为

$$f(\boldsymbol{\sigma}) = \sigma_{\text{equiv}} - \sigma_s = F(\boldsymbol{\sigma}) - \sigma_s \leqslant 0 \tag{8.6}$$

式中，σ_s 为材料的屈服应力。

采用关联的流动法则，塑性应变率可表示为

$$\dot{\boldsymbol{\varepsilon}}^p = \dot{\mu}\frac{\partial f(\boldsymbol{\sigma})}{\partial \boldsymbol{\sigma}} \tag{8.7}$$

式中，$\dot{\mu}$ 为非负的塑性乘子。

式(8.7)遵循互补性关系，即

$$\dot{\mu} \geqslant 0, \quad f(\boldsymbol{\sigma}) \leqslant 0, \quad \dot{\mu}f(\boldsymbol{\sigma}) = 0 \tag{8.8}$$

等效塑性应变率可转化为[2]

$$\dot{\varepsilon}^p_{\text{equiv}} = \dot{\mu} \tag{8.9}$$

因此，塑性耗散函数可表示为

$$d(\dot{\boldsymbol{\varepsilon}}^p) = \max_{f(\boldsymbol{\sigma})\leqslant 0} \boldsymbol{\sigma} : \dot{\boldsymbol{\varepsilon}}^p = \sigma_s\dot{\varepsilon}^p_{\text{equiv}} = \sigma_s\dot{\mu} \tag{8.10}$$

8.2　时间积分的处理

安定分析数学规划格式中存在时间积分，这对求解造成极大困难。为了方便求解，必须消除时间积分。

在安定分析中，荷载可以独立地变化，因此有必要定义荷载域，荷载域包括所有可能的荷载历史。研究受到 NL 个随时间变化荷载 $\overline{\boldsymbol{P}}_k^0(t)$ 的结构安定分析问题，每个交变荷载 $\overline{\boldsymbol{P}}_k^0(t)$ 在一个已知区间内可以独立地变化，表达式为

$$\overline{\boldsymbol{P}}_k^0(t) \in \boldsymbol{I}_k^0 = [\overline{\boldsymbol{P}}_k^-, \overline{\boldsymbol{P}}_k^+] = [\mu_k^-, \mu_k^+]\boldsymbol{P}_k^0, \quad k = 1, 2, \cdots, \mathrm{NL} \tag{8.11}$$

在交变荷载作用下，这些荷载形成了含有 NV 个荷载顶点 $\hat{\boldsymbol{P}}_k(k = 1, 2, \cdots, \mathrm{NV})$ 的凸多面体荷载域 $\boldsymbol{L}$，荷载顶点集合用 $\boldsymbol{J} = \{1, 2, \cdots, \mathrm{NV}\}$ 表示。图 8.1 为两个交变荷载的荷载域。若结构受到 NL 个独立的交变荷载作用，则荷载域可以用以下线性形式表示：

$$\boldsymbol{P}(t) = \sum_{k=1}^{\mathrm{NL}} \mu_k(t)\boldsymbol{P}_k, \quad \mu_k^- \leqslant \mu_k(t) \leqslant \mu_k^+, \quad k = 1, 2, \cdots, \mathrm{NL} \tag{8.12}$$

式中，荷载顶点的总数 $\mathrm{NV} = 2^{\mathrm{NL}}$。

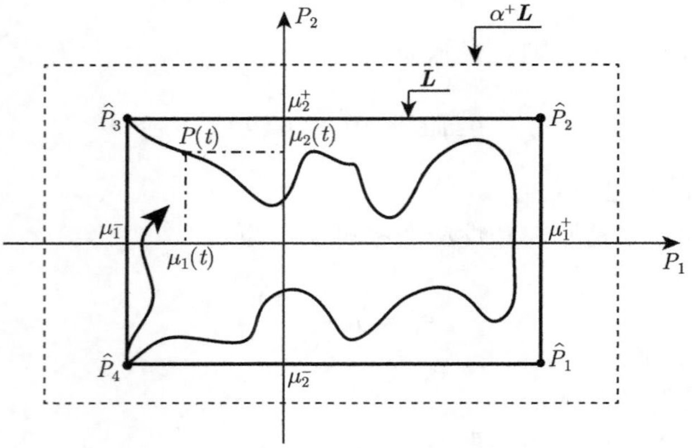

图 8.1　两个交变荷载的荷载域

设 $\boldsymbol{L}$ 是一个作用于结构 V 上的任何可能的荷载域，任何荷载 $\boldsymbol{P}(\boldsymbol{x}, t) \in \boldsymbol{L}$ 都可以由时间变量 t 指定。对于交变荷载，荷载域包含无限多个荷载。在安定分析中，充分条件是必须验证所有无穷多个荷载 $\boldsymbol{P}(\boldsymbol{x}, t) \in \boldsymbol{L}$。为了消除安定分析数学规划格式中的时间积分，借助 König 提出的两个凸循环定理来解决这个问题[3]。

定理 1：如果结构在荷载域 $\boldsymbol{L}$ 的凸包络线上安定，那么结构在荷载域 $\boldsymbol{L}$ 内安定。

定理 2：如果结构在包含荷载域 $\boldsymbol{L}$ 所有顶点的循环荷载路径上安定，那么结构在荷载域 $\boldsymbol{L}$ 内的任何路径上安定。

以上两个定理都可以通过两个交变荷载 $\boldsymbol{P}_1$ 和 $\boldsymbol{P}_2$ 形成的荷载域 $\boldsymbol{L}$ 加以说明，分别如图 8.2(a) 和 (b) 所示。König 定理可表述为：如果结构在一系列荷载顶点 $\hat{\boldsymbol{P}}_k(k=1,2,\cdots,\mathrm{NV})$ 处安定，那么结构在由这些荷载顶点构建的整个荷载域 $\boldsymbol{L}$ 内安定。

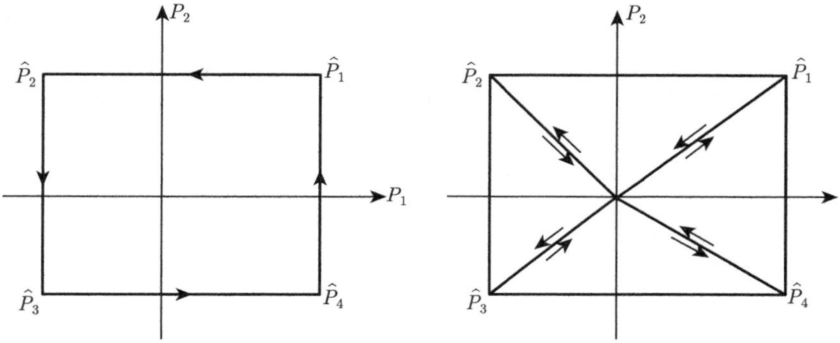

(a) 在荷载域 $\boldsymbol{L}$ 的凸包络线上安定

(b) 在包含荷载域 $\boldsymbol{L}$ 的所有顶点的循环荷载路径上安定

图 8.2 安定分析的临界荷载循环

这两个定理对于凸荷载域和凸屈服面均成立，定理涉及一个循环荷载路径而不是所有荷载历史。也就是说，仅需要计算给定荷载域上每个荷载顶点的应力和应变率场来代替计算时间段内的积分。通过在每种情况下的极限来定义荷载顶点 $\hat{\boldsymbol{P}}_k(k=1,2,\cdots,\mathrm{NV})$，凸荷载空间 $\boldsymbol{L}$ 中的任何荷载 $\boldsymbol{P}(\boldsymbol{x},t)\in\boldsymbol{L}$ 被视为荷载顶点 $\hat{\boldsymbol{P}}_k(\boldsymbol{x})$ 的唯一组合，其关系表达式如下：

$$
\boldsymbol{P}(\boldsymbol{x},t)=\sum_{k=1}^{\mathrm{NV}}\delta(t_k)\hat{\boldsymbol{P}}_k(\boldsymbol{x})
$$

$$
\text{s.t.}\ \begin{cases}\displaystyle\sum_{k=1}^{\mathrm{NV}}\delta(t_k)=1, \quad \delta(t_k)\geqslant 0,\ k=1,2,\cdots,\mathrm{NV} \\ \delta(t_k)=\begin{cases}1, & t=t_k\\ 0, & t\neq t_k\end{cases}\end{cases} \tag{8.13}
$$

式中，$\hat{\boldsymbol{P}}_k(\boldsymbol{x})=\sum\limits_{k=1}^{\mathrm{NL}}\mu_k\boldsymbol{P}_k^0$。

假定 $\boldsymbol{\sigma}^e(\boldsymbol{x},\hat{\boldsymbol{P}}_k)$ 是结构内第 k 个荷载顶点对应的虚弹性应力。基于弹性应力

的叠加原理，应力 $\boldsymbol{\sigma}^e(\boldsymbol{x},t)$ 的组合为

$$\boldsymbol{\sigma}^e(\boldsymbol{x},t)=\sum_{k=1}^{\mathrm{NV}}\delta(t_k)\boldsymbol{\sigma}^e(\boldsymbol{x},\hat{\boldsymbol{P}}_k)=\sum_{k=1}^{\mathrm{NV}}\delta(t_k)\boldsymbol{\sigma}_k^e(\boldsymbol{x}) \tag{8.14}$$

通过消除时间积分后，外荷载功率可以简化为

$$\int_0^{\mathrm{T}}\mathrm{d}t\int_{\Omega}\boldsymbol{\sigma}^e:\dot{\boldsymbol{\varepsilon}}^p\mathrm{d}\Omega=\sum_{j=1}^{\mathrm{NV}}\int_{\Omega}\boldsymbol{\sigma}_j^e(\boldsymbol{x}):\dot{\boldsymbol{\varepsilon}}_j(\boldsymbol{x})\mathrm{d}\Omega \tag{8.15}$$

经过一个荷载循环后，结构上的累积塑性应变 $\Delta\boldsymbol{\varepsilon}^p$ 可表示为

$$\Delta\boldsymbol{\varepsilon}^p=\sum_{j=1}^{\mathrm{NV}}\dot{\boldsymbol{\varepsilon}}_j^p \tag{8.16}$$

根据上述理论，安定上限分析的优化问题可简化为下列形式：

$$\begin{aligned}&\alpha^+=\min\sum_{j=1}^{\mathrm{NV}}\int_{\Omega}d(\dot{\boldsymbol{\varepsilon}}_j^p)\mathrm{d}\Omega\\&\text{s.t.}\begin{cases}\displaystyle\sum_{j=1}^{\mathrm{NV}}\int_{\Omega}\boldsymbol{\sigma}_j^e:\dot{\boldsymbol{\varepsilon}}_j^p\mathrm{d}\Omega=1\\\displaystyle\Delta\boldsymbol{\varepsilon}^p=\sum_{j=1}^{\mathrm{NV}}\dot{\boldsymbol{\varepsilon}}_j^p,\quad\text{在 }\Omega\text{ 内}\\\Delta\boldsymbol{u}=0,\quad\text{在 }\Gamma_u\text{上}\end{cases}\end{aligned} \tag{8.17}$$

对于平面应力问题，矩阵 $\boldsymbol{Q}$ 是矩阵 $\boldsymbol{M}$ 的 Cholesky 因子，其矩阵形式为

$$\boldsymbol{M}=\boldsymbol{Q}^{\mathrm{T}}\boldsymbol{Q},\quad\boldsymbol{Q}=\begin{bmatrix}1&-\dfrac{1}{2}&0\\0&-\dfrac{1}{2}\sqrt{3}&0\\0&0&\sqrt{3}\end{bmatrix} \tag{8.18}$$

假设 $\boldsymbol{q}=\boldsymbol{Q}\boldsymbol{\sigma}^e$ 和 $\dot{\boldsymbol{\varepsilon}}^p=\boldsymbol{Q}^{\mathrm{T}}\boldsymbol{z}(\boldsymbol{z}\in\mathbb{R}^3)$，则辅助变量 $\boldsymbol{z}$ 的向量形式为

$$\boldsymbol{z}=(\boldsymbol{Q}^{\mathrm{T}})^{-1}\dot{\boldsymbol{\varepsilon}}^p=\begin{bmatrix}1&0&0\\\dfrac{1}{\sqrt{3}}&\dfrac{2}{\sqrt{3}}&0\\0&0&\dfrac{1}{\sqrt{3}}\end{bmatrix}\dot{\boldsymbol{\varepsilon}}^p \tag{8.19}$$

等效塑性应变率为

$$\dot{\varepsilon}^p_{\text{equiv}} = \|\boldsymbol{z}\| = \frac{2}{\sqrt{3}}\sqrt{(\dot{\varepsilon}^p_{xx})^2 + (\dot{\varepsilon}^p_{yy})^2 + \dot{\varepsilon}^p_{xx}\dot{\varepsilon}^p_{yy} + \frac{1}{4}(2\dot{\varepsilon}^p_{xy})^2} \tag{8.20}$$

将式(8.20)代入式(8.10)，塑性耗散函数可表示为

$$d(\dot{\boldsymbol{\varepsilon}}^p) = \sigma_s\|\boldsymbol{z}\| \tag{8.21}$$

采用 von Mises 屈服准则和平面应力条件，安定分析的运动学公式可表示为[2]

$$\begin{aligned} &\alpha^+ = \min \int_\Omega \sum_{j=1}^{\text{NV}} \sigma_s \|\boldsymbol{z}_j\| \mathrm{d}\Omega \\ &\text{s.t.} \begin{cases} \displaystyle\sum_{j=1}^{\text{NV}} \int_\Omega \left[(\boldsymbol{q}_j)^{\mathrm{T}}\boldsymbol{z}_j\right] \mathrm{d}\Omega = 1 \\ \dot{\boldsymbol{\varepsilon}}^p_j = \boldsymbol{Q}^{\mathrm{T}}\boldsymbol{z}_j, \quad j = 1, 2, \cdots, NV \\ \Delta\boldsymbol{\varepsilon}^p = \displaystyle\sum_{j=1}^{NV} \dot{\boldsymbol{\varepsilon}}^p_j \end{cases} \end{aligned} \tag{8.22}$$

若在荷载域中只存在一个荷载顶点且荷载保持不变，则式(8.22)可以简化为极限上限分析问题。

8.3 离 散 方 程

对于孔洞问题，位移速度逼近为

$$\dot{\boldsymbol{u}}^h(\boldsymbol{x}) = \sum_{i=1}^{N} R_i(\boldsymbol{x}) H(\boldsymbol{x}) \dot{\boldsymbol{u}}_i \tag{8.23}$$

且

$$H(\boldsymbol{x}) = \begin{cases} 1, & \boldsymbol{x} \in \Omega \\ 0, & \boldsymbol{x} \notin \Omega \end{cases} \tag{8.24}$$

式中，$R_i(\boldsymbol{x})$ 和 $\dot{\boldsymbol{u}}_i = [\dot{u}_{ix} \quad \dot{u}_{iy}]^{\mathrm{T}}$ 分别表示 LR NURBS 基函数和位移速度向量；N 表示控制点个数；$H(\boldsymbol{x})$ 表示加强函数，当点 $\boldsymbol{x}$ 位于孔洞内部时，$H(\boldsymbol{x}) = 0$，当点 $\boldsymbol{x}$ 位于结构上时，$H(\boldsymbol{x}) = 1$。

为了得到安定分析的数值结果，需要计算结构在每个荷载顶点处的虚弹性应力。采用基于LR NURBS的扩展等几何分析对含孔洞结构进行离散，并构造安定分析问题的优化公式。应变率 $\dot{\boldsymbol{\varepsilon}}^h$ 和弹性应力 $\boldsymbol{\sigma}^h$ 可表示为

$$\dot{\boldsymbol{\varepsilon}}^h = \boldsymbol{B}\dot{\boldsymbol{u}} \tag{8.25a}$$

$$\boldsymbol{\sigma}^h = \boldsymbol{D}\boldsymbol{B}\dot{\boldsymbol{u}} \tag{8.25b}$$

式中，$\boldsymbol{D}$ 为弹性矩阵；$\dot{\boldsymbol{u}}$ 为控制点的位移速度。

单元 e 的基函数矩阵 $\boldsymbol{R}_e$ 和应变-位移矩阵 $\boldsymbol{B}_e$ 可分别表示为

$$\boldsymbol{R}_e = \begin{bmatrix} R_1H(\boldsymbol{x}) & 0 & R_2H(\boldsymbol{x}) & 0 & \cdots \\ 0 & R_1H(\boldsymbol{x}) & 0 & R_2H(\boldsymbol{x}) & \cdots \end{bmatrix} \tag{8.26a}$$

$$\boldsymbol{B}_e = \begin{bmatrix} (R_1H(\boldsymbol{x}))_{,x} & 0 & (R_2H(\boldsymbol{x}))_{,x} & 0 & \cdots \\ 0 & (R_1H(\boldsymbol{x}))_{,y} & 0 & (R_2H(\boldsymbol{x}))_{,y} & \cdots \\ (R_1H(\boldsymbol{x}))_{,y} & (R_1H(\boldsymbol{x}))_{,x} & (R_2H(\boldsymbol{x}))_{,y} & (R_2H(\boldsymbol{x}))_{,x} & \cdots \end{bmatrix} \tag{8.26b}$$

将位移速度逼近式(8.23)代入孔洞问题的弱形式，可得

$$\boldsymbol{K}\dot{\boldsymbol{u}} = \boldsymbol{F} \tag{8.27}$$

式中，$\boldsymbol{K}$ 和 $\boldsymbol{F}$ 分别为整体劲度矩阵和整体荷载列阵。对于单元 e，单元劲度矩阵 $\boldsymbol{K}_e$ 和单元荷载列阵 $\boldsymbol{F}_e$ 分别为

$$\boldsymbol{K}_e = \int_{\Omega_e} (\boldsymbol{B}_e)^{\mathrm{T}} \boldsymbol{D}\boldsymbol{B}_e \mathrm{d}\Omega \tag{8.28}$$

$$\boldsymbol{F}_e = \int_{\Omega_e} (\boldsymbol{R}_e)^{\mathrm{T}} \boldsymbol{b} \mathrm{d}\Omega + \int_{\Gamma_t} (\boldsymbol{R}_e)^{\mathrm{T}} \bar{\boldsymbol{t}} \mathrm{d}\Gamma \tag{8.29}$$

对安定分析运动学公式进行离散。考虑塑性应变率的离散形式，即

$$(\dot{\boldsymbol{\varepsilon}}^p)_i^j = \boldsymbol{q}^{\mathrm{T}} \boldsymbol{z}_i^j, \quad \forall (i,j) \in \boldsymbol{I} \times \boldsymbol{J} \tag{8.30}$$

式中，$\boldsymbol{I} = \{1, 2, \cdots, \mathrm{NG}\}$ 为高斯点集合。

离散后的目标函数可改写为

$$\alpha^+ = \sum_{j=1}^{\mathrm{NV}} \sum_{i=1}^{\mathrm{NG}} \sigma_s w_i |\boldsymbol{J}_i| \|\boldsymbol{z}_i^j\| \tag{8.31}$$

塑性功率归一化后可表示为

$$\sum_{j=1}^{\mathrm{NV}} \sum_{i=1}^{\mathrm{NG}} w_i |\boldsymbol{J}_i| (\boldsymbol{q}^{\mathrm{T}})_i^j \boldsymbol{z}_i^j = 1 \tag{8.32}$$

运动学上相容性条件可以用变量 $\boldsymbol{z}_i^j$ 表示为

$$\sum_{j=1}^{\mathrm{NV}}(\dot{\boldsymbol{\varepsilon}})_i^j=\sum_{j=1}^{\mathrm{NV}}\boldsymbol{Q}^{\mathrm{T}}\boldsymbol{z}_i^j=\boldsymbol{B}_i\Delta\boldsymbol{u},\quad \forall i\in\boldsymbol{I} \tag{8.33}$$

安定上限分析优化式(8.22)的离散形式为

$$\alpha^+=\min\sum_{j=1}^{\mathrm{NV}}\sum_{i=1}^{\mathrm{NG}}\sigma_s w_i|\boldsymbol{J}_i|\|\boldsymbol{z}_i^j\|,\quad \forall(i,j)\in\boldsymbol{I}\times\boldsymbol{J}$$

$$\text{s.t.}\begin{cases}\displaystyle\sum_{j=1}^{\mathrm{NV}}\sum_{i=1}^{\mathrm{NG}}w_i|\boldsymbol{J}_i|(\boldsymbol{q}^{\mathrm{T}})_i^j\boldsymbol{z}_i^j=1\\ \displaystyle\sum_{j=1}^{\mathrm{NV}}\boldsymbol{Q}^{\mathrm{T}}\boldsymbol{z}_i^j=\boldsymbol{B}_i\Delta\boldsymbol{u}\end{cases} \tag{8.34}$$

式中，w_i 和 $|\boldsymbol{J}_i|$ 分别表示第 i 个高斯点上的权重和雅可比矩阵的行列式。

基于扩展等几何分析的孔洞问题安定分析，存在三种不同类型的单元，即常规单元、含孔洞界面单元和孔洞内部单元。对于常规单元，采用 $p\times q$ 个高斯积分点。对于含孔洞界面单元，采用子三角形积分技术且每个三角形选择 7 个高斯积分点，忽略完全位于孔洞内部的高斯积分点，在不损失计算精度的情况下，产生的优化问题变量总数可以保持在最小值。

8.4 安定问题的求解

安定分析的优化公式可以重新写成二阶锥规划的形式，利用基于原始-对偶内点算法的非线性软件 Mosek 来求解安定荷载因子的上限。一个标准的二阶锥规划形式为

$$\min\sum_{i=1}^{k}\boldsymbol{c}_i^{\mathrm{T}}\boldsymbol{x}_i$$

$$\text{s.t.}\begin{cases}\boldsymbol{x}_i\in\boldsymbol{K}_i,\quad i=1,2,\cdots,k\\ \displaystyle\sum_{i=1}^{k}\boldsymbol{A}_i\boldsymbol{x}_i=\boldsymbol{b}\end{cases} \tag{8.35}$$

式中，$\boldsymbol{x}_i\in\mathbb{R}^{d_i}(i=1,2,\cdots,k)$ 为未知的优化变量；$\boldsymbol{c}_i\in\mathbb{R}^{d_i}$、$\boldsymbol{A}_i\in\mathbb{R}^{m\times d_i}$ 和 $\boldsymbol{b}\in\mathbb{R}^m$ 为系数；$\boldsymbol{K}_i$ 为 d_i 维标准二阶锥，即

$$\boldsymbol{K}_i=\left\{\boldsymbol{x}_i=(x_{i0};\boldsymbol{x}_{i1})\in\mathbb{R}\times\mathbb{R}^{d_i-1}:x_{i0}\geqslant\|\boldsymbol{x}_{i1}\|\right\} \tag{8.36}$$

考虑下面优化问题 (原始问题)：

$$
\begin{aligned}
&\max \quad \boldsymbol{c}_0^{\mathrm{T}} \boldsymbol{x}_0 \\
&\text{s.t.} \begin{cases} \|\boldsymbol{x}_i\| \leqslant 1, \quad i=1,2,\cdots,N \\ \boldsymbol{A}_0 \boldsymbol{x}_0 + \sum\limits_{i=1}^{N} \boldsymbol{A}_i \boldsymbol{x}_i = \boldsymbol{b} \end{cases}
\end{aligned} \tag{8.37}
$$

式中，$\boldsymbol{x}_0 \in \mathbb{R}^{n0}$ 和 $\boldsymbol{x}_i \in \mathbb{R}^{ni}$ 为优化变量；$\boldsymbol{A}_0 \in \mathbb{R}^m \times \mathbb{R}^{n_0}$；$\boldsymbol{A}_i \in \mathbb{R}^m \times \mathbb{R}^{n_i}$；$\boldsymbol{c}_0 \in \mathbb{R}^{n0}$；$\boldsymbol{b} \in \mathbb{R}^m$。

式(8.37)的对偶问题可以表示为[2]

$$
\begin{aligned}
&\min \quad (\boldsymbol{b}^{\mathrm{T}} \boldsymbol{t} + \sum_{i=1}^{N} w_i) \\
&\text{s.t.} \begin{cases} w_i \geqslant \left\|\boldsymbol{A}_i^{\mathrm{T}} \boldsymbol{t}\right\|, \quad i=1,2,\cdots,N \\ \boldsymbol{A}_0^{\mathrm{T}} \boldsymbol{t} = \boldsymbol{c}_0 \end{cases}
\end{aligned} \tag{8.38}
$$

式中，$\boldsymbol{t} \in \mathbb{R}^m$ 和 $w_i \in \mathbb{R}^N$ 为未知变量。

在式(8.37)中，如果等式方程组是齐次的，即 $\boldsymbol{b}=0$，那么对偶问题式(8.38)将变为带有线性等式约束的范数之和的最小值问题。假设线性方程组的很大部分不包含未知数 $\boldsymbol{x}_i (i=1,2,\cdots,N)$，即

$$
\boldsymbol{A}_0 = \begin{bmatrix} \boldsymbol{A}_{01} \\ \boldsymbol{A}_{02} \end{bmatrix}, \quad \boldsymbol{A}_i = \begin{bmatrix} \boldsymbol{A}_{i1} \\ \boldsymbol{0} \end{bmatrix}, \quad i=1,2,\cdots,N \tag{8.39}
$$

将式(8.39)和 $\boldsymbol{b}=0$ 代入式(8.37)，得到下面原始问题：

$$
\begin{aligned}
&\max \quad \boldsymbol{c}_0^{\mathrm{T}} \boldsymbol{x}_0 \\
&\text{s.t.} \begin{cases} \|\boldsymbol{x}_i\| \leqslant 1, \quad i=1,2,\cdots,N \\ \boldsymbol{A}_{01} \boldsymbol{x}_0 + \sum\limits_{i=1}^{N} \boldsymbol{A}_{i1} \boldsymbol{x}_i = 0 \\ \boldsymbol{A}_{02} \boldsymbol{x}_0 = 0 \end{cases}
\end{aligned} \tag{8.40}
$$

式(8.40)的对偶问题是

$$
\begin{aligned}
&\min \quad \sum_{i=1}^{N} w_i \\
&\text{s.t.} \begin{cases} w_i \geqslant \left\|\boldsymbol{A}_{i1}^{\mathrm{T}} \boldsymbol{t}_1\right\|, \quad i=1,2,\cdots,N \\ \boldsymbol{A}_{01}^{\mathrm{T}} \boldsymbol{t}_1 + \boldsymbol{A}_{02}^{\mathrm{T}} \boldsymbol{t}_2 = \boldsymbol{c}_0 \end{cases}
\end{aligned} \tag{8.41}
$$

假设 $\boldsymbol{x}_0$ 中仅有一个分量进入线性目标函数，且 $\boldsymbol{A}_{i2}$ 的各项为零，即

$$\begin{aligned}&\boldsymbol{x}_0=\begin{bmatrix}\lambda\\ \boldsymbol{r}\end{bmatrix},\quad \lambda\in\mathbb{R}\\&\boldsymbol{c}_0=\begin{bmatrix}1\\ \boldsymbol{0}\end{bmatrix},\quad \boldsymbol{A}_0=\begin{bmatrix}\boldsymbol{A}_{01}\\ \boldsymbol{A}_{02}\end{bmatrix}=\begin{bmatrix}a_\lambda & \boldsymbol{D}\\ \boldsymbol{0} & -\boldsymbol{C}\end{bmatrix}\end{aligned}\tag{8.42}$$

含有 λ、$\boldsymbol{r}$ 和 $\boldsymbol{x}_i$ 变量的原始问题格式为

$$\begin{aligned}&\max\quad \lambda\\&\text{s.t.}\begin{cases}\|\boldsymbol{x}_i\|\leqslant 1, & i=1,2,\cdots,N\\ a_\lambda\lambda+\boldsymbol{D}\boldsymbol{r}+\sum\limits_{i=1}^{N}\boldsymbol{A}_{i1}\boldsymbol{x}_i=0\\ \boldsymbol{C}\boldsymbol{r}=0\end{cases}\end{aligned}\tag{8.43}$$

含有 $\boldsymbol{w}$、$\boldsymbol{z}$ 和 $\boldsymbol{u}$ 优化变量的对偶问题可表示为[2]

$$\begin{aligned}&\min\quad \sum_{i=1}^{N}w_i\\&\text{s.t.}\begin{cases}w_i\geqslant\left\|\boldsymbol{A}_i^{\mathrm{T}}\boldsymbol{z}\right\|, & i=1,2,\cdots,N\\ \boldsymbol{a}_\lambda^{\mathrm{T}}\boldsymbol{z}=1\\ \boldsymbol{D}^{\mathrm{T}}\boldsymbol{z}=\boldsymbol{C}^{\mathrm{T}}\boldsymbol{u}\end{cases}\end{aligned}\tag{8.44}$$

令 $\boldsymbol{z}=\boldsymbol{t}_1$ 和 $\boldsymbol{u}=\boldsymbol{t}_2$，则基于 Koiter 定理的安定分析的运动学方法产生了式 (8.44) 问题。引入辅助变量 t_i^j，安定分析的运动学式(8.34)可以写为二阶锥规划的形式，即

$$\begin{aligned}&\alpha^+=\min\sum_{i=1}^{\mathrm{NG}}\sum_{j=1}^{\mathrm{NV}}\sigma_s w_i|\boldsymbol{J}_i|t_i^j,\quad \forall(i,j)\in\boldsymbol{I}\times\boldsymbol{J}\\&\text{s.t.}\begin{cases}\left\|\boldsymbol{z}_i^j\right\|\leqslant t_i^j\\ \sum\limits_{j=1}^{\mathrm{NV}}\boldsymbol{Q}^{\mathrm{T}}\boldsymbol{z}_i^j=\boldsymbol{B}_i\Delta\boldsymbol{u}\\ \sum\limits_{i=1}^{\mathrm{NG}}\sum\limits_{j=1}^{\mathrm{NV}}w_i|\boldsymbol{J}_i|(\boldsymbol{q}^{\mathrm{T}})_i^j\boldsymbol{z}_i^j=1\\ \Delta\boldsymbol{u}=0,\quad \text{在 }\varGamma_u\text{上}\end{cases}\end{aligned}\tag{8.45}$$

式中，$\Delta\boldsymbol{u}$、$\boldsymbol{z}$ 和 t_i^j 为未知的优化变量。

式(8.45)属于一个二阶锥规划问题，且第一个约束条件是二次锥。安定分析的优化变量数为 $N_{\mathrm{var}}=\mathrm{NoDofs}+4\times\mathrm{NG}\times\mathrm{NV}$，NoDofs 代表离散问题的自由度数。可以采用 Mosek 优化工具包求解式(8.45)中的安定荷载因子 α^+。

8.5　自适应细化策略

为了提高安定分析的计算精度，自适应局部细化是一种非常有效的策略。在安定分析中，塑性变形最初发生在结构的一些局部区域。Cecot[4]的研究表明，沿塑性带界面的误差最大，网格密度最大。因此，网格沿弹塑性界面进行细化，能够更好地提高安定分析数值解的计算精度。类似于极限分析中使用的细化指标，采用 LR NURBS 累积塑性应变的 L_2 范数作为细化指标。网格局部细化潜在区域很可能出现在以高塑性应变为特征的地方。为了满足安定分析的循环荷载状态，通过构造一个弹性应力的包络线，考虑了自适应过程中凸多面体域上所有荷载顶点。对于第 i 个 LR NURBS 基函数，累积塑性应变的 L_2 范数定义为

$$\eta_i = \sqrt{\sum_{e=1}^{n_e} \eta^e \Big/ \sum_{e=1}^{n_e} \Omega_e} \tag{8.46}$$

且

$$\eta^e = \|\boldsymbol{\varepsilon}\|_{L_2(\Omega_e)} = \sqrt{\int_{\Omega_e} \boldsymbol{\varepsilon} : \boldsymbol{\varepsilon} \mathrm{d}\Omega} \tag{8.47}$$

式中，n_e 和 Ω_e 分别为 LR NURBS 基函数所支撑的单元数和单元面积；η^e 为单元 e 上的累积塑性应变的 L_2 范数。

结构网格细化可以确保一个理想的长宽比网格和 LR NURBS 基函数是线性无关的。为了确保自适应过程的持续进行，采用细化参数 β 控制 LR NURBS 基函数的增长率。在每次细化过程中，β 应该满足 $\beta \leqslant n_i/n$，n_i 和 n 分别为新的 LR NURBS 基函数的个数和旧的 LR NURBS 基函数的个数。对于含孔洞结构的安定分析问题，$15\% \leqslant \beta \leqslant 30\%$ 是比较合理的范围[5]。

8.6　数 值 算 例

算例中材料为满足 von Mises 屈服准则的理想弹塑性材料，参数如下：弹性模量 $E = 2.1 \times 10^5$MPa，泊松比 $\nu = 0.3$。除非另有说明，细化参数均选取为 $\beta = 25\%$。LR NURBS 基函数的阶次选用二阶，即 $p = q = 2$。利用基于原始-对偶内点算法的 Mosek 软件包求解优化问题。执行计算的计算机配置为：Intel Core i7，主频 2.5GHz。

算例 8.1　含中心圆孔方板

考虑一个受到双向均布拉力 p_1 和 p_2 作用的含中心圆孔方形板，独立变化荷载 p_1 和 p_2 的取值范围均为 $[0, \sigma_s]$，如图 8.3(a)所示。几何模型和材料参数如下：

板的边长 $L = 2\text{m}$，圆孔直径 $D = 0.4\text{m}$，屈服应力 $\sigma_s = 200\text{MPa}$。初始计算网格选择为 11×11 个单元，如图 8.3(b) 所示。考虑三种荷载工况下的安定分析：$p_1 = p_2$、$p_2 = p_1/2$ 和 $p_2 = 0$。图 8.4 给出了 p_1 和 p_2 三种特殊组合下的荷载域。$p_1 = p_2$、$p_2 = p_1/2$ 和 $p_2 = 0$ 的荷载域分别是由 A-B-E-F、A-B-C-D 和 A-B 围起来的区域。

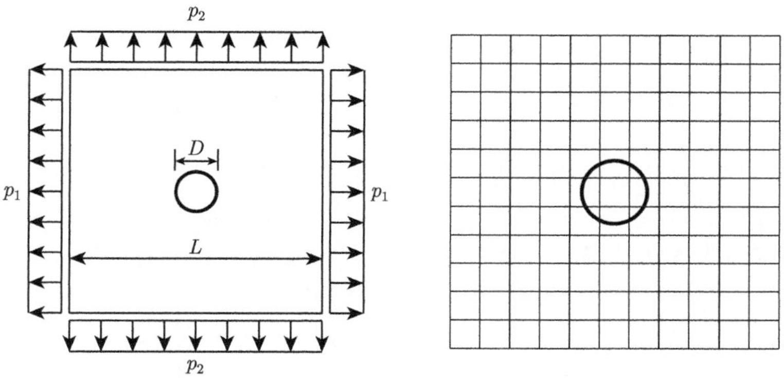

(a) 计算模型　　(b) 初始计算网格

图 8.3　含中心圆孔方板

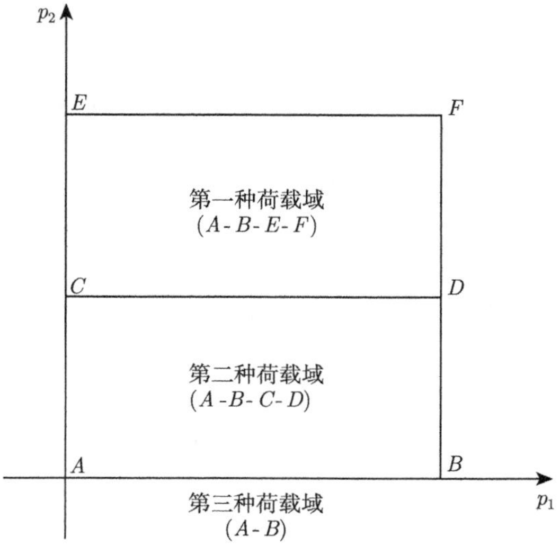

图 8.4　三种不同荷载工况下含中心圆孔方板的荷载域

首先，对 $p_1 = p_2$ 这一荷载工况进行自适应分析。图 8.5 为 $D/L = 0.2$ 时的自适应局部细化网格，在孔洞附近出现了大量小尺度的单元，这意味着局部细化主要发生在圆孔界面的周围，其原因是在孔洞周围存在局部应力集中现象。

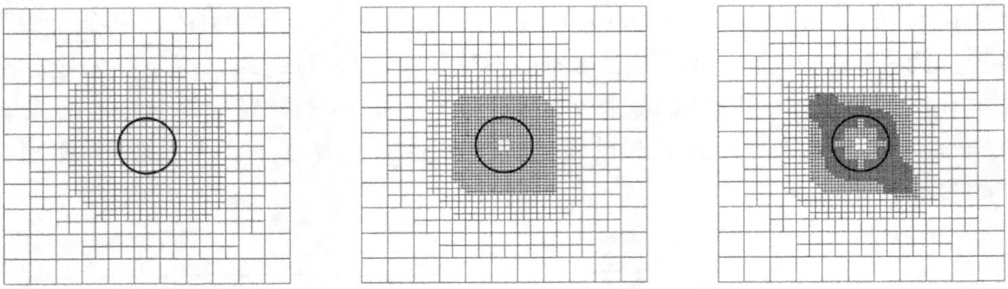

(a) 第 2 次 (b) 第 3 次 (c) 第 4 次

图 8.5 $p_1 = p_2$ 时含中心圆孔方板的自适应细化网格

由于不存在精确解，为了便于分析比较，选择安定荷载因子的下限值 $\alpha^- = 0.431$ 作为最佳参考解[6]。图 8.6 为安定荷载因子相对误差的收敛曲线。由图可以看出，随着细化次数的增加，优化变量数不断增大，自适应局部细化和均匀全局细化得到的计算精度都在不断地提高。与均匀全局细化策略相比，自适应局部细化策略得到的安定荷载因子误差下降的幅度更大，表明自适应扩展等几何分析产生较快的误差收敛率。均匀全局细化使用更多的优化变量，但自适应局部细化获得的安定荷载因子相对误差仍小于均匀全局细化获得安定荷载因子相对误差。表 8.1 给出了优化变量数、安定荷载因子和相对误差。由表可以看出，采用自适应局部细化网格能够以较少的优化变量数达到更小的误差。

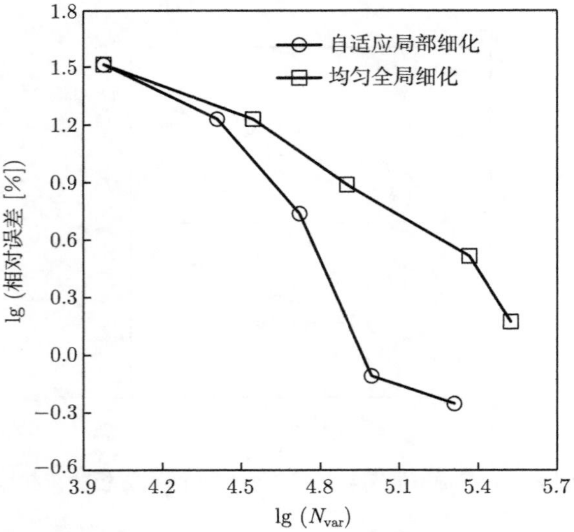

图 8.6 含中心圆孔方板的安定荷载因子相对误差收敛曲线

表 8.1 含中心圆孔方板的安定荷载因子相对误差

序号	均匀全局细化			自适应局部细化		
	N_{var}	α^+	相对误差/%	N_{var}	α^+	相对误差/%
1	9490	0.5717	32.65	9490	0.5717	32.65
2	35072	0.5041	16.97	25606	0.5042	16.98
3	79712	0.4643	7.73	52700	0.4546	5.47
4	232338	0.4452	3.28	99012	0.4344	0.78
5	334306	0.4374	1.49	203986	0.4334	0.56

为了进一步展示自适应扩展等几何分析的计算效率，对 $p_1 = p_2$ 荷载工况下 $D/L = 0.2$ 时的含中心圆孔方板进行安定分析。将优化变量数、迭代次数和优化时间 (Mosek 时间) 作为计算效率的衡量指标。优化时间只包括在优化阶段执行内点迭代算法所需要的时间。表 8.2 统计了 $D/L = 0.2$ 时含中心圆孔方板的计算结果。结果表明，随着网格不断细化，优化变量数不断增加，安定荷载因子逐渐收敛到一个稳定值。经过 11~16 次迭代，最大优化求解时间为 3.79s，这再次证明自适应扩展等几何分析结合 SOCP 是一种求解安定分析非常有效的方法。此外，表 8.3 比较了 NEM、nodal-NEM 和自适应扩展等几何分析三种数值算法的总计算时间，这里的总计算时间为优化求解时间、数据存储和交换等时间的总和。由表中的数据可以看出，自适应扩展等几何分析采用的内点求解算法优于直接迭代算法[7]。需要说明的是，NEM 和 nodal-NEM 两种数值方法选取该结构的 1/4 进行安定分析模拟，使用 Pentium 4(3.0GHz, CPU) 的计算机进行求解。

表 8.2 含中心圆孔方板的自适应扩展等几何分析的优化时间

参数	α^+				
	0.57170	0.50416	0.45459	0.43435	0.43341
优化变量数	9490	25606	52700	99012	203986
迭代次数	11	12	13	14	16
优化时间/s	0.12	0.38	0.81	1.56	3.79

表 8.3 三种荷载工况下不同数值方法计算时间的比较

数值方法	$p_1 = p_2$	$p_2 = p_1/2$	$p_2 = 0$
NEM [7]	1354s	1415s	1530s
nodal-NEM [7]	309s	320s	390s
自适应扩展等几何分析	73s	95s	46s

表 8.4 比较了三种荷载工况下自适应扩展等几何分析获得的安定荷载因子与其他数值方法得到的结果。由表可以看出，这些数值解在三种荷载工况下都出现了相对较大的离散性。总体来说，自适应扩展等几何分析得到的数值解位于可靠的参考区间之中。与自适应有限元法[8]相比，在 $p_1 = p_2$、$p_2 = p_1/2$ 和 $p_2 = 0$ 三种荷载工

况下，目前方法 (自适应扩展等几何分析) 得到的安定荷载因子误差分别是 0.79%、0.78% 和 0.64%，两种自适应数值方法的相对误差非常小，再次证实了自适应扩展等几何分析结合 SOCP 是一种求解安定分析问题有效和可靠的方法。图 8.7 给出了采用自适应扩展等几何分析得到的安定荷载域，在受到单个交变荷载作用时结构的安定荷载最大，当同时受到两个交变荷载作用时结构的安定荷载最小。

表 8.4　不同荷载工况下含中心圆孔方板数值解比较

数值方法	$p_1 = p_2$	$p_2 = p_1/2$	$p_2 = 0$
IGA [9] - 对偶算法	0.4529	0.5238	0.6209
ES-FEM [10] - 对偶算法	0.434	0.505	0.601
NS-FEM [11] - 对偶算法	0.428	0.495	0.588
NEM [7] - 上限	0.480	0.554	0.653
p-FEM [12] - 下限	0.436	0.506	0.604
EFG [13] - 下限	0.480	0.553	0.649
FEM [8] - 自适应方法	0.430	0.499	0.595
FEM [14] - 上限	0.504	0.579	0.654
FEM [6] - 下限	0.431	0.501	0.571
自适应扩展等几何分析	0.4334	0.5029	0.5988

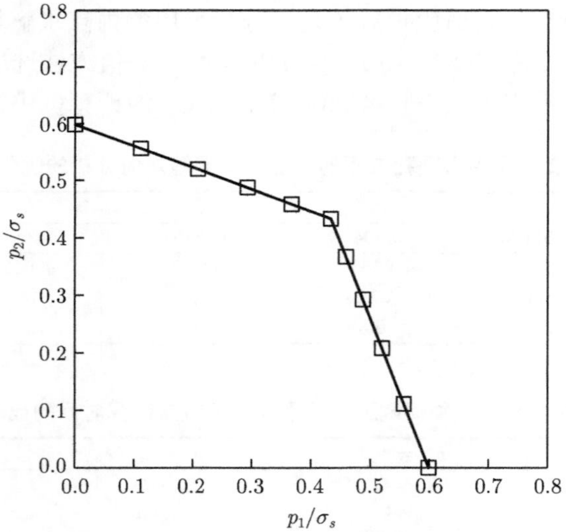

图 8.7　含中心圆孔方板的安定荷载域

算例 8.2　含中心椭圆孔方板

考虑一个受到均布交变荷载 p_1 和 p_2 作用的含中心椭圆孔方板，如图 8.8(a) 所示。施加的均布拉力 p_1 和 p_1 的变化范围均是 $[0, \sigma_s]$。椭圆孔的半长轴和半短轴分别为 a 和 b，椭圆形状因子用 $\lambda = b/a$ 表示。为了研究形状因子对安定荷载的影响，计算了几种不同 λ 值下的安定荷载因子。在所有分析中，$a/L=0.1$ 保持不变。方板的边长和椭圆孔半长轴分别为 $L=1\text{m}$ 和 $a=0.1\text{m}$，屈服应力 $\sigma_s=200\text{MPa}$。初始计算网格为 11×11 个单元，如图 8.8(b)所示。考虑三种荷载工况：$p_1=0$、$p_2=0$ 和 $p_1=p_2\neq 0$。图 8.9 给出了 $p_2=0$、$p_1=0$ 和 $p_1=p_2$ 作用下的三种荷载路径。

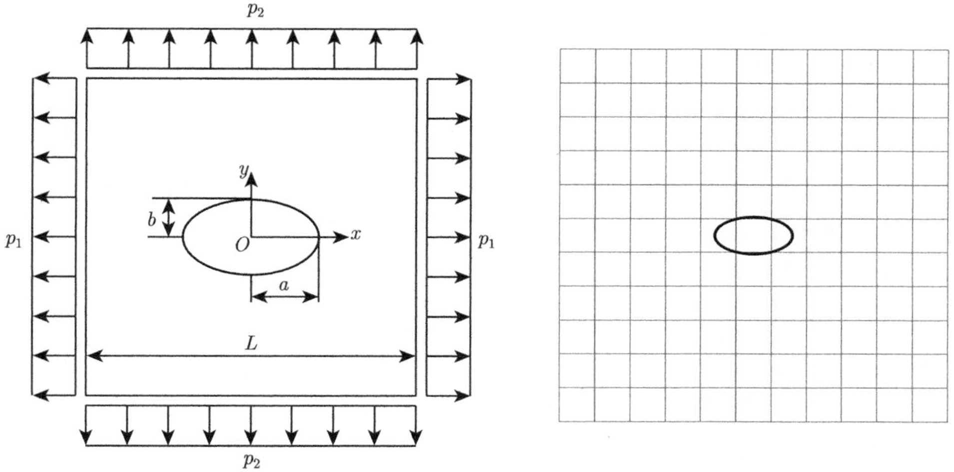

(a) 计算模型　　(b) 初始计算网格

图 8.8　含中心椭圆孔方板

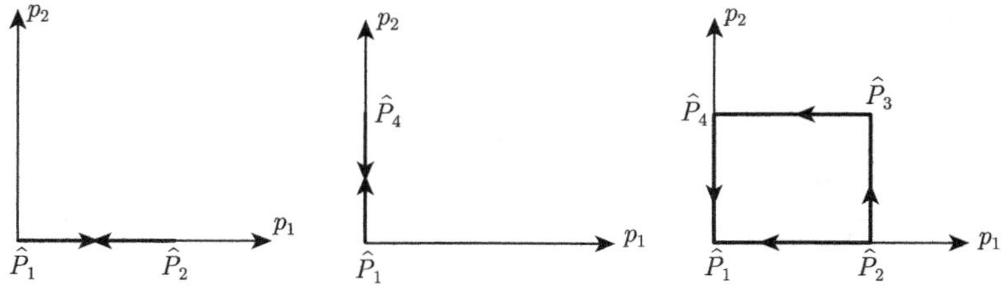

(a) $p_2=0$　　(b) $p_1=0$　　(c) $p_1=p_2$

图 8.9　含中心椭圆孔方板三种荷载路径

选择 $b/a=0.5$ 进行自适应分析。图 8.10 给出了三种荷载工况下含中心椭圆孔方板的自适应细化网格。由图可以看出，对于 $p_2=0$ 荷载工况，网格细化主要出现在从椭圆孔的上边界和下边界开始向无荷载板边扩展而形成的带状区域内。对于 $p_1=0$ 和 $p_1=p_2\neq 0$ 两种荷载工况，细化网格首先发生在椭圆孔界面附近，然后主要出现在椭圆孔界面的左边界和右边界处。此外，三种荷载工况下网格细化的位置都是关于 x 轴和 y 轴对称的。表 8.5 汇总了三种荷载工况下在经过

4 次细化后得到的安定荷载因子。由表可以看出，随着自适应次数的增加，三种荷载工况下的安定荷载因子都收敛到一个稳定值。这说明自适应扩展等几何分析具有收敛性和稳定性。此外，$p_2 = 0$ 荷载工况下得到的安定荷载因子大于 $p_1 = 0$ 荷载工况下得到的安定荷载因子，这主要是因为 $p_2 = 0$ 荷载工况下椭圆孔的断界面小于 $p_1 = 0$ 荷载工况下椭圆孔的断界面，且 $p_1 = 0$ 荷载工况下应力集中更明显。$p_1 = p_2 \neq 0$ 荷载工况下得到的安定荷载因子最小。图 8.11 给出了在安定状态下含中心椭圆孔方板的塑性应变模云图。由于云图是关于 x 轴和 y 轴对称的，结构中塑性应变模的分布是合理的。

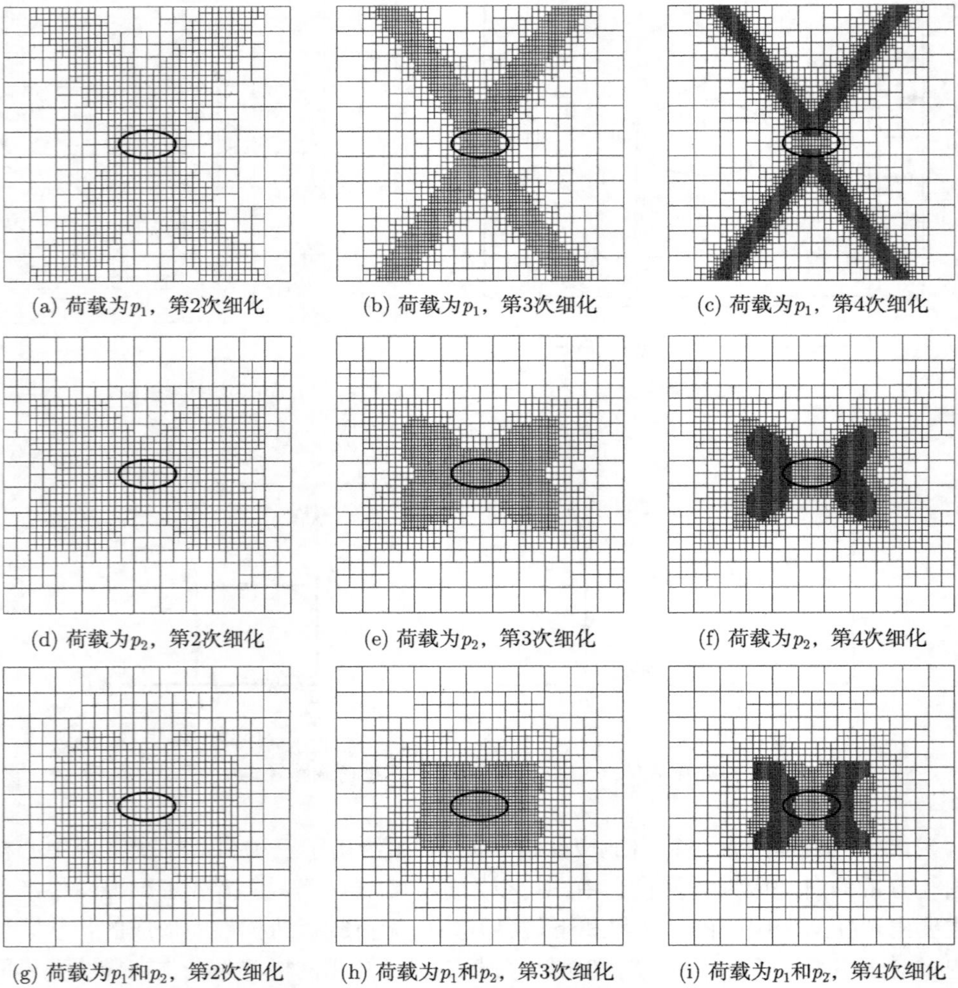

(a) 荷载为p_1，第2次细化 (b) 荷载为p_1，第3次细化 (c) 荷载为p_1，第4次细化

(d) 荷载为p_2，第2次细化 (e) 荷载为p_2，第3次细化 (f) 荷载为p_2，第4次细化

(g) 荷载为p_1和p_2，第2次细化 (h) 荷载为p_1和p_2，第3次细化 (i) 荷载为p_1和p_2，第4次细化

图 8.10 含中心椭圆孔方板的自适应细化网格

表 8.5 在三种荷载下含中心椭圆孔方板的安定荷载因子

荷载情况	初始网格	第 1 次细化	第 2 次细化	第 3 次细化	第 4 次细化
p_1	0.92349	0.90820	0.90271	0.90089	0.90030
p_2	0.91821	0.61745	0.47182	0.38649	0.38135
p_1 和 p_2	0.70115	0.52671	0.40036	0.32201	0.31528

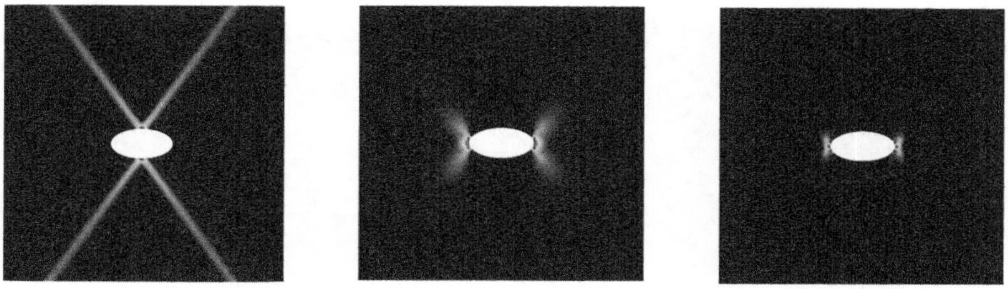

(a) $p_2=0$ (b) $p_1=0$ (c) $p_1=p_2$

图 8.11 安定极限状态下含中心椭圆孔方板塑性应变模的分布图

算例 8.3 含四个圆孔方板

为了验证自适应扩展等几何分析在处理多个孔洞安定分析的能力，同时为了研究含多个孔洞方板在受到交变荷载下的失效机理，考虑一个受到均布拉力 p 作用的含四个圆孔的方形板，如图 8.12(a) 所示。左边界为固定约束，右边界受到一个 $[0, \sigma_s]$ 范围的均布拉力 p 作用。圆孔的半径 $r = 0.5\text{m}$，屈服应力 $\sigma_s = 200\text{MPa}$。初始计算网格为 15×15 个单元，如图 8.12(b) 所示。

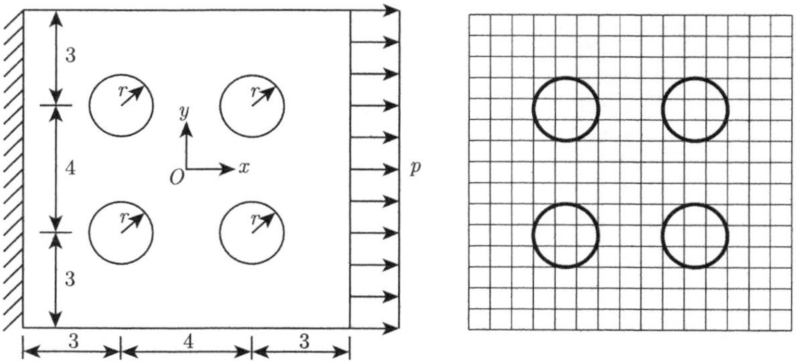

(a) 计算模型 (b) 初始计算网格

图 8.12 含四个圆孔方板

图 8.13 为含四个圆孔方板的自适应网格细化过程。根据自适应细化指标和细化准则，塑性应变大的单元应该被自动地识别和细化。由图可以看出，细化网格开始主要出现在方板右侧的两个孔洞界面附近，随着细化次数的增加，细化区域

变得越来越小，最后小尺度单元通过连接两个孔洞从板的右上边界到右下边界形成了一条网格细化带。目前方法能够通过连接孔洞准确预测含多孔洞方板在最弱区域失效的机制。

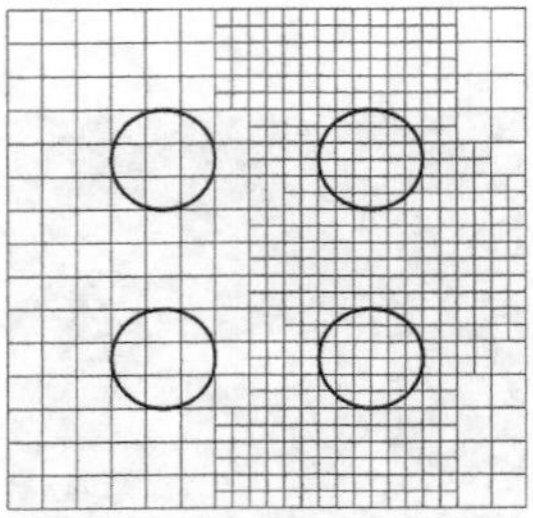

(a) 第 1 次

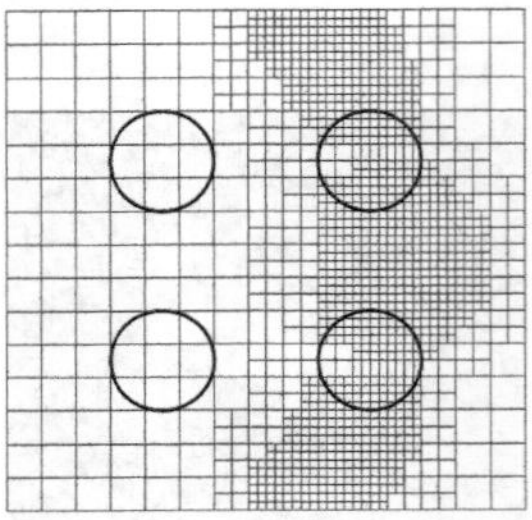

(b) 第 2 次

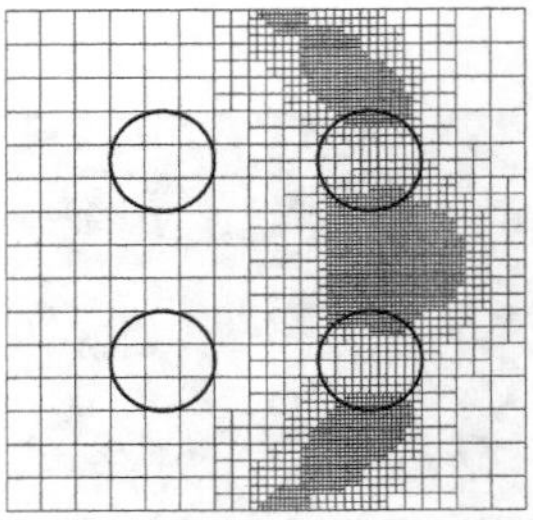

(c) 第 3 次

图 8.13 含四个圆孔方板的自适应网格细化过程

表 8.6 给出了采用自适应局部细化网格和均匀全局细化网格计算得到的数值结果。由表可以看出，随着优化变量数的不断增加，无论是均匀全局细化网格还是自适应局部细化网格，得到的安定荷载因子都逐渐收敛到一个稳定值。与均匀全局细化网格相比，自适应局部细化网格能够以较少的变量数收敛到稳定的安定荷载因子。

表 8.6 含四个圆孔方板的安定荷载因子

序号	均匀全局细化		自适应局部细化	
	N_{var}	α^+	N_{var}	α^+
1	13922	0.62891	13922	0.62891
2	33538	0.60846	28490	0.60789
3	123080	0.57942	60456	0.56869
4	262536	0.56343	117214	0.56113

参 考 文 献

[1] 李可可. 基于扩展等几何分析的含缺陷结构极限和安定上限分析究[D]. 南京: 河海大学, 2022.

[2] Makrodimopoulos A, Bisbos C. Shakedown analysis of plane stress problems via second order cone programming[J]. Numerical Methods for Limit and Shakedown Analysis, 2003, 15: 185-216.

[3] König J, Kleiber M. On a new method of shakedown analysis[J]. Bulletin de l'Academie Polonaise des Sciences. Série des Sciences Techniques, 1978, 4: 165-171.

[4] Cecot W. Application of h-adaptive FEM and Zarka's approach to analysis of shakedown problems[J]. International Journal for Numerical Methods in Engineering, 2004, 61(12): 2139-2158.

[5] Li K K, Yu T T, Bui T Q. Adaptive XIGA shakedown analysis for problems with holes[J]. European Journal of Mechanics—A/Solids, 2022, 93: 104502.

[6] Belytschko T. Plane stress shakedown analysis by finite elements[J]. International Journal of Mechanical Sciences, 1972, 14(9): 619-625.

[7] Zhou S T, Liu Y H, Wang D D, et al. Upper bound shakedown analysis with the nodal natural element method[J]. Computational Mechanics, 2014, 54(5): 1111-1128.

[8] Krabbenhøft K, Lyamin A V, Sloan S W. Bounds to shakedown loads for a class of deviatoric plasticity models[J]. Computational Mechanics, 2007, 39(6): 879-888.

[9] Do H V, Nguyen-Xuan H. Limit and shakedown isogeometric analysis of structures based on Bézier extraction[J]. European Journal of Mechanics—A/Solids, 2017, 63: 149-164.

[10] Tran T N, Liu G R, Nguyen-Xuan H, et al. An edge-based smoothed finite element method for primal-dual shakedown analysis of structures[J]. International Journal for Numerical Methods in Engineering, 2010, 82(7): 917-938.

[11] Nguyen-Xuan H, Rabczuk T, Nguyen-Thoi T, et al. Computation of limit and shakedown loads using a node-based smoothed finite element method[J]. International Journal for Numerical Methods in Engineering, 2012, 90(3): 287-310.

[12] Tin-Loi F, Ngo N S. Performance of a p-adaptive finite element method for shakedown analysis[J]. International Journal of Mechanical Sciences, 2007, 49(10): 1166-1178.

[13] Chen S S, Liu Y H, Cen Z Z. Lower bound shakedown analysis by using the element free Galerkin method and non-linear programming[J]. Computer Methods in Applied Mechanics and Engineering, 2008, 197(45-48): 3911-3921.

[14] Corradi L, Zavelani A. A linear programming approach to shakedown analysis of structures[J]. Computer Methods in Applied Mechanics and Engineering, 1974, 3(1): 37-53.